DUDEN

Wie sagt man noch?

DUDEN-TASCHENBÜCHER
Praxisnahe Helfer zu vielen Themen

Band 1:
Komma, Punkt und alle anderen Satzzeichen

Band 2:
Wie sagt man noch?

Band 3:
Die Regeln der deutschen Rechtschreibung

Band 4:
Lexikon der Vornamen

Band 5:
Satz- und Korrekturanweisungen

Band 6:
Wann schreibt man groß, wann schreibt man klein?

Band 7:
Wie schreibt man gutes Deutsch?

Band 8:
Wie sagt man in Österreich?

Band 9:
Wie gebraucht man Fremdwörter richtig?

Band 10:
Wie sagt der Arzt?

Band 11:
Wörterbuch der Abkürzungen

Band 13:
mahlen oder malen? Gleichklingende, aber verschieden geschriebene Wörter

Band 14:
Fehlerfreies Deutsch
Grammatische Schwierigkeiten verständlich erklärt

Band 15:
Wie sagt man anderswo?
Landschaftliche Unterschiede im deutschen Wortgebrauch

Band 17:
Leicht verwechselbare Wörter

Band 18:
Wie schreibt man im Büro?

Band 19:
Wie diktiert man im Büro?

Band 20:
Wie formuliert man im Büro?

Band 21:
Wie verfaßt man wissenschaftliche Arbeiten?

DUDEN

Wie sagt man noch?

Sinn- und sachverwandte Wörter und Wendungen

von Wolfgang Müller

Bibliographisches Institut Mannheim/Wien/Zürich
Dudenverlag

Satz und Druck: Zechnersche Buchdruckerei, Speyer
Bindearbeit: Pilger-Druckerei GmbH, Speyer
Printed in Germany
ISBN 3-411-01132-7

Vorwort

Wer sich im Ausdruck nicht wiederholen möchte, wem das treffende Wort oder eine bestimmte Bezeichnung für etwas nicht einfällt, dem soll dieses Wortwahlwörterbuch ein schneller und vielseitiger Ratgeber sein. Es enthält Gruppen sinn- und sachverwandter Wörter, von denen der Benutzer jeweils das für seinen Fall passende selbst aussuchen muß. Das fordert von dem Benutzer eine gewisse Beherrschung der Sprache, die ihm eine eigene sprachliche Entscheidung ermöglicht, denn dieses Taschenbuch will weitgehend nur Wörter und Wendungen ins Gedächtnis rufen; es *nennt* sinnähnliche Wörter, aber es *erklärt* sie nicht. Wer Erklärungen der Wortinhalte sinnähnlicher Wörter sucht, kann auf das Vergleichende Synonymwörterbuch des Großen Dudens, Band 8 verwiesen werden, in dem Synonyme gegeneinander abgegrenzt und inhaltlich erläutert werden.

Neben der Aufgabe, an Wörter zu erinnern, hat dieses Taschenbuch noch einige andere Aufgaben. Es soll durch ausführliche stilistische Bewertungen zu stilgerechter Formulierung verhelfen. Nicht normalsprachliche Ausdrücke werden deshalb je nach ihrer Stillage als dichterisch, umgangssprachlich, salopp, derb oder vulgär gekennzeichnet. Außerdem gibt dieses Wörterbuch Auskunft darüber, wie bestimmte Begriffe oder Sachen aus dem täglichen Leben in den verschiedenen Landschaften benannt werden, z. B. Fleischer, Schlächter (*nordd.*), Metzger (*südd.*), Fleischhauer (*östr.*). Ferner ist der Wortschatz der Tabubezirke aufgenommen worden, um Aussagen aus diesem Bereich hochsprachlich möglich zu machen und um denen zu helfen, die sich beispielsweise beim Arzt, vor Gericht oder als Erzieher bei der Sexualaufklärung darüber äußern müssen, aber nicht über das sachliche Vokabular verfügen. Gerade die Aufnahme dieser Wörter ist wichtig und nützlich, weil es – wie Sozialfürsorger immer wieder betonen – viele Probleme auf diesem Gebiet nicht gäbe, wenn die Betroffenen über einen Wortschatz verfügten, der es ihnen ermöglichte, über Fragen aus diesem Bereich zu sprechen. Einige vulgärsprachliche Wörter aus diesem Gebiet sind aufgenommen worden, um durch ihr Vorhandensein die Möglichkeit zu geben, auch vom groben, anstößigen und nicht salonfähigen Wort zum sachlichen, medizinischen oder verhüllenden Ausdruck zu gelangen.

Die in diesem Buch aufgeführten Gruppen sinn- und sachverwandter Wörter enthalten nicht nur Stil-, sondern in besonderen Fällen auch kurze Bedeutungs- und Anwendungshinweise. Auf diese Weise bekommt der Benutzer den Wortschatz nicht völlig kommentarlos vorgeführt. Wör-

ter mit eingeschränktem oder speziellem Inhalt werden durch kurze, inhaltlich charakterisierende Zusätze innerhalb der Wortgruppe erläutert. Diese Hinweise sollen dem Nachschlagenden Hilfestellung bei der Wahl des passenden Wortes geben. So finden sich in der Gruppe „Arzt" die Zusätze *für Hautkrankheiten:* Dermatologe, *für Frauenkrankheiten, Geburtshilfe o. ä.:* Gynäkologe usw. Mit solchen Angaben wird gleichzeitig auch den Rätselratern mancherlei Hilfe für die Lösung von Rätseln mit sprachlich-begrifflichen Fragen gegeben.
Die zahlreichen Fremdwörter, die in das Taschenbuch aufgenommen worden sind, sollen einen doppelten Zweck erfüllen: Wer inhaltliche oder stilistische Variationsmöglichkeiten wünscht, kann manchmal durch ein fremdes Wort eine bestimmte Wirkung erzielen, die einem ähnlichen deutschen Wort unter Umständen nicht innewohnt. Wer jedoch Fremdwörter vermeiden will, wird vom fremden Wort zu einem gewünschten deutschen Ausdruck geführt.
Das Taschenbuch enthält zusätzlich kleine Gruppen mit deutschen und fremdsprachlichen Fachausdrücken (Zwölffingerdarm, Duodenum; Bäderkunde, Balneologie; Altersforschung, Gerontologie).
Daß in einem Taschenbuch nicht der gesamte deutsche Wortschatz Aufnahme finden konnte, bedarf keiner besonderen Erwähnung.
Bei der Zusammenstellung des Wortmaterials haben Fräulein Dr. Maria Dose, Herr Dieter Mang und Fräulein Dr. Charlotte Schrupp mitgeholfen.

Zur Anlage des Buches

1. Die Wortgruppen

Die sinn- oder sachverwandten Wörter sind jeweils unter einem Leitwort in Gruppen zusammengestellt. Als Leitwort steht das Wort mit dem allgemeinsten Inhalt, das zugleich der normalsprachlichen Stilschicht angehört. Beispiele für sinnverwandte Wörter: billigen, gutheißen, bejahen, beistimmen. Beispiele für sachverwandte Wörter: Geige, Bratsche, Cello. Da die Wörter nur aneinandergereiht und aufgezählt, aber nicht durch einen bestimmten Textzusammenhang in ihrem Anwendungsbereich eingegrenzt oder genau festgelegt sind, konnten die Grenzen der Gruppen oft recht weit gesteckt werden.

Für die Reihenfolge der Wörter innerhalb einer Gruppe ist sowohl die inhaltliche Nähe der Wörter zueinander als auch ihre Stillage ausschlaggebend, wobei jedoch im allgemeinen die inhaltlichen Gesichtspunkte den Vorrang haben. Um ein Leitwort und die verschiedentlich mit dem Leitwort verbundenen Sinneinheiten nicht auseinanderzureißen, sind diese Sinneinheiten – durch Druck hervorgehoben – mit den dazugehörenden sinnverwandten Wörtern an den Wörterbuchartikel angeschlossen (vgl. „gesund" mit den Sinneinheiten „gesund machen", „gesund sein", „gesund werden").

Innerhalb der Gruppen sind Wörter mit eingeschränktem oder speziellem Inhalt – wenn es nötig oder nützlich ist – durch kurze, inhaltlich charakterisierende Zusätze erläutert. Diese Zusätze sind den jeweiligen Wörtern vorangestellt und sind mit Bezug auf das Leitwort formuliert (z. B. Arzt, Doktor ... · *operierender:* Chirurg).

Verben, die innerhalb einer Gruppe sinnverwandter Wörter stehen und sowohl reflexiv (rückbezüglich) als auch nichtreflexiv gebraucht werden können, sind ohne „sich" aufgeführt; die nur reflexiv gebrauchten erhalten ein „sich". Wenn es für das Verständnis erforderlich ist, werden die Verben in der Art ihrer Verwendung, z. B. in der dritten Person (etwas setzt ein) angeführt. Fest zu einem Wort gehörende präpositionale Anschlüsse sind mit angegeben.

2. Stilbewertungen und andere Angaben zum Wortgebrauch

Stilistische Angaben finden sich bei *den* Wörtern, die von der Normalsprache abweichen. Es werden allerdings nicht allzustrenge Maßstäbe angelegt, so daß manches schon umgangssprachlich gefärbte Wort stilistisch noch unbewertet bleibt.

Die Stilangaben stehen im allgemeinen hinter dem Wort oder hinter der jeweiligen Wendung. Wenn allerdings Wörter oder Wendungen durch

Schrägstriche (/) miteinander verbunden sind, dann sind die Stilbewertungen den einzelnen Wörtern vorangestellt. Steht bei solchen durch Schrägstriche aneinandergereihten Wörtern die Stilangabe am Schluß, dann bezieht sie sich auf alle durch Schrägstriche verbundenen Wendungen.

Folgende Bewertungen sind verwendet worden:

dichterisch (z. B. Antlitz): nur in feierlicher, poetischer, oft altertümlicher Ausdrucksweise.

umgangssprachlich (z. B. jmdn. hereinlegen): gelockerte, zwanglose Ausdrucksweise, meist in der gesprochenen Sprache.

salopp (z. B. jmdn. aufs Kreuz legen): recht nachlässige, burschikose, oft emotionale Ausdrucksweise; überwiegend in der gesprochenen Sprache.

derb (z. B. Fresse): grobe und gewöhnliche Ausdrucksweise.

vulgär (z. B. scheißen): sehr niedrige, anstößige, unanständige und gossensprachliche Ausdrucksweise.

Ferner finden sich folgende Angaben:

abwertend (z. B. Verriß): drückt das ablehnende Urteil, die persönliche Kritik des Sprechers (Schreibers) aus, ist subjektiv und emotional gefärbt.

scherzhaft (z. B. Benzinkutsche).

3. Angaben zur landschaftlichen Zugehörigkeit der Wörter

Wenn Wörter in ihrem Gebrauch regional begrenzt sind, dann sind sie mit dem nachgestellten Zusatz „landschaftlich" gekennzeichnet. Die für eine bestimmte Landschaft charakteristischen Wörter werden, wenn eine Abgrenzung möglich ist, mit genaueren Angaben, z. B. „norddeutsch", „süddeutsch", „österreichisch", „schwäbisch" versehen. Erstreckt sich der Gebrauch über mehrere zusammenhängende Gebiete, dann findet sich oft eine zusammenfassende Angabe, z. B. „oberdeutsch".
Handelt es sich um etwas, was in anderen Ländern anders bezeichnet wird, dann sind entsprechende Angaben angebracht worden, z. B. in der Gruppe „Oberhaupt": Tenno (japanisch).

4. Verweise

Die Wörter, die nicht Leitwort, d. h. nicht erstes, durch besonderen Druck hervorgehobenes Wort einer Gruppe sind, finden sich an der alphabetisch entsprechenden Stelle des Wörterbuchs, von wo aus der Benutzer auf das Leitwort mit den dazugehörenden verwandten Wörtern verwiesen wird, unter denen das betreffende Wort dann zu finden ist. Kommt das Wort in mehreren Gruppen vor, dann sind entsprechend viele Verweise unter dem Verweisstichwort angegeben, die in sich wieder alphabetisch aufgezählt werden. Die Wendungen befinden sich jeweils erst am Ende, z. B. Herz: → Mittelpunkt, → Seele; sein H. verlieren → verlieben (sich); jmdm. etwas ans H. legen → vorschlagen. Die Verweise stehen mit den Wortgruppen in ein und derselben alphabetischen Abfolge. Dadurch wird ein gesondertes Wortregister überflüssig, und schon beim Verweisstichwort wird durch den Hinweis auf das Leitwort der entsprechenden Gruppe dem Benutzer in den meisten Fällen ein anderer Ausdruck zur Wahl genannt.

Bei Wortgruppen, die nur aus zwei Wörtern bestehen, wird das nicht als Leitwort stehende zweite Wort an der entsprechenden alphabetischen Stelle auch mit einem Pfeil (→) auf das Leitwort verwiesen, wenn sich dort zusätzliche stilistische, regionale oder weiterführende Angaben finden, andernfalls wird auf den Pfeil verzichtet.

In Wendungen, die unter einem in der alphabetischen Folge stehenden Verweis aufgeführt werden, wird nur der erste Buchstabe des in der Wendung vorkommenden Stichworts wiederholt, z. B. Pfand: als P. geben → verpfänden. Handelt es sich jedoch um eine flektierte (gebeugte) Form des Stichworts innerhalb der Wendung, dann tritt für das Stichwort ein Strich (-) ein, an den die Flexionsendung angehängt wird, z. B. Ohr: die -en spitzen → hören.

Um möglichst viele Wörter und Wendungen aufnehmen zu können, sind die meisten Wendungen nur unter dem sinntragenden Wort als Verweis aufgenommen; weniger gebräuchliche sind nicht verwiesen.

Um einen recht großen Bereich von Auswahlmöglichkeiten zu erschließen, wird innerhalb der Wortgruppen häufig auf weitere ähnliche Gruppen der gleichen oder einer anderen Wortart durch einen Pfeil verwiesen. Zuerst kommen stets die Verweise auf Gruppen der gleichen Wortart, dann die Verweise auf die anderen Wortarten, und zwar in der Grundreihenfolge: Verb (Zeitwort), Adjektiv (Eigenschaftswort) / Adverb (Umstandswort), Substantiv (Hauptwort). Handelt es sich beispielsweise um eine Adjektivgruppe, dann ist die Reihenfolge der Verweise wie folgt: Adjektiv, Verb, Substantiv. Finden sich unter einem Leitwort – wie z. B. bei „gesund“ – Reihen sinnverwandter Wörter verschiedener Wortarten, dann stehen die Verweise jeweils bei der entsprechenden Wortart; alle anderen Verweise befinden sich am Schluß der Gruppe. Das gleiche trifft auch für die Verweise auf Gegengruppen zu.

Die Hinweise auf Gegengruppen haben den Zweck, noch auf andere Wörter aufmerksam zu machen, die im verneinten Gebrauch weitere Ausdrucksvariationen bieten. Auf zweierlei Art wird auf diese Gegengruppen hingewiesen. Handelt es sich um Wörter – das ist vor allem bei Verben und Adjektiven der Fall –, die in Verbindung mit der Negation „nicht“ als austauschbares Wort verwendet werden können, dann werden sie mit „nicht“ unmittelbar angeschlossen (z. B. fortschrittlich, ·progressiv..., nicht → rückschrittlich).

Auf die anderen, nur im weiteren Sinne gegensätzlichen Gruppen wird durch einen Punkt auf Mitte mit der Abkürzung „Ggs.“ (· Ggs. →) hingewiesen. Die Angabe „Ggs.“ deutet nicht nur auf den unmittelbaren Wortgegensatz (zunehmen/abnehmen), sondern auch ganz allgemein auf den Sinngegensatz (zunehmen/verringern) hin.

5. Die in diesem Buch verwendeten Zeichen, Zahlen und Klammern

→ Der Pfeil weist auf ein in der alphabetischen Reihenfolge stehendes Leitwort, d. h. auf das erste Wort einer Gruppe, hin.

[ ] Durch die eckigen Klammern werden zwei Wörter zusammengefaßt, z. B. [fest]halten (= „festhalten" und „halten").

( ) In den runden Klammern stehen Angaben und Erläuterungen zu den Wörtern, z. B. Stilbewertungen.

· Der Punkt auf Mitte soll das danach Folgende vom Vorhergehenden abheben. Er wird zur Gliederung benutzt und findet sich vor allem vor Bedeutungshinweisen und vor den Gegensatzangaben.

/ Der Schrägstrich wird verwendet, um reflexive Verben oder um Wendungen, die in einigen Bestandteilen übereinstimmen, zusammenzufassen, z. B. sich in etwas schicken/ergeben/finden/fügen.

Hochgestellte Zahlen: Wenn das gleiche Wort mehr als einmal in der alphabetischen Folge vorkommt, erhalten die Wörter vorangestellte Indizes (hochgestellte Zahlen), um den Benutzer auf das mehrfache Vorhandensein aufmerksam zu machen. Auch die Wörter, die zwar gleich geschrieben werden, aber verschiedenen Wortarten angehören oder sich durch den Artikel unterscheiden, sind mit Indizes versehen, z. B. ^{1}vermessen (Verb), ^{2}vermessen (Adjektiv); ^{1}Tor (das), ^{2}Tor (der).

Da es in dem Taschenbuch nie zwei Wortgruppen mit dem gleichen Leitwort gibt, erübrigen sich Indizes bei den mit einem Pfeil versehenen Wörtern, denn diese weisen stets auf das Leitwort einer Gruppe hin, also auf das erste bei zwei gleichen Wörtern in der alphabetischen Abfolge.

6. Die in diesem Buch verwendeten Abkürzungen

amerik.	amerikanisch	mitteld.	mitteldeutsch
bayr.	bayrisch	mittelrhein.	mittelrheinisch
berlin.	berlinisch	mundartl.	mundartlich
bes.	besonders	niederd.	niederdeutsch
bibl.	biblisch	nordd.	norddeutsch
dichter.	dichterisch	o. ä.	oder ähnliches
engl.	englisch	oberd.	oberdeutsch
ev.	evangelisch	ostmitteld.	ostmitteldeutsch
fränk.	fränkisch	östr.	österreichisch
franz.	französisch	sächs.	sächsisch
Ggs.	Gegensatz	scherzh.	scherzhaft
hamburg.	hamburgisch	schwäb.	schwäbisch
hess.	hessisch	schweiz.	schweizerisch
ital.	italienisch	Seemannsspr.	Seemannssprache
jmd.	jemand	span.	spanisch
jmdm.	jemandem	südd.	süddeutsch
jmdn.	jemanden	südwestd.	südwestdeutsch
jmds.	jemandes	u. a.	und andere
jurist.	juristisch	ugs.	umgangssprachlich
kath.	katholisch	westd.	westdeutsch
Kinderspr.	Kindersprache	z. B.	zum Beispiel
landsch.	landschaftlich		

A

à: → Stück.
A: von A bis Z, von vorn bis hinten *(ugs.)*, von Anfang bis Ende; → ganz.
Aa: → Exkrement; A. machen → defäkieren.
aalen: sich a. → recken (sich).
Aas, Kadaver, Luder (*Jägerspr.*); → Toter.
aasen: → verschwenden.
ab: ab und zu, ab und an → manchmal.
abändern: → ändern.
abarbeiten: sich a. → anstrengen.
abartig: → pervers.
Abartigkeit: → Abweichung.
abbalgen: → abziehen.
abbauen: → entlassen, → ohnmächtig [werden].
abbeißen: → kauen; einen a. → trinken.
abberufen: zur großen Armee a. werden → sterben.
abbestellen, kündigen.
abbezahlen: → zahlen.
abbiegen: → hindern.
Abbild: → Bild.
Abbildung: → Bild.
abbinden: → ausziehen.
Abbitte: A. tun/leisten → entschuldigen (sich).
abbitten: jmdm. etwas a. → entschuldigen (sich).
abblasen: → absagen.
abblättern: → lösen (sich).
abblitzen: a. lassen → ablehnen.
abblühen: → welken.
abbrauchen: → abnutzen.
abbrechen: → abmachen, → aufhören, → niederreißen.
abbremsen: → halten.
abbrennen: → verbrennen.
Abbreviatur: → Abkürzung.
abbringen: a. von → abraten.
abbröckeln: → lösen (sich).
abbrummen: → abbüßen.
abbürsten: → säubern.
abbüßen, eine Strafe verbüßen, einsitzen, gefangensitzen, im Gefängnis/in Haft/im Zuchthaus/hinter schwedischen Gardinen/hinter Schloß und Riegel/hinter Gittern/auf Nummer Sicher sitzen, im Kerker liegen, brummen *(ugs.)*, [bei Wasser und Brot] sitzen *(ugs.)*, seine Zeit/Strafe absitzen *(ugs.)*, abbrummen *(ugs.)*, abreißen *(salopp)*, Arrest/Knast schieben *(salopp)*, gesiebte Luft atmen *(ugs., scherzh.)*; → Strafanstalt.
Abc-Schütze: → Schüler.
Abdankung: → Trauerfeier.
abdecken: → bedecken.
Abdomen: → Leib.
abdrucken: → edieren.
abdrücken: → liebkosen.
Abe: → Toilette.
abebben: → abnehmen.
Abend: guten A.! → Gruß; am A. → abends; zu A. essen → essen.
Abendbrot: → Essen; A. essen → essen.
Abendessen: → Essen.
Abendgesellschaft, Abendvorstellung, Soiree.
Abendland, Europa, die Alte Welt, Okzident *(dichter.)*.
Abendmahlzeit: → Essen.
abends, am Abend, spät, nachts · Ggs. → morgens.
Abendvorstellung: → Abendgesellschaft.
Abenteuer: → Ereignis, → Liebelei; ein A. mit jmdm. haben → koitieren.
abenteuerlich: → außergewöhnlich.
aber, jedoch, doch, indes, indessen, immerhin, dagegen, [da]hingegen, allein, im Gegensatz dazu, demgegenüber; → dennoch, → gegensätzlich, → nein, → verschieden.
aberkennen, absprechen, entziehen.
abermals: → wieder.
abernten: → ernten.
Aberration: → Abweichung.
abfahren: → abgehen, → abnutzen, → sterben; a. lassen → ablehnen.
Abfahrt: → Start.
Abfall, Kehricht, Müll, Unrat.
abfallen: → lösen (sich), → untreu [werden]; etwas fällt ab → einträglich [sein].
abfällig: → abschätzig.
abfangen: → töten.
abfärben: → beeinflussen.
abfassen: → aufschreiben, → ergreifen.
abfaulen: → faulen.
abferkeln: → gebären.
abfertigen: → ablehnen, → bedienen.
abfiedeln: → abmachen.
abflauen: → abnehmen.
abfliegen: → abgehen.
Abflug: → Start.
Abfluß: → Ausguß.
abfohlen: → gebären.
Abfolge: → Reihenfolge.
abfragen: → prüfen.
abfrottieren, abreiben, abrubbeln *(ugs.)*, abtrocknen.
Abfuhr: eine A. erteilen → ablehnen.
abführen: → defäkieren, → ergreifen.
abfüllen: → füllen.
abfüttern → ernähren.
Abgabe, Steuer, Zoll, Gebühr, Maut *(bayr., östr.)*; → Beitrag.
abgängig: → verschollen.

¹abgeben, aushändigen, geben, einhändigen, überreichen, überbringen, zuteil werden/zukommen lassen, rausrücken *(ugs.)*, abliefern, ablassen, abtreten, überlassen, anvertrauen, [zu treuen Händen] übergeben, nicht → aufbewahren; → einräumen, → geben, → opfern, → schenken, → schicken, → spenden, → teilen, → widmen.
²abgeben: sich a. mit → befassen; sich a. mit jmdm. → koitieren.
abgebrannt: → zahlungsunfähig.
abgebrüht: → unempfindlich.
abgedroschen: → phrasenhaft.
abgefeimt: → schlau.
abgehackt: → unzusammenhängend.
abgehärmt: → unzufrieden.
¹abgehen, abfahren, wegfahren, abfliegen, wegfliegen · *vom Schiff:* ablegen; → entfernen, → transportieren.
²abgehen: → lösen (sich); a. von etwas → abschreiben; etwas geht jmdm. ab → mangeln; jmdm. geht einer ab → Samenerguß [haben].
abgeklappert: → phrasenhaft.
abgeklärt: → ruhig.
abgelebt: → altmodisch.
abgelegen, abseitig, entlegen, abgeschieden, einsam, verlassen, menschenleer, öde, gottverlassen, jwd (= janz weit draußen; *salopp)*; → allein, → fern.
abgeleiert: → phrasenhaft.
abgelenkt: → unaufmerksam.
abgemacht: → ja.
abgemagert: → abgezehrt.
abgemergelt: → abgezehrt.
Abgeordneter, Volksvertreter, Delegierter, Deputierter, Parlamentarier, Mandatar *(östr.)*, Repräsentant; → Abgesandter, → Abordnung, → Ausschuß, → Bote, → Diplomat; → abordnen.
Abgesandter, Beauftragter, Bevollmächtigter, Parlamentär, Kurier, Sendbote, Melder, Ordonnanz, Unterhändler, Emissär, Delegat, Verkünder; → Abgeordneter, → Abordnung, → Ausschuß, → Bote, → Diplomat; → abordnen.
abgeschieden: → abgelegen.
Abgeschiedener: → Toter.
abgeschlagen: a. sein → erschöpft [sein].
abgeschlossen: → fertig.
abgesehen: a. von → ohne.
abgespannt: → erschöpft.
abgestanden, schal, fade, labberig, lasch, flau, verbraucht (Luft); → langweilig.
abgestorben: → trocken.
abgestumpft: → unempfindlich.
abgetan: → überlebt.
abgewirtschaftet, ruiniert, heruntergekommen; → defekt, → zahlungsunfähig; **a. haben,** verloren/am Ende/*(salopp)* aufgeschmissen/*(salopp)* geliefert sein; → verwahrlosen; → Zahlungsunfähigkeit.
abgezehrt, ausgemergelt, abgemergelt, abgemagert, hohlwangig, eingefallen; → schlank, → verlebt.
abgleiten: → abschweifen.
Abgott, Idol, Götze; → Amulett, → Anhänger, → Geliebte, → Geliebter, → Gott, → Liebling, → Muster, → Schicksal.
abgründig: → hintergründig.
abgucken: → absehen.
Abguß: → Ausguß.
abhacken: → abmachen.
abhalftern: → entlassen.
¹abhalten, fernhalten, schützen vor, abschirmen, bewahren vor; → aufbewahren, → behüten, → eingreifen.
²abhalten: → hindern, → veranstalten.
abhandeln: → erörtern.
abhanden: a. kommen → verlorengehen.
Abhandlung: → Arbeit.
Abhang, Hang, Böschung, Halde; → Berg.
¹abhängen: etwas hängt ab von/kommt an auf, etwas steht/liegt bei jmdm.
²abhängen: → entlassen; a. von → unselbständig [sein].
abhängig: → unselbständig.
abhaspeln: → sprechen.
abhauen: → abmachen, → weggehen.
abhäuten: → abziehen.
¹abheben (Geld), auszahlen lassen; → entnehmen.
²abheben: sich a. → abzeichnen (sich); sich a. von → kontrastieren.
abhelfen, für Abhilfe sorgen, einer Sache steuern/begegnen; → hindern.
abhetzen: sich a. → beeilen (sich).
Abhilfe: für A. sorgen → abhelfen.
abholen: → ergreifen.
abholzen, roden, schlagen, schlägern *(östr.)*.
abhören: → prüfen.
Abhub: → Abschaum.
Abi: → Prüfung.
abirren: → abschweifen; vom Wege a. → verirren (sich).
Abirrung: → Abweichung.
Abitur: → Prüfung.
abkalben: → gebären.
abkanzeln: → schelten.
abkapiteln: → schelten.
abkapseln (sich), sich abschließen/absondern/separieren/isolieren/einspinnen/verschließen/*(ugs.)* verkriechen/*(ugs.)* [in sein Schneckenhaus] zurückziehen/*(ugs.)* einpuppen, im Elfenbeinturm/Wolkenkuckucksheim leben; → unzugänglich; → Einsamkeit.
abkassieren: → kassieren.
abkaufen: → kaufen.
abkehren: sich a. → abwenden (sich).
abklären: → berichtigen, → enträtseln.
Abklatsch: → Nachahmung.
abklemmen: → abmachen.
abknallen: → töten.
abkneifen: → abmachen.
abknicken: → abmachen.
abknipsen: → abmachen.
abknöpfen: → ablisten.
abknutschen: → küssen.

abkommandieren: → abordnen.
Abkommandierung: → Abordnung.
Abkomme: → Angehöriger.
abkommen: → abschweifen; a. von etwas → abschreiben; vom Wege a. → verirren (sich).
Abkommen: → Abmachung.
Abkömmling: → Angehöriger.
abkrageln: → töten.
abkratzen: → sterben.
Abkunft, Herkommen, Abstammung, Herkunft, Geburt, Ursprung, Stammbaum, Geschlecht, Provenienz, Stemma, Stamm; → Anfang, → Angehöriger, → Art, → Familie, → Generation, → Tradition.
Abkürzung, Abbreviatur, Sigel, Kürzel, Kurzwort, Akronym, Initialwort; → Kurzschrift.
abküssen: → küssen.
ablagern: → lagern.
ablaichen: → gebären.
ablassen: → abgeben; a. von → abschreiben.
Ablauf: → Ausguß, → Start, → Vorgang.
[1]**ablaufen,** verfallen, ungültig/fällig werden, auslaufen.
[2]**ablaufen:** → abnutzen; a. lassen → ablehnen.
ablausen: → ablisten.
ableben: → sterben.
Ableben: → Exitus.
ablegen: → abgehen, → ausziehen, → lagern.
Ableger: → Sohn.
ablehnen, zurückweisen, desavouieren, ausschlagen, abweisen, abwimmeln *(ugs., abwertend)*, [kurz] abfertigen, verschmähen, abschlägig bescheiden, abschlagen, sich weigern, verweigern, versagen, abwinken, eine Abfuhr erteilen, abfahren/abblitzen/ablaufenlassen *(salopp)*, jmdm. einen Korb geben/ die kalte Schulter zeigen, verachten, jmd./ etwas kann jmdm. gestohlen bleiben *(ugs.)*, jmdm. etwas husten/niesen *(salopp)*, nicht → billigen; → ignorieren, → mißachten, → verbieten · Ggs. → achtgeben.
ableiern: → sprechen.
ableiten: → folgern.
ableugnen: → abstreiten.
abliefern: → abgeben.
ablisten, jmdm. etwas ablocken/*(ugs.)* abknöpfen/*(ugs.)* abzwacken/*(salopp)* abluchsen/*(salopp)* ablotsen/*(salopp)* ablausen/ *(salopp)* abzapfen/*(salopp)* aus dem Kreuz leiern, schröpfen, ausziehen, rupfen, jmdn. ausnehmen *(salopp)*, jmdn. maßnehmen *(salopp)*, etwas schlauchen *(salopp)*; → wegnehmen.
ablocken: → ablisten.
ablöschen: → säubern.
ablösen: → abmachen, → entlassen; sich a. → lösen (sich).
ablotsen: → ablisten.
abluchsen: → ablisten.
[1]**abmachen,** abreißen, reißen von, abpflücken, abrupfen, abbrechen, abknicken, ablösen, abschlagen, abhauen, abhacken, abschneiden, absäbeln *(ugs.)*, abfiedeln *(ugs.)*, abtrennen, trennen von, lostrennen, losreißen, abkneifen, abklemmen, abknipsen *(ugs.)*, abzwicken *(ugs.)*; → beschneiden, → ziehen.
[2]**abmachen:** → übereinkommen.
Abmachung, Absprache, Verabredung, Abrede, Übereinkunft, Übereinkommen, Arrangement, Vereinbarung, Vertrag, Stipulation, Kontrakt, Pakt, Traité, Konvention, Abkommen, Agreement, Akkord, Konkordat · *auf Treu und Glauben:* Gentleman's Agreement · *mit beiderseitigem Nachgeben:* Ausgleich, Vergleich, Kompromiß · *erträgliche, leidliche:* Modus vivendi · *betrügerische:* Kollusion; → Bund, → Erlaubnis, → Testament, → Verabredung, → Weisung; → übereinkommen.
abmahnen: → abraten.
abmarschbereit: → verfügbar.
abmessen: → einteilen, → messen.
abmieten: → mieten.
abmindern: → verringern.
abmühen: sich a. → anstrengen.
abmurksen: → töten.
[1]**abnehmen,** nachlassen, schwinden, dahinschwinden, zurückgehen, sinken, absinken, sich verringern/vermindern/verkleinern, zusammenschrumpfen, abflauen, abebben, verebben, sich dem Ende zuneigen, ausgehen, zu Ende/zur Neige/ *(dichter.)* zur Rüste gehen, zu Ende/ *(ugs.)* alle sein (oder:) werden; → aufhören, → schlank [werden], → verringern · Ggs. → vermehren, → zunehmen.
[2]**abnehmen:** → ausziehen, → fotografieren, → glauben, → kaufen, → schlank [werden], → wegnehmen, → welken.
Abnehmer: → Kunde.
Abneigung, Widerwille, Antipathie, Vorurteil, Voreingenommenheit, Feindschaft, Feindseligkeit, Hostilität, Abscheu, Ekel, Degout, Aversion, Haß, Odium, Animosität; → Arglist, → Bosheit, → Entsetzen, → Gegner, → Gehässigkeit, → Neid, → Unduldsamkeit, → Unzuträglichkeit, → Vorurteil; → hassen; → gegnerisch · Ggs. → Zuneigung.
abnibbeln: → sterben.
abnutzen, abnützen, abbrauchen, verschleißen, abfahren (Reifen), ablaufen (Schuh), abtreten (Absatz), aufbrauchen, verbrauchen, entkräften, entnerven, enervieren; → opfern.
abonnieren: → bestellen.
abordnen, delegieren, deputieren, entsenden, schicken, beordern, detachieren, abkommandieren, kommandieren zu, abstellen; → schicken; → Abgeordneter, → Abgesandter, → Abordnung, → Ausschuß.
Abordnung, Delegation, Deputation, Abkommandierung, Entsendung; → Abgeordneter, → Abgesandter, → Ausschuß; → abordnen.
Abort: → Fehlgeburt, → Toilette.

abortieren, fehlgebären; → gebären; → Fehlgeburt.
ab ovo: → Anfang.
abpachten: → mieten.
abpflücken: → abmachen, → ernten.
abpinnen: → absehen.
abplacken: sich a. → anstrengen.
abplagen: sich a. → anstrengen.
abplatzen: → lösen (sich).
abprotzen: → defäkieren.
abputzen: den [Weihnachtsbaum] a. → Weihnachtsbaum.
abquälen: sich a. → anstrengen.
abqualifizieren: → verleumden.
abrackern: → anstrengen.
abraten, abmahnen, widerraten, abreden, abbringen von, warnen, ausreden, nicht → zuraten; → bitten, → mahnen, → verleiden.
abreagieren: → beruhigen.
abrechnen: → bestrafen.
Abrede: → Abmachung.
abreden: → abraten.
abregen: sich a. → beruhigen.
abreiben: → abfrottieren, → reiben.
abreißen: → abbüßen, → abmachen, → niederreißen.
abrichten: → erziehen.
abriegeln: → abschließen.
Abriß: → Ratgeber.
abrubbeln: → abfrottieren.
abrufen: [in die Ewigkeit] abgerufen werden → sterben.
abrunden: → vervollständigen.
abrupfen: → abmachen.
abrupt: → plötzlich.
absäbeln: → abmachen.
absacken: → untergehen.
absagen, eine Zusage zurücknehmen, rückgängig machen, abblasen *(salopp)*; → widerrufen.
absägen: → entlassen.
Absatz: → Abschnitt.
absaufen: → sterben, → untergehen.
abschaffen, aufheben, beseitigen, annullieren, für ungültig/nichtig/null und nichtig erklären, außer Kraft setzen.
abschälen: → abziehen.
Abschattung: → Nuance.
abschätzen: → beurteilen.
abschätzig, abfällig, geringschätzig, verächtlich, mißfällig, wegwerfend, despektierlich; → ehrlos.
Abschaum, Auswurf, Abhub, Bodensatz, Hefe, Pöbel, Plebs, Mob, Janhagel, Gesindel, Pack *(abwertend)*, Bagage *(abwertend)*, Gelichter *(abwertend)*, Brut *(abwerteud)*, Geschmeiß *(abwertend)*, Gezücht, Sippschaft, Gesocks *(salopp)*, Grobzeug *(salopp, abwertend)*, Kroppzeug *(salopp, abwertend)*, Geschlücht, Kanaille *(abwertend)*, Sakramenter, Blase *(salopp)*; → Abteilung, → Bund.
Abscheu: → Abneigung.
abscheuerregend: → abscheulich.
abscheulich, scheußlich, häßlich, unschön, greulich, verabscheuenswert, verabscheuenswürdig, abscheuerregend, verwerflich; → böse, → geschmacklos.
abschicken: → schicken.
abschieben: → entlassen.
Abschied: → Exitus; den A. bekommen → entlassen; den A. nehmen → kündigen; A. nehmen → trennen (sich).
abschießen: → entlassen.
abschinden: sich a. → anstrengen.
abschirmen: → abhalten.
abschlachten: → töten.
Abschlag: → [Preis]nachlaß.
abschlagen: → ablehnen, → abmachen.
abschlägig: a. bescheiden → ablehnen.
[1]**abschließen** (etwas), schließen, absperren *(landsch.)*, sperren *(landsch.)*, zuschließen, zusperren *(landsch.)*, verschließen, versperren *(landsch.)*, abriegeln, zuriegeln, verriegeln, den Riegel vorschieben/vorlegen.
[2]**abschließen:** → aufhören; sich a. → abkapseln; a. von → ausschließen.
Abschluß: → Ende; zum A. bringen → aufhören.
abschmatzen: → küssen.
abschmecken: → würzen.
abschmieren: → einreiben.
abschmücken: den [Weihnachts]baum a. → Weihnachtsbaum-
abschmulen: → absehen.
abschnappen: → sterben.
abschneiden: → abmachen.
Abschnitt, Absatz, Kapitel, Artikel, Passus, Passage, Paragraph, Teil, Stück, Ausschnitt; → Arbeit, → Pensum.
[1]**abschreiben,** abstreichen, Abstriche machen, abtun, fallenlassen, verzichten, Verzicht leisten, sich trennen von, sich einer Sache begeben, einer Sache entsagen/entraten, zurücktreten/absehen/lassen/ablassen/abgehen/abkommen/abstehen/Abstand nehmen von, sich etwas versagen/aus dem Kopf schlagen, an den Nagel hängen *(ugs.)*, fahrenlassen *(ugs.)*, bleibenlassen *(ugs.)*, lassen, schießenlassen *(salopp)*; → allein [lassen], → aufhören, → ermäßigen, → unterdrücken, → versäumen, → verzagen; → Entsagung · Ggs. → zuraten.
[2]**abschreiben:** → absehen.
Abschrift, Zweitschrift, Duplikat, Duplum, Doppel, Durchschlag, Durchschrift, Kopie; → Nachahmung; → verdoppeln.
abschuften: sich a. → anstrengen.
abschüssig: → steil.
abschwarten: → schlagen.
abschweifen, abweichen, abgleiten, abirren, abkommen.
Abschweifung, Exkurs; → Abweichung; → abschweifen.
abschwenken: → säubern.
[1]**absehen,** abschreiben, abgucken, abpinnen *(ugs.)*, abschmulen *(ugs., berlin.)*, spikken, eine Klatsche/einen Schlauch/einen Spickzettel benutzen *(ugs.)*.
[2]**absehen:** → voraussehen; a. von etwas → abschreiben.

absein: → erschöpft [sein].
Abseite: → Rückseite.
abseitig: → abgelegen.
absenden: → schicken.
Absender, Adressant · Ggs. → Empfänger.
absentieren: sich a. → weggehen.
abservieren: → entlassen.
absetzen: → ausziehen, → entlassen, → verkaufen; sich a. → weggehen.
absichern: → sichern.
[1]**Absicht,** Plan, Vorhaben, Projekt, Intention, Vorsatz, Ziel · *böse:* Dolus; → Arglist, → Ehrgeiz, → Einfall, → Entwurf, → Muster, → Neigung, → Versuch; → entwerfen, → vorhaben; → absichtlich.
[2]**Absicht:** die A. haben → vorhaben; mit A. → absichtlich.
absichtlich, beabsichtigt, bewußt, mit Willen/Bedacht/Absicht, willentlich, wohlweislich, nicht → unabsichtlich; → freiwillig; → vorhaben; → Absicht.
absinken: → abnehmen, → untergehen.
absitzen: seine Zeit/Strafe a. → abbüßen.
absolut: → selbständig, → unbedingt; a. nicht → nein.
Absolution: → Begnadigung.
Absolutismus: → Herrschaft.
absonderlich: → seltsam.
absondern: → abkapseln, → ausschließen.
abspenstig: a. machen → überreden.
absperren: → abschließen.
abspielen: sich a. → geschehen.
absplittern: → lösen (sich).
Absprache: → Abmachung; nach A. mit → Erlaubnis.
absprechen: → aberkennen, → abstreiten, → übereinkommen.
abspringen: → lösen (sich), → untreu [werden].
abspritzen: → töten.
abspülen: → säubern.
Abstammung: → Abkunft.
Abstand: → Entfernung; A. nehmen von etwas → abschreiben.
abstauben: → wegnehmen.
abstechen: → töten; a. gegen → kontrastieren.
Abstecher: → Reise.
abstehen: a. von etwas → abschreiben.
absteigen: → übernachten.
abstellen: → abordnen, → hindern → parken.
Abstellgleis: aufs A. schieben → entlassen.
absterben: → welken.
abstimmen: sich a. → übereinkommen.
abstinent: → enthaltsam.
Abstinenz: → Enthaltsamkeit.
Abstinenzler: → Antialkoholiker.
abstoppen: → halten.
abstoßen: → verkaufen.
abstoßend: → ekelhaft.
abstottern: → zahlen.
abstrafen: → schlagen.
abstrakt: → unwirklich.
Abstraktion: → Einbildung.
abstreichen: → abschreiben.
abstreifen: → abziehen.
abstreiten, bestreiten, in Abrede stellen, leugnen, ableugnen, verneinen, sich verwahren gegen, von sich weisen, dementieren, als unrichtig / unwahr / unzutreffend / falsch bezeichnen, absprechen; → antworten, → berichtigen, → widerrufen.
Abstrich: -e machen → abschreiben.
abstrus: → verworren.
Abstufung: → Nuance.
abstumpfen: → verwahrlosen.
absuchen: → durchsuchen.
Abszeß, Furunkel, Karbunkel, Beule; → [Haut]ausschlag; → Geschwür.
abtasten: → durchsuchen.
Abtei: → Kloster.
Abteilung, Truppe, Einheit, Geschwader, Pulk, Trupp, Schar, Kolonne, Haufen, Ansammlung; → Abschaum, → Mannschaft, → Herde, → Menge.
Abtönung: → Nuance.
abtragen: → niederreißen, → zahlen.
abträglich: → unerfreulich.
abtransportieren: → entfernen.
Abtreibung: → Fehlgeburt.
abtrennen: → abmachen.
abtreten: → abgeben, → abnutzen, → einräumen; vom Schauplatz/von der Bühne a. → sterben.
Abtritt: → Toilette.
abtrocknen: → abfrottieren.
abtrünnig: → untreu.
Abtrünniger, Renegat, Proselyt; → Deserteur, → Ketzer, → Revolutionär; → konvertieren, → überreden.
abtun: → abschreiben, → ausziehen.
aburteilen: → verurteilen.
Abverkauf: → Ausverkauf.
abvermieten: → vermieten.
abwägen: → vergleichen.
abwandeln: → ändern.
abwarten: → warten.
abwaschen: → säubern.
Abwaschwasser: → Kaffee.
abwechslungsreich: → kurzweilig.
abwechslungsvoll: → kurzweilig.
abwehren: → hindern.
abweichen: → abschweifen, → kontrastieren.
Abweichung, Ausnahme, Sonderfall, Irregularität, Abirrung, Unstimmigkeit, Aberration, Deviation, Unterschied, Divergenz, Differenz, Variation, Variante, Diskrepanz, Derivation, Ungleichmäßigkeit, Mißverhältnis, Disproportion, Ametrie · *sexuelle:* Abartigkeit, Perversion; → Abschweifung, → Homosexueller, → Mißklang, → Unausgeglichenheit; → gleichen, → unterscheiden; → krank, → unüblich · Ggs. → Regel.
abweisen: → ablehnen.
abweisend: → unhöflich.
[1]**abwenden** (sich), sich abkehren/wegkehren/wenden, den Rücken kehren/wenden.
[2]**abwenden:** → hindern.
abwerben: → überreden.

abwerfen: → einträglich [sein].
abwerten: → verleumden.
Abwertung: → Geldentwertung.
abwesend, aushäusig; **a. sein,** fehlen, schwänzen *(ugs.)*, vermißt werden, ausgeblieben/weggeblieben/nicht zu Hause/nicht momentan/nicht → anwesend sein; → faulenzen, → kommen.
abwichsen: sich einen a. → masturbieren.
Abwicklung: → Auflösung.
abwiegeln: → beruhigen.
abwiegen, wiegen, einwiegen *(östr.)*.
abwimmeln: → ablehnen.
abwinken: → ablehnen.
abwirtschaften: → verwahrlosen.
abwischen: → säubern.
Abyssus: → Hölle.
abzahlen: → zahlen.
abzählen: sich etwas an den fünf/zehn Fingern a. können → voraussehen.
abzapfen: → ablisten.
Abzeichen, Emblem, Hoheitszeichen, Wahrzeichen, Insignien, Kokarde; → Fahne, → Merkmal, → Sinnbild.
abzeichnen (sich), sich abheben, sichtbar werden.
[1]**abziehen,** häuten, abhäuten, enthäuten, abbalgen, abstreifen, [ab]schälen, pellen *(ugs.)*.
[2]**abziehen:** eine Schau a. → übertreiben.
abzielen: a. auf → vorhaben.
abzischen: → weggehen.
Abzug: → [Preis]nachlaß.
abzwacken: → ablisten.
abzwicken: → abmachen.
abzwitschern: → weggehen.
Accessoires: → Zubehör.
acheln: → essen.
Achse: → Mittelpunkt; auf A. → unterwegs.
acht: in a. nehmen → schonen.
Acht: in A. und Bann tun → brandmarken.
achtbar: → anerkennenswert.
[1]**achten,** schätzen, verehren, bewundern, anbeten, vergöttern, ästimieren, respektieren, anerkennen, große Stücke auf jmdn. halten *(salopp)*, viel für jmdn. übrig haben *(ugs.)*, nicht → ignorieren, nicht → mißachten; → achtgeben, → lieben, → Ansehen.
[2]**achten:** → achtgeben.
ächten: → brandmarken.
achtgeben, achten [auf], aufpassen, Obacht geben, aufmerken, achthaben, ein Auge haben auf *(ugs.)*, passen auf *(ugs.)*, befolgen, [einen Rat] annehmen, beherzigen, beachten, beobachten, einhalten, Beachtung schenken, nicht → ignorieren, nicht → mißachten; → berücksichtigen, → erwägen, → gehorchen; → wachsam · Ggs. → ablehnen.
achthaben: → achtgeben.
achtsam: → wachsam.
Achtsamkeit, Behutsamkeit, Wachsamkeit, Vorsicht; → behutsam, → wachsam.
Achtung, Hochachtung, Respekt, Verehrung, Ehrfurcht, Ehrerbietung, Rücksicht, Pietät; → Ansehen, → Nächstenliebe, Ggs. → Nichtachtung; → billigen.
achtunggebietend: → erhaben.
Achtungsapplaus: → Beifall.
ächzen: → stöhnen.
Acker: → Feld.
ackern: → anstrengen (sich).
Adamskostüm: im A. sein → nackt [sein].
Adaptation: → Anpassung.
Adel: → Vornehmheit.
Adept: → Helfer.
Ader, Blutgefäß, Blutader, Blut[bahn] · *vom Herzen wegführende:* Arterie, Schlagader · *zum Herzen hinführende:* Vene; → Venenentzündung.
adieu: → Gruß.
ad infinitum: → unaufhörlich.
adiós: → Gruß.
Adjektiv: → Wortart.
Adjutant: → Helfer.
Adlatus: → Helfer.
Administration: → Amt.
Adoleszenz: → Pubertät.
Adonai: → Gott.
Adonis: → Frauenheld.
Adressant: → Absender.
Adressat: → Empfänger.
Adresse: → Anschrift.
adrett: → geschmackvoll.
Adventszeit, Vorweihnachtszeit.
Adverb: → Wortart.
adversativ: → gegensätzlich.
Advertising: → Propaganda.
Advokat: → Jurist.
Affäre: → Angelegenheit, → Liebelei.
Affe: eitler A. → Geck; einen -n haben → betrunken [sein]; sich einen -n kaufen → betrinken (sich).
Affekt: → Erregung.
affektiert: → geziert.
affektiv: → gefühlsbetont.
äffen: → anführen.
Affenhitze: → Wärme.
Affenzahn: mit einem A. → schnell.
Affiche: → Plakat.
affig: → eitel.
Affinität: → Anziehungskraft.
Affront: → Beleidigung.
Afrikaner: → Neger.
After Anus, Darmausgang; → Gesäß; → rektal.
Aftersausen: → Darmwind.
Agape: → Nächstenliebe.
Agent: → Beauftragter, → Spion.
Aggression: → Angriff.
aggressiv: → streitbar.
agieren: → darstellen.
agil: → geschickt.
Agitation: → Propaganda.
Agitprop: → Propaganda.
Agreement: → Abmachung.
Agronom: → Bauer.
Ahn: → Verwandter.
ahnden: → bestrafen.
ähneln: → gleichen.

ahnen: → vermuten.
Ahn[herr] → Angehöriger.
ähnlich: ä. sein/sehen → gleichen.
ähnlichbedeutend: → synonym.
Ahnung, Vorahnung, Vermutung, Gefühl, Annahme, Besorgnis, Befürchtung, zweites Gesicht, innere Stimme, sechster Sinn *(ugs.)*; → Ansicht, → Gefühl, → Hoffnung, → Verdacht.
ahnungslos, nichtsahnend, unwissend, unvorbereitet; → kindisch, → überrascht.
Air: → Ansehen.
Akademie: → Hochschule.
Akademiker: → Gelehrter.
akademisch: → lebensfremd.
Akklamation: → Beifall.
akklimatisieren: → anpassen.
Akkord: → Abmachung.
Akkordeon: → Tasteninstrument.
Akkuratesse: → Sorgfalt.
Akme: → Höhepunkt.
Akne: → Hautausschlag.
Akribie: → Sorgfalt.
Akronym: → Abkürzung.
Akrostichon: → Gedicht.
[1]**Akt,** Aufzug; → Auftritt.
[2]**Akt:** → Koitus, → Tat.
Akten[bündel], Dossier, Faszikel, Konvolut; → Urkunde.
Aktentasche: → Schultasche.
Akteur: → Schauspieler.
Aktie: → Claim.
aktiv: → fleißig.
Aktive: → Zigarette.
aktivieren: → mobilisieren.
Aktivität: → Anstrengung.
Aktrice: → Schauspielerin.
aktualisieren: → mobilisieren.
Aktualität: → Neuheit.
aktuell, akut, spruchreif, ausgegoren *(ugs.)*; → fertig.
akustisch, klangmäßig *(ugs.)*, auditiv, gehörsmäßig *(ugs.)*; → laut; → hören.
akut: → aktuell.
Akzeleration: → Entwicklung.
Akzent: → Tonfall.
akzeptabel: → annehmbar.
akzidentell: → unwichtig.
albern: → kindisch.
Albernheit: → Plattheit.
alert: → schlau.
Alexandriner: → Vers.
Alibi: → Nachweis.
Alkohol, Schnaps, Fusel *(abwertend)*, Spiritus, Sprit *(ugs.)*; → Getränk, → Wein.
all: vor -em → besonders.
All: → Weltall.
[1]**alle,** sämtliche, allesamt, jeder, jedermann, ausnahmslos, samt und sonders, mit Kind und Kegel, jegliche, jung und alt, Freund und Feind.
[2]**alle:** a. werden/sein → abnehmen.
Allee: → Straße.
Allegorie: → Sinnbild.
[1]**allein,** einsam, verlassen, mutterseelenallein, vereinsamt; → abgelegen; **a. sein** · *als Verheirateter zeitweise:* Strohwitwe[r]/grüne Witwe sein; **a. lassen,** jmdn. sich selbst/seinem Schicksal überlassen, jmdn. verlassen/*(ugs.)* sitzenlassen/im Stich lassen; → abschreiben, → ausschließen, → trennen (sich), → untreu [werden].
[2]**allein:** → aber; von a. → freiwillig.
alleinig: → ausschließlich.
Alleinsein: → Einsamkeit.
allemal: → ja.
allenfalls: → vielleicht.
allenthalben: → überall.
allerdings: → ja.
Allergie: → Unzuträglichkeit.
allergisch: → empfindlich.
allerhand: → allerlei.
allerlei, mancherlei, verschiedenerlei, vielerlei, mannigfaltig, allerhand *(ugs.)*; → ausreichend, → gegensätzlich, → verschieden.
allerliebst: → hübsch.
allerorten/allerorts: → überall.
allerwege: → unaufhörlich.
Allerwertester: → Gesäß.
allesamt: → alle.
allfällig: → etwaig, → vielleicht.
[1]**allgemein,** universell, gesamt, umfassend, weltweit, global, international; → besonders, → generell.
[2]**allgemein:** im -en → generell.
Allgemeinheit: → Öffentlichkeit.
Allianz: → Bund.
alliieren: sich a. → verbünden (sich).
Alliteration: → Reim.
Allmächtige: der A. → Gott.
allmählich, sukzessive, nach und nach, schrittweise, mit der Zeit, der Reihe nach, peu à peu; → planmäßig.
Allopath: → Arzt.
Allotria: → Unsinn.
Alltag: → Werktag.
alltäglich: → üblich.
alltags: → wochentags.
Alm: → Wiese.
Alma mater: → Hochschule.
Almosen: → Gabe.
Alp: → Wiese.
Alpdruck: → Traum.
als (temporal), nachdem, wenn, wie, da, wo *(ugs.)*.
alsbald: → gleich.
also, mithin, infolgedessen, danach, folglich, demnach, demzufolge, demgemäß, dementsprechend, somit.
[1]**alt,** älter, bejahrt, [hoch]betagt, uralt, steinalt, senil, verkalkt *(abwertend)*, verknöchert *(abwertend)*, greis, ältlich, nicht → jung, nicht → neu; → altmodisch; → altern.
[2]**alt:** → langjährig; a. werden → altern; -e Dame → Mutter; -er Herr → Vater; die Alte Welt → Abendland; jung und a. → alle; zum -en Eisen werfen → entlassen.
Alt: → Sängerin.
Altan: → Veranda.

Altar: zum A. führen → heiraten.
Alte: → Ehefrau, → Mutter; -r; → Ehemann, → Vater; die -n → Eltern.
alteingesessen: → einheimisch.
Alter: → Generation.
älter: → alt.
altern, alt werden, ergrauen, grau werden, vergreisen, verkalken *(ugs.)*; → alt.
alters: von a. → unaufhörlich.
Altersforschung, Alterskunde, Gerontologie; → Altersheilkunde.
Altersheilkunde, Geriatrie; → Altersforschung.
Altersklasse: → Generation.
Alterskunde: → Altersforschung.
altertümlich: → altmodisch.
altfränkisch: → altmodisch.
althergebracht: → herkömmlich.
Altistin: → Sängerin.
altklug: → frech.
ältlich: → alt.
altmodisch, unmodern, veraltet, obsolet, abgelebt, vorsintflutlich *(abwertend)*, altväterisch, altfränkisch, antiquiert, altertümlich, antiquarisch, archaisch, nicht → modern, nicht → fortschrittlich; → alt, → antik, → rückschrittlich, → überlebt, → vorig; → Rückständigkeit.
Altruismus: → Selbstlosigkeit.
altruistisch: → gütig.
Altstadt: → Innenstadt.
altväterisch: → altmodisch.
altväterlich: → erhaben.
Altvordere: die -n → Angehöriger.
Amant: → Geliebter.
Amateur: → Nichtfachmann.
Ambassader: → Diplomat.
Ambiente: → Umwelt.
Ambition: → Ehrgeiz.
ambivalent: → mehrdeutig.
Amenorrhö: → Menstruation.
Amerika, die Neue Welt, die westliche Hemisphäre, die [Vereinigten] Staaten, USA.
Ametrie: → Abweichung.
Amme: → Kindermädchen.
Amnestie: → Begnadigung.
Amouren: → Liebelei.
Amphibolie: → Wortspiel.
amphibolisch: → mehrdeutig.
[1]**Amt,** Behörde, Dienststelle, Verwaltung, Administration, Magistrat, Senat, Ministerium, Stelle.
[2]**Amt:** → Beruf; des -es entheben/entkleiden → entlassen.
amtlich, behördlich, offiziell, öffentlich, nicht inoffiziell, halbamtlich, offiziös; → verbürgt.
Amtsbruder: → Kollege.
Amulett, Fetisch, Talisman, Maskottchen, Glücksbringer; → Abgott.
Amüsement: → Unterhaltung.
amüsieren: etwas amüsiert jmdn. → erfreuen; sich a. → schadenfroh [sein], → vergnügen (sich).
...ana: → Arbeit.
anachronistisch: → überlebt.
Anakoluth: Satzbruch.
anal: → rektal.
analog: → übereinstimmend.
analysieren: → zergliedern.
Ananke: → Zwang.
Anapäst: → Versfuß.
Anarchist: → Revolutionär.
anästhesieren: → betäuben.
Anathema: → Bann.
anbahnen: etwas bahnt sich an → entstehen.
[1]**anbandeln/anbändeln** (mit), anbinden mit, schäkern, tändeln, sich jmdn. anlachen, sich jmdn. anschaffen/zulegen/ankratzen/angeln *(salopp)*, auf Männerfang gehen · *von Prostituierten:* auf den Strich gehen, anschaffen; → aufziehen, → lieben.
[2]**anbandeln:** mit jmdm. a. → Streit [anfangen].
anbauen: sich a. → niederlassen (sich).
anbei, beiliegend, anliegend, inliegend, im Innern, innen, als/in der Anlage, beigeschlossen.
anbeten: → achten.
Anbeter: → Geliebter.
anbiedern: sich a. → nähern (sich jmdm.).
[1]**anbieten** (jmdm. etwas), antragen, sich erbieten, andienen.
[2]**anbieten:** → bereitstellen; [zum Kauf] a. → verkaufen.
anbinden: a. mit → anbandeln (mit), → Streit [anfangen].
anblaffen: → schelten.
anblasen: → schelten.
Anblick: → Ausblick, → Gesichtspunkt.
anblicken: → ansehen.
anbrechen: etwas bricht an → anfangen.
anbrennen: → anzünden.
[1]**anbringen,** anmachen *(ugs.)*, anschrauben, aufschrauben, schrauben an/auf, anmontieren, aufmontieren, montieren, anstecken, anheften, legen, verlegen.
[2]**anbringen:** → verkaufen, → verraten.
Anbruch: → Anfang.
anbrüllen: → schelten.
anbuffen: → schwängern.
Andacht: → Konzentration.
andächtig: → aufmerksam.
andauern, dauern, währen, anhalten, fortbestehen, fortdauern.
andauernd: → unaufhörlich.
[1]**Andenken,** Souvenir, Erinnerungsstück.
[2]**Andenken:** → Gedächtnis.
ander: von der -n Fakultät → gleichgeschlechtlich.
ändern, abändern, umändern, umkrempeln *(ugs.)*, modifizieren, korrigieren, umarbeiten, umwandeln, umformen, umsetzen, transformieren, [um]modeln, verändern, [ab]wandeln, variieren, verwandeln, anders machen/werden, etwas wechselt/schlägt um; → Veränderung.
andernfalls: → auch.

anders: → verschieden.
andersgeschlechtlich, heterosexuell, gegengeschlechtlich, nicht → gleichgeschlechtlich; → zwittrig.
andersgläubig: → ketzerisch.
andersherum: → gleichgeschlechtlich.
anderswo: → anderwärts.
anderwärts, anderswo, sonstwo, woanders.
andichten: jmdm. etwas a. → verleumden.
andienen: → anbieten.
andonnern: → schelten.
Andrang: → Zustrom.
andrehen: → überreden.
androgyn: → zwittrig.
androhen: → mitteilen.
Andromanie: → Mannstollheit.
Androphiler: → Homosexueller.
anecken: → anstoßen.
aneignen: → nehmen; sich etwas a. → lernen.
Aneignung: → Diebstahl.
aneinandergeraten: → kämpfen.
Anekdote: → Erzählung.
anekeln: etwas ekelt jmdn. an → schmekken.
anempfehlen: → vorschlagen.
anempfinden: → einfühlen (sich).
Anerbieten: → Angebot.
anerkennen: → achten, → billigen, → loben.
anerkennenswert, lobenswert, verdienstvoll, löblich, rühmlich, achtbar, ehrenvoll, ruhmreich, glorreich; **a. sein,** jmdm. ist etwas hoch anzurechnen.
Anerkennung: → Dank.
anerzogen, erworben, angenommen, nicht → angeboren.
anfachen: → anzünden.
anfahren: → auftischen, → schelten, → zusammenstoßen.
Anfall, Kollaps, Attacke, Koller *(ugs.)*, Rappel *(salopp)*, Raptus, Paroxysmus.
anfällig, schwächlich, schwach, labil, nicht → widerstandsfähig, nicht → stark; → kraftlos, → machtlos; **a. sein,** neigen zu.
Anfälligkeit: → Anlage.
[1]**Anfang,** Beginn, Eröffnung, Anbruch, Ausbruch, Eintritt, Auftakt; → Abkunft, → Grundlage, → Start; **von A. an,** ab ovo; → anfangen.
[2]**Anfang:** von A. bis Ende → A.
[1]**anfangen,** beginnen, in die Wege leiten, etwas angehen/in Angriff nehmen/eröffnen, starten, loslegen *(ugs.)*, sich an etwas machen, etwas nimmt seinen Anfang/hebt an/setzt ein/bricht an/läuft an/läßt sich an/ *(ugs.)* geht an/*(ugs.)* geht los · *mit Singen, Musizieren:* anstimmen, intonieren, den Ton angeben; → entstehen, → erörtern; → Anfang · Ggs. → aufhören.
[2]**anfangen:** Streit mit jmdm. a. → Streit.
Anfänger, Neuling, Novize, Debütant, Greenhorn; → Anhänger, → Schüler.
anfassen: → berühren.
anfauchen: → schelten.
anfechten: → zweifeln.
Anfechtung, Versuchung, Verlockung, Verführung; → Angriff.
Anfeindung: → Angriff.
anfertigen, fertigen, verfertigen, herstellen, [zu]bereiten, machen *(ugs.)*, fabrizieren, arbeiten · *beim Schiffsbau:* auf Kiel/Stapel legen; → anstrengen, → arbeiten, → bauen, → erzeugen, → formen.
anfeuchten: → sprengen.
anfeuern: → anstacheln.
anfinden: etwas findet sich an → finden.
anflehen: → bitten.
Anflug: → Nuance.
anfordern: → bestellen.
anfragen: → fragen.
[1]**anführen,** äffen, narren, foppen, jmdn. zum besten (oder:) zum Narren haben/halten, in den April schicken, verkohlen *(ugs.)*, jmdm. einen Bären aufbinden *(ugs.)*, veräppeln *(salopp)*, vergackeiern *(salopp)*, verhohnepipeln *(salopp)*, verarschen *(derb)*; → aufziehen, → betrügen, → lügen, → schäkern, → übertreiben, → verzerren, → vortäuschen; → Lüge.
[2]**anführen:** → begleiten, → erwähnen.
[1]**Anführer,** Rädelsführer, Räuberhauptmann *(scherzh.)*.
[2]**Anführer:** → Oberhaupt.
Anführungsstriche: → Satzzeichen.
Anführungszeichen: → Satzzeichen.
Angabe, Nachweis, Nennung, Aussage, Aufschluß, Erklärung, Aufklärung, Schlüssel, Belehrung; → Auslegung, → Hinweis, → Nachricht.
angaffen: → ansehen.
angeben: → erwähnen, → übertreiben, → verraten; a. mit → beziffern (sich).
Angeber, Großsprecher, Aufschneider, Prahlhans, Renommist, Schaumschläger, Großtuer, Großmaul *(derb)*, Windbeutel, Münchhausen; → Betrüger, → Geck.
Angeberei: → Übertreibung.
angeberisch: → protzig.
Angebetete: → Geliebte.
Angebinde: → Gabe.
angeblich, vorgeblich, wie man vorgibt, scheinbar; → anscheinend.
angeboren, eingeboren, ererbt, erblich, vererbbar, hereditär, kongenital, angestammt, nicht → anerzogen; → gefühlsmäßig.
Angebot, Offerte, Anerbieten, Anzeige, Inserat, Annonce; → Bestellung, → Vorschlag; → vorschlagen.
angebracht: es ist a. → nötig.
Angedenken: → Gedächtnis.
angeekelt, angewidert; **a. sein,** jmds. (oder:) einer Sache überdrüssig/müde sein, etwas ist jmdm. über *(ugs.)*, jmd. hat etwas über *(ugs.)*, genug haben [von jmdm., etwas], etwas satt/dick[e] haben *(ugs.)*, eine Sache leid/ *(ugs.)* satt sein, bedient sein *(ugs.)*, etwas reicht jmdm. *(ugs.)*, die Nase voll haben *(salopp)*, die Schnauze/den Kanal

voll haben *(derb)*, etwas steht jmdm. bis oben/bis an den Hals *(salopp)*, etwas hängt/wächst jmdm. zum Hals heraus *(salopp)*; → langweilen.
angeheitert: → betrunken.
angehen: etwas a., etwas geht an → anfangen; etwas geht jmdn. an → betreffen; etwas geht jmdn. nichts an → sorgen (sich); a. gegen → hindern; a. um → bitten.
angehören, zugehören, gehören, zählen/rechnen zu; → aufweisen.
Angehöriger, Verwandter, Anverwandter, Familienmitglied, Familienangehöriger · *in aufsteigender Linie:* Aszendent, Vorfahr, Ahn[herr], Urvater, Väter, die Altvorderen · *in absteigender Linie:* Deszendent, Nachkomme, Abkömmling, Abkomme, Nachfahr[e], Sproß; → Abkunft, → Eltern, → Familie, → Mitglied, → Sohn.
angekränkelt: → krank.
[1]**Angelegenheit,** Sache, Affäre, Fall, Chose *(salopp)*; → Tat.
[2]**Angelegenheit:** → Belange.
angeln: → fangen, → nehmen; sich jmdn. a. → anbandeln.
[1]**angemessen,** gebührend, gebührlich, ordentlich, gehörig, geziemend, schuldig, schicklich; → höflich, → richtig, → sehr.
[2]**angemessen:** → zweckmäßig.
angenähert: → einigermaßen.
angenehm: → erfreulich, → gemütlich; jmdn. a. sein → gefallen, → hübsch.
angenommen: → anerzogen, → erfunden.
Anger: → Wiese.
angesäuselt: → betrunken.
angeschlagen: → erschöpft.
angesehen, geachtet, geschätzt, beliebt, gefeiert, populär, volkstümlich, renommiert; → bekannt, → ehrenhaft · Ggs. → anrüchig; a. sein, gut angeschrieben sein *(ugs.)*, einen Stein bei jmdm. im Brett haben *(ugs.)*, hoch im Kurs stehen bei jmdm. *(ugs.)*.
Angesicht: → Gesicht.
angesichts: → wegen.
angespannt: → aufmerksam.
angestammt: → angeboren.
Angestellter: → Arbeitnehmer.
angestrengt: → aufmerksam.
angetan: a. sein von → anschwärmen.
angetrunken: → betrunken.
angewidert: → angeekelt.
angewiesen: a. sein auf → unselbständig.
Angewohnheit: → Brauch.
angezeigt: a. sein → nötig.
angezogen: → verfügbar; gut a. → geschmackvoll.
angleichen: → anpassen.
Angler, Fischer, Petrijünger.
anglotzen: → ansehen.
anglupschen: → ansehen.
angrapschen: → berühren.
[1]**angreifen:** etwas greift an/strengt an/spannt an *(ugs.)*/nimmt mit/*(salopp)* schlaucht; → anstrengen (sich).
[2]**angreifen:** → attackieren, → berühren.
[1]**Angriff,** Attacke, Anfeindung, Aggression, Offensive; → Anfechtung.
[2]**Angriff:** in A. nehmen → anfangen.
angriffslustig: → streitbar.
angst: jmdm. ist a. → Angst.
Angst, Ängstlichkeit, Befangenheit, Unsicherheit, Beklemmung, Hemmungen, Scheu, Phobie, Furcht, Panik · *krankhafte vor Aufenthalt in geschlossenen Räumen:* Klaustrophobie; → Bescheidenheit, → Entsetzen, → Neigung; **A. haben** [vor], fürchten, scheuen, sich ängstigen/*(ugs.)* graulen, es graut/graust jmdm., befürchten, Furcht hegen/haben, einen Horror haben, zurückscheuen, zurückschrecken, jmdm. ist [himmel]angst/bange, Bange haben, Bammel/Manschetten/Heidenangst haben *(salopp)*, die Hosen [gestrichen] voll/Schiß haben *(derb)*, vor Angst sterben/eingehen *(ugs.)*; → ausweichen, → schämen (sich); **A. machen,** ängstigen, erschrecken, Schreck/Angst einjagen; → einschüchtern; → ängstlich.
angsterfüllt: → ängstlich.
Angsthase: → Feigling.
ängstigen: → Angst [haben, machen].
ängstlich, furchtsam, schreckhaft, phobisch, bang, besorgt, angsterfüllt, angstvoll, bänglich, beklommen, scheu, schüchtern, verschüchtert, verängstigt, zaghaft, zag, gehemmt, befangen, verklemmt *(abwertend)*, neurotisch; → argwöhnisch, → aufgeregt, → behutsam, → bescheiden, → betroffen, → feige, → mutlos, → unzugänglich; → Angst, → Entsetzen · Ggs. → ungezwungen.
Ängstlichkeit: → Angst.
angstvoll: → ängstlich.
angucken: → ansehen; nicht [mehr] a. → ignorieren.
anhaben, tragen, bekleidet sein mit, aufhaben, auf dem Leib[e]/Kopf tragen (oder:) haben; → anziehen.
anhaften: → einschließen.
anhaken: → anstreichen.
[1]**anhalten** (etwas, jmdn.), aufhalten, zum Stehen/Stillstand bringen, stoppen; → eingreifen, → halten, → hindern.
[2]**anhalten:** → andauern, → halten, → mahnen; um jmdn. a. → werben.
anhaltend: → unaufhörlich.
anhängen: [jmdm. ein Maul] anhängen → verleumden.
Anhänger, Jünger, Schüler [von], Parteigänger, Fan, Gefolgschaft, Gemeinde; → Abgott, → Anfänger, → Helfer, → Mannschaft, → Mitläufer.
anhänglich: → treu.
Anhänglichkeit: → Zuneigung.
anhauchen: → schelten.
anhauen: → bitten.
anhäufen: → aufhäufen.
anheben: → vermehren; etwas hebt an → anfangen.
anheften: → anbringen.
anheimelnd: → gemütlich.

anheimgeben: jmdm. etwas a. → billigen.
anheimstellen: jmdm. etwas a. → billigen.
anheizen: → aufwiegeln, → heizen.
anherrschen: → schelten.
anheuern: → einstellen.
Anhieb: auf A. → gleich.
anhimmeln: → anschwärmen.
anhin: bis a. → bisher.
Anhöhe: → Berg.
anhören: → hören.
Anhörung: → Verhör.
anhusten: → schelten.
animieren: → anregen.
animos: → gegnerisch.
Animosität: → Abneigung.
Animus: einen A. haben → merken.
ankämpfen: a. gegen → hindern.
Ankauf: → Kauf.
ankaufen: → kaufen.
Anke: → Nacken.
ankeilen: → bitten.
anklagen: → verdächtigen.
ankleiden: → anziehen.
anklingeln: → anrufen.
anknüpfen: ein Gespräch a. → ansprechen.
anknurren: → schelten.
ankommen: → geboren [werden], → kommen; etwas kommt an auf → abhängen; a. gegen → beikommen; etwas kommt jmdn. an → überkommen.
ankratzen: sich jmdn. a. → anbandeln.
ankreiden: → übelnehmen.
ankreuzen: → anstreichen.
ankündigen: → mitteilen.
Ankunft: → Geburt.
anlachen: sich jmdn. a. → anbandeln.
[1]**Anlage,** Disposition, Empfänglichkeit, Anfälligkeit, Neigung zu.
[2]**Anlage:** → Begabung, → Park; als/in der A. → anbei.
anlangen: → kommen.
anlappen: → schelten.
Anlaß, Beweggrund, Grund, Ursache, Motiv, Veranlassung, Gelegenheit, Rücksichten; → Grundlage.
anlassen: etwas läßt sich an → anfangen.
anlasten, zur Last legen, belasten.
anlaufen: etwas läuft an → anfangen.
anläuten: → anrufen.
anlegen: → anziehen, → entwerfen, → zahlen; sich mit jmdm. a. → Streit [anfangen].
anlehnen, lehnen, stützen.
anleiten: → einarbeiten.
Anleitung: → Unterricht.
anlernen: → einarbeiten; sich etwas a. → lernen.
anliefern: → liefern.
anliegen: jmdm. a. [mit etwas] → bitten; jmdm. liegt etwas an → wichtig [sein].
Anliegen: → Bitte; etwas ist jmds. A. → wichtig [sein].
anliegend: → anbei.
Anlieger: → Anwohner.
anlocken: → verleiten.
anlügen: → lügen.
anmachen: → anbringen, → kochen; Feuer a. → heizen.
[1]**anmalen,** anpinseln, bemalen, bestreichen, bepinseln *(ugs)*; → malen, → streichen; → Maler.
[2]**anmalen:** sich a. → schönmachen.
anmarschieren: → kommen.
anmaßen: sich etwas a. → erdreisten.
anmaßend: → dünkelhaft.
Anmaßung: → Überheblichkeit.
anmeiern: → betrügen.
anmerken: → aufschreiben; jmdm. etwas a. → bemerken.
Anmerkung: → Randbemerkung.
anmontieren: → anbringen.
Anmut, [Lieb]reiz, Zauber, Grazie, Charme, Sex-Appeal, das gewisse Etwas; → Zuneigung; → anziehend, → hübsch.
anmuten: etwas mutet jmdn. an [wie] → vermuten.
anmutig: → hübsch.
annähernd: → einigermaßen.
Annahme: → Ahnung.
annehmbar, akzeptabel, passabel, leidlich, erträglich, auskömmlich, zufriedenstellend; → ausreichend; **a. sein,** tragbar sein.
annehmen: → entgegennehmen, → vermuten; sich etwas a. → lernen; angenommen → erfunden; [einen Rat] a. → achtgeben.
Annonce: → Angebot.
annullieren: → abschaffen.
anöden: → langweilen.
anonym, unter einem Pseudonym, inkognito, privat.
[1]**anordnen,** befehlen, bestimmen, jmdn. etwas heißen, lassen (jmdn. etwas tun lassen), verfügen, veranlassen, anweisen, Auftrag/Anweisung/Befehl geben, Auflage erteilen, auftragen, auferlegen, überbinden *(schweiz.)*, aufgeben, beauftragen; → anstacheln, → beordern, → bestellen, → verleiten, → vorschlagen, → wünschen, → zuraten.
[2]**anordnen:** → gliedern.
Anordnung: → Gliederung, → Weisung.
anpacken: → ergreifen.
anpassen, angleichen, harmonisieren, assimilieren, sich eingewöhnen/akklimatisieren/einfügen/einordnen/einleben; → Anpassung.
Anpassung, Opportunismus, Assimilation, Adaptation, Mimikry; → Zugeständnis; → anpassen.
anpellen: → anziehen.
anpfeifen: → schelten.
Anpfiff: → Vorwurf.
anpflanzen: → bebauen.
anpinseln: → anmalen.
anpöbeln: → ansprechen.
anprangern: → brandmarken.
anpreisen: → verkaufen.
Anpreisung, Schlagwort, Werbespruch, Slogan; → Propaganda.
anpumpen: → leihen.
anquasseln: → ansprechen.
anquatschen: → ansprechen.

Anrainer: → Anwohner.
anranzen: → schelten.
anraten: → vorschlagen.
anrechnen: jmdm. ist etwas hoch anzurechnen → anerkennenswert [sein].
Anrecht: → Anspruch.
anreden: → ansprechen.
[1]**anregen,** aufregen, beleben, aufpulvern, aufpeitschen, aufmöbeln, Auftrieb geben, aufputschen, animieren, stimulieren, den Anstoß geben zu, initiieren · *sexuell:* aufgeilen *(salopp)* · *beim Sport:* dopen; → anstacheln, → erheitern, → verwirren, → zuraten; → Impuls.
[2]**anregen:** → vorschlagen.
anregend: → interessant.
Anregung: → Impuls; die/eine A. geben → vorschlagen.
Anreise: → Reise.
Anreiz: → Reiz.
anreizend: → zugkräftig.
[1]**anrichten,** anstellen, machen, verbrechen *(ugs.)*; → zuraten.
[2]**anrichten:** → kochen.
anrüchig, berüchtigt, verrufen, fragwürdig, bedenklich, verdächtig, undurchsichtig, unheimlich, zweifelhaft, ominös, notorisch, obskur, suspekt, nicht → unverdächtig; → bekannt · Ggs. → angesehen.
anrücken: → kommen.
anrufen, telefonieren, anläuten, anklingeln *(ugs.)*, antelefonieren *(ugs.)*; → Fernsprecher.
anrühren: → berühren; etwas rührt jmdn. an → überkommen.
Ansager, Showmaster, Conférencier · *bei Schallplattendarbietungen:* Schallplattenjokkei, Diskjockei; → Revue.
Ansammlung: → Abteilung.
ansässig: → einheimisch.
ansaufen: sich einen a. → betrinken (sich).
anschaffen: → kaufen; [sich jmdn.] a. → anbandeln.
Anschaffung: → Kauf.
anschauen: → ansehen; nicht [mehr] a. → ignorieren.
Anschauung: → Ansicht.
[1]**Anschein,** Schein, Augenschein.
[2]**Anschein:** dem A. nach → anscheinend.
anscheinend, dem Anschein nach, wie es scheint, vermutlich, vermeintlich, es sieht so aus, mutmaßlich, [höchst]wahrscheinlich, aller Wahrscheinlichkeit nach, voraussichtlich, aller Voraussicht nach, wohl; → angeblich, → ungewiß, → vielleicht; → Anschein.
anscheißen: → schelten.
Anschiß: → Vorwurf; einen A. verpassen → schelten.
Anschlag: → Plakat, → Überfall.
anschlagen: → bellen.
anschließend: → hinterher.
Anschluß: im A. → hinterher.
anschmieren: → betrügen.
anschnauben: → schelten.
anschnauzen: → schelten.
Anschnauzer: → Vorwurf.
anschrauben: → anbringen.
anschreiben: gut angeschrieben sein → angesehen.
anschreien: → schelten.
Anschrift, Adresse, Aufenthaltsort, Wohnungsangabe; → Wohnung.
anschuldigen: → verdächtigen.
anschwärmen, schwärmen für, anhimmeln, verhimmeln, sich begeistern für, begeistert sein von, angetan sein von *(ugs.)*; → begeistern, → loben.
anschwärzen: → verleumden.
anschwellen: → steif [werden], → zunehmen.
[1]**ansehen,** anschauen, anblicken, betrachten, besichtigen, beschauen, beobachten, studieren, in Augenschein nehmen, beaugenscheinigen *(scherzh.)*, beaugapfeln *(scherzh.)*, beäugeln, beäugen *(ugs., scherzh.)*, mustern, fixieren, anstarren, anglotzen *(salopp, abwertend)*, anstieren *(salopp, abwertend)*, angaffen *(salopp, abwertend)*, besehen, beglotzen *(salopp, abwertend)*, begaffen *(salopp, abwertend)*, angucken, begucken, blikken auf, jmdm. einen Blick zuwerfen/schenken/gönnen, einen Blick werfen auf, anglupschen *(salopp)*; → begutachten, → blikken, → blinzeln, → forschen, → sehen.
[2]**ansehen:** a. für → beurteilen; jmdm. etwas an der Nase/Nasenspitze a. → bemerken.
[1]**Ansehen,** Ehre, Würde, Stolz, Geltung, Nimbus, Ruf, Prestige, Unbescholtenheit, [guter] Name, Leumund, Renommee, Reputation, Autorität, Rang, Stand, Image, Persönlichkeitsbild, Air; → Achtung, → Gunst, → Stellung; → billigen; → ehrenhaft · Ggs. → Nichtachtung.
[2]**Ansehen:** sein A. aufs Spiel setzen → bloßstellen.
ansehnlich: → außergewöhnlich.
ansein: → funktionieren.
ansetzen, auf das Programm/den Spielplan setzen, vorsehen, ins Auge fassen.
[1]**Ansicht,** Meinung, Anschauung, Auffassung, Präsumtion, Hypothese, Supposition; → Ahnung, → Denkweise, → Einbildung, → Gesichtspunkt, → Lehre; **nach jmds. A.,** nach jmds. Meinung/Dafürhalten, meines Erachtens.
[2]**Ansicht:** → Bild; der A. sein → meinen.
ansichtig: a. werden → wahrnehmen.
Ansichtskarte: → Schreiben.
ansiedeln: sich a. → niederlassen (sich).
Ansiedler: → Einwanderer.
ansinnen: jmdm. etwas a. → verlangen.
Ansinnen: → Vorschlag.
ansonsten: → auch.
anspannen: → angreifen.
Anspannung: → Anstrengung.
ansparen: → sparen.
anspinnen: sich a. → entstehen.
anspornen: → anstacheln.
Ansprache: → Rede; eine A. halten → sprechen.

¹**ansprechen,** ein Gespräch beginnen/anknüpfen, das Wort an jmdn. richten, anreden, anquatschen *(salopp)*, anquasseln *(salopp)*, anpöbeln *(abwertend)*; → bezeichnen, → bitten, → unterhalten (sich).
²**ansprechen:** a. um → bitten.
ansprechend: → interessant.
¹**Anspruch,** Anrecht, Recht [auf], Forderung; → Berechtigung, → Bitte, → Vorrecht.
²**Anspruch:** → Claim.
anspruchslos: → bescheiden.
Anspruchslosigkeit: → Bescheidenheit.
anspruchsvoll: → hochtrabend.
anstacheln, anspornen, aufstacheln, anstiften, anzetteln, ins Werk setzen, anfeuern, beflügeln, befeuern, antreiben, jmdn. zu etwas bringen/bewegen/inspirieren/begeistern, schaffen, daß ..., jmdn. auf Trab bringen *(ugs.)*, jmdm. Beine machen *(ugs.)*, jmdm. Dampf machen *(salopp)*, jmdn. auf Touren bringen *(salopp)*; → anordnen, → anregen, → aufwiegeln, → begeistern, → beseelen, → bitten, → mobilisieren, → überreden, → verleiten, → verstärken, → verursachen, → zuraten; → Reiz.
Anstand: → Benehmen; ohne Anstände → anstandslos.
anständig, unbescholten, keusch, unschuldig, unberührt, jungfräulich, tugendhaft, züchtig, sittsam; **a. bleiben,** die Ehre bewahren, jmdn. keine Schande machen, nicht → anstößig; → artig, → ehrenhaft, → sittlich; → Bloßstellung, → Sitte.
Anständigkeit: → Treue.
anstandslos, ohne weiteres, ohne Bedenken/Anstände, ungeprüft, unbesehen, bedenkenlos, blanko; → rundheraus, → ungefähr.
anstarren: → ansehen.
anstaunen: → bestaunen.
anstecken: → anbringen, → anzünden; sich a. → krank [werden].
Ansteckung, Infektion, Infekt, Übertragung; → Krankheit; → verseuchen; → krank.
anstehen: → warten.
ansteigen: → zunehmen.
anstellen: → anrichten, → einstellen; angestellt sein → funktionieren; sich a. → schämen (sich), → warten.
anstellig, geschickt, praktisch, fingerfertig, → geschickt, → zweckmäßig.
Anstellung: → Beruf; ohne A. → arbeitslos.
anstieren: → ansehen.
anstiften: → anstacheln.
anstimmen: → anfangen; ein Loblied a. → loben.
Anstoß: → Impuls; den A. geben → anregen; A. nehmen → beanstanden.
¹**anstoßen** (bei jmdm.), Anstoß/Mißfallen/Mißbilligung/Ärgernis erregen, der Stein des Anstoßes sein, Unwillen hervorrufen, anecken *(ugs.)*; → anstößig, → ärgerlich; → Ärger.
²**anstoßen:** → stoßen.
anstößig, unschicklich, ungehörig, unziemlich, ungebührlich, unanständig, zweideutig, pikant, lasziv, schlüpfrig, schmutzig, unsittlich, unmoralisch, schlecht, wüst, liederlich, zuchtlos, verdorben, verderbt, verrucht, ruchlos, verworfen, unzüchtig, pornographisch, tierisch, schweinisch *(salopp, abwertend)*, lasterhaft, sittenlos, unkeusch, unsolide, ausschweifend, obszön, nicht → anständig; → begierig, → frech, → gemein, → gewöhnlich, → pervers, → unhöflich; → anstoßen, → verwahrlosen; → Inzest, → Unzucht.
anstreben: → streben.
¹**anstreichen,** anhaken, ankreuzen, kenntlich machen.
²**anstreichen:** → streichen.
Anstreicher: → Maler.
¹**anstrengen** (sich), sich bemühen/befleißigen/mühen/abmühen/abarbeiten/strapazieren/*(ugs.)* auf den Hosenboden setzen/*(ugs.)* abrackern/plagen/abplagen/*(ugs., landsch.)* placken/*(ugs., landsch.)* abplacken/*(ugs.)* abschuften/quälen/abquälen/*(ugs.)* schinden/*(ugs.)* abschinden, sich Mühe geben, bemüht sein, sein möglichstes/Bestes/das menschenmögliche tun, sich zusammenreißen *(salopp)*, [ver]suchen + zu + Infinitiv; zusehen, daß ..., zu strampeln haben *(ugs.)*, schuften *(salopp)*, puckeln *(salopp)*, ackern *(salopp)*, asten *(salopp)*; → anfertigen, → angreifen, → arbeiten, → befassen (sich), → lernen, → streben, → übernehmen (sich), → wünschen; → tüchtig; → Anstrengung.
²**anstrengen:** etwas strengt an → angreifen.
anstrengend: → beschwerlich.
¹**Anstrengung,** Arbeit, Anspannung, Aktivität, Mühsal, Mühe, Beschwerlichkeit, Beschwerde, Belastung, Streß; → Last, → Tätigkeit; → anstrengen (sich); → beschwerlich.
²**Anstrengung:** → Versuch.
ansuchen: → bitten.
Ansuchen: → Bitte.
Antagonist: → Gegner.
antanzen: → kommen.
antatschen: → berühren.
Anteil: → Claim; A. nehmen → mitfühlen.
Anteilnahme: → Beileid, → Mitgefühl.
antelefonieren: → anrufen.
Anthologie: → Auswahl.
Anthropologie: → Menschenkunde.
Antialkoholiker, Abstinenzler, Blaukreuzler, Temperenzler.
Antibabypille: → Ovulationshemmer.
antichambrieren: → unterwürfig [sein].
antik, klassisch; → altmodisch.
antinomisch: → gegensätzlich.
Antipathie: → Abneigung.
Antipode: → Gegner.
antiquarisch: → altmodisch.
antiquiert: → altmodisch.
antithetisch: → gegensätzlich.
antizipieren: → vorwegnehmen.

Antlitz: → Gesicht.
antönen: → Hinweis [geben].
Antonym: → Gegensatz.
Antrag: → Gesuch.
antragen: → anbieten.
antreffen: → finden.
antreiben: → anstacheln.
antreten: seinen letzten Weg a. → sterben.
Antrieb: → Impuls, → Motor; aus eigenem A. → freiwillig.
antrinken: sich einen a. → betrinken (sich).
antrocknen, verkleben, verkrusten, verschorfen.
antun: → anziehen; sich etwas/ein Leid a. → entleiben; jmdm. etwas a. → schaden; es jmdm. angetan haben → gefallen.
Antwort: zur A. geben/bekommen → antworten.
antworten, zur Antwort geben/bekommen, beantworten, entgegnen, erwidern, versetzen, zurückgeben, eingehen auf, dagegenhalten, widersprechen, Widerspruch erheben, einwenden, einwerfen, entgegenhalten, begegnen, Einwände erheben/machen, replizieren, kontern, Kontra geben · *mit Heftigkeit, zornig:* aufflammen, aufbegehren; → abstreiten, → ausfüllen, → berichtigen, → mitteilen, → widerrufen, → zweifeln · Ggs. → fragen.
Anus: → After.
anvertrauen: → abgeben, → mitteilen.
Anverwandter: → Angehöriger.
anvettermicheln: sich a. → nähern (sich jmdm.).
anwachsen: → zunehmen.
Anwalt: → Jurist.
Anwärter, Aspirant, Reflektant, Bewerber, Kandidat, Prätendent, Assessor, Exspektant, Postulant.
anweisen: → anordnen.
Anweisung: → Weisung; A. geben → anordnen.
anwenden, verwenden, Verwendung haben für, gebrauchen, verwerten, benutzen, nutzen, ausnutzen; → brauchen.
Anwendung: → Gebrauch.
anwerben: → einstellen (jmdn.).
Anwesen: → Haus.
anwesend; a. **sein,** zugegen/gegenwärtig/gekommen sein, dasein, dabeisein, nicht → abwesend sein; → daheim; → kommen.
Anwohner, Anlieger, Anrainer, Nachbar; → Bewohner.
Anwurf: → Vorwurf.
Anzahl, Zahl, Vielzahl, Mehrzahl, Plural, Mehrheit, Quantum, Quantität, Unzahl, Menge, Masse, Legion, Myriade, Unmasse *(ugs.)*; → einige, → reichlich · Ggs. → Einzahl.
Anzeichen, Zeichen, Vorbote, Symptom · *drohenden Unheils:* Menetekel; → Merkmal, → Nachweis.
Anzeige: → Angebot; → verraten.
anzeigen: → verraten.
anzetteln: → anstacheln.
[1]**anziehen,** ankleiden, bekleiden, sich bedecken, anlegen, antun *(ugs.)*, sich kleiden, hineinschlüpfen, anpellen *(salopp)*, aufsetzen (Hut), umbinden (Kopftuch, Schürze), überwerfen, überstreifen, umhängen; → anhaben, → schönmachen · Ggs. → ausziehen; **gut angezogen sein,** in Schale sein *(salopp)*; → geschmackvoll, → hübsch; → Anzug, → Kleid, → Kleidung.
[2]**anziehen:** → verleiten.
anziehend, attraktiv, anmutig, lieblich, charmant, bestrickend, berückend, aufreizend, toll *(ugs.)*, bezaubernd, betörend, gewinnend, sympathisch, liebenswert, angenehm, lieb · *im Erotisch-Sexuellen:* sexy; → geschmackvoll, → hübsch, → interessant; → Anmut, → Anziehungskraft, → Zuneigung.
Anziehungskraft, Attraktivität, Affinität; → anziehend.
anzischen: → schelten.
[1]**Anzug,** Dreß, Gesellschaftsanzug, Fulldress, Gala, Arbeitsanzug, Overall, Kombination; → Kleid, → Kleidung; → anziehen, → schönmachen.
[2]**Anzug:** im A. sein → kommen.
anzüglich: → spöttisch.
anzünden, anstecken, zündeln, in Brand stecken/setzen, entzünden, anbrennen, anfachen, entfachen, Feuer legen, den roten Hahn aufs Dach setzen; → heizen, → verbrennen.
anzweifeln: → zweifeln.
Äon: → Zeitraum.
Apache: → Verbrecher.
Apanage: → Gehalt.
apart: → einzeln, → geschmackvoll.
Apartment: → Wohnung.
Apathie: → Teilnahmslosigkeit.
apathisch: → träge.
aper: → schneefrei.
Aperçu: → Ausspruch.
Apfelsine *(nordd.)*, Orange *(südd.)*, Pomeranze *(mundartl., südd.)*; → Mandarine, → Pampelmuse, → Zitrone.
Aphorismus: → Ausspruch.
aphoristisch: → kurz.
Aphthe: → [Haut]ausschlag.
Apophthegma: → Ausspruch.
Apostat: → Ketzer.
apostatisch: → ketzerisch.
apostrophieren: a. als → bezeichnen.
Apotheose: → Verherrlichung.
Apparat, Maschine, Gerät, Apparatur; → Computer, → Gerätschaft, → Motor, → Rüstzeug.
Apparatur: → Apparat.
Appartement: → Wohnung.
Äppelkahn: → Schuh.
Appell: → Aufruf.
apperzipieren: → erkennen.
Appetenz: → Leidenschaft.
Appetit: → Hunger.
appetitlich, lecker, delikat, köstlich, deliziös, schnuddelig *(berlin.)*; → Leckerbissen.

Applaus: → Beifall.
approximativ: → einigermaßen.
Aprikose, Marille *(östr.)*.
April: in den A. schicken → anführen.
Aqua destillata: → Wasser.
Aquarell: → Malerei.
äquipollent: → übereinstimmend.
Äquivalent: → Ersatz.
äquivok: → mehrdeutig.
Ära: → Zeitraum.
[1]**Arbeit,** Werk, Œuvre, Opus, Aufsatz, Essay, Niederschrift, Artikel, Beitrag, Traktat, Abhandlung, Studie, Miszellen, ...ana (Goetheana), ...iana (Kantiana) · *schlechte:* Machwerk *(abwertend)*, Elaborat *(abwertend)*; → Abschnitt, → Besprechung, → Entwurf, → Skript, → Veröffentlichung.
[2]**Arbeit:** → Anstrengung, → Tätigkeit; ohne A. → arbeitslos.
[1]**arbeiten,** tätig sein, werken, wirken, hantieren, sich betätigen/regen/rühren, fleißig sein, tun, schaffen *(landsch.)*, ausüben, betreiben, treiben, [einer Beschäftigung] nachgehen · *schwer:* → anstrengen (sich) · *langsam, wenig:* → faulenzen · *unsorgfältig:* → pfuschen · *nicht:* → faulenzen; → anfertigen, → funktionieren; → fleißig, → vollbeschäftigt.
[2]**arbeiten:** → anfertigen; etwas arbeitet → funktionieren.
Arbeiter: → Arbeitnehmer.
Arbeitgeber, Vorgesetzter, Chef, Dienstherr, Direktor, Leiter, Vorsteher, Vorstand, Boß, Brötchengeber *(ugs.)*; → Beauftragter, → Oberhaupt, → Stellvertreter; → vorstehen · Ggs. → Arbeitnehmer.
Arbeitnehmer, Arbeiter, Angestellter, Bediensteter, Beamter; → Arbeitstier, → [Handels]gehilfe, → Personal · Ggs. → Arbeitgeber.
arbeitsam: → fleißig.
Arbeitsanzug: → Anzug.
Arbeitsethik: → Sorgfalt.
Arbeitshaus: → Strafanstalt.
arbeitslos, ohne Arbeit, erwerbslos, beschäftigungslos, unbeschäftigt, ohne Beschäftigung, stellenlos, stellungslos, ohne Anstellung, brotlos; → Beruf, → Tätigkeit.
Arbeitsraum: → Werkstatt.
arbeitsscheu: → faul.
Arbeitstag: → Werktag.
Arbeitstier, Roboter, Kuli, Kärrner, Packesel; → Arbeitnehmer.
Arbeitsweise: → Verfahren.
arbeitswillig: → fleißig.
archaisch: → altmodisch.
Archetyp: → Muster.
Architektonik: → Baukunst.
Architektur: → Baukunst.
Areal: → Gebiet.
arg: → sehr.
Arg: ohne A. → arglos.
[1]**Ärger,** Verdruß, Verstimmung, Unmut, Unwille, Erbitterung, Groll, Chagrin, schlechte Laune, Mißmut, Unlust, Verdrossenheit, Verbitterung, Erbitterung, Verärgerung, Mißstimmung, Bitterkeit, Bitternis, Zorn, Wut, Rage *(ugs.)*, Grimm, Ingrimm, Jähzorn, Raserei, Furor, Leidenschaft; → anstoßen (bei jmdm.).
[2]**Ärger:** → Unannehmlichkeit.
[1]**ärgerlich,** böse, aufgebracht, verärgert, entrüstet, empört, schockiert, peinlich/unangenehm berührt, unwillig, ungehalten, unwirsch, indigniert, erbost, erzürnt, erbittert, zornig, aufgebracht, wütend, rabiat, wutentbrannt, wutschäumend, wutschnaubend *(ugs.)*, fuchsteufelswild, zähneknirschend, grimmig, ingrimmig, tücksch *(ugs.)*, mürrisch, verdrossen, grämlich, verdrießlich, griesgrämig, sauertöpfisch, brummig, mißmutig, mißvergnügt, mißlaunig, mißgelaunt, übellaunig, muffig, grantig; → gekränkt, → launisch, → unerfreulich, → unzufrieden, → widerwillig; **ä. werden,** aufbrausen, die Beherrschung verlieren, in Fahrt/Rage kommen *(ugs.)*, ungemütlich/*(ugs.)* wild werden, in Wut geraten, ergrimmen, hochgehen *(ugs.)*, in die Luft gehen *(ugs.)*, explodieren *(ugs.)*, [vor Wut] bersten/*(ugs.)* platzen/*(ugs.)* aus der Haut fahren, jmdm. platzt der Kragen *(salopp)*; **ä. sein,** zürnen, rotsehen *(ugs.)*, geladen/sauer sein *(salopp)*, wüten, toben, rasen; → anstoßen (bei jmdm.), → kränken, → Lärm [machen]; → Überraschung, → Unannehmlichkeit.
[2]**ärgerlich:** → unerfreulich.
[1]**ärgern,** verärgern, aufbringen, reizen, auf die Palme bringen *(salopp)*, etwas ärgert/kränkt/bekümmert/betrübt/*(ugs.)*fuchst/*(ugs.)* wurmt jmdn; → sorgen (sich).
[2]**ärgern:** → aufziehen.
Ärgernis: → Ereignis.
Arglist, List, Tücke, Malice, Heimtücke, Hinterlist, Winkelzug, Intrige, Ränke[spiel], Kabale; → Abneigung, → Absicht, → Ausflucht, → Betrug, → Bosheit, → Lüge, → Trick, → Untreue, → Verschwörung; → unaufrichtig · Ggs. → Treue.
arglistig: → unaufrichtig.
arglos, ohne Arg, harmlos, einfältig, treuherzig, naiv; → dumm, → einfach, → gutgläubig, → unbesorgt, → ungefährlich, → unrealistisch.
Argot: → Ausdrucksweise.
[1]**Argument,** Grund, Begründung, Argumentation; → Gesichtspunkt, → Hinweis.
[2]**Argument:** -e vorbringen → begründen.
Argumentation: → Argument.
argumentieren: → begründen.
Argusaugen: mit A. → argwöhnisch.
Argwohn: → Verdacht; A. hegen/haben/fassen/schöpfen → argwöhnisch [werden].
argwöhnen: → argwöhnisch [werden].
argwöhnisch, mißtrauisch, mit Argusaugen, skeptisch, ungläubig; → ängstlich, → behutsam; **a. werden,** argwöhnen, stutzen, stutzig werden *(ugs.)*, Argwohn/Verdacht hegen (oder:) haben (oder:) fassen (oder:) schöpfen; → befremden, → verdächtigen; → Verdacht.

Arie: → Lied.
Arioso: → Lied.
Aristokratie: → Herrschaft.
Arkadien: → Paradies.
arm, mittellos, unbemittelt, unvermögend, notleidend, verarmt, bettelarm, nicht → reich; → Armut.
Arm: → Gliedmaße; auf den A. nehmen → aufziehen; jmdm. in die -e laufen → finden; unter die -e greifen → helfen.
Armbrust: → Schußwaffe.
Armee: bei der A. sein → Soldat [sein].
ärmlich: → karg.
armselig: → karg.
Armut, Mittellosigkeit, Bedürftigkeit, Armutei, Elend; → arm.
Armutei: → Armut.
Armutszeugnis: sich ein A. ausstellen → bloßstellen.
Arom[a]: → Geruch, → Geschmack.
Arrangement: → Abmachung.
Arrangeur: → Komponist.
arrangieren: → bewerkstelligen, → vertonen; sich a. → übereinkommen.
Arrest: → Freiheitsentzug; A. schieben → abbüßen; in A. bringen/stecken → ergreifen; in A. halten → festsetzen.
Arrestant: → Gefangener.
Arrestlokal: → Strafanstalt.
arretieren: → ergreifen.
arrivederci: → Gruß.
arrogant: → dünkelhaft.
Arroganz: → Überheblichkeit.
Arsch: → Gesäß; einen kalten A. kriegen, den A. zukneifen → sterben; jmdm. in den A. kriechen → unterwürfig [sein].
Arschficker: → Homosexueller.
Arschkriecher: → Schmeichler.
Arschlecker: → Schmeichler.
Arsenal: → Warenlager.
[1]**Art,** Sorte, Gattung, Schlag, Genre, Spezies, Kaliber *(salopp, abwertend)*; → Abkunft.
[2]**Art:** → Manier, → Wesen; auf diese A. → so.
arten: nach jmdm. a. → gleichen.
Arterie: → Ader.
[1]**artig,** brav, folgsam, fügsam, gehorsam, lieb, manierlich, wohlerzogen, nicht → frech; → anständig, → bereit, → bescheiden, → zahm; → gehorchen · Ggs. → unzugänglich.
[2]**artig:** → höflich.
Artigkeit: → Höflichkeit.
Artikel: → Abschnitt, → Arbeit, → Wortart.
Arznei[mittel]: → Medikament.
Arzt, Doktor, Hausarzt, Mediziner, Therapeut, Facharzt, Spezialist, Medikus, Heilkundiger, Heilpraktiker, Medizinmann *(scherzh.)*, Medikaster *(abwertend)*, Kurpfuscher *(abwertend)*, Quacksalber *(abwertend)* · *allopathisch behandelnder:* Allopath, Schulmediziner · *homöopathisch behandelnder:* Homöopath · *operierender:* Chirurg · *für innere Krankheiten:* Internist · *für Hautkrankheiten:* Hautarzt, Dermatologe · *für Krankheiten der Harnorgane:* Urologe · *für Frauenkrankheiten, Geburtshilfe o. ä.:* Frauenarzt, Gynäkologe · *für seelische, geistige u. ä. Krankheiten:* Nervenarzt, Neurologe, Psychiater · *für Kinder:* Kinderarzt, Pädiater · *für Zahnbehandlung:* Zahnarzt, Dentist · *für Behandlung von Fehlbildungen der Bewegungsorgane:* Orthopäde; → Diagnose, → Therapie; → gesund [machen].
As: → Sportler.
Ascenseur: → Aufzug.
Asche: in Schutt und A. legen → verbrennen.
Aschenbahn: → Sportfeld.
aschfahl: → blaß.
aschgrau: → blaß.
äsen: → essen.
aseptisch: → keimfrei.
Askese: → Enthaltsamkeit.
asketisch: → enthaltsam.
Aspekt: → Gesichtspunkt.
Aspirant: → Anwärter.
Assekuranz: Versicherung.
Assessor: → Anwärter.
Assiette: → Lage.
Assimilation: → Anpassung.
assimilieren: → anpassen.
Assistent: → Helfer.
assistieren: → helfen.
Assonanz: → Reim.
Assortiment: → Auswahl.
assoziativ: → wechselseitig.
assoziieren: → verknüpfen; sich a. → verbünden (sich).
Ast: → Zweig; einen A. haben → verwachsen [sein].
asten: → anstrengen.
asthenisch: → schlank.
ästimieren: → achten.
astrein: → unverdächtig.
Astrologe: → Wahrsager.
Astrologie, Sterndeutung; → voraussehen.
Astronaut, [Welt]raumfahrer, Kosmonaut; → Weltall.
Astronomie, Sternkunde.
Asyl: → Zuflucht.
Aszendent: → Angehöriger.
Atelier: → Werkstatt.
[1]**Atem,** Luft, Puste *(ugs.)*, Odem *(dichter.)*; → Luft; **A. schöpfen,** Luft schöpfen/*(ugs.)* schnappen, wieder zu Atem kommen, verpusten *(ugs.)*, verschnaufen *(landsch.)*; → atmen.
[2]**Atem:** A. holen → atmen; A. schöpfen, wieder zu Atem kommen → Atem [schöpfen].
Atempause: → Pause.
a tempo: → schnell.
Äther: → Luft.
Athlet: → Sportler.
athletisch, muskulös, plump, vierschrötig, klobig, grobschlächtig, ungeschlacht, ungefüge, kraftstrotzend, herkulisch; → dick, → stark.
ätiologisch: → ursächlich.

[1]**atmen,** Luft/Atem holen, frische Luft schnappen *(ugs.)*, einatmen, ausatmen, schnaufen *(südd.)*, schnauben, keuchen, hecheln, röcheln; → stöhnen; → Atem.
[2]**atmen:** gesiebte Luft a. → abbüßen.
Atmosphäre: → Luft, → Umwelt.
Atoll: → Insel.
Atombusen: → Busen.
Attaché: → Diplomat.
Attachement: → Zuneigung.
Attacke: → Anfall, → Angriff.
attackieren, angreifen, überfallen, überrumpeln *(ugs.)*, überraschen; → angreifen.
Attentat: → Überfall.
Attest: → Bescheinigung.
Attitüde: → Stellung.
Attraktion: → Glanzpunkt.
attraktiv: → hübsch.
Attraktivität: → Anziehungskraft.
Attrappe: → Nachahmung.
Attribut: → Merkmal.
atzeln: → wegnehmen.
atzen: → ernähren.
[1]**auch,** ebenfalls, gleichfalls, genauso, ebenso, dito, überdies, außerdem, obendrein, zudem, übrigens, im übrigen, ansonsten, sonst, andernfalls, selbst, sogar, dazu, ferner, daneben, dabei, denn; → erwartungsgemäß, → wirklich.
[2]**auch:** → und.
Audienz: → Empfang.
auditiv: → akustisch.
Auditorium: → Publikum.
Au[e]: → Insel.
auf: → offen; a ... hin → wegen.
aufarbeiten, auffrischen, aufmöbeln *(salopp)*, aufpolieren, aufpolstern; → erneuern.
aufbammeln: → töten; sich a. → entleiben.
Aufbau: → Struktur.
aufbauen: → bauen, → fördern.
aufbauend: → nützlich.
aufbaumeln: → töten; sich a. → entleiben.
aufbäumen: sich a. → aufbegehren.
aufbauschen: → übertreiben.
[1]**aufbegehren,** sich empören/auflehnen/aufbäumen/erheben/widersetzen/sträuben/wehren/zur Wehr setzen, protestieren, revoltieren, rebellieren, meutern, mosern *(ugs.)*, auf die Barrikaden gehen, wider/gegen den Stachel löcken, in Aufruhr geraten, aufmuck[s]en; → unzugänglich [sein], → wehren (sich); Demonstration, → Verschwörung.
[2]**aufbegehren:** → antworten.
aufbekommen: → öffnen.
Aufbereitung: → Verarbeitung.
aufbersten: → platzen.
aufbewahren, aufheben, verwahren, bewahren, behalten, zurückbehalten, zurückhalten, jmdm. etwas vorenthalten, unter Verschluß halten, in Verwahrung/an sich nehmen, sammeln, speichern, horten, hamstern *(ugs.)*, nicht → abgeben; → abhalten, → behüten, → lagern, → unterbringen, → verstecken, → zurücklegen.
aufbinden: jmdm. einen Bären a. → anführen.
aufblähen: → vermehren.
aufblasen: → vermehren.
aufblättern: → aufschlagen.
aufbleiben: → wach [sein].
aufblicken: → aufsehen.
aufblinken: → aufleuchten.
aufblitzen: → aufleuchten.
aufblühen: → gedeihen.
aufbrauchen: → abnutzen, → durchbringen.
aufbrausen: → ärgerlich [werden].
aufbrausend: → aufgeregt.
aufbrechen: → öffnen, → weggehen.
aufbrennen: → brennen; jmdm. eins a. → schlagen.
aufbringen: → ärgern, → beschaffen, → kapern, → öffnen.
aufbrüllen: → schreien.
aufbrummen: eine Strafe a. → bestrafen.
aufbügeln: → bügeln.
aufbürden: → laden.
aufdecken, bloßlegen, nachweisen, enthüllen, entschleiern, entlarven, dekuvrieren, demaskieren, jmdm. die Maske abreißen/vom Gesicht reißen; → aufweisen, → öffnen.
Aufdeckung: → Taktlosigkeit.
aufdonnern: sich a. → schönmachen.
aufdrängen: → aufnötigen.
aufdrehen: den Gashahn a. → entleiben.
aufdringlich, penetrant, zudringlich, indiskret, nicht → höflich, nicht → zurückhaltend; → dünkelhaft, → unhöflich; → Taktlosigkeit.
aufdrücken: einen a. → küssen.
Aufeinanderfolge: → Reihenfolge.
Aufenthalt: A. nehmen → niederlassen (sich).
Aufenthaltsort: → Anschrift.
auferlegen: → anordnen; sich etwas a. → entschließen (sich).
Auferstehen: → Neubelebung.
Auferstehung: → Neubelebung.
aufessen, verspeisen, aufzehren, vertilgen, verschmausen, verschlingen, verschlucken, [ver]konsumieren *(ugs.)*, verdrücken *(ugs.)*, auffuttern *(ugs.)*, verputzen *(ugs.)*, verspachteln *(ugs.)*, leer spachteln *(ugs.)* · *von Tieren:* auffressen; → essen.
auffächern: → gliedern.
auffahren: → zusammenstoßen; a. [lassen] → auftischen.
auffahrend: → aufgeregt.
auffallen, bemerkt werden, die Aufmerksamkeit auf sich ziehen/lenken, Aufsehen erregen/verursachen/*(ugs.)* machen, Furore/Schlagzeilen machen, beeindrucken, Eindruck machen/*(ugs.)* schinden; → gefallen; → Aufsehen.
auffallend: → außergewöhnlich.
auffällig: → außergewöhnlich.
Auffangbecken: → Tummelplatz.
auffangen: → ertragen.
auffassen: → auslegen; a. als → beurteilen.

Auffassung: → Ansicht.
Auffassungsgabe: → Vernunft.
auffegen: → säubern.
auffetzen: → öffnen.
auffinden: → finden.
auffischen: → finden.
aufflackern: → brennen.
aufflammen: → antworten, → brennen.
auffliegen: → scheitern.
auffordern: → zuraten.
Aufforderung: → Aufruf, → Weisung; ohne A. → freiwillig.
auffressen: → aufessen, → beanspruchen.
auffrischen: → aufarbeiten.
auffrischend: → luftig.
aufführen: → bauen, → erwähnen, → vollführen; sich unanständig a. → Darmwind [entweichen lassen].
Aufführung, Vorstellung · *erste:* Premiere, Erstaufführung, Uraufführung; → Schauspiel, → Theater.
auffuttern: → aufessen.
[1]**Aufgabe,** Obliegenheit, Pflicht, Funktion, Verpflichtung, Schuldigkeit, Auftrag, Bestimmung, Destination; → Tätigkeit.
[2]**Aufgabe:** → Pensum.
aufgabeln: → finden, → krank [werden].
Aufgang: → Treppe.
[1]**aufgeben** (Geschäft), schließen, liquidieren, ausverkaufen; → verkaufen; → zahlungsunfähig.
[2]**aufgeben:** → anordnen, → aufhören, → einliefern; den Geist a. → sterben; die Hoffnung a. → verzagen.
aufgebläht: → aufgedunsen.
aufgeblasen: → aufgedunsen, → dünkelhaft.
aufgebracht: → ärgerlich.
aufgedreht: a. sein → lustig.
aufgedunsen, aufgequollen, verquollen, aufgeschwollen, verschwollen, gedunsen, pastös · *vom Körper:* aufgeschwemmt, schwammig · *von Hefeteig:* aufgegangen · *vom Leib:* aufgetrieben, aufgebläht · *vom Vogel:* aufgeblasen, aufgeplustert; → dick.
aufgegangen: → aufgedunsen.
aufgehen: etwas/ein Licht/ein Seifensieder geht jmdm. auf → erkennen; in Flammen a. → brennen.
aufgeilen: → anregen.
aufgeklärt, vorurteilsfrei, vorurteilslos, freisinnig, liberal, lax, wissend, eingeweiht, esoterisch; → modern, → selbständig, → unparteiisch; → billigen; → Duldsamkeit.
aufgekratzt: → lustig.
Aufgeld: → Aufschlag.
aufgelöst: a. sein → aufgeregt [sein].
aufgeplustert: → aufgedunsen.
aufgequollen: → aufgedunsen.
aufgeräumt: → lustig.
aufgeregt, erregt, nervös, gereizt, ruhelos, unruhig, unstet, bewegt, fahrig, unbeherrscht, tumultuarisch, turbulent, aufbrausend, auffahrend, jähzornig, cholerisch, hektisch, hitzig, hitzköpfig, fiebrig, schußlig *(ugs.)*, huschlig *(ugs.)*, zapplig *(ugs.)*, kribblig *(ugs.)*, fickrig *(ugs., landsch.)*, nicht → ruhig; → ängstlich, → bewegt, → empfindlich, → fleißig, → lebhaft, → unaufmerksam; **a. sein,** außer sich/aufgelöst/außer Fassung/*(ugs.)* ganz aus dem Häuschen sein, Herzklopfen/Lampenfieber haben, den Kopf verlieren, durchdrehen *(ugs.)*; → pfuschen; → Unrast.
aufgeschlossen, offen, aufnahmefähig, aufnahmebereit, empfänglich, zugänglich, geweckt · Ggs. → unzugänglich; **a. sein,** zu haben sein für *(ugs.)*, interessiert sein an, [ein] Interesse haben für, vielseitig sein.
aufgeschmissen: a. sein → abgewirtschaftet [haben].
aufgeschwemmt: → aufgedunsen.
aufgeschwollen: → aufgedunsen.
aufgetaut: → flüssig.
aufgetrieben: → aufgedunsen.
aufgeweckt: → klug.
aufgewühlt: → bewegt.
aufgliedern: → gliedern.
aufgreifen: → ergreifen.
aufgrund: → wegen.
aufgucken: → aufsehen.
aufhaben: → anhaben.
aufhalsen: → laden.
aufhalten: → anhalten; sich a. → weilen; sich a. über → reden.
aufhängen: → töten; sich a. → entleiben; jmdm. etwas a. → überreden.
aufhäufen, anhäufen, aufschichten, stapeln, aufstapeln, türmen, auftürmen.
aufheben: → abschaffen, → aufbewahren, → zurücklegen.
Aufheben: A. machen → übertreiben.
aufheitern: → erheitern.
aufhelfen: → gesund [machen].
aufhellen: → tönen.
aufhetzen: → aufwiegeln.
Aufhetzer: → Hetzer.
aufhissen: → flaggen.
aufholen, einholen, nachholen, wettmachen, nachziehen, ausgleichen.
aufhorchen: → überrascht [sein].
aufhören, abbrechen, ausscheiden, aufgeben, innehalten, einhalten, einstellen, unterbrechen, aufstecken, beenden, beendigen, abschließen, zum Abschluß bringen, schließen, beschließen, enden, aussetzen, zu Ende sein, etwas klingt aus/geht aus, stagnieren, stocken, ins Stocken geraten, etwas ist festgefahren, steckenbleiben; → abnehmen, → abschreiben, → bewältigen; → Einschnitt · Ggs. → anfangen, → fortsetzen.
aufhucken: → tragen.
aufjauchzen: → schreien.
aufjubeln: → schreien.
aufjuchzen: → schreien.
aufkaufen: → kaufen.
aufkehren: → säubern.
aufklären: → auskundschaften, → mitteilen.
Aufklärung: → Angabe.

aufknüpfen: → töten; sich a. → entleiben.
aufkommen: → entstehen, → gesund [werden], → herumsprechen (sich); a. für → zahlen; für mds. Lebensunterhalt a. → ernähren.
aufkreuzen: → kommen.
aufkriegen: → öffnen.
auflachen: → lachen.
aufladen: → laden.
Auflage: → Vorbehalt; A. erteilen → anordnen.
auflasten: → laden.
aufleben: → gedeihen.
Aufleben: → Neubelebung.
auflehnen: sich a. → aufbegehren.
Auflehnung: → Widerstand.
auflesen: → finden.
[1]**aufleuchten,** aufblinken, aufblitzen, aufscheinen; → leuchten.
[2]**aufleuchten:** → brennen.
aufliefern: → einliefern.
auflodern: → brennen.
auflösen: → enträtseln, → zerlegen; sich a. → schmelzen.
[1]**Auflösung,** Abwicklung, Liquidation; → Versteigerung.
[2]**Auflösung:** → Lösung.
aufmachen: → öffnen; sich a. → schönmachen, → weggehen; jmdm. a. → einlassen.
aufmerken: → achtgeben.
[1]**aufmerksam,** gespannt, angespannt, angestrengt, konzentriert, andächtig; → Konzentration · Ggs. → unaufmerksam.
[2]**aufmerksam:** → höflich, → wachsam; a. machen auf → hinweisen (auf).
Aufmerksamkeit: → Gabe, → Höflichkeit, → Konzentration; die A. auf sich ziehen/lenken → auffallen.
aufmöbeln: → anregen, → aufarbeiten.
aufmontieren: → anbringen.
aufmucken: → wehren (sich).
aufmuck[s]en: → aufbegehren.
aufmuntern: → erheitern, → zuraten.
Aufmunterung: → Impuls.
aufmüpfig: → unzugänglich.
aufmutzen: → übelnehmen.
Aufnahme: eine A. machen → fotografieren.
aufnahmebereit: → aufgeschlossen.
aufnahmefähig: → aufgeschlossen.
Aufnahmefähigkeit: → Fassungsvermögen.
aufnehmen: → beherbergen, → buchen, → fotografieren, → lernen, → säubern; einen Kredit a. → leihen.
Aufnehmer: → Putzlappen.
aufnotieren: → aufschreiben.
aufnötigen, aufdrängen, aufzwingen, [auf]oktroyieren.
aufoktroyieren: → aufnötigen.
aufpacken: → auspacken, → laden.
aufpäppeln: → großziehen.
aufpassen: → achtgeben.
aufpeitschen: → anregen.
aufplatzen: → platzen.
aufpolieren: → aufarbeiten.
aufpolstern: → aufarbeiten.
Aufprall: → Zusammenstoß.
Aufpreis: → Aufschlag.
aufpulvern: → anregen.
aufputschen: → anregen, → aufwiegeln.
aufputzen: → schönmachen.
aufraffen: sich a. → entschließen (sich).
aufrappeln: → entschließen (sich), → gesund [werden].
[1]**aufräumen,** in Ordnung bringen, Ordnung machen, richten; → säubern.
[2]**aufräumen:** → eingreifen.
aufrecken: sich a. → erheben (sich).
aufreden: → überreden.
aufregen: → anregen; sich a. über → reden (über).
aufregend: → beschwerlich.
Aufregung: → Erregung.
aufreiben: → besiegen.
aufreibend: → beschwerlich.
aufreißen: → öffnen.
aufreiten: → koitieren.
aufreizen: → aufwiegeln.
aufreizend: → anziehend.
aufrichten: → bauen, → trösten; sich a. → erheben (sich).
aufrichtig, ehrlich, gerade, offen, offenherzig, freimütig, unverhüllt, unverhohlen, wahrhaftig, wahr, wahrhaft, nicht → unaufrichtig; → klar, → rundheraus.
Aufrichtung: → Trost.
aufrücken: → avancieren; a. lassen → befördern.
Aufruf, Appell, Ruf [nach], Aufforderung, Mahnung, Mahnruf, Weckruf, Proklamation, Memento, Ultimatum; → Mitteilung, → Programm, → Verschwörung, → Vorwurf, → Weisung.
Aufruhr: → Verschwörung, → aufbegehren.
Aufrührer: → Revolutionär.
aufsagen: → sprechen.
aufsässig: → unzugänglich.
Aufsatz: → Arbeit.
aufscheinen: → aufleuchten, → vorkommen.
aufschichten: → aufhäufen.
aufschieben: → verschieben.
Aufschlag, Aufgeld, Aufpreis, Erhöhung.
[1]**aufschlagen** (Buch), aufblättern.
[2]**aufschlagen:** → öffnen.
aufschließen: → öffnen.
Aufschluß: → Angabe.
aufschlußreich: → interessant.
aufschnappen: etwas a. → krank [werden].
aufschneiden: → zerlegen, → übertreiben; sich die Pulsader[n] a. → entleiben.
Aufschneider: → Angeber.
Aufschneiderei: → Übertreibung.
aufschnellen: → erheben (sich).
aufschrauben: → anbringen.
aufschreiben, [auf]notieren, festhalten, vermerken, anmerken, niederschreiben, aufzeichnen, zu Papier bringen, aufs Papier werfen, aufsetzen, formulieren, entwerfen, verfassen, abfassen, ins unreine schreiben; → buchen, → dichten, → entwerfen; → Schriftsteller.

aufschreien: → schreien.
Aufschub: → Stundung; ohne A. → gleich.
aufschwatzen: → überreden.
aufschwingen: sich a. → entschließen.
Aufschwung, Blüte, Boom, Hausse, [Hoch]konjunktur; → Preisanstieg.
aufsehen, hochsehen, aufblicken, hochblicken, aufgucken, hochgucken.
¹**Aufsehen,** Eklat, Hallo *(ugs.)*, Kladderadatsch *(ugs.)*, Donnerwetter *(ugs.)*; →Lärm, → Streit; → auffallen.
²**Aufsehen:** A. erregen/verursachen/machen → auffallen.
aufsehenerregend: → außergewöhnlich.
Aufseher: → Wächter.
aufsein: → wach [sein].
aufsetzen: → anziehen, → aufschreiben, → landen.
Aufsicht: → Überwachung.
aufsitzen: → wach [sein].
aufsparen: → zurücklegen.
aufsperren: → öffnen; die Ohren a. → hören.
aufspielen: → übertreiben.
aufsprengen: → öffnen.
aufspringen: → erheben (sich).
aufspüren: → auskundschaften.
aufstacheln: → anstacheln.
Aufstand: → Verschwörung.
Aufständischer: → Revolutionär.
aufstapeln: → aufhäufen.
aufstecken: → aufhören.
aufstehen: → erheben (sich); nicht mehr a. → sterben.
Aufstieg, Vorwärtskommen, Avancement, Beförderung; → Laufbahn; → avancieren.
aufstöbern: → finden.
aufstocken: → vermehren.
aufstoßen: → eruktieren.
Aufstoßen: → Eruktation.
aufstreben: → erheben (sich).
Aufstützen: → Regelverstoß.
aufsuchen: → besuchen.
auftafeln: → auftischen.
auftakeln: sich a. → schönmachen.
Auftakt: → Anfang.
auftauchen: → entstehen.
auftauen: → lustig [werden].
aufteilen: → teilen.
auftischen, auftafeln, auftragen, vorsetzen, servieren, auffahren/anfahren [lassen] *(salopp)*, geben; → bedienen, → essen.
Auftrag: → Aufgabe, → Beruf, → Bestellung → Weisung; A. geben → anordnen; in A. geben → bestellen.
auftragen: → anordnen, → auftischen; dick a. → übertreiben.
Auftraggeber: → Kunde.
auftreiben: → beschaffen, → finden.
auftreten: → benehmen (sich), → vorkommen.
Auftreten, Auftritt · *erstes:* Debüt, Start.
Auftrieb: A. geben → anregen.
¹**Auftritt,** Szene; → Akt.
²**Auftritt:** → Auftreten.
auftun: → öffnen.
auftürmen: → aufhäufen.
aufwachen: → wach [werden].
Aufwand: → Prunk.
Aufwartefrau: → Putzfrau.
Aufwartung: → Putzfrau; seine A. machen → besuchen.
aufwaschen: → säubern.
aufweichen: → überreden.
aufweisen, zeigen, sich kennzeichnen durch, in sich tragen/bergen, demonstrieren, jmdm. (oder:) einer Sache eigen sein/eigentümlich sein/eignen; → angehören, → aufdecken, → haben, → wissen.
aufwenden: → zahlen.
aufwendig: → teuer.
Aufwendung: → Unkosten.
aufwickeln: → auspacken.
aufwiegeln, hetzen, aufhetzen, verhetzen, aufreizen, aufputschen, anheizen, Zwietracht säen, scharfmachen *(ugs.)*, stänkern *(salopp)*; → anstacheln, → bitten, → überreden, → verleiten, → verursachen, → zuraten; → Hetzer.
Aufwiegler: → Hetzer.
aufwischen: → säubern.
Aufwischlappen: → Putzlappen.
aufzählen: → erwähnen.
aufzehren: → aufessen.
aufzeichnen: → aufschreiben.
¹**aufziehen** (jmdn.), necken, hänseln, veralbern *(ugs.)*, ärgern, frotzeln, verulken *(ugs.)*, hochnehmen *(ugs.)*, uzen *(ugs., landsch.)*, auf den Arm nehmen *(ugs.)*, auf die Schippe nehmen *(salopp)*, durch den Kakao ziehen *(salopp)*, spaßen, scherzen, Spaß machen, ulken *(ugs.)*, flachsen *(ugs.)*; → anbandeln, → anführen; → Scherz.
²**aufziehen:** → großziehen.
¹**Aufzug,** Fahrstuhl, Lift, Ascenseur, Paternoster.
²**Aufzug:** → Akt, → Kleidung.
aufzwingen: → aufnötigen.
Augapfel: → Liebling.
¹**Auge,** Pupille · *bei Tieren:* Seher (Hase, Murmeltier), Lichter (Rotwild, Schwarzwild u. a.); → Augenlicht.
²**Auge:** das Auge bricht → sterben; ein A. riskieren → blicken; ein A. haben auf → achtgeben; die -n zumachen/[für immer] schließen → sterben; kein A. zutun → wach [sein]; [vor Scham] die -n niederschlagen → schämen (sich); jmdm. ein Dorn im A. sein → unbeliebt [sein]; ins A. fassen → ansetzen; sich etwas vor -n führen/halten → vorstellen (sich etwas); im A. haben → vorhaben; unter vier -n → Verschwiegenheit.
äugen: → blicken.
Augenblick: → Weile; im A. → jetzt.
augenblicklich: → jetzt.
augenfällig: → einleuchtend.
Augengläser: → Brille.
Augenheilkunde, Ophthalmiatrie, Ophthalmiatrik.

ausweglos: → aussichtslos.
ausweichen, ausbiegen, aus dem Wege gehen, Platz machen, zur Seite gehen, einen Bogen machen um *(ugs.)*, vermeiden, umgehen, meiden, sich drücken vor *(ugs.)*, entziehen, kneifen *(ugs.)*, scheuen; → Angst [haben], → fliehen, → versäumen; → feige; → Feigling · Ggs. → teilnehmen.
Ausweis, Paß, Kennkarte, Passierschein, Papiere, Propusk, Passeport, Legitimation · *für Autofahrer:* Führerschein *(BRD)*, Fahrerlaubnis *(DDR)*; → Berechtigung, → Urkunde, → Visum.
ausweisen, des Landes verweisen, verbannen; → ausschließen, → vertreiben; → Verbannung.
Ausweisung: → Verbannung.
ausweiten: → ausdehnen; sich a. → überhandnehmen, → zunehmen.
Ausweitung: → Ausdehnung.
auswendig: in- und a. kennen → auskennen (sich).
auswerten: → ausnutzen.
Auswertung: → Verarbeitung.
auswichsen: → weggehen.
auswickeln: → auspacken.
auswinden: → ausdrücken.
auswringen: → ausdrücken.
Auswuchs: → Verschwörung.
[1]**Auswurf,** Schleim, Sputum, Aule *(vulgär)*, Qualster *(derb)*, Rotz *(derb)*; → Speichel; → spucken.
[2]**Auswurf:** → Abschaum.
auszahlen: a. lassen → abheben; sich a. → einträglich [sein].
auszanken: → schelten.
Auszehrung: → Tuberkulose.
auszeichnen: → loben.
Auszeichnung: → Gunst.
[1]**ausziehen,** auskleiden, entkleiden, entblößen, Striptease machen *(ugs., scherzh.)*, ablegen, abtun, auspellen *(salopp)*, abnehmen (Hut), absetzen (Hut), abbinden (Kopftuch, Schürze); → tauschen · Ggs. → anziehen.
[2]**ausziehen:** → ablisten.
Auszug: → Exzerpt.
auszupfen: → herausreißen.
autark: → selbständig.
authentisch: → verbürgt.
autistisch: → selbstbezogen.
Auto, Wagen, Automobil, Kraftwagen, Kraftfahrzeug, Fahrzeug, Personenkraftwagen, Pkw, Lastkraftwagen, Lkw, Camion *(schweiz.)*, fahrbarer Untersatz *(scherzh.)*, Benzinkutsche *(scherzh.)*, Schlitten *(salopp)*, Ofen *(salopp)*, Nuckelpinne *(scherzh., abwertend)* · *geschlossenes, sportlich gebautes mit versenkbaren Seitenfenstern:* Coupé · *offenes, sportlich gebautes mit zwei Sitzen:* Sportwagen, Roadster, Spider · *geschlossenes, auch mit Schiebedach:* Limousine · *mit zurückklappbarem Stoffverdeck:* Kabriolett · *schnelles:* Flitzer · *altes, schlechtes:* Karosse, Vehikel, Kiste, Schnauferl, Oldtimer, Karre, Klapperkasten, Chaise, Mühle · *großes:* Straßenkreuzer · *kleineres:* Käfer, Straßenfloh, Chausseewanze *(scherzh.)*; → Fahrrad, → Motorrad, → Wagen.
Autobahn: → Straße.
autoerotisch: → selbstbezogen.
Autoerotismus: → Selbstverliebtheit.
Autogramm: → Unterschrift.
Autokratie: → Herrschaft.
autokratisch: → totalitär.
automatisch, selbsttätig, mechanisch; → ohnehin.
Automobil: → Auto.
autonom: → selbständig.
Autor: → Schriftsteller.
autorisieren: → ermächtigen.
autorisiert: → befugt.
autoritär: → totalitär.
Autorität: → Ansehen, → Fachmann.
autoritativ: → maßgeblich.
Autostraße: → Straße.
Avancement: → Aufstieg.
avancieren, aufrücken, steigen, befördert werden, klettern *(ugs.)*; → befördern; → Aufstieg.
Avantgarde: → Vorkämpfer.
Avantgardist: → Vorkämpfer.
avantgardistisch: → fortschrittlich.
Avenida: → Straße.
Avenue: → Straße.
Aversion: → Abneigung.
avisieren: → mitteilen.
axiomatisch: → zweifellos.

B

babbeln: → sprechen.
Baby: → Kind.
Babysitter: → Kindermädchen.
Bacchantin: → Mänade.
Bach: → Fluß.
Bache: → Schwein.
Bächlein: ein B. machen → urinieren.
backen: → braten, → fest [sein].
Backe[n]: → Wange.
Backenstreich: → Ohrfeige.
Bäcker, Feinbäcker, Konditor, Konfiseur *(schweiz.)*.
Backfisch: → Mädchen.
Background: → Hintergrund.
Backofen: es ist wie im B. → warm [sein].
Backpfeife: → Ohrfeige.
Backstein: → Ziegelstein.

Bad: ein B. nehmen → baden; das Kind mit dem -e ausschütten → verallgemeinern.
baden, ein Bad nehmen, in die Wanne steigen *(ugs.)*, schwimmen, kraulen, planschen.
badengehen: → zahlungsunfähig [werden].
Bäderkunde, Heilquellenkunde, Balneologie.
baff: b. sein → überrascht [sein].
Bagage: → Abschaum.
Bagatelle: → Kleinigkeit.
bagatellisieren, verniedlichen, verharmlosen; → unwichtig · Ggs. → übertreiben.
bähen: → braten.
Bahn: freie B. haben → selbständig [sein].
Baisse: → [Preis]sturz.
Bakterie: → Krankheitserreger.
Balalaika: → Zupfinstrument.
bald: → beinah[e], → später; bis b.! → Gruß.
Balg: → Haut, → Kind.
balgen: sich b. → schlagen.
Balken: → Brett.
Balkon: → Busen, → Veranda.
Ball: → Fußball; den B. in die Maschen setzen → Tor [schießen]; am B. bleiben → fortsetzen.
Ballade: → Gedicht.
Bällchen: → Fleischkloß.
Ballen: → Packen; Berliner B. → Pfannkuchen.
Ballett: → Tanz.
Ballon: → Kopf, → Luftschiff.
Balneologie: → Bäderkunde.
Balsam: → Trost.
Balz: → Koitus.
balzen: → flirten.
Bambino: → Kind.
Bammel: B. haben → Angst [haben].
bammeln: → hängen.
banal: → phrasenhaft.
Banause: → Spießer.
[1]**Band** (der): → Buch.
[2]**Band** (die): → Kapelle.
Bande, Rotte, Horde, Gang, Duo, Trio, Quartett; → Mannschaft.
bändigen: → beruhigen; sich b. → ruhig [bleiben].
Bandit: → Dieb.
Bandleader: → Kapellmeister.
Bandoneon: → Tasteninstrument.
Bandscheibenschaden, Hexenschuß, Spondylose.
Bändsel: → Schnur.
bang: → ängstlich.
Bangbüx: → Feigling.
bange: jmdm. ist b. → Angst [haben].
Bange: B. haben → Angst [haben].
bänglich: → ängstlich.
Banjo: → Zupfinstrument.
Bank: → Geldinstitut; auf die lange B. schieben → verschieben.
Bankert: → Kind.
Bankett: → Essen.
bankrott: → zahlungsunfähig.
Bankrott: → Zahlungsunfähigkeit.
[1]**Bann,** Bannfluch, Bannstrahl, Urteil, Urteilsspruch, Fluch, Verfluchung, Verurteilung, Verwünschung, Verdammung, Verdikt, Anathema, Exsekration; → Ansicht, → Verbot.
[2]**Bann:** in Acht und B. tun → brandmarken.
Banner: → Fahne.
Bannfluch: → Bann.
Bannmeile: → Vorort.
Bannstrahl: → Bann.
-bar: etwas ist erklärbar usw. → lassen (sich).
[1]**Bär,** Teddy[bär], [Meister] Petz.
[2]**Bär:** jmdm. einen -en aufbinden → anführen.
Bar: → Gaststätte.
Baracke: → Haus.
barbarisch: → unbarmherzig.
Barde: → Schriftsteller.
Bärenhunger: → Hunger.
bärenstark: → stark.
Bariton: → Sänger.
Barkasse: → Boot.
Barke: → Boot.
barmen: → klagen.
barmherzig: → gütig.
Barmherzigkeit: → Nächstenliebe.
Barras: beim B. sein → Soldat [sein].
Barre: → Insel.
Barriere: → Hürde.
Barrikade: auf die -n gehen → aufbegehren.
barsch: → unhöflich.
Bart: um den B. gehen → schmeicheln.
Basar: → Laden.
Basement: → Geschoß.
Basilika: → Kirche.
Basilisk: → Meduse.
Basis: → Grundlage.
Baß: → Sänger.
Baß[geige]: → Streichinstrument.
Bassin, [Schwimm]becken, Swimmingpool.
Bassist: → Sänger.
Bastard: → Kind.
Bau: → Haus, → Strafanstalt, → Struktur.
Bauart: → Muster.
Bauch: → Leib.
Bauchgrimmen: → Kolik.
bauchig: → gebogen.
Bauchschmerzen: → Kolik.
Bauchspeicheldrüse, Pankreas.
Bauchweh: → Kolik.
Baude: → Haus.
[1]**bauen,** erbauen, errichten, aufbauen, erstellen, bebauen, hochziehen, aufführen, aufrichten; → anfertigen · Ggs. → niederreißen.
[2]**bauen:** b. auf → glauben.
[1]**Bauer,** Landwirt, Ökonom, Agronom, Pflanzer, Farmer; → Feld, → Gut.
[2]**Bauer:** → Käfig.
Bäuerchen: B. machen → eruktieren.
Bauerngut: → Gut.
Bauernhof: → Gut.
bauernschlau: → schlau.
Bauherr: → Hauswirt.

Baukunst, Architektur, Architektonik.
Baulichkeit: → Haus.
Baum: zwischen B. und Borke stecken → Not [leiden].
baumeln: → hängen.
baumgroß: → groß.
baumlang: → groß.
bäurisch: → unhöflich.
Bausch: in B. und Bogen → ungefähr.
Bauwerk: → Haus.
Bazillus: → Krankheitserreger.
beabsichtigen: → vorhaben.
beabsichtigt: → absichtlich.
beachten: → achtgeben.
beachtenswert: → interessant.
beachtlich: → außergewöhnlich.
Beachtung: B. schenken → achtgeben.
Beamter: → Arbeitnehmer, → Polizist.
beanspruchen (jmdn.), aushöhlen, ruinieren, auffressen *(salopp)*.
beanstanden, bemängeln, kritisieren, etwas auszusetzen haben, reklamieren, monieren, ausstellen, mißbilligen, sich stoßen an, Anstoß nehmen, sich beschweren/beklagen, klagen über, Klage führen, [herum]nörgeln, [herum]kritteln *(ugs.)*, [herum]mäkeln *(ugs.)*, raunzen *(landsch.)*, meckern *(salopp, abwertend)*, brabbeln *(salopp, abwertend)*, nicht → billigen; → brandmarken, → erörtern, → mahnen, → prüfen, → schelten, → verurteilen; → Einspruch.
Beanstandung: → Vorwurf.
beantworten: → antworten.
bearbeiten: → überreden.
Bearbeiter: → Referent.
beargwöhnen: → verdächtigen.
Beatle: → Gammler.
Beau: → Frauenheld.
beaufsichtigen: → weiden.
beauftragen: → anordnen.
[1]**Beauftragter,** Veranstalter, Funktionär, Agent, Kommissar; → Arbeitgeber, → Betreuer, → Chef; → erwirken, → zuraten.
[2]**Beauftragter:** → Abgesandter.
beaugapfeln: → ansehen.
beäugeln: → ansehen.
beäugen: → ansehen.
beaugenscheinigen: → ansehen.
[1]**bebauen,** bepflanzen, anpflanzen, bestellen, pflanzen, setzen, [aus]säen, legen, stekken.
[2]**bebauen:** → bauen.
Bébé: → Kind.
beben: → zittern.
Beben: → Erdbeben.
bebildern, illustrieren, mit Bildern versehen; → veranschaulichen.
Becher: → Trinkgefäß.
bechern: → trinken.
Becken: → Bassin, → Schlaginstrument, → Schüssel.
becircen: → überreden.
Bedacht: mit B. → absichtlich.
bedächtig: → ruhig.
bedachtsam: → ruhig.
bedanken: sich b. → danken.
bedauerlich: → schade.
bedauerlicherweise: → schade.
bedauern, beklagen, bejammern, betrauern, beweinen, beseufzen, bereuen, Reue empfinden, etwas tut/ist jmdm. leid/reut jmdn., bemitleiden, Mitleid haben/empfinden; → bessern (sich), → einstehen, → mitfühlen, → trösten.
Bedauern: zu meinem B. → schade.
[1]**bedecken,** zudecken, abdecken, decken.
[2]**bedecken:** → koitieren; sich b. → anziehen.
bedeckt: → bewölkt.
bedenken: → erwägen.
Bedenken: → Verdacht; ohne B. → anstandslos.
bedenkenlos: → anstandslos.
Bedenkenlosigkeit: → Gewissenlosigkeit.
bedenklich: → anrüchig.
bedeppert: → verlegen.
bedeuten, heißen, lauten, die Bedeutung haben, [be]sagen, kennzeichnen, charakterisieren, aussagen, ausdrücken, sein, darstellen, vorstellen, repräsentieren, bilden, ausmachen; → wichtig [sein].
bedeutend: → außergewöhnlich.
bedeutsam: → außergewöhnlich; b. sein → wichtig [sein].
[1]**Bedeutung,** Sinn, Beiklang, Gehalt (der), Inhalt, Substanz, Essenz, Idee, Tenor; → Ausmaß, → Begriff, → Sinnbild, → Wesen.
[2]**Bedeutung:** eine B. haben, von B. sein → wichtig [sein].
bedeutungsähnlich: → synonym.
bedeutungslos: → unwichtig.
bedeutungsverwandt: → synonym.
bedeutungsvoll: → außergewöhnlich.
bedienen, abfertigen, fertigmachen; → auftischen; → Kundendienst, → Schaffner.
Bedienerin: → Hausangestellte.
Bediensteter: → Arbeitnehmer.
bedient: b. sein → angeekelt [sein].
Bediente: → Diener.
[1]**Bedienung,** Kellner, Ober[kellner], Ganymed *(scherzh.)*, Pikkolo · *weibliche:* Kellnerin, Serviererin, Saaltochter *(schweiz.)*, Serviermädchen, Hebe *(scherzh.)* · *auf Schiffen, in Flugzeugen:* Steward[eß]; → Schaffner.
[2]**Bedienung:** → Kundendienst.
bedingen: → verursachen.
Bedingung: → Grundlage, → Vorbehalt.
bedingungslos: → vorbehaltlos.
bedrängen: → bitten, → unterdrücken.
Bedrängnis: → Not.
bedripst: → verlegen.
bedrohlich: → ernst.
bedrücken: → unterdrücken.
bedrückt: → schwermütig.
Bedrückung: → Unfreiheit.
bedürfen: → brauchen.
Bedürfnis: sein B. verrichten → austreten.
Bedürfnisanstalt: → Toilette.
bedürfnislos: → bescheiden.

Bedürfnislosigkeit: → Bescheidenheit.
Bedürftigkeit: → Armut.
Beefsteak: [deutsches] B. → Fleischkloß.
beeiden: → versprechen.
beeilen (sich), sich sputen/tummeln/abhetzen *(ugs.)*, sich eilen *(landsch.)*, schnell/rasch/fix machen *(ugs.)*, sich dazuhalten/ranhalten *(salopp)*.
beeindrucken: → auffallen.
beeindruckend: → außergewöhnlich.
beeinflußbar: → veränderlich.
beeinflussen, einwirken/*(ugs.)* abfärben auf, einflüstern, insinuieren, suggerieren.
beeinträchtigen: → hindern.
Beelzebub: → Teufel.
beenden: → aufhören.
beendet: → fertig.
beendigen: → aufhören.
beerdigen: → bestatten.
Beerenauslese: → Wein.
Beet: → Rabatte.
befähigen: → möglich [machen].
Befähigung: → Begabung.
befangen: → ängstlich, → parteiisch.
Befangenheit: → Angst, → Vorurteil.
befassen (sich mit), sich beschäftigen/tragen/abgeben mit, sich jmdm./einer Sache widmen, sich in etwas hineinknien *(ugs.)*, umgehen mit, schwanger gehen mit *(ugs., scherzh.)*; → anstrengen.
Befehl: → Weisung; B. geben → anordnen.
befehlen: → anordnen.
Befehlshaber, Kommandeur, Kommandant, Heerführer; → Oberhaupt.
befestigen: → festigen.
befeuern: → anstacheln.
¹befinden (sich), stehen, liegen, sitzen; → existieren.
²befinden: → weilen; sich -d → befindlich.
Befinden: schlechtes B. → Krankheit; gutes B. → Gesundheit.
befindlich, sich befindend, gelegen, belegen *(jurist.)*.
befingern: → berühren.
beflecken: → beschmutzen.
befleißigen: sich b. → anstrengen (sich).
beflügeln: → anstacheln.
befolgen: → achtgeben.
¹befördern (jmdn.), höherstufen, aufrükken lassen; → avancieren.
²befördern: → transportieren; befördert werden → avancieren; ins Jenseits b., vom Leben zum Tode b. → töten.
Beförderung: → Aufstieg.
befrachten: → laden.
befragen: → fragen.
Befragung: → Umfrage.
¹befreien (von), beurlauben, dispensieren, entbinden von, jmdm. etwas erlassen/*(ugs.)* schenken, begnadigen; → Begnadigung.
²befreien: → retten.
Befreiung, Beurlaubung, Dispens, Emanzipation; → Erlaubnis.
befremden, in Verwunderung/Erstaunen setzen, stutzig machen, zu denken geben, etwas nimmt wunder/erstaunt jmdn., Staunen erregen; → argwöhnisch, → schwermütig, → überrascht.
Befremden: → Überraschung.
befremdend: → seltsam.
befremdet: b. sein → überrascht [sein].
befreundet: b. sein → duzen.
befriedigen, stillen, entsprechen, erfüllen, zufriedenstellen, abfinden, Genüge tun; → entgegenkommen, → gehorchen.
Befruchtung: → Empfängnis.
Befugnis: → Berechtigung.
befugt, berechtigt, kompetent, zuständig, ermächtigt, bevollmächtigt, autorisiert; b.sein, dürfen; → billigen, → können; → maßgeblich, → rechtmäßig.
befühlen: → berühren.
befürchten: → Angst [haben], → vermuten.
Befürchtung: → Ahnung.
befürworten: → fördern.
begabt, talentiert, genial, begnadet, gottbegnadet; → klug; → Begabung.
Begabung, Fähigkeiten, Befähigung, Ingenium, Anlage, Gaben, Intelligenz, Talent, Genialität, Genie, Charisma; → begabt, → klug.
begaffen: → ansehen.
begatten: → koitieren.
Begattung: → Koitus.
begeben: sich b. → geschehen; sich einer Sache b. → abschreiben.
Begebenheit: → Ereignis.
Begebnis: → Ereignis.
¹begegnen: etwas begegnet/widerfährt jmdm., etwas stößt jmdm. zu/wird jmdm. zuteil/kommt auf jmdn. zu/fällt jmdm. in den Schoß; → geschehen, → vorkommen.
²begegnen: → abhelfen, → antworten, → finden, → hindern.
Begegnung: → Wiedersehen.
begehen: → feiern.
begehren: → koitieren, → lieben, → verlangen, → wünschen.
Begehren: → Leidenschaft.
begehrenswert: → begehrt.
begehrlich: → begierig.
Begehrlichkeit: → Leidenschaft.
begehrt, gefragt, erwünscht, wünschenswert, begehrenswert, verlangt; → beliebt.
¹begeistern, in Begeisterung versetzen, mit Begeisterung erfüllen, entzücken, berauschen, trunken machen, hinreißen, entflammen, mitreißen, enthusiasmieren; → anschwärmen, → anstacheln, → beseelen, → erfreuen; → Begeisterung.
²begeistern: begeistert sein von, sich b. für → anschwärmen; jmdn. b. → anstacheln.
Begeisterung, Enthusiasmus, Leidenschaft, Inbrunst, Glut, Feuer, Überschwang, Überschwenglichkeit, Schwärmerei, [Über]eifer · *rasch verfliegende:* Strohfeuer · *blinde:* Fanatismus · *für die Heimat:* Lokalpatriotismus, Hurrapatriotismus *(abwertend)*; → Erregung, → Heimat, → Leidenschaft, → Lust, → Nationalismus, → Patriot,

→ Temperament, → Zuneigung; → begeistern.
Begier[de]: → Leidenschaft.
begierig, begehrlich, gierig, lüstern, wollüstig, gieprig, scharf, geil; → anstößig; **b. machen;** → anregen; **b. sein auf/nach:** hungrig sein nach, erpicht/versessen/aussein/scharf sein auf, sich spitzen auf *(ugs.)*, wild sein auf/nach, verrückt sein auf/nach *(ugs.)*; → streben.
begießen: → feiern, → sprengen.
Beginn: → Anfang.
beginnen: → anfangen.
Beglaubigung: → Bescheinigung.
begleichen: → zahlen.
begleiten, geleiten, führen, leiten, anführen das Geleit geben, eskortieren, bringen, mitgehen, gehen mit.
Begleiter: → Ratgeber; ständiger B. → Geliebter.
beglotzen: → ansehen.
beglücken: → erfreuen.
beglückwünschen: → gratulieren.
Beglückwünschung: → Glückwunsch.
begnadet: → begabt.
begnadigen: → befreien (von).
Begnadigung, Gnade, Vergebung, Verzeihung, Absolution, Pardon, Amnestie, Straferlaß; → Duldung, → Gunst; → befreien (von).
begnügen: sich b. → zufriedengeben (sich).
begraben: → bestatten.
Begräbnis, Leichenbegräbnis, Funeralien, Exequien; → bestatten.
begrapschen: → berühren.
begreifen: → verstehen; in sich b. → einschließen.
begreiflich: → einleuchtend.
[1]**Begriff,** Terminus, Fachwort, Wort, Vokabel, Ausdruck, Benennung, Bezeichnung; → Ausdrucksweise, → Bedeutung, → Sinnbild.
[2]**Begriff:** sich einen B. machen von → vor stellen (sich etwas).
[1]**begründen,** verdeutlichen, deutlich machen, motivieren, argumentieren, Argumente vorbringen, fundieren; → auslegen; → ursächlich.
[2]**begründen:** → gründen.
begründend: → ursächlich.
begründet: → rechtmäßig.
Begründung: → Argument.
[1]**begrüßen,** grüßen, guten Tag sagen, die Zeit bieten, willkommen heißen, bewillkommnen, empfangen, salutieren, eine Ehrenbezeigung machen, die Hand geben/reichen/schütteln, mit Handschlag begrüßen, Reverenz erweisen, seine/die Ehrerbietung erweisen; → kennen (sich); → Salut.
[2]**begrüßen:** → billigen.
begucken: → ansehen.
begünstigen: → fördern.
begutachten: → beurteilen, → ansehen.
Begutachtung: → Expertise.
begütert: → reich.
begütigen: → beruhigen.
behagen: → gefallen.
Behagen: → Heiterkeit.
behaglich: → gemütlich.
behalten: → aufbewahren, → zurückhalten (mit); nicht [im Kopf/Gedächtnis] b. → versäumen; für sich b. → schweigen.
Behälter, Behältnis, Gefäß · *großer:* Faß, Tonne · *für Frachtgüter:* Container; → Flasche, → Kanne.
Behältnis: → Behälter.
behämmert: b. sein → geistesgestört [sein].
[1]**behandeln,** laborieren, [herum]doktern an *(ugs.)*, verarzten *(ugs.)*, verbinden; → gesund [machen].
[2]**behandeln:** → erörtern, → umgehen (mit jmdm.); gut b. → pflegen; schlecht b. → schikanieren.
Behandlung: → Therapie.
Behandlungsweise: → Handhabung.
beharren: b. auf → bestehen auf.
beharrend: → rückschrittlich.
beharrlich, unentwegt, unverdrossen, unbeirrbar, ausdauernd, hartnäckig, zäh, verbissen; → unaufhörlich, → unzugänglich, → zielstrebig; → warten.
Beharrlichkeit, Ausdauer, Geduld, Stetigkeit, Konstanz, Perseveration; → warten; → beharrlich, → tolerant · Ggs. → Ungeduld.
behaupten: → äußern (sich); sich b. → durchsetzen (sich); das Feld b. → standhalten.
Behauptung: → Lehre.
Behausung: → Wohnung.
behavioristisch: → erfahrungsgemäß.
beheben: → reparieren.
beheizen: → heizen.
Behelf: → Ersatz.
Behelfsheim: → Haus.
behelfsmäßig: → notdürftig.
behelligen, belästigen, insultieren, genieren, sekkieren *(östr.)*, inkommodieren, jmdn. unter Druck setzen *(ugs.)*, jmdm. das Messer an die Kehle setzen *(salopp)*, jmdm. die Pistole auf die Brust setzen *(salopp)*; → schikanieren.
beherbergen, unterbringen, aufnehmen, Unterkunft gewähren/geben, Asyl/Obdach geben, Unterschlupf gewähren, Quartier geben, kasernieren; → übernachten, → übersiedeln, → weilen.
[1]**beherrschen,** herrschen/gebieten über; → bewältigen.
[2]**beherrschen:** sich b. → ruhig [bleiben].
beherrscht: → ruhig.
Beherrschtheit: → Gelassenheit.
Beherrschung: → Gelassenheit; die B. verlieren → ärgerlich [werden].
behende: → schnell.
beherzigen: → achtgeben.
beherzt: → mutig.
Beherztheit: → Mut.
behilflich: b. sein → helfen.
behindern: → hindern.

Behinderung, Hindernis, Hemmschuh, Hemmung, Handicap · *im Produktionsablauf*: Engpaß, Flaschenhals; → Rückgang.
Behörde: → Amt.
behördlich: → amtlich.
behumsen: → betrügen.
[1]**behüten,** [be]schützen, verteidigen, bewahren, beschirmen; → abhalten, → aufbewahren, → beobachten, → helfen, → pflegen, → wehren (sich); → sicher.
[2]**behüten:** → schonen.
behütet: → sicher.
behutsam, sanft, schonend, schonungsvoll, sacht, mild, lind, vorsichtig, sorgsam, pfleglich, sorgfältig; → ängstlich, → argwöhnisch, → ruhig; → Achtsamkeit.
Behutsamkeit: → Achtsamkeit.
bei: → während; b. sich → Privatleben.
beibehalten, festhalten, erhalten, halten, bestehenbleiben, bestehenlassen.
beibiegen: → vorschlagen.
Beiboot: → Boot.
beibringen: → lehren, → vorschlagen; jmdm. etwas b. → schaden.
Beichte: → Bekenntnis; eine B. ablegen → gestehen.
beichten: → gestehen.
beiern: → läuten.
Beifall, Applaus, Klatschen, Ovation, Huldigung, Akklamation · *nur aus Achtung:* Achtungsapplaus; → Erlaubnis.
Beigabe: → Zugabe.
beigeben: klein b. → nachgeben.
beigeschlossen: → anbei.
Beihilfe: → Zuschuß.
Beiklang: → Bedeutung.
Beiköchin: → Koch.
beikommen, ankommen gegen, zu fassen bekommen, einer Sache Herr werden; → erwirken.
Beilage: → Zugabe.
Beilager: → Koitus.
beiläufig: → nebenbei.
beilegen: → beimessen, → bereinigen.
[1]**Beileid,** Beileidsbezeigung, Anteilnahme, Kondolenz; → Mitgefühl.
[2]**Beileid:** sein B. ausdrücken/aussprechen/bezeigen → kondolieren.
beiliegend: → anbei.
beimessen, beilegen, zuschreiben.
Bein: → Gliedmaße; jmdm. -e machen → anstacheln; wieder auf die -e bringen → gesund [machen]; wieder auf die -e kommen → gesund [werden]; die -e in die Hand nehmen → fortbewegen (sich); sich die -e vertreten → spazierengehen; etwas auf die -e stellen → verwirklichen.
beinah[e], fast, nahezu, bald, um ein Haar *(ugs.)*, schier *(ugs.)*, so gut wie *(ugs.)*, kaum, knapp; → selten, → ungefähr.
beinhalten: → einschließen.
Beinkleid: → Hose.
beiordnen: → verknüpfen.
beipflichten: → billigen.
Beirat: → Berater.
beirren: → verwirren.
Beischlaf: → Koitus.
beiseite: b. lassen → aussparen; b. legen → sparen; b. schaffen → entfernen, → töten.
beisetzen: → bestatten.
Beispiel: → Muster.
beispielhaft: → vorbildlich.
beispringen: → eintreten (für).
[1]**beißen,** zubeißen, zuschnappen *(ugs.)*, bissig sein.
[2]**beißen:** → kauen; etwas beißt sich → harmonieren; ins Gras b. → sterben; da beißt sich die Katze in den Schwanz → Teufelskreis.
beißend: → durchdringend, → spöttisch.
Beistand: → Helfer; B. leisten → helfen.
beistehen: → helfen.
beisteuern: → beitragen.
beistimmen: → billigen.
Beistrich: → Satzzeichen.
[1]**Beitrag,** Betrag, Summe, Spende, Scherflein, Obolus, Kontingent; → Abgabe, → Ersatz, → Gabe, → Kollekte, → Vorrat; → beitragen.
[2]**Beitrag:** → Arbeit, → Zuschuß.
beitragen, beisteuern, zugeben; → spenden; → Beitrag.
beitreten, eintreten, Mitglied werden.
Beiwerk: → Zubehör.
beiwohnen: → koitieren, → teilnehmen.
Beiwohnung: → Koitus.
Beiwort: → Wortart.
Beize: → Gaststätte.
beizeiten: → früh.
beizen: → jagen.
bejahen: → billigen.
bejahrt: → alt.
bejammern: → bedauern.
bekakeln: → erörtern.
bekämpfen: → hindern.
[1]**bekannt,** namhaft, ausgewiesen, berühmt, prominent, weltbekannt, weltberühmt, von Weltruf / Weltgeltung / Weltrang, nicht → fremd[ländisch]; → angesehen, → anrüchig, → außergewöhnlich, → einheimisch; **b. werden,** im Kommen sein.
[2]**bekannt:** b. sein → kennen; b. werden → herumsprechen (sich); b. gemacht werden → kennenlernen.
Bekannter: → Geliebter.
bekanntmachen: → mitteilen.
Bekanntmachung: → Mitteilung.
bekatern: → erörtern.
bekaufen: sich b. → kaufen.
bekehren: → überreden; sich b. → bessern (sich), → konvertieren.
bekennen: → gestehen.
[1]**Bekenntnis,** Geständnis, Konfession, Eingeständnis, Beichte; → Zugeständnis.
[2]**Bekenntnis:** → Glaube.
beklagen: → bedauern; sich b. → beanstanden.
bekleckern: → beschmutzen.
beklecksen: → beschmutzen.
bekleiden: → anziehen, → innehaben.

bekleidet: b. sein mit → anhaben.
Bekleidung: → Kleidung.
Beklemmung: → Angst.
beklommen: → ängstlich.
bekloppt: b. sein → geistesgestört [sein].
beknien: → bitten.
bekommen: → erwerben; etwas bekommt jmdm. → bekömmlich [sein]; zur Antwort b. → antworten.
bekömmlich, zuträglich, verträglich, gesund, labend; → nützlich; **b. sein,** vertragen, etwas bekommt jmdm.; → essen · Ggs. → unerfreulich.
beköstigen: → ernähren.
bekräftigen: → festigen.
bekümmern: etwas bekümmert jmdn. → ärgern.
bekümmert: → schwermütig.
bekunden, erkennen lassen, kundgeben, offenbaren; → mitteilen.
belächeln: → lachen.
belachen: → lachen.
beladen: → laden.
Belami: → Frauenheld.
Belang: ohne B. → unwichtig.
Belange, Angelegenheiten, Interessen.
belanglos: → unwichtig.
belangvoll: → wichtig.
belasten: → anlasten.
belastet: → schuldig.
belästigen: → behelligen.
Belastung: → Anstrengung.
belatschern: → überreden.
belauern: → beobachten.
belaufen: sich b. → beziffern (sich).
belauschen: → beobachten.
beleben: → anregen.
Beleg: → Bescheinigung, → Zitat.
[1]**belegen:** → koitieren; mit einer Strafe b. → bestrafen.
[2]**belegen:** → befindlich.
Belehrung: → Angabe.
beleibt: → dick.
beleidigen: → kränken.
beleidigend, verletzend, kränkend, ehrenrührig, unzumutbar; → ehrlos.
beleidigt: die -e Leberwurst spielen → gekränkt [sein].
Beleidigung, Beschimpfung, üble/böse Nachrede, Verleumdung, Rufmord, Schmähung, Invektive, Kränkung, Affront, Injurie, Insult, Diffamie · *Gottes:* Gotteslästerung, Blasphemie; → Spitze, → Verstoß; → kränken.
belemmert: → unerfreulich.
belesen: → firm, → gebildet.
beliebig, irgendein, nach Wunsch/Wahl, wunschgemäß.
beliebt, populär, volkstümlich, volksverbunden; → modern, → begehrt; **b. sein,** Zulauf/Zuspruch haben.
[1]**bellen,** kläffen, anschlagen, Laut geben, blaffen, knurren, winseln, jaulen, heulen; → Hund.
[2]**bellen:** → husten.
Belletristik: → Literatur.
beloben: → loben.
belobigen: → loben.
belohnen, lohnen, vergelten, sich erkenntlich zeigen/erweisen, wiedergutmachen, sich revanchieren, ausgleichen, wettmachen *(ugs.)*; → danken · Ggs. → bestrafen.
belügen: → lügen.
belustigen: → erfreuen.
Belustigung: → Unterhaltung.
bemächtigen: sich einer Sache b. → nehmen.
bemalen: → anmalen.
bemängeln: → beanstanden.
Bemängelung: → Vorwurf.
bemänteln: → beschönigen.
[1]**bemerken,** feststellen, konstatieren, registrieren, jmdm. etwas anmerken/ansehen/*(ugs.)* an der Nase[nspitze] ansehen; → erkennen, → sprechen, → unterdrücken.
[2]**bemerken:** → wahrnehmen; bemerkt werden → auffallen.
bemerkenswert: → interessant.
Bemerkung: → Darlegung.
bemitleiden: → bedauern.
bemittelt: → reich.
Bemme: → Schnitte.
bemühen: sich b. → anstrengen (sich).
bemuttern: → pflegen.
benachbart: → nah[e].
benachrichtigen: → mitteilen.
benachteiligen: → mißachten.
benebelt: → betrunken.
benehmen (sich), sich verhalten/geben/betragen/aufführen/gebärden/gerieren, auftreten · *schlecht, falsch:* einen Fauxpas begehen, entgleisen *(ugs.)*, aus der Rolle fallen *(ugs.)*, sich vorbeibenehmen/danebenbenehmen *(ugs.)*; → Benehmen, → Fehler.
Benehmen, Anstand, Erziehung, Kinderstube, Umgangsformen, Manieren, Benimm *(ugs.)*, Schliff, Zucht; → Niveau, → Sitte; → benehmen (sich); → pädagogisch.
beneiden: → neiden.
Benennung: → Begriff.
benetzen: → sprengen.
Bengel: → Junge, → Stock.
benigne: → gutartig.
Benimm: → Benehmen.
benommen, betäubt, dumpf, taumlig, schwindlig; → ohnmächtig.
benötigen: → brauchen.
Benotung: → Zensur.
benutzen: → anwenden.
Benzin, Sprit *(ugs.)*.
Benzinkutsche: → Auto.
[1]**beobachten,** beschatten, bespitzeln, bewachen, überwachen, verfolgen, belauern, belauschen; → behüten, → prüfen, → zuschauen.
[2]**beobachten:** → achtgeben, → ansehen, → sehen.
Beobachter: → Zuschauer.
[1]**beordern,** berufen, bestellen, rufen, [zu sich] bitten, kommen lassen, [zu sich] be-

scheiden, laden, vorladen, [vor jmdn.] zitieren; → anordnen, → bestellen, → einladen.
[2]**beordern:** → abordnen.
bepacken: → laden.
bepflanzen: → bebauen.
bepinseln: → anmalen.
bepudern: → pudern.
bepummeln: → verwöhnen.
bequem: → faul, → mühelos.
bequemen: sich b. → entgegenkommen (jmdm.).
berappen: → zahlen.
beraten: → erörtern.
[1]**Berater,** Ratgeber, Mentor, Tutor, Beirat; → Freund, → Gönner; → helfen.
[2]**Berater:** → Helfer.
Beratschlagung: → Gespräch.
Beratung: → Tagung.
berauben: → wegnehmen.
berauschen: → begeistern.
berauscht: → betrunken.
berechnen: → ausrechnen, → mitrechnen.
Berechnung: →Kalkulation.
berechtigt: → befugt.
Berechtigung, Befugnis, Vollmacht, Ermächtigung, Recht; → Anspruch, → Ausweis, → Erlaubnis; → rechtmäßig.
bereden: → erörtern, → überreden, → verleumden.
beredsam: → beredt.
Beredsamkeit: → Redekunst.
beredt, beredsam, zungenfertig, wortgewandt, redegewandt, sprachgewaltig, redegewaltig, eloquent, deklamatorisch; → einleuchtend, → gesprächig; → Redekunst.
beregnen: → sprengen.
Bereich: → Gebiet.
bereinigen, schlichten, beilegen, das Kriegsbeil/den Zwist begraben *(ugs.)*, ins reine/in Ordnung/*(ugs.)* ins Lot bringen, aussöhnen, versöhnen, einrenken *(ugs.)*, zurechtrücken *(ugs.)*, geradebiegen *(salopp)*, zurechtbiegen *(salopp)*, hinbiegen *(salopp)*, ausbügeln *(salopp)*; → berichtigen, → beruhigen, → bewerkstelligen, → eingreifen.
[1]**bereit,** gewillt, geneigt, gesonnen, willig, gutwillig, gefügig, gefüge, willfährig; → artig; **b. sein,** willens sein, wollen, Lust haben.
[2]**bereit:** → verfügbar.
bereiten: → anfertigen.
bereits, schon, [schon] längst/lange.
bereitstellen, vorbereiten, [an]bieten; → erwähnen, → geben; → verfügbar.
berenten: → pensionieren.
bereuen: → bedauern.
[1]**Berg,** Hügel, Anhöhe, Höhe; → Abhang.
[2]**Berg:** über den B. bringen → gesund [machen].
bergen: → retten; in sich b. → aufweisen.
Bergmann, Knappe, Steiger, Mineur.
Bergwerk, Grube, Zeche, Mine, Stollen, Gang.
[1]**Bericht,** Dokumentarbericht, Reportage, Hörbild, Feature, Report; → Nachricht.
[2]**Bericht:** B. erstatten/geben → mitteilen.
berichten: → mitteilen.
Berichter, Berichterstatter, Reporter, Zeitungsmann, Journalist, Korrespondent, Publizist, Kolumnist, Zeitungsschreiber, Schmock *(abwertend)*; → Schriftleiter, → Schriftsteller.
Berichterstatter: → Berichter, → Referent.
berichtigen, verbessern, korrigieren, richtigstellen, [ab]klären, klarstellen, klarlegen, dementieren; → abstreiten, → antworten, → bereinigen, → enträtseln, → prüfen, → widerrufen.
Berichtigung: → Korrektur.
berieseln: → sprengen.
Berliner: → Pfannkuchen.
bersten: → platzen; [vor Wut] b. → ärgerlich [werden].
berüchtigt: → anrüchig.
berücken: → bezaubern.
berückend: → hübsch.
berücksichtigen, Rechnung tragen, in Rechnung stellen, nicht → mißachten; → achtgeben, → erwägen.
Beruf, Arbeit, Metier, Gewerbe, Handwerk, Berufung, Job *(ugs.)*, Stellung, Stelle, Anstellung, Amt, Posten, Position, Mission, Auftrag, Sendung; → Anstrengung, → Liebhaberei, → Tätigkeit; → arbeitslos.
[1]**berufen** (sich auf), sich stützen/beziehen auf; → Muster.
[2]**berufen:** → beordern.
[3]**berufen:** → auserwählt, → richtig.
beruflich, berufsmäßig, professionell.
berufsmäßig: → beruflich.
Berufsschule: → Schule.
Berufung: → Beruf.
beruhigen, besänftigen, begütigen, beschwichtigen, einlullen, sich abreagieren, abwiegeln, zügeln, Zügel anlegen, bändigen, mäßigen, zähmen, bezähmen, sich abregen *(ugs.)*; → bereinigen; → ruhig, → zahm.
beruhigend: → tröstlich.
beruhigt: → unbesorgt.
Beruhigung: → Entspannung.
berühmt: → bekannt.
Berühmtheit, Prominenz, Größe; → Oberschicht, → Schauspielerin.
[1]**berühren,** anrühren, anfassen, angreifen, befühlen, befingern *(salopp)*, betasten, antatschen *(salopp, abwertend)*, betatschen *(salopp, abwertend)*, angrapschen *(salopp, abwertend)*, begrapschen *(salopp, abwertend)*, streifen; → durchsuchen, → zusammenstoßen.
[2]**berühren:** etwas berührt jmdn. → betreffen.
Berührung: → Kontakt.
besagen: → bedeuten.
besänftigen: → beruhigen.
Besatz, Borte, Bordüre, Paspel, Rüsche, Volant, Jabot; → Franse, → Rand.
besaufen: sich b. → betrinken (sich).
beschädigen, lädieren, ruinieren, ramponieren *(ugs.)*; → verunstalten.

beschädigt: → defekt.
[1]**beschaffen,** besorgen, herbeischaffen, bringen, holen, verschaffen, aufbringen, zusammenbringen, zusammenkratzen *(ugs.)*, auftreiben *(ugs.)*, haben; → finden.
[2]**beschaffen:** sich etwas b. → kaufen.
Beschaffenheit, Qualität, Eigenschaft; → Struktur.
beschäftigen: → einstellen (jmdn.), sich b. mit → befassen (sich mit).
Beschäftigung: → Tätigkeit.
beschäftigungslos: → arbeitslos.
beschälen: → koitieren.
beschämt: → verlegen.
Beschämung: → Bloßstellung.
beschatten: → beobachten.
beschattet: → schattig.
beschauen: → ansehen.
beschaulich, besinnlich, erbaulich, erhebend, kontemplativ; → erfreulich, → ruhig, → unbesorgt; → Versenkung.
Beschaulichkeit: → Versenkung.
Bescheid: → Nachricht; B. wissen → wissen; jmdm. B. sagen/stoßen → schelten.
[1]**bescheiden,** genügsam, bedürfnislos, anspruchslos, eingeschränkt, einfach, spartanisch; → ängstlich, → artig, → einfach, → enthaltsam; **b. sein,** sich zurückhalten, Zurückhaltung üben; → Bescheidenheit, → Untertreibung.
[2]**bescheiden:** → karg, → zurückhaltend; b. leben → sparen.
[3]**bescheiden:** sich b. → zufriedengeben (sich); abschlägig b. → ablehnen; [zu sich] b. → beordern.
Bescheidenheit, Einfachheit, Genügsamkeit, Anspruchslosigkeit, Zufriedenheit, Bedürfnislosigkeit, Eingeschränktheit, Schüchternheit, Zurückhaltung; → Angst, → Verschwiegenheit; → bescheiden.
Bescheinigung, Beglaubigung, Bestätigung, Schein, Zeugnis, Beleg, Testat, Zertifikat · *vom Arzt:* Attest; → Erlaubnis, → Urkunde, → Zensur, → Zitat.
bescheißen: → betrügen.
beschickert: → betrunken.
beschildern: → beschriften.
beschimpfen: → schelten.
Beschimpfung: → Beleidigung.
beschirmen: → behüten.
beschirmt: → sicher.
beschissen: → unerfreulich.
beschlafen: → koitieren.
[1]**beschlagen:** → koitieren.
[2]**beschlagen:** → firm, → naß.
Beschlagenheit: → Erfahrung.
[1]**beschlagnahmen,** einziehen, konfiszieren, sicherstellen, sichern, pfänden; → wegnehmen.
[2]**beschlagnahmen:** → enteignen.
beschleunigen: → verstärken.
beschleunigt: -e Verdauung → Durchfall.
beschließen: → aufhören, → entschließen.
beschmieren: → beschmutzen.
beschmutzen, verunreinigen, beschmieren, vollschmieren *(ugs.)*, besudeln, bekleckern *(ugs.)*, beklecksen *(ugs.)*, beflecken, bespritzen, vollspritzen *(ugs.)*, schmutzig/*(salopp)* drekkig machen, versauen *(derb)*; → schmutzig; → Schmutz · Ggs. → sauber, → säubern, → waschen.
beschneiden, schneiden, zurückschneiden, [zurecht]stutzen · *beim Tier:* scheren, trimmen, kupieren; → abmachen.
beschönigen, schönfärben, bemänteln.
beschränkt: → stumpfsinnig.
Beschränkung: → Einschränkung.
beschreiben: → mitteilen.
beschreibend: → deskriptiv.
Beschreibung: eine B. geben → mitteilen.
beschriften, beschildern, etikettieren, signieren; → unterschreiben.
beschuldigen: → verdächtigen.
beschummeln: → betrügen.
beschupsen: → betrügen.
beschützen: → behüten.
Beschützer: → Gönner.
beschwatzen: → überreden.
Beschwerde: → Anstrengung, → Einspruch.
beschweren: sich b. → beanstanden.
beschwerlich, aufreibend, aufregend, ermüdend, anstrengend, strapaziös, mühevoll, mühsam, mühselig; → hinderlich, → langweilig, → schwierig; → Anstrengung · Ggs. → mühelos.
Beschwerlichkeit: → Anstrengung.
beschwichtigen: → beruhigen.
beschwindeln: → lügen.
beschwipst: → betrunken.
beschwören: → bitten, → versprechen.
beseelen: etwas beseelt/erfüllt/bewegt jmdn.; → anstacheln, → begeistern.
besehen: → ansehen.
beseitigen: → abschaffen, → entfernen, → töten; einen Schaden b. → reparieren.
beseligen: → erfreuen.
Besessenheit: → Neigung.
besetzen: → erobern.
beseufzen: → bedauern.
besichtigen: → ansehen.
besiedelt, bevölkert, bewohnt; → weilen.
besiegen, überwinden, unterwerfen, unterjochen, sich jmdn. untertan machen, vernichten, schlagen, bezwingen, aufreiben, ruinieren, fertigmachen *(salopp)*, in die Pfanne hauen *(salopp)*, jmdn. in die Knie zwingen; → ausrotten, → siegen, → töten, → übertreffen, → unterdrücken, → zerstören.
besinnen: sich b. → erinnern (sich); sich besonnen haben → zunehmen.
besinnlich: → beschaulich.
besinnungslos: → ohnmächtig.
[1]**Besitz,** Eigentum, Vermögen, Habe, Habseligkeiten, [Hab und] Gut; → Besitzer; → haben.
[2]**Besitz:** B. nehmen/ergreifen von → nehmen; in B. haben, im B. sein → haben; in B. nehmen, → erobern.
besitzen: → haben.

Besitzer, Eigentümer, Inhaber; → Besitz; → haben.
Besitztitel: → Claim.
besoffen: → betrunken.
besolden: → zahlen.
Besonderheit: → Ereignis.
besonders, eigens, extra, speziell, vor allem, exklusiv; → allgemein, → ausschließlich.
besonnen: → ruhig.
besorgen: → beschaffen, → wegnehmen.
Besorger: → Bote.
Besorgnis: → Ahnung.
besorgt: → ängstlich.
bespannen, auskleiden, ausschlagen, verkleiden, verschalen, auslegen, [aus]füttern.
bespitzeln: → beobachten.
besprechen: → erörtern; sich b. → übereinkommen.
Besprecher: → Kritiker.
[1]**Besprechung,** Rezension, Referat, Kritik, Würdigung · *schlechte:* Verriß *(abwertend)*; → Arbeit, → Kritiker, → Ratgeber; → mitteilen.
[2]**Besprechung:** → Gespräch, → Tagung.
besprengen: → sprengen.
bespringen: → koitieren.
bespritzen: → beschmutzen, → sprengen.
besprühen: → sprengen.
besser: -e Hälfte → Ehefrau, → Ehemann.
[1]**bessern** (sich), sich läutern/bekehren, umkehren, in sich gehen, ein neues Leben beginnen; → bedauern, → einstehen.
[2]**bessern:** sich b. → gesund [werden].
Besserung: sich auf dem Wege der B. befinden, auf dem Wege der B. sein → gesund [werden].
best: sein Bestes tun → anstrengen (sich); jmdn. zum -en haben/halten → anführen.
Bestand: → Grundlage; von B. → bleibend.
beständig: → treu, → unaufhörlich.
bestärken: → festigen.
Bestätigung: → Bescheinigung, → Erlaubnis.
bestatten, beisetzen, begraben, beerdigen, der Erde übergeben, zur letzten Ruhe betten, zu Grabe tragen, das letzte Geleit geben, verscharren, einscharren; → einäschern; → Begräbnis.
bestaunen, bewundern, anstaunen.
beste: zum -n geben → vortragen.
bestechen, korrumpieren, kaufen *(ugs.)*, schmieren *(salopp)*, Handgeld geben; → überreden; → bestechlich.
bestechlich, korrupt, verführbar, käuflich; → bestechen.
[1]**bestehen** (auf), beharren auf, bleiben bei, verharren bei, sich versteifen.
[2]**bestehen:** → bewältigen, → ertragen, → existieren; b. aus → zusammensetzen (sich aus).
Bestehen: → Lage.
bestehenbleiben: → beibehalten.
bestehend: → wirklich.
bestehenlassen: → beibehalten.
bestehlen: → wegnehmen.
besteigen: → koitieren.
[1]**bestellen,** in Auftrag geben, kommen lassen, anfordern, abonnieren, beziehen · *Bücher vor dem Erscheinen:* vorausbestellen, subskribieren; → anordnen; → Bestellung.
[2]**bestellen:** → bebauen, → beordern, → mitteilen.
Bestellung, Auftrag, Order · *von Büchern vor dem Erscheinen:* Subskription; → Angebot; → bestellen.
bestens: → trefflich.
bestimmen: → anordnen.
bestimmend: → maßgeblich.
bestimmt: → klar, → wahrlich.
Bestimmung: → Aufgabe, → Auslegung, → Schicksal, → Weisung.
Bestleistung: → Höchstleistung.
bestrafen, strafen, mit einer Strafe belegen, eine Strafe geben/auferlegen/verhängen/zudiktieren/*(salopp)* aufbrummen, maßregeln, ahnden, züchtigen, rächen, vergelten, Rache üben/nehmen, Vergeltung üben, heimzahlen, abrechnen, sich revanchieren; → schlagen, → wehren (sich) · Ggs. → belohnen.
bestreichen: → anmalen.
bestreiken: → streiken.
bestreiten: → abstreiten, → zahlen.
bestricken: → bezaubern.
bestrickend: → hübsch.
Bestseller: → Buch.
bestürzt: → betroffen.
Bestürzung: → Entsetzen.
[1]**Besuch,** Kommen · *des Arztes beim Kranken:* Visite; → besuchen.
[2]**Besuch:** → Gast; zu B. kommen → besuchen.
besuchen, Besuch machen/abstatten, zu Besuch kommen, vorbeikommen *(ugs.)*, vorsprechen, aufsuchen, seine Aufwartung machen, hereinschauen, [hin]gehen zu, Visite machen, frequentieren; → Besuch.
Besucher: → Gast, → Publikum.
besudeln: → beschmutzen.
betagt: → alt.
betätigen: sich b. → arbeiten.
Betätigung: → Tätigkeit.
betatschen: → berühren.
betasten: → berühren.
betäuben, einschläfern, narkotisieren, schmerzunempfindlich machen, chloroformieren, anästhesieren; → töten.
betäubt: → benommen.
beteiligen: sich b. → teilnehmen.
beteuern: → versprechen.
Beton: → Zement.
betonen, hervorheben, herausstellen, unterstreichen; → wichtig.
betont: → zugespitzt.
Betonung: → Tonfall.
betörend: → hübsch.
Betracht: in B. ziehen → erwägen.
betrachten: → ansehen; b. als → beurteilen.
Betrachter: → Zuschauer.
beträchtlich: → außergewöhnlich.

Betrachtung: → Darlegung, → Versenkung.
Betrachtungsweise: → Gesichtspunkt.
Betrag: → Beitrag.
betragen: sich b. → benehmen (sich).
betrauern: → bedauern.
betreffen: etwas betrifft/trifft/berührt/tangiert jmdn., etwas geht jmdn an.
betreiben: → arbeiten.
¹**betreten,** eintreten, hereintreten, hereinkommen, hineingehen, hineinkommen, hineingelangen, hineinspazieren, hereinspazieren; → einmarschieren.
²**betreten:** → verlegen.
betreuen: → pflegen.
Betreuer, Manager · *eines Künstlers:* Impresario · *eines Sportlers:* Trainer, Sportlehrer, Coach; → Beauftragter, → Gönner, → Helfer; → helfen.
Betrieb: → Büro; in B. sein → funktionieren.
betriebsam: → fleißig.
betrinken (sich), zu tief ins Glas gucken, einen über den Durst trinken, sich einen antrinken *(ugs.)*, sich einen Affen kaufen *(salopp)*, sich einen ansaufen *(derb)*, sich besaufen *(derb)*, sich vollaufen lassen *(derb)*; → betrunken.
betroffen, bestürzt, entsetzt, verstört, verwirrt, konsterniert, erschrocken, entgeistert, starr, fassungslos, verdattert *(ugs.)*; → ängstlich; → verwirren.
betrüben: etwas betrübt jmdn. → ärgern.
Betrübnis: → Trauer.
betrübt: → schwermütig.
Betrug, Unregelmäßigkeit, Durchstecherei, Täuschung, Machenschaft, Schiebung, Manipulation, Machination, Nepp *(abwertend)*, Mogelei *(ugs.)*; → Arglist, → Diebstahl, → Einbildung, → Schlaukopf.
¹**betrügen,** Betrug begehen, prellen, hintergehen, corriger la fortune, jmdn. um etwas bringen, anschmieren *(salopp)*, ausschmieren *(salopp)*, bescheißen *(derb)*, [be]schummeln, mogeln, täuschen, hereinlegen *(ugs.)*, überlisten, anmeiern *(salopp)*, übervorteilen, übertölpeln *(ugs.)*, übers Ohr hauen *(salopp)*, behumsen *(salopp)*, beschupsen *(salopp)*, bluffen, düpieren, jmdn. hinters Licht/aufs Glatteis führen, jmdn. aufs Kreuz legen *(salopp)*, über den Löffel balbieren *(salopp)*, für dumm verkaufen *(ugs.)*, verschaukeln *(salopp)*; → anführen, → lügen, → wegnehmen; → unaufrichtig; → Schlaukopf.
²**betrügen:** [seine Frau/seinen Mann] b. → untreu [sein].
Betrüger, [Heirats]schwindler, Schieber, Gauner, Hochstapler, Scharlatan; → Angeber, → Geck, → Verbrecher.
betrügerisch: → unredlich.
betrunken, angetrunken, angeheitert, berauscht, trunken, volltrunken, bezecht, sternhagelvoll, stockbetrunken, angesäuselt *(ugs.)*, beschwipst *(ugs.)*, benebelt *(ugs.)*, beschickert *(ugs.)*, betütert *(ugs.)*, voll *(salopp)*, blau *(salopp)*, besoffen *(derb)*; **b. sein,** selig/*(salopp)* dun sein, einen sitzen/intus haben *(ugs.)*, einen Affen haben *(salopp)*; → betrinken (sich).
¹**Bett,** Bettstatt, Lagerstatt, Schlafgelegenheit, Bettgestell, Bettstelle, Bettlade *(oberd.)* · *primitives:* Pritsche, Notbett · *auf dem Schiff:* Koje; → Liege, → Sitzgelegenheit.
²**Bett:** das B. hüten, im/zu B. liegen → krank [sein]; ins/zu B. gehen → schlafen [gehen]; mit jmdm. ins B. gehen → koitieren.
bettelarm: → arm.
Bettgestell: → Bett.
Bettlade: → Bett.
bettlägerig: b. sein → krank [sein].
Bettlägerigkeit: → Krankheit
bettreif: → müde.
Bettstatt: → Bett.
Bettstelle: → Bett.
Bettuch: → Laken.
betucht: → reich.
betütert: → betrunken.
¹**beugen** (sich), sich bücken/niederbeugen/ducken/neigen/biegen, sich lehnen über, sich klein/krumm machen.
²**beugen:** sich b. → nachgeben.
Beule: → Abszeß.
beunruhigen: → verwirren; etwas beunruhigt jmdn. → sorgen (sich).
beurlauben: → befreien.
Beurlaubung: → Befreiung.
beurteilen, urteilen/denken über, werten, bewerten, begutachten, abschätzen, einschätzen, würdigen, etwas von jmdm./etwas halten, halten/ansehen/ erachten für, betrachten/empfinden/auffassen/nehmen/verstehen als, etwas in jmdm. (oder:) etwas sehen/erblicken; → ausrechnen, → denken, → folgern, → prüfen, → schätzen, → vermuten.
Beurteilung: → Diagnose.
Beute: → Raub.
Beutel: → Sack.
beuteln: → schütteln.
bevölkert: → besiedelt.
bevollmächtigen: → ermächtigen.
bevollmächtigt: → befugt.
Bevollmächtigter: → Abgesandter.
bevorstehen: etwas steht bevor/steht noch aus/*(östr.)* ist ausständig, etwas steht dahin, etwas ist noch offen/unentschieden/noch zu entscheiden.
bevorzugen, vorziehen, den Vorzug geben; → auswählen.
bewachen: → beobachten.
bewahren: → aufbewahren, → behüten; b. vor → abhalten.
bewährt: → erprobt.
bewältigen, meistern, schaffen, erringen, vollbringen, bringen *(ugs.)*, fertig werden mit; erreichen, daß ...; gelangen zu/an, bestehen, nicht → versagen; → aufhören, → beherrschen, → bewerkstelligen, → ertragen, → erwirken, → können, → verwirklichen.
bewandert: → firm.

bewässern: → sprengen.
[1]**bewegen** (sich), sich rühren/regen.
[2]**bewegen:** jmdn. zu etwas b. → anstacheln; etwas bewegt jmdn. → beseelen.
Beweggrund: → Anlaß.
beweglich: → biegsam, → geschickt.
[1]**bewegt,** gerührt, ergriffen, erschüttert, aufgewühlt; → empfindsam; → erschüttern; → Ergriffenheit.
[2]**bewegt:** → aufgeregt.
Bewegung: etwas in B. setzen → verursachen.
Bewegungslosigkeit, Reglosigkeit, Regungslosigkeit, Unbewegtheit; → ruhig.
beweiben: sich b. → heiraten.
beweihräuchern: → loben.
beweinen: → bedauern.
Beweis: → Nachweis.
beweisen: → nachweisen.
beweiskräftig: → stichhaltig.
Beweismittel: → Nachweis.
Beweisstück: → Nachweis.
bewerben: sich um jmdn. b. → werben.
Bewerber: → Anwärter.
bewerkstelligen, in die Wege leiten, einleiten, einfädeln, arrangieren, deichseln *(salopp)*, hinkriegen *(salopp)*, managen *(salopp)*, fingern *(salopp)*, drehen *(salopp)*; → bereinigen, → bewältigen, → können, → verwirklichen.
bewerten: → beurteilen.
Bewertung: → Zensur.
bewilligen: → billigen.
bewillkommnen: → begrüßen.
bewirken: → verursachen.
bewohnen, wohnen, einwohnen; → weilen.
Bewohner, Einwohner, Städter, Bürger, Eingeborener, Einheimischer, Eingesessener, Pfahlbürger; → Anwohner; → einheimisch · Ggs. → Gast.
bewohnt: → besiedelt.
bewölkt, wolkig, bedeckt, bezogen, grau, verhangen, nicht → heiter; → dunstig.
bewundern: → achten, → bestaunen.
bewundernswert: → außergewöhnlich.
bewußt: → absichtlich; etwas wird jmdm. b. → merken; etwas macht jmdm. etwas b. → erhellen.
bewußtlos: → ohnmächtig.
Bewußtsein: sich etwas ins B. bringen → vorstellen (sich etwas); zum B. kommen → merken.
bezahlen: → zahlen; b. für → einstehen; sich bezahlt machen → einträglich [sein].
Bezahlung: → Gehalt.
bezähmen: → beruhigen; sich b. → ruhig.
bezaubern, verzaubern, bestricken, berücken, faszinieren, blenden, umgarnen; → überreden, → verleiten.
bezaubernd: → hübsch.
bezecht: → betrunken.
bezeichnen (als), apostrophieren als, nennen; → ansprechen.
bezeichnend: → kennzeichnend.
Bezeichnung: → Begriff.
bezichtigen: → verdächtigen.
[1]**beziehen** (sich): es bezieht sich auf, es handelt sich/*(ugs.)* dreht sich um.
[2]**beziehen:** → bestellen; sich b. auf → berufen.
Beziehung: → Verhältnis; freundschaftliche B. → Freundschaft; in jeder B. → ganz.
beziehungslos: → unzusammenhängend.
beziehungsreich: → komplex.
Beziehungswort: → Wortart.
[1]**beziffern** (sich), sich belaufen, angeben mit.
[2]**beziffern:** → numerieren.
Bezirk: → Gebiet, → Verwaltungsbezirk.
bezogen: → bewölkt.
Bezüge: → Gehalt.
bezwecken: → vorhaben.
bezweifeln: → zweifeln.
bezwingen: → besiegen.
bibbern: → frieren.
Bibel, [Heilige] Schrift, Buch der Bücher, Wort Gottes.
Biber, [Meister] Bockert.
Bibliothek: → Bücherei.
Bickbeere: → Blaubeere.
bieder: → ehrenhaft.
biegen: sich b. → beugen (sich).
biegsam, gelenkig, geschmeidig, beweglich, elastisch, flexibel; → schlaff, → weich.
Biene: → Mädchen.
[1]**Bier,** Gerstensaft *(scherzh.)*.
[2]**Bier:** das ist nicht mein B. → sorgen (sich).
Bierarsch: → Gesäß.
bieten: → bereitstellen; sich etwas b. lassen → ertragen.
Bigamie: → Ehe.
bigott: → fromm.
[1]**Bild,** Bildnis, Porträt, Fotografie, Abbild, Abbildung, Illustration, Figur, Darstellung, Ansicht, Konterfei; → Malerei; → fotografieren.
[2]**Bild:** → Ausblick, → Einbildung, → Malerei, → Sinnbild; ein B. machen → fotografieren; im -e sein → wissen; sich ein B. machen von → vorstellen (sich etwas); mit -ern versehen → bebildern.
bilden: → bedeuten, → erziehen, → formen; sich b. → entstehen.
[**Bilder**]**rahmen,** Passepartout.
Bilderrätsel: → Rätsel.
bilderreich: → ausdrucksvoll.
Bilderstürmer: → Revolutionär.
bildhübsch: → hübsch.
Bildnis: → Bild.
bildschön: → hübsch.
Bildung: → Erfahrung.
Bildungsgrad: → Niveau.
Billetdoux: → Schreiben.
Billett: → Fahrkarte, → Schreiben.
[1]**billig,** preiswert, [preis]günstig, wohlfeil, spottbillig, → nicht teuer.
[2]**billig:** → minderwertig.
billigen, gutheißen, bejahen, ja sagen zu, sanktionieren, legitimieren, goutieren, Geschmack finden an, anerkennen, zulassen, genehmigen, beistimmen, beipflichten, zu-

stimmen, seine Zustimmung geben, die Genehmigung erteilen/geben, begrüßen, übereinstimmen mit, einiggehen, konform gehen, unterschreiben, einverstanden sein, dafür sein, nichts dagegen/dawider haben, dulden, tolerieren, respektieren, geschehen lassen, erlauben, zubilligen, einräumen, konzedieren, bewilligen, gewähren, stattgeben, zugestehen, die Erlaubnis geben, gestatten, zugeben, verstatten, jmdm. freie Hand lassen, jmdn. gewähren/schalten und walten lassen, jmdm. etwas freistellen/überlassen/anheimstellen/anheimgeben, etwas in jmds. Hände legen, etwas ist jmdm. vergönnt/gegeben, nicht → ablehnen, nicht → beanstanden, nicht → verbieten; → ertragen, → wünschen; → aufgeklärt, → befugt, → statthaft; → Achtung, → Ansehen, → Erlaubnis, → Übereinstimmung · Ggs. → Nichtachtung.
Billigung: → Erlaubnis.
Bimmel: → Glocke.
bimmeln: → läuten.
binden, knüpfen, schnüren, knoten, zusammenknoten.
bindend: → verbindlich.
Binder: → Krawatte.
Bindewort: → Wortart.
Bindfaden: → Schnur.
Bindung: → Freundschaft.
binnen, innerhalb, in, im Laufe/im Verlauf/in der Zeit von, von Mal zu Mal, innert *(schweiz.)*.
Binnenreim: → Reim.
Biographie, Memoiren, Lebensgeschichte, Lebensbeschreibung, Lebensbild, [Lebens]erinnerungen, Denkwürdigkeiten; → Laufbahn.
Biologie: → Naturkunde.
Birke: → Laubbaum.
Birne: → Kopf.
bis: b. auf → einschließlich, → ohne.
Bischof: → Geistlicher.
Bise: → Wind.
bisexuell: → zwittrig.
bisher, bislang, bis jetzt/*(schweiz.)* anhin; → seither.
bislang: → bisher.
bissig: → spöttisch; b. sein → beißen.
Bistro: → Gaststätte.
bisweilen: → manchmal.
Bitte, Wunsch, Anliegen, Ersuchen, Ansuchen; → Anspruch, → Gesuch; → bitten.
[1]**bitten,** erbitten, ersuchen, ansuchen, nachsuchen, vorstellig werden, jmdm. anliegen [mit etwas], ansprechen um, flehen, anflehen, beschwören, angehen um *(ugs.)*, anhauen *(salopp)*, ankeilen *(salopp)*, löchern *(salopp)*, drängen, bedrängen, zusetzen, drängeln, dremmeln *(ugs.)*, quengeln *(ugs.)*, keine Ruhe geben, jmdm. keine Ruhe lassen, nicht in Ruhe lassen, jmdm. in den Ohren liegen *(salopp)*, jmdm. auf die Pelle rücken *(salopp)*, beknien *(salopp)*; → abraten, → ansprechen, → anstacheln, → mahnen, → überreden, → verleiten, → zuraten; → Bitte.
[2]**bitten:** b. zu → einladen; [zu sich] b. → beordern.
bitter: → sauer, → spöttisch.
bitterböse: → böse.
Bitterkeit: → Ärger.
Bitternis: → Ärger.
Bittschrift: → Gesuch.
Biwak: → Camping.
biwakieren: → zelten.
Blabla: → Gewäsch.
blaffen: → bellen.
Blag: → Kind.
Blähsucht, Flatulenz, Meteorismus · *bei Tieren:* Tympanie, Tympanites; → Darmwind.
Blähung: → Darmwind.
blaken: → rufen.
Blamage: → Bloßstellung.
blamieren: → bloßstellen.
blank: → zahlungsunfähig; b. reiben → polieren.
blanko: → anstandslos.
Blankvers: → Vers.
Bläschen: → Hautausschlag.
Blase: → Abschaum.
blasen, pusten *(ugs.)*, hauchen.
blasiert: → dünkelhaft.
Blasinstrument · Blechblasinstrument, Trompete, Kornett, Piston, Horn, Tuba, Bombardon, Helikon, Posaune, Trombone · Holzblasinstrument, [Quer]flöte, Blockflöte, Oboe, Englischhorn, Klarinette · Okarina, Saxophon, Schalmei, Sackpfeife, Dudelsack, Mundharmonika; → Musikinstrument.
Blasphemie: → Beleidigung.
blaß, bläßlich, blutleer, verblaßt, ausgeblaßt, fahl, bleich, käseweiß *(ugs.)*, käsig *(ugs.)*, weiß, kreidebleich, kreideweiß, kalkweiß, kalkig, wachsbleich, totenblaß, leichenblaß, totenbleich, grau, aschgrau, aschfahl.
bläßlich: → blaß.
Blatt: → Seite, → Zeitung.
Blättchen: → Zeitung.
Blattern: → Hautausschlag.
Blätterwald: → Zeitung.
blau: → betrunken.
Blaubeere, Heidelbeere, Bickbeere *(nordd.)*, Schwarzbeere *(landsch.)*.
Blauer: → Polizist.
Blaukraut: → Rotkohl.
Blaukreuzler: → Antialkoholiker.
blaumachen: → faulenzen.
Blazer: → Jacke.
Blech: → Unsinn.
Blechblasinstrument: → Blasinstrument.
blechen: → zahlen.
Blechner: → Klempner.
Blechschmied: → Klempner.
Bleibe: → Wohnung.
bleiben: → weilen; b. bei → bestehen (auf).
bleibend, dauerhaft, haltbar, unvergänglich, von Bestand, unzerstörbar, strapazierfähig, unverwüstlich, wertbeständig. zeitlos, nicht der Mode unterworfen, unwandelbar, unvergessen, unvergeßlich, unvergeßbar, für

immer, zeitlebens; → gediegen, → unaufhörlich.
bleibenlassen: → abschreiben.
bleich: → blaß.
bleiern: → schwer.
bleischwer: → schwer.
blenden: → bezaubern, → leuchten.
Blessur: → Wunde.
Blick: jmdm. einen B. zuwerfen/schenken/gönnen, einen B. werfen auf → ansehen.
Blick: → Ausblick; keines -es würdigen → ignorieren.
¹**blicken,** sehen, schauen, gucken, kucken *landsch.)*, kieken *(salopp)*, starren, spähen, peilen*(ugs.)*, ein Auge riskieren*(ugs.)*, äugen, glotzen *(salopp, abwertend)*, stieren *(abwertend)*, glupschen, *(abwertend)*, linsen *(ugs.)*, lugen, luchsen · *mit fehlerhafter Augenstellung:* schielen, einen Silberblick haben; → ansehen, → blinzeln, → sehen; → stier.
²**blicken:** b. auf → ansehen.
Blickfang: → Köder.
Blickfeld: → Gesichtskreis.
Blickpunkt: → Gesichtspunkt.
Blickrichtung: → Gesichtspunkt.
Blickwinkel: → Gesichtspunkt.
blind: → matt.
Blindgänger: → Versager.
blinken: → leuchten.
blinzeln, zwinkern, kneisten *(salopp, landsch.)*; → ansehen, → blicken, → sehen.
blitzblank: → sauber.
blitzen: → leuchten.
blitzschnell: → schnell.
Block, Brocken, Klumpen, Klotz; → Pfahl.
blocken: → polieren.
Blockflöte: → Blasinstrument.
Blockhaus: → Haus.
blockieren: → hindern.
Blockwagen: → Wagen.
blöd: → dumm, → unerfreulich.
blöde: → geistesgestört.
Blödling: → Dummkopf.
blödsinnig: → dumm.
blöken: → schreien.
blondieren: → tönen.
bloß: → ausschließlich, → nackt.
¹**Blöße,** Nacktheit, Nudität.
²**Blöße:** sich eine B. geben → bloßstellen.
bloßlegen: → aufdecken.
bloßstellen, sich eine Blöße geben, keine gute Figur machen, kompromittieren, seinen Namen/Ruf/sein Ansehen aufs Spiel setzen, jmdn. zum Gespött/lächerlich machen, blamieren, sich ein Armutszeugnis ausstellen; → erniedrigen. → kränken, → verleumden; → Bloßstellung, → Entblößung, → Nichtachtung.
Bloßstellung, Blamage, Schande, Beschämung, Kompromittierung, Schmach, Unehre, Schimpf, Reinfall *(ugs.)*, Pleite *(ugs)*; → bloßstellen; → anständig, → ehrlos, → gemein.
Blue jeans: → Hose.
Bluff: → Lüge.
bluffen: → betrügen.
blühen: → gedeihen.
Blümchenkaffee: → Kaffee.
Blume: → Schwanz.
Blumenbeet: → Rabatte.
Blumenkind: → Gammler.
Blumenkohl, Karfiol *(östr.)*; → Kohl, → Rotkohl.
Blut: → Ader; sein B. vergießen für → einstehen (für).
Blutader: → Ader.
Blutbad, Massaker, Schlächterei *(abwertend)*, Gemetzel *(abwertend)*; → Kampf, → Schlachtfeld, → Streit; → kämpfen.
Blutbahn: → Ader.
Blüte: → Aufschwung, → Geld.
bluten: b. für → einstehen.
Blütenlese: → Exzerpt.
Blutgefäß: → Ader.
blutjung: → jung.
blutleer: → blaß.
Blutschande: → Inzest.
Blutung: monatliche B. → Menstruation.
blutvoll: → lebhaft.
Blutzeuge: → Opfer.
Bö: → Wind.
Bob: → Schlitten.
Bobby: → Polizist.
bockbeinig: → unzugänglich.
bocken: → gekränkt [sein].
Bockert: → Biber.
bockig: → unzugänglich.
Bockmist: → Unsinn.
¹**Boden,** Speicher *(südd.)*, Estrich*(landsch.)*.
²**Boden:** → Erde.
Bodensatz: → Abschaum.
bodenständig: → echt.
Bodycheck: → Regelverstoß.
Bogen: → Seite; Pfeil und B. → Schußwaffe; einen B. machen um → ausweichen.
Bohle: → Brett.
böhmisch: das sind mir/für mich -e Dörfer → verstehen.
bohnern: → polieren.
böig: → luftig.
böllern: → krachen.
Bollerwagen: → Wagen.
Bombardon: → Blasinstrument.
bombastisch: → hochtrabend.
Bombs: → Bonbon.
Bommel: → Franse.
Bon: → Vergütung.
bona fide: → gutgläubig.
Bonbon, Klümpchen *(landsch.)*, Zuckerstein *(landsch.)*, Gutsel *(südd.)*, Zuckerl *(östr.)*. Zeltlein *(landsch.)*, Bombs *(landsch.)*
Bongos: → Schlaginstrument.
Bonifikation: → Vergütung.
Bonität: → Zahlungsfähigkeit.
Bonne: → Kindermädchen.
Bonus: → Vergütung.
Bonvivant: → Frauenheld.
Boom: → Aufschwung.
Boot, Kahn, Nachen, Barke *(dichter.)*, Zille *(landsch.)*, Gondel, Kanu, Kanadier, Kajak,

Faltboot, Einbaum, Beiboot, Schaluppe, Kutter, Schoner, Schute, Gig, Jolle, Barkasse; → Schiff; **B. fahren,** rudern, paddeln, pullen, wriggen, staken, remen, rojen, segeln; → fahren, → fortbewegen (sich).
Bora: → Fallwind.
Bord: → Brett.
Bordell, Freudenhaus, öffentliches Haus, Hurenhaus *(salopp)*, Puff *(derb)*; → Prostituierte.
Bordüre: → Besatz.
Borg: auf B. → leihweise.
borgen: → leihen.
Borke: → Schale.
Born: → Quelle.
borniert: → stumpfsinnig.
Börse: → Portemonnaie.
Borstentier: → Schwein.
Borstenvieh: → Schwein.
Borte: → Besatz.
bösartig: → böse.
Böschung: → Abhang.
[1]**böse,** bitterböse, boshaft, übelgesinnt, übelwollend, bösartig, gemeingefährlich, schlimm, übel, garstig, niederträchtig, widrig · *vom Krankheitsverlauf:* perniziös, maligne, nicht → gutartig; → abscheulich, → ekelhaft, → gefährlich, → gemein, → schadenfroh, → schlau, → spöttisch, → unaufrichtig, → unbarmherzig, → unerfreulich; → kämpfen.
[2]**böse:** → ärgerlich.
Böse: der B. → Teufel.
Bösewicht: → Schuft.
boshaft: → böse.
Bosheit, Niedertracht, Infamie, Unverschämtheit, Schadenfreude, Gehässigkeit, Rachsucht, Rankünе; → Abneigung, → Arglist, → Neid, → Untreue; → intrigieren.
Boß: → Arbeitgeber.
Botanik: → Pflanzenkunde.
Bote, Lieferant, Laufbursche, Botenjunge, Besorger, Austräger, Ausläufer, Ausfahrer, Ausgeher, Überbringer; → Abgeordneter, → Abgesandter, → Diplomat.
Botel: → Hotel.
Botenjunge: → Bote.
Botschaft: → Nachricht.
Botschafter: → Diplomat.
Böttcher, Kübler *(südwestd.)*, Küfer *(westd., südwestd.)*, Schäffler *(südd.)*, Weißbinder *(südostd.)*.
Boudoir: → Raum.
Bouillon: → Suppe.
Boulevard: → Straße.
Boulevardblatt: → Zeitung.
Bouteille: → Flasche.
Boutique: → Laden.
Bowle: → Gewürzwein.
Boxen, Faustkampf, Pugilistik; → Judo, → Ringen.
Boy: → Diener.
boykottieren: → hindern.
brabbeln: → beanstanden.
bramarbasieren: → übertreiben.
Branche: → Gebiet.
[1]**Brand,** Feuer, Feuersbrunst; → Flamme.
[2]**Brand:** → Durst; in B. stecken/setzen → anzünden.
branden: → fließen.
brandmarken, ächten, verfemen, verpönen, in Acht und Bann tun, verfluchen, verwünschen, verdammen, verurteilen, den Stab brechen über, geißeln, anprangern, an den Pranger stellen; → ausschließen, → beanstanden, → verurteilen.
brandneu: → neu.
brandschatzen: → wegnehmen.
Brandung, Gischt, Schaum; → Woge.
braten, rösten, schmoren, schmurgeln *ugs.)*, brutzeln *(ugs.)*, grillen, backen, toasten, bähen *(südd., östr.)*, dämpfen, dünsten, kochen, sieden, garen; → kochen, → würzen.
Bratkartoffeln: → Kartoffeln.
Bratklops: → Fleischkloß.
Bratsche: → Streichinstrument.
Brauch, Sitte, Regel, Brauchtum, Gebräuche, Angewohnheit, Gewohnheit, Gepflogenheit, Usus · *studentischer:* Komment · *schlechter:* Unart; → Lebensweise, → Tradition.
brauchbar: → zweckmäßig.
[1]**brauchen,** nötig haben, bedürfen, benötigen; → anwenden, → mangeln.
[2]**brauchen:** → müssen.
Brause: → Selters[wasser].
brausen: → rauschen.
Bräuterich: → Bräutigam.
Bräutigam, Verlobter, Zukünftiger, Bräuterich *(landsch., scherzh.)*; → Geliebter.
Brautschau: B. halten → werben.
brav: → artig, → ehrenhaft.
Bravo: → Mörder.
Bravour: → Mut.
bravourös: → meisterhaft.
BRD: → Deutschland.
brechen: → fließen, → übergeben (sich); das Auge bricht → sterben.
Brecher: → Woge.
Bredouille: → Not.
Bregen: → Gehirn.
bregenklüterig: → schwermütig.
Brei: jmdm. B. um den Mund schmieren → schmeicheln.
breiig: → flüssig, → weich.
breit: → ausführlich, → geräumig.
breitdrücken: → zermalmen.
Breite: → Ausmaß.
breitquetschen: → zermalmen.
breitschlagen: → überreden.
breitwalzen: → zermalmen.
bremsen: → halten.
brennen, schmoren, sengen, schwelen, glühen, glimmen, glosen *(landsch.)*, aufflammen, aufbrennen, in Flammen aufgehen, [auf]lodern, lohen, [auf]flackern, versengen, verbrennen, aufleuchten; → einäschern, → rußen, → verbrennen; → Wärme.
Brennpunkt: → Mittelpunkt.
Bresthaftigkeit: → Krankheit.

[1]**Brett,** Planke, Bohle, Diele, Riemen, Leiste, Latte, Bord, Daube, Sparren, Scheit, Träger, Balken; → Pfahl, → Span.
[2]**Brett:** -er → Schi, → Theater.
Bretterbude: → Haus.
Brief: → Schreiben.
Briefmarkensammler, Philatelist.
Briefträger: → Zusteller.
Briefwechsel: → Schriftwechsel.
Brigade: → Mannschaft.
Brikett: → [Preß]kohle.
brillant: → außergewöhnlich.
Brillantine: → Haarpflegemittel.
[1]**Brille,** [Augen]gläser, [Nasen]fahrrad *(ugs., scherzh.)*, Spekuliereisen *(scherzh.)*, Intelligenzprothese *(scherzh.)* · *mit Stiel:* Lorgnon; → Einglas, → Kneifer.
[2]**Brille:** → Toilette.
Brimsen: → Schafkäse.
bringen: → begleiten, → beschaffen, → bewältigen, → liefern, → nachweisen; an sich b. → kaufen; jmdn. um etwas b. → betrügen; jmdn. zu etwas b. → anstacheln; es zu etwas b. → werden (etwas); es über sich/übers Herz b. → entschließen (sich).
brisant: → sprengend.
Brisanz: B. enthaltend → sprengend.
Brise: → Wind.
Brocken: → Block.
brockenweise: → unzusammenhängend.
brodeln: → perlen.
Brodem: → Nebel.
Broschüre: → Buch.
Brot: → Schnitte.
Brötchen, Schrippe *(berlin.)*, Knüppel *(berlin.)*, Rundstück *(nordd.)*, Semmel *(landsch.)*, Weck[en] *(südd.)*, Gipferl *(landsch.)*, Hörnchen *(landsch.)*, → Schnitte.
Brötchengeber: → Arbeitgeber.
brotlos: → arbeitslos.
Brotzeit: → Essen.
Brouillon: → Entwurf.
Browning: → Schußwaffe.
[1]**Bruch** (das): → Sumpf.
[2]**Bruch** (der): → Bügelfalte, → Untreue.
Bruchbude: → Raum.
brüchig: → mürbe.
[1]**Brücke,** Viadukt, Steg, Übergang, Überweg, Überführung; → Straße · Ggs. → Unterführung.
[2]**Brücke:** → Teppich, → Zahnersatz.
Bruderschaft: → Kongregation.
Brühe: → Getränk, → Suppe.
brüllen: → schreien.
brummeln: → flüstern.
brummen: → abbüßen, → flüstern, → singen.
Brumme[r]: → Fliege.
brummig: → ärgerlich.
Brunnen, Zisterne, Reservoir; → Quelle.
Brunst: → Leidenschaft.
brunzen: → urinieren.
brüsk: → unhöflich.
brüskieren: → kränken.
Brüskierung: → Herausforderung.
[1]**Brust,** Brustkorb, Thorax, Brustkasten *(ugs.)*; → Busen.
[2]**Brust:** → Busen, → Seele; die B. geben → stillen.
Brustbeutel: → Portemonnaie.
Brüste: → Busen.
brüsten: sich b. → übertreiben.
Brustkasten: → Brust.
Brustkorb: → Brust.
Brustwarze, Mamille, Mamilla, Papille; → Busen.
Brut: → Abschaum.
brutal: → unbarmherzig.
[1]**brüten,** hecken, glucken, sitzen; → gebären.
[2]**brüten:** → denken.
brutzeln: → braten.
Bub: → Junge.
Bübchen: → Junge.
Bubi: → Junge.
[1]**Buch,** Band, Einzelband, Titel, Schmöker *(ugs.)*, Wälzer *(ugs.)*, Schwarte *(salopp)*, Schinken *(ugs.)*, Scharteke *(abwertend)*, Foliant, Druckerzeugnis, Broschüre, Werk, Schrift · *mit großem Absatz:* Bestseller, Longseller; → Bücherei, → Inkunabel, → Lektüre, → Literatur, → Ratgeber, → Zeitschrift, → Zeitung.
[2]**Buch:** B. der Bücher → Bibel.
Buche: → Laubbaum.
buchen, verbuchen, registrieren, verzeichnen, erfassen, sammeln, dokumentieren, aufnehmen, kodifizieren, archivieren; → aufschreiben, → einkommen, → erwähnen.
Bücherei, Büchersammlung, Bücherbestand, Bücherschatz, Bibliothek; → Buch.
Bücherwurm: → Leser.
[1]**Büchse,** Dose, Konserve.
[2]**Büchse:** → Schußwaffe.
Buchstabe, Letter, Schriftzeichen, Charaktere · *kleiner:* Minuskel · *großer:* Majuskel, Versal, Kapitälchen.
Buchstabenrätsel: → Rätsel.
buchstäblich: → erwartungsgemäß, → wortwörtlich.
buckeln: → tragen.
bücken: sich b. → beugen (sich).
bucklig: → verwachsen.
Buddel: → Flasche.
Bude: → Haus, → Raum.
büffeln: → lernen.
Buffet: → Ladentisch.
Bügelfalte, Bruch *(landsch.)*.
bügeln, aufbügeln, plätten *(nordd.)*, glätten *(landsch.)*, mangeln, mangen *(landsch.)*, rollen *(landsch.)*.
Bugger: → Murmel.
buhlen: b. um → flirten.
Bühne: → Theater; von der B. abtreten → sterben.
Bühnendichtung: → Dichtung.
Bühnenstück: → Schauspiel.
Bühnenwerk: → Schauspiel.
Bukett: → Geruch.
Bulette: → Fleischkloß.
Bullauge: → Fenster.

Bulldozer: → Traktor.
Bulle: → Polizist, → Rind.
bullenheiß: → warm.
Bullenhitze: → Wärme.
Bulletin: → Mitteilung.
bullig: → untersetzt.
bummeln: → langsam [arbeiten], → spazierengehen.
Bums[lokal]: → Gaststätte.
[1]**Bund,** Bündnis, Verbindung, Liaison, Verein, Klub, Vereinigung, Koalition, Union, Verband, Liga, Allianz, Entente, Föderation, Konföderation, Korporation, Korps, Zusammenschluß, Fusion, Kartell; → Abmachung, → Abschaum, → Freundschaft, → Kongregation, → Kontakt, → Zweckverband; → verbünden (sich).
[2]**Bund:** → Packen.
Bündel: → Packen.
Bundesrepublik: → Deutschland.
bündig: → stichhaltig; kurz und b. → kurz.
Bündnis: → Bund.
Bungalow: → Haus.
Bunker: → Strafanstalt.
[1]**bunt,** farbig, mehrfarbig, farbenfroh, farbenfreudig, farbenprächtig, leuchtend, lebhaft, kräftig, satt, grell, knallig *(ugs., abwertend)*, schreiend *(ugs.)*, nicht → einfarbig.
[2]**bunt:** -er Rock → Kleidung.
Bürde: → Last.
Burg: → Schloß.
bürgen: b. für → einstehen (für), → gewährleisten.
Bürger: → Bewohner.
Bürgersteig: → Gehsteig.
Bürgschaft: B. leisten/stellen/übernehmen → einstehen (für).
Burleske: → Komödie.
Büro, Kanzlei, Betrieb, Fabrik.
Bürschchen: → Junge.
Bursche: → Diener, → Jüngling.
bürsten: → koitieren, → säubern.
Bürzel: → Schwanz.
[1]**Busch,** Strauch, Staude; → Dickicht.
[2]**Busch:** → Urwald; auf den B. klopfen → fragen.
Buschwerk: → Dickicht.
Busen, Brust, Brüste, Büste, Nuggel *(schweiz.)*, Atombusen *(salopp)*, Holz vor der Hütte *(salopp)*, Vorbau *(salopp)*, Balkon *(salopp)*, Kurven *(salopp)*, Titte *(vulgär)*; → Brust, → Brustwarze.
Busenfreund: → Freund.
Businessman: → Geschäftsmann.
Buße: → Strafe.
busseln: → küssen.
büßen: b. für → einstehen (für).
Büste: → Busen.
Butler: → Diener.
Butter: → Fett.
butterweich: → weich.
Buxe: → Hose.
bye-bye: → Gruß.
Byzantinismus: → Unterwürfigkeit.
byzantinistisch: → unterwürfig.

C

ca.: → ungefähr.
Café, Kaffeehaus, Konditorei, Konfiserie *(schweiz.)*, Cafeteria, Espresso, Gartenlokal, Estaminet *(franz.)*, Eisdiele, Milchbar, Teestube, Tearoom *(schweiz.)*; → Gaststätte.
Cafeteria: → Café.
Calembour: → Witz.
Call-Girl: → Prostituierte.
Camion: → Auto.
campen: → zelten.
Camping, Zeltlager, Biwak.
Canossa: einen Gang nach C. antreten → erniedrigen.
Cant: → Ausdrucksweise.
Casanova: → Frauenheld.
Cäsar: → Oberhaupt.
Catch-as-catch-can: → Ringen.
Caudillo: → Oberhaupt.
Cello: → Streichinstrument.
Cembalo: → Tasteninstrument.
Center: → Mittelpunkt.
Chagrin: → Ärger, → Leid.
Chaise: → Auto.
Chaiselongue: → Liege.
Chalet: → Haus.
Champagner: → Wein.
Champion: → Sportler.
Chance, Gelegenheit, Möglichkeit, Okkasion, Opportunität; → Ertrag, → Vorteil; → erfreulich.
Chanson: → Schlager.
Chansonette: → Sängerin.
Charakter: → Wesen; -e → Buchstabe.
charakterisieren: → bedeuten.
Charakteristikum: → Merkmal.
charakteristisch: → kennzeichnend.
charakterlos: → ehrlos.
Charisma: → Begabung.
charmant: → anziehend.
Charme: → Anmut.
Chauffeur: → Fahrer.
chauffieren: → fahren.
Chaussee: → Straße.
Chausseewanze: → Auto.
Chauvinismus: → Nationalismus.
Chauvinist: → Patriot.
chauvinistisch: → national.
Chef: → Arbeitgeber.
cherio: → Gruß.
Cherub: → Engel.

Chiffre: → Sinnbild, → Zahl.
Chignon: → Dutt.
Chips: → Kartoffeln.
Chirurg: → Arzt.
chloroformieren: → betäuben.
cholerisch: → aufgeregt.
Choral: → Lied.
Chose: → Angelegenheit.
Chrestomathie: → Auswahl.
Christbaum: → Weihnachtsbaum.
Christus: → Heiland.
chronisch: → lange.
Cicisbeo: → Geliebter.
Circulus vitiosus: → Teufelskreis.
City: → Innenstadt.
Claim, Anspruch, Anteil, Besitztitel; → Aktie.
Clerk: → [Handels]gehilfe.
clever: → schlau.
Clique: → Freundschaft.
Clou: → Glanzpunkt.
Clown: → Harlekin.
Coach: → Betreuer.
Cockpit: → Raum.
Code: → Sinnbild.
Cœur: → Spielkarte.
Coiffeur: → Friseur.
Coitus: → Koitus.
Colt: → Schußwaffe.
comme il faut: → richtig.
Computer, Rechenanlage; → Apparat.
Conférencier: → Ansager.
Container: → Behälter.
Corpus delicti: → Nachweis.
corriger la fortune: → betrügen.
Couch: → Liege.
Coupé: → Auto.
Couplet: → Schlager.
Cour: → Empfang; jmdm. die Cour machen → schmeicheln.
Courage: → Mut.
couragiert: → mutig.
Crack: → Sportler.
Creme: → Sahne, → Oberschicht.
cremen: → einreiben.
Crew: → Mannschaft.
Crosscheck: → Regelverstoß.
Curriculum vitae: → Laufbahn.

D

da: → als, → weil.
dabei: → auch.
dabeibleiben: → fortsetzen.
dabeisein: → anwesend [sein].
da capo: → wieder.
Dach: → Giebel, → Kopf; jmdm. aufs D. steigen → schelten.
Dachgarten: → Veranda.
Dachhase: → Katze.
Dachorganisation: → Unternehmen.
dachsen: → schlafen.
Dachstuhl: → Giebel.
Dachtel: → Ohrfeige.
dachteln: jmdm. eine d. → schlagen.
dadurch: → deshalb.
dafür: d. sein → billigen.
dafürhalten: → meinen.
Dafürhalten: nach jmds. D. → Ansicht.
dagegen: → aber; nichts d. haben → billigen.
dagegenhalten: → antworten.
[1]**daheim,** zu Hause; → anwesend.
[2]**daheim:** → Privatleben.
Daheim: → Wohnung.
daher: → deshalb.
daherreden: → sprechen.
dahingegen: → aber.
dahinscheiden → sterben.
dahinschwinden: → abnehmen.
dahinsiechen: → krank [sein], → welken.
dahinstehen: → bevorstehen.
dahinterkommen: → enträtseln, → erkennen.
Daktylus: → Versfuß.
damals, früher, seinerzeit, in/zu der (oder:) jener Zeit, dazumal, einst[ens], einmal, ehemals, einstmals, vormals, ehedem, weiland, vorzeiten, vor alters, nicht → jetzt, nicht → später; → gewesen, → vorher.
Dame: → Frau; alte D. → Mutter.
dämlich: → dumm.
[1]**Damm,** Hafendamm, Pier, Mole, Kai, Deich.
[2]**Damm:** → Straße; nicht auf dem D. sein → krank [sein].
dämmerig: → dunkel.
Dämmerung, Schatten, Zwielicht, Dunkel, Dunkelheit, Düsternis, Finsternis; → dunkel.
Dampf: → Nebel; D. machen → anstacheln.
dämpfen: → braten.
Dampfer: → Schiff.
Dampfkartoffeln: → Kartoffeln.
danach: → also, → hinterher.
Dandy: → Geck.
daneben: → auch.
danebenbenehmen: sich d. → benehmen (sich).
danebengehen: → scheitern.
danebengreifen: → verspielen (sich).
daniederliegen: → krank.
dank: → wegen.
[1]**Dank,** Dankbarkeit, Dankesschuld, Anerkennung.
[2]**Dank:** D. sagen/aussprechen → danken; D. schulden, zu D. verpflichtet sein, sich zu D. verpflichtet fühlen → verdanken.

dankbar: → nützlich; d. sein, sich d. erweisen → danken.

[1]**danken,** sich bedanken, Dank wissen/sagen/abstatten/bezeigen/bezeugen/aussprechen/ausdrücken, dankbar sein, sich dankbar erweisen, jmdm. verbunden/verpflichtet sein; → belohnen, → verdanken, → zahlen.

[2]**danken:** jmdm. etwas d./zu d. haben → verdanken.

dann: → hinterher; d. und wann → manchmal.

daran, hieran, darauf; → hinterher.

darauf: → daran.

darben: → Hunger [leiden].

darbieten: → geben.

Darbietung: → Darlegung.

darlegen: → erörtern.

Darlegung, Darstellung, Darbietung, Ausführung, Bemerkung, Überlegung, Betrachtung; → Auslegung, → Nachricht, → Randbemerkung, → Sammlung, → Verarbeitung, → Versenkung; → erörtern.

Darmausgang: → After.

Darmkatarrh: → Durchfall.

Darmträgheit: → Stuhlverstopfung.

Darmwind, Blähung, Flatus, Wind[chen] *(ugs.)*, Pup[s] *(salopp)*, Furz *(derb)*, Fist *(derb)*, Aftersausen *(scherzh.)*, Darmsausen *(scherzh.)*; → Blähsucht; **D. entweichen lassen,** sich unanständig aufführen, einen fahren/streichen/ziehen/fliegen/gehen lassen, *(salopp)*, pup[s]en *(salopp)*, furzen *(derb)*, scheißen *(vulgär)*; → austreten.

darreichen: → geben.

[1]**darstellen,** verkörpern, spielen, mimen, agieren; → Schauspieler.

[2]**darstellen:** → bedeuten, → erörtern, → mitteilen.

Darsteller: → Schauspieler.

Darstellerin: → Schauspielerin.

Darstellung: → Bild, → Darlegung.

darum: → deshalb.

dasein: → anwesend [sein].

Dasein: → Lage; sein D. fristen, ein D. führen → leben.

Date: → Verabredung.

Dating: → Verabredung.

Datscha: → Haus.

Daube: → Brett.

Dauer: auf die D. → unaufhörlich.

dauerhaft: → bleibend.

dauern: → andauern.

dauernd: → unaufhörlich.

Daumen: den D. halten/drücken → mitfühlen; über den D. peilen → schätzen.

Däumling: → Zwerg.

David: Sohn -s → Heiland.

davongehen: → weggehen.

davonjagen: → entlassen.

davonlaufen: → weggehen.

davonmachen: sich d. → weggehen.

davonstehlen: sich d. → weggehen.

davor: → vorher.

dawider: nichts d. haben → billigen.

dazu: → auch.

dazuhalten: sich d. → beeilen (sich).

dazumal: → damals.

dazwischentreten: → eingreifen.

DDR: → Deutschland.

Debakel, Zusammenbruch, Niederlage, Schlappe *(ugs.)*; → Unglück.

Debatte: → Gespräch.

Debauche: → Ausschweifung.

Debet: → Fehlbetrag.

debil: → geistesgestört.

Debut: → Auftreten.

Debütant: → Anfänger.

Dechant: → Dekan.

Decke: → Haut; sich nach der D. strecken → sparen; unter einer D. stecken → konspirieren.

Deckel: → Kopfbedeckung.

decken: → bedecken, → koitieren; sich d. → gleichen.

dedizieren: → widmen.

defäkieren, Stuhl[gang] haben, koten, abführen, sich entleeren, groß machen *(ugs.)*, Aa machen *(ugs.)*, abprotzen *(derb)*, kacken *(derb)*, ein Eilegen *(vulgär)*, scheißen *(vulgär)* · *unfreiwillig:* sich einkoten; → austreten; → Exkrement, → Stuhlverstopfung.

Defätist: → Pessimist.

defätistisch: → schwermütig.

defekt, beschädigt, schadhaft, zerbrochen, kaputt *(ugs.)*, aus dem Leim gegangen *(ugs.)*, nicht → heil; → abgewirtschaftet; **d. sein,** nicht in Ordnung sein, entzwei/ *(ugs.)* hin/ *(ugs.)* hinüber/ *(salopp)* im Eimer sein.

Defekt: → Mangel.

Definition: → Auslegung.

definitiv: → verbindlich.

Defizit: → Fehlbetrag.

Deflation: → Einschränkung.

deflorieren, entjungfern, die Unschuld rauben; → schwängern; → Hymen, → Virginität.

Degen: → Hiebwaffe.

Degout: → Abneigung.

dehnen: → strecken; sich d. → recken (sich).

Deich: → Damm.

deichseln: → bewerkstelligen.

de jure: → rechtmäßig.

Dekan · *evangelischer:* Superintendent · *katholischer:* Dechant; → Geistlicher.

deklamieren: → sprechen.

dekomponieren: → zerlegen.

Dekort: → [Preis]nachlaß.

Dekret: → Weisung.

dekuvrieren: → aufdecken.

Delegat: → Abgesandter.

Delegation: → Abordnung.

delegieren: → abordnen.

Delegierter: → Abgeordneter.

delektieren: sich d. an → freuen (sich).

delikat: → appetitlich.

Delikatesse: → Leckerbissen.

Delikt: → Verstoß.

Delinquent: → Verbrecher.

deliziös: → appetitlich.

Demarche: → Einspruch.

demaskieren: → aufdecken.

dement: → geistesgestört.
dementieren: → abstreiten, → berichtigen.
dementsprechend: → also.
demgegenüber: → aber.
demgemäß: → also.
Demission: → Kündigung.
demissionieren: → kündigen.
demnach: → also.
demnächst: → später.
Demokratie: → Herrschaft.
demolieren: → zerstören.
Demonstration, Protest, Protestaktion; → Verschwörung; → aufbegehren.
[1]**demonstrieren,** protestieren, auf die Straße gehen; → aufbegehren.
[2]**demonstrieren:** → aufweisen.
demontieren: → zerlegen.
demoskopisch: -e Untersuchung → Umfrage.
Demut, Ergebung, Hingabe, Opfermut; → Selbstlosigkeit, → Unterwürfigkeit.
demütig: → unterwürfig.
demütigen: → erniedrigen.
Demütigkeit: → Unterwürfigkeit.
Demütigung: → Nichtachtung.
demzufolge: → also.
denkbar: → möglich.
[1]**denken,** überlegen, nachdenken, durchdenken, sich fragen/Gedanken machen, einem Gedanken nachhängen, [nach]sinnen, [nach]grübeln, tüfteln, sinnieren, brüten, [herum]rätseln, [herum]raten, sich den Kopf zerbrechen, knobeln *(ugs.)*, meditieren, philosophieren, den Verstand gebrauchen, seinen Geist anstrengen; → ausdenken, → beurteilen, → entwerfen, → erwägen, → folgern, → versenken (sich); → Einfall, → Vernunft.
[2]**denken:** → meinen; d. an → erinnern (sich); d. [zu tun] → vorhaben; d. über → beurteilen; sich etwas d. → vorstellen (sich etwas); sich etwas d. [können] → voraussehen; zu d. geben → befremden; daran ist nicht zu d. → nein.
Denkmal, Monument, Ehrenmal, Denkstein; → Grabstein.
Denkschrift: → Mitteilung.
Denkspruch: → Ausspruch.
Denkstein: → Denkmal.
Denkvermögen: → Vernunft.
Denkweise, Denkart, Denkungsart, Denkungsweise, Mentalität, Gesinnung, Einstellung, Weltanschauung, Ideologie, Sinnesart; → Ansicht, → Gesichtspunkt, → Wesen.
Denkwürdigkeiten: → Biographie.
Denkzettel: → Erinnerung.
denn: → auch.
dennoch, doch, trotzdem, gleichwohl, nichtsdestoweniger, dessenungeachtet, nichtsdestotrotz *(ugs., scherzh.)*; → aber, → obgleich.
Dentist: → Arzt.
denunzieren: → verraten.
Departement: → Verwaltungsbezirk.
Dependance: → Hotel.
Depesche: → Telegramm.
deplaciert: → unerfreulich.
deponieren: → lagern.
Depot: → Warenlager.
Depression: → Trauer.
depressiv: → schwermütig.
deprimiert: → mutlos.
Deputation: → Abordnung.
deputieren: → abordnen.
Deputierter: → Abgeordneter.
derangieren: → verwirren.
derart: → so.
Derby: → Rennen.
dereinst: → später.
dergestalt: → so.
Derivation: → Abweichung.
dermaleinst: → später.
dermaßen: → so.
Dermatologe: → Arzt.
Dernier cri: → modern [sein].
derweil: → inzwischen.
derzeit[ig]: → jetzt.
Desaster: → Unglück.
desavouieren: → ablehnen.
Deserteur, Fahnenflüchtiger, Überläufer; → Abtrünniger, → Ketzer.
deshalb, deswegen, daher, darum, dadurch, dieserhalb, aus diesem Grunde, insofern; → also, → wegen.
Desiderat: → Mangel.
desillusionieren: → ernüchtern.
Desillusion[ierung]: → Enttäuschung.
desinteressiert: → träge.
deskriptiv, beschreibend; → gleichzeitig.
desolat: → schwermütig.
despektierlich: → abschätzig.
dessenungeachtet: → dennoch.
Dessert, [Süß]speise, Nachspeise, Nachtisch, Pudding, Kompott; → Essen, → Nahrung.
Dessous: → Unterwäsche.
Destille: → Gaststätte.
Destination: → Aufgabe.
destruktiv: → umstürzlerisch.
deswegen: → deshalb.
Deszendent: → Angehöriger.
detachieren: → abordnen.
Detektiv: → Auskundschafter.
detonieren: → platzen.
Deus ex machina: → Lösung.
deutbar: → erklärlich.
deuten: → auslegen; die Zukunft d. → voraussehen.
deutlich: → klar; d. machen → begründen; etwas wird d. aus → erhellen.
deutsch: -es Beefsteak → Fleischkloß; Deutsche Demokratische Republik → Deutschland.
Deutschland, Gesamtdeutschland, der andere Teil Deutschlands · BRD, Bundesrepublik [Deutschland], Westdeutschland · DDR, Deutsche Demokratische Republik, Ostdeutschland, Mitteldeutschland, SBZ, sowjetische [Besatzungs]zone, Sowjetzone, Ostzone.
Deutung: → Auslegung.

Deviation: → Abweichung.
Devise: → Ausspruch.
devot: → unterwürfig.
Devotion: → Unterwürfigkeit.
Dez: → Kopf.
Dezenz: → Verschwiegenheit.
Dezernent: → Referent.
dezimieren: → verringern.
Diabolus: → Teufel.
diachronisch: → geschichtlich.
Diagnose, Feststellung, das Erkennen, Beurteilung; → Arzt, → Therapie.
diagnostizieren: → erkennen.
diagonal: d. lesen → lesen.
Dialekt: → Mundart.
Dialog → Gespräch.
diametral: → gegensätzlich.
Diarrhö: → Durchfall.
Diäten: → Spesen.
dichotomisch: → gegensätzlich.
dicht: → nah[e]; d. gedrängt → voll.
dichten, schreiben, reimen, schriftstellern; → aufschreiben, → edieren; → Dichtung, → Epigramm, → Erzählung, → Gedicht, → Schriftsteller, → Versmaß.
Dichter: → Schriftsteller.
dichterisch: → ausdrucksvoll.
Dichterling: → Schriftsteller.
Dichtersmann: → Schriftsteller.
dichthalten: → schweigen.
Dichtkunst: → Dichtung.
Dichtung, Dichtkunst, Poesie · *verschiedener Gattung*: Lyrik, Dramatik, Epik, Versdichtung, Prosadichtung, Bühnendichtung; → Epigramm, → Erzählung, → Gedicht, → Literatur, → Schriftsteller, → Versmaß; → dichten.
[1]**dick,** [wohl]beleibt, stark, korpulent, vollschlank, füllig, dicklich, mollig, rundlich, üppig, drall, wohlgenährt, voluminös, pummelig, fett, feist, fleischig, dickleibig, fettleibig, nicht → schlank; → athletisch, → aufgedunsen, → untersetzt; **d. sein,** gut im Futter/bei Sache sein *(ugs.)*; **d. werden,** aus dem Leim gehen *(salopp)*, auseinandergehen *(salopp)*; → zunehmen.
[2]**dick:** -[e] haben → angeekelt [sein]; d. machen → schwängern; d. sein → schwanger [sein].
dicketun: sich d. → übertreiben.
dickflüssig: → flüssig.
Dickicht, Dickung, Gebüsch, Buschwerk, Unterholz, Gesträuch, Geäst, Gestrüpp; → Busch, → Urwald, → Wald.
dickköpfig: → unzugänglich.
Dickköpfigkeit: → Eigensinn.
dickleibig: → dick.
dicklich: → dick.
dickschädelig: → unzugänglich.
Dickung: → Dickicht.
Didymus: → Hoden.
Dieb, Räuber, Einbrecher, Bandit *(abwertend)*, Spitzbube, Geldschrankknacker, Langfinger; → Mörder, → Schuft, → Verbrecher; → einbrechen.
Diebesgut: → Raub.
[1]**Diebstahl,** Entwendung, widerrechtliche Aneignung, Unterschlagung, Veruntreuung, Hinterziehung, Unterschleif *(östr., schweiz.)* · *geistigen Eigentums:* Plagiat; → Betrug, → Lüge; → wegnehmen; → unoriginell.
[2]**Diebstahl:** D. begehen → wegnehmen.
[1]**Diele,** Flur, Vorraum, Entree, Gang, Korridor.
[2]**Diele:** → Brett.
[1]**Diener,** Bedienter, Butler, Lakai, Groom, Page, Boy, Bursche, Hausdiener, Lohndiener, Dienstbote, Domestik, Faktotum, Mädchen für alles; → Helfer, → Knecht.
[2]**Diener:** gehorsamster/ergebenster D.! → Gruß.
dienern: → unterwürfig [sein].
Dienerschaft: → Personal.
dienlich: d. sein → nützlich [sein].
Dienst: gute -e leisten → nützlich [sein]; D. am Kunden → Kundendienst.
dienstbeflissen: → gefällig.
Dienstbolzen: → Hausangestellte.
Dienstbote: → Diener.
diensteifrig: → gefällig.
dienstfertig: → gefällig.
Dienstherr: → Arbeitgeber.
Dienstmädchen: → Hausangestellte.
Dienstspritze: → Hausangestellte.
Dienststelle: → Amt.
dienstwillig: → gefällig.
dieserhalb: → deshalb.
diesig: → dunstig.
diesseitig: → weltlich.
dieweil: → inzwischen.
Diffamie: → Beleidigung.
diffamieren: → verleumden.
Differenz: → Abweichung; -en → Streit.
differenzieren: → gliedern.
diffizil: → schwierig.
Diktat: → Weisung.
Diktator: → Oberhaupt.
diktatorisch: → totalitär.
Diktatur: → Herrschaft.
Diktion: → Ausdrucksweise.
Diktionär: → Nachschlagewerk.
Diktum: → Ausspruch.
dilatorisch: → hinhaltend.
Dilemma: → Not.
Dilettant: → Nichtfachmann.
dilettantisch, laienhaft, stümperhaft, nicht → fachmännisch; → mäßig, → oberflächlich, → unzulänglich; → Nichtfachmann · Ggs. → Fachmann.
Diner: → Essen.
Ding: → Gegenstand, → Mädchen.
dingen: → einstellen.
dingfest: d. machen → ergreifen.
Dingwort: → Wortart.
Dinner: → Essen.
Diözese: → Verwaltungsbezirk.
Diplomat, Botschafter, Gesandter, Geschäftsträger, Doyen, Nuntius, Legat, Attaché, Konsul, Ambassader *(schweiz.)*; → Abgeordneter, → Abgesandter, → Bote.

diplomatisch: → schlau.
direkt: → rundheraus.
Direktive: → Weisung.
Direktor: → Arbeitgeber, → Schulleiter.
Dirigent: → Kapellmeister.
[1]**dirigieren,** leiten, den Stab führen; → Kapelle, → Kapellmeister.
[2]**dirigieren:** → vorstehen.
Dirn: → Mädchen, → Magd.
Dirndl: → Mädchen.
Dirne: → Prostituierte.
Discountgeschäft: → Laden.
Disharmonie: → Mißklang, → Unausgeglichenheit.
disjunktiv: → gegensätzlich.
Diskjockei: → Ansager.
Diskont: → [Preis]nachlaß.
Diskordanz: → Mißklang.
diskreditieren: → verleumden.
Diskrepanz: → Abweichung.
Diskretion: → Verschwiegenheit.
diskriminieren: → verleumden.
Diskurs: → Gespräch.
diskursiv: → erfahrungsgemäß.
Diskussion: → Gespräch.
diskutieren: → erörtern.
disparat: → gegensätzlich.
Dispens: → Befreiung.
dispensieren: → befreien.
disponieren: → einteilen.
Disposition: → Anlage, → Gliederung.
Disproportion: → Abweichung.
Disput: → Streit.
disputieren: → erörtern.
disqualifizieren: → ausschließen.
Dissertation: → Doktorarbeit.
dissertieren: → promovieren.
Dissident: → Ketzer.
Dissolution: → Ausschweifung.
Dissonanz: → Mißklang.
Distanz: → Entfernung.
distanziert: → unzugänglich.
Distichon: → Epigramm.
distinguiert: → geschmackvoll.
Distrikt: → Verwaltungsbezirk.
Disziplin: → Fachrichtung.
Dithyrambe: → Lobrede.
Dithyrambus: → Gedicht.
dito: → auch.
Diva: → Schauspielerin.
Divergenz: → Abweichung.
Diversant: → Spion.
Dividende: → Gewinnanteil.
Diwan: → Liege.
doch: → aber, → dennoch.
Dogma: → Lehre.
doktern: → behandeln.
Doktor: → Arzt.
Doktorarbeit, [Inaugural]dissertation; → Prüfung; → promovieren.
doktorieren: → promovieren.
Doktorprüfung: → Prüfung.
Doktorwürde: die D. erlangen → promovieren.
Doktrin: → Lehre.
Dokument: → Urkunde.
Dokumentarbericht: → Bericht.
Dokumentation: → Sammlung.
dokumentieren: → buchen.
Dolch: → Stichwaffe.
dolmetschen: → übersetzen.
Dolmetscher, Übersetzer, Dragoman; → übersetzen.
Dolus: → Absicht.
Dom: → Gewölbe, → Kirche.
Domäne: → Gut, → Vorrecht.
Domestik: → Diener.
domestiziert: → zahm.
Dominanz: → Vorherrschaft.
Domizil: → Wohnung.
Donja: → Geliebte.
Don Juan: → Frauenheld.
Donna: → Hausangestellte.
Donner: wie vom D. gerührt → überrascht.
Donnerbalken: → Toilette.
donnern: → krachen.
Donnerwetter: → Aufsehen.
doof: → dumm.
Doofkopp: → Dummkopf.
dopen: → anregen.
Doppel: → Abschrift.
doppeldeutig: → mehrdeutig.
Doppelehe: → Ehe.
doppelgeschlechtig: → zwittrig.
Doppelkinn, Goder *(bayr.)*.
doppeln: → verdoppeln.
doppelsinnig: → mehrdeutig.
doppelwertig: → mehrdeutig.
Dorado: → Tummelplatz.
Dorf: → Ort; das sind mir/für mich böhmische Dörfer → verstehen.
Dorn: jmdm. ein D. im Auge sein → unbeliebt [sein].
Dose: → Büchse.
dösen: → schlafen.
Dossier: → Aktenbündel.
Dotation: → Aussteuer.
Doyen: → Diplomat.
dozieren: → lehren.
Drache: → Ungeheuer.
Drachen: → Ehefrau.
Dragée: → Medikament.
Dragoman: → Dolmetscher.
drahten: → telegrafieren.
Drahtesel: → Fahrrad.
drall: → dick.
Drama: → Schauspiel.
Dramatik: → Dichtung.
dramatisieren: → übertreiben.
Drang: → Neigung.
drangeben: → opfern.
drängeln: → bitten.
drängen: → bitten.
drängend: → sprengend.
drangsalieren: → unterdrücken.
drankommen: → Reihe.
dransein: → menstruieren, → Reihe.
drastisch: → zielstrebig.
Draufgänger: → Kämpfer.
draufgängerisch: → mutig.

draufgehen: → sterben.

drauflegen: → zahlen.

drauflosreden: → sprechen.

draufzahlen: → zahlen.

Dreck: → Schmutz; im D. sitzen/stecken → Not; in den D. ziehen → verleumden.

dreckig: → schmutzig; d. machen → beschmutzen.

Dreckschleuder: → Mund.

[1]**drehen,** kurbeln, leiern *(ugs.)*, nuddeln *(salopp)*.

[2]**drehen:** → bewerkstelligen; es dreht sich um → beziehen (sich).

Dreieinigkeit: → Trinität.

Dreifaltigkeit: → Trinität.

Dreikäsehoch: → Kind.

dreinschauen: → aussehen.

dreist: → frech.

dremmeln: → bitten.

dreschen: → schlagen.

Dreß: → Anzug.

dressieren: → erziehen.

Dressman: → Mannequin.

drillen: → erziehen.

dringlich: → nötig.

Drink: → Getränk.

drippeln: es drippelt → regnen.

Droge: → Medikament.

dröhnen: → schallen.

Drohung: → Zwang.

drollig: → spaßig.

Dromedar: → Kamel.

Droschke: → Kutsche, → Taxe.

Druck: → Zwang; jmdn. unter D. setzen → behelligen, → einschüchtern.

Drückeberger: → Feigling.

drücken: → quetschen; den Preis d. → handeln; sich d. vor → ausweichen.

drückend: → schwer, → schwül.

Druckerzeugnis: → Buch.

Druckmittel: → Vergeltungsmaßnahmen.

Drugstore: → Laden.

Drum: mit allem D. und Dran → Zubehör.

druseln: → schlafen.

Dschami: → Kirche.

Dschungel: → Urwald.

du: d. sagen → duzen.

dualisieren: → verdoppeln.

dublieren: → verdoppeln.

ducken: sich d. → beugen (sich), → gehorchen.

Duckmäuser: → Schmeichler.

Dudelsack: → Blasinstrument.

Duft: → Geruch.

dufte: → hübsch.

duften, riechen, stinken *(abwertend)*.

dulden: → billigen, → ertragen.

duldsam: → tolerant.

Duldsamkeit, Toleranz, Nachgiebigkeit, Großzügigkeit, Hochherzigkeit, Liberalität · *bemängelte:* Laxheit *(abwertend)*; → Duldung, → Erfahrung; → aufgeklärt · Ggs. → Unduldsamkeit.

Duldung, Geduld, Nachsicht, Milde, Einsehen, Langmut, Engelsgeduld, Indulgenz, Laisser-faire, Laisser-aller, Gewährenlassen, Treibenlassen · *strafbare:* Konnivenz; → Duldsamkeit, → Erfahrung, → Begnadigung; → tolerant.

Dult: → Jahrmarkt.

Dulzinea: → Geliebte.

[1]**dumm,** unbedarft, unerfahren, unbedeutend, strohdumm *(abwertend)*, dumm wie Bohnenstroh *(abwertend)*, unintelligent, idiotisch *(abwertend)*, dümmlich, dämlich *(salopp, abwertend)*, doof *(salopp, abwertend)*, dußlig *(salopp, abwertend)*, blödsinnig *(salopp)*, blöd[e] *(salopp, abwertend)*, saudumm *(derb, abwertend)*, saublöd *(derb, abwertend)*, nicht → klug; → arglos, → geistesgestört, → gutgläubig, → stumpfsinnig, → überspannt, → unklug; → Spleen.

[2]**dumm:** → unerfreulich; der Dumme sein → hereinfallen; für d. verkaufen → betrügen.

Dummheit: → Unkenntnis.

Dummkopf, Blödling, Idiot, Doofkoop *(salopp)*; → Nichtfachmann.

dümmlich: → dumm.

dumpf: → benommen.

Dumping: → [Preis]unterbietung.

dun: d. sein → betrunken [sein].

Dung: → Dünger.

Düngemittel: → Dünger.

Dünger, Dung, Düngemittel, Kompost, Mist · *flüssiger:* Jauche, Pfuhl *(oberd.)*.

[1]**dunkel,** finster, halbdunkel, dämmerig, zwielichtig, düster, trübe, schummerig, duster *(ugs.)*, stockdunkel, stockfinster, nicht → hell; → dunstig; → Dämmerung.

[2]**dunkel:** → unklar, → verworren.

Dunkel: → Dämmerung.

dünkelhaft, eingebildet, stolz, selbstbewußt, selbstsicher, selbstzufrieden, selbstüberzeugt, selbstüberzogen *(ugs.)*, wichtigtuerisch, aufgeblasen *(abwertend)*, selbstgefällig, selbstgerecht, überheblich, hybrid, anmaßend, arrogant, süffisant, hochmütig, hoffärtig, hochfahrend, blasiert, herablassend, snobistisch, spleenig, hochnäsig *(ugs.)*; → aufdringlich, → eitel, → protzig, → selbstbezogen, → selbstsüchtig; → Überheblichkeit.

Dunkelheit: → Dämmerung.

dünken: es dünkt jmdm. → vermuten.

dünn: → schlank, → spärlich.

dünnmachen: sich d. → weggehen.

Dünnschiß: → Durchfall.

Dunst: → Nebel, → Rauch.

dünsten: → braten.

dunstig, diesig, neblig; → bewölkt, → dunkel; → Nebel.

Duo: → Mannschaft.

Duodenum: → Zwölffingerdarm.

düpieren: → betrügen.

duplieren: → verdoppeln.

Duplikat: → Abschrift.

duplizieren: → verdoppeln.

Duplum: → Abschrift.

durch: → wegen.

durchaus: → ganz, → ja, → unbedingt; d. nicht → nein.

durchbeißen: sich d. → durchsetzen (sich).
durchbleuen: → schlagen.
durchblicken: d. lassen → mitteilen.
durchbohren: → durchlöchern.
durchboxen: → erwirken; sich d, → durchsetzen (sich).
durchbrennen: → weggehen.
[1]**durchbringen,** verbrauchen, aufbrauchen, vertun, verbringen, verprassen, verplempern *(ugs.)*, verläppern *(ugs.)*, verjubeln *(ugs.)*, verjuxen *(ugs.)*, verpulvern *(ugs.)*, das Geld auf den Kopf hauen/kloppen *(salopp)*, das Geld zum Fenster hinauswerfen/*(salopp)* hinausschmeißen, verbumfiedeln *(salopp)*; → verschwenden, → zahlen.
[2]**durchbringen:** → erwirken; sich d. → durchsetzen (sich).
durchdacht: → planmäßig.
durchdenken: → denken.
durchdringen: → durchschimmern, → herumsprechen (sich).
durchdringend (Geruch), stechend, beißend, scharf, stark, penetrant.
durchdrehen: → aufgeregt [sein].
durchdrücken: → erwirken.
Durcheinander: → Mischung, → Verwirrung.
durcheinanderbringen: → tauschen, → verwirren.
Durchfall, Darmkatarrh, Diarrhö, überschnelle/beschleunigte Verdauung *(scherzh.)*, Ruhr, Dysenterie, Dünnschiß *(vulgär)* · Ggs. → [Stuhl]verstopfung.
durchfallen: → versagen.
durchfechten: → erwirken.
durchfeiern: die Nacht d. → feiern.
durchforsten: → prüfen.
durchführbar: → möglich.
durchführen: → veranstalten.
Durchgang: → Straße.
durchgehen: → prüfen.
durchgreifen: → eingreifen.
durchhalten: → standhalten.
durchhauen: → schlagen.
durchkämpfen: sich d. → durchsetzen (sich).
durchkreuzen: → hindern.
durchkriegen: → erwirken.
durchlesen: → lesen.
durchleuchten: röntgen.
durchlöchern, perforieren, lochen, durchbohren.
durchmachen: → ertragen.
durchmustern: → prüfen.
durchnäßt: d. [bis auf die Haut] → naß.
durchpauken: → erwirken.
durchpeitschen: → erwirken.
durchprügeln: → schlagen.
durchrasseln: → versagen.
durchsausen: → versagen.
durchschaubar: → vordergründig.
durchschauen: → erkennen.
durchscheinen: → durchschimmern.
durchschimmern, durchscheinen, durchdringen.
Durchschlag: → Abschrift.
durchschlagen: sich d. → durchsetzen (sich).
durchschnittlich: → mäßig.
Durchschrift: → Abschrift.
durchsehen: → prüfen.
[1]**durchsetzen** (sich), sich behaupten/durchkämpfen/durchbringen/ *(ugs.)* durchbeißen/ *(ugs.)* durchboxen/*(ugs.)* durchschlagen/*(ugs.)* durchs Leben schlagen; → ertragen, → erwirken, → siegen, → standhalten.
[2]**durchsetzen:** → erwirken, → infiltrieren.
durchsichtig: → vordergründig.
durchsickern: → herumsprechen (sich).
durchsprechen: → erörtern.
Durchstecherei: → Betrug.
durchstehen: → ertragen.
durchsuchen, abtasten, absuchen, filzen *(salopp)*; → berühren.
durchtrieben: → schlau.
durchwalken: → schlagen.
durchwaschen: → waschen.
durchweg: → generell.
durchwichsen: → schlagen.
durchziehen: → waschen.
dürfen: → befugt [sein], → müssen.
dürftig: → karg.
dürr: → schlank, → trocken.
[1]**Durst,** Brand *(ugs.)*, Riesendurst, Mordsdurst *(salopp)*; → trinken.
[2]**Durst:** einen über den D. trinken → betrinken (sich).
dürsten: d. [nach] → streben.
Durststrecke: → Wartezeit.
Dusel: D. haben → Glück [haben].
dußlig: → dumm.
duster/düster: → dunkel, → makaber.
Düsternis: → Dämmerung.
Dutt, Knoten, Nest, Chignon, [Portier]zwiebel *(salopp, scherzh.)*; → Frisur, → Haar.
duzen, du sagen, befreundet/Freunde sein; → kennen.
dynamisch: → lebhaft.
Dynast: → Oberhaupt.
Dysenterie: → Durchfall.

E

Ebbe: → Mangel.
eben: → jetzt.
ebenbürtig: → geistesverwandt.
ebenfalls: → auch.
ebenso: → auch.
Eber: → Schwein.
Echo: → Widerhall.
echoen: → nachsprechen.
[1]**echt,** natürlich, rein, ursprünglich, originär, originell, primär, urwüchsig, bodenständig, urchig *(schweiz.)*, unverfälscht, waschecht *(ugs.)*, nicht → unecht.
[2]**echt:** → verbürgt.
Ecke: → Rand, → Stelle; um die E. bringen → töten.
Eckstein: → Spielkarte.
Edelsinn: → Vornehmheit.
Eden: → Paradies.
edieren, herausgeben, herausbringen, verlegen, veröffentlichen, publizieren, abdrukken; → dichten, → entstehen.
Edikt: → Weisung.
Effekt: → Erfolg.
effektiv: → wirklich.
Efflation: → Eruktation.
Effloreszenz: → Hautausschlag.
egal: → unaufhörlich; jmdm. ist etwas e. → unwichtig [sein].
egoistisch: → selbstsüchtig.
egozentrisch: → selbstsüchtig.
eh: → ohnehin.
[1]**Ehe,** Eheschließung, Hochzeit, Heirat, Mariage, Monogamie · *nicht standesgemäße:* Mißheirat, Mesalliance, morganatische Ehe, Ehe zur linken Hand · *mit zwei Partnern:* Doppelehe, Bigamie · *mit mehreren Partnern:* Mehrehe, Vielehe · *mit mehreren Frauen:* Polygamie, Vielweiberei *(ugs.)* · *mit mehreren Männern:* Polyandrie · *wilde:* Konkubinat, Onkelehe; → Koitus, → Vermählung.
[2]**Ehe:** eine E. eingehen/schließen → heiraten.
Ehebruch: → Untreue.
ehedem: → damals.
Ehefrau, Frau, Gattin, Gemahlin, Lebensgefährtin, Lebenskamerad[in], Weib, Ehegespons *(ugs.)*, bessere/schönere Hälfte *(ugs.)*, Alte *(salopp)*, Olle *(derb)*, Drachen *(abwertend)*, Xanthippe *(abwertend)* · *deren Mann verreist ist:* Strohwitwe; → Frau · Ggs. → Ehemann.
Ehegespons: → Ehefrau, → Ehemann.
Ehekrüppel: → Ehemann.
ehelich: die -en Pflichten erfüllen → koitieren.
ehelichen: → heiraten.
ehemalig: → gewesen.
ehemals: → damals.
Ehemann, Mann, Gatte, Gemahl, Lebensgefährte, Lebenskamerad, Herr und Gebieter, Ehegespons *(ugs.)*, bessere Hälfte *(ugs.)*, Göttergatte, Alter *(salopp)*, Oller *(derb)*, Ehekrüppel *(abwertend)*, Pantoffelheld *(abwertend)*, [Haus]tyrann *(abwertend)* · *dessen Frau verreist ist:* Strohwitwer; → Junggeselle, → Mann · Ggs. → Ehefrau.
eher: → vielmehr.
Eheschließung: → Ehe.
Ehestand: in den E. treten → heiraten.
ehrbar: → ehrenhaft.
Ehre: → Ansehen, → Gunst; die E. bewahren → anständig [bleiben]; jmdm. die E. abschneiden → verleumden; habe die E.! → Gruß.
ehren: → loben.
Ehrenbezeigung: → begrüßen.
Ehrenfriedhof: → Friedhof.
Ehrengruß: → Salut.
ehrenhaft, ehrenwert, rühmenswert, rechtschaffen, loyal, unbestechlich, honett, gentlemanlike, fair, sauber, hochanständig, honorig, wacker, brav, bieder, ehrbar, ehrsam, redlich, nicht → ehrlos, nicht → unkameradschaftlich, nicht → unredlich; → angesehen, → anständig, → erhaben, → menschlich, → trefflich, → unverdächtig; → glauben; → Ansehen, → Gunst, → Treue.
Ehrenmal: → Denkmal.
Ehrenrettung: → Wiederherstellung.
ehrenrührig: → beleidigend.
Ehrensalut: → Salut.
Ehrenschuß: → Salut.
Ehrentag: → Geburtstag.
ehrenvoll: → anerkennenswert.
ehrerbietig: → unterwürfig.
Ehrerbietung: → Achtung; seine E. erweisen → begrüßen.
Ehrfurcht: → Achtung.
Ehrgeiz, Streben, Ambition: → Absicht, → Neigung.
ehrlich: → aufrichtig.
Ehrlichkeit: → Treue.
ehrlos, charakterlos, verächtlich, nichtswürdig, ehrvergessen, nicht → ehrenhaft; → abschätzig, → beleidigend, → gemein, → unkameradschaftlich, → unredlich; → Bloßstellung, → Untreue.
Ehrlosigkeit: → Untreue.
ehrsam: → ehrenhaft.
ehrvergessen: → ehrlos.
Ehrwürden: → Geistlicher.
ehrwürdig: → erhaben.
Ei: -er → Geld, → Hoden; ein E. legen → defäkieren.
Eibe: → Nadelbaum.
Eiche: → Laubbaum.

Eichel: → Glans.
Eid: → Zusicherung; einen E. leisten, an -es Statt erklären → versprechen.
Eierkuchen: → Omelett.
eiern: → schwingen.
Eifer: → Begeisterung.
Eiferer, Fanatiker, Schwärmer, Schwarmgeist.
Eifersucht: → Neid.
eifrig: → fleißig.
eigen: → gewissenhaft; sein e. sein, sein e. nennen → haben; sich etwas zu e. machen → lernen.
Eigenart: → Wesen.
eigenartig: → seltsam.
Eigenbrötler: → Außenseiter.
eigenbrötlerisch: → seltsam.
eigengeschlechtlich: → gleichgeschlechtlich.
Eigenheim: → Haus.
eigennützig: → selbstsüchtig.
eigens: → besonders.
Eigenschaft: → Beschaffenheit, → Merkmal.
Eigenschaftswort: → Wortart.
Eigensinn, Halsstarrigkeit, Starrsinn, Rechthaberei, Unnachgiebigkeit, Starrköpfigkeit, Trotz, Widersetzlichkeit, Widerspenstigkeit, Widerborstigkeit, Ungehorsam, Hartnäckigkeit, Verstocktheit, Uneinsichtigkeit, Dickköpfigkeit *(ugs.)*, Obstination; → Unduldsamkeit, → Widerstand.
eigensinnig: → unzugänglich.
eigenständig: → selbständig.
eigentlich: → gewissermaßen; im -en Sinne → schlechthin.
Eigentum: → Besitz.
Eigentümer: → Besitzer.
eigentümlich: etwas ist jmdm. e. → aufweisen.
eigenwillig: → selbständig.
eignen: etwas eignet jmdm. → aufweisen.
Eiland: → Insel.
Eile: → Geschwindigkeit.
[1]**eilen:** etwas eilt/ist eilig/hat Eile/ *(ugs.)* pressiert; → schnell; → Geschwindigkeit.
[2]**eilen:** → fortbewegen (sich); sich e. → beeilen (sich).
eilends: → schnell.
eilfertig: → gefällig.
eilig: → schnell.
Eimer: im E. sein → defekt [sein].
einarbeiten, anlernen, einweisen, einführen, anleiten; → lehren, → lernen.
[1]**einäschern,** verbrennen, kremieren; → bestatten, → brennen.
[2]**einäschern:** → verbrennen.
einatmen: → atmen.
Einbaum: → Boot.
einbegriffen → einschließlich.
einbekennen: → gestehen.
einberufen, einziehen, ausheben, zu den Fahnen/Waffen rufen, mobil machen; → Soldat.
einbilden: sich etwas e. → vermuten.
Einbildung, Einbildungskraft, Vorstellung[skraft], Spekulation, Abstraktion, Fiktion, Erdichtung, Irrealität, Unwirklichkeit, Phantasie, Schimäre, Halluzination, Imagination, [Sinnes]täuschung, Bild, Vision, Gesicht, Fata Morgana, Wahn, Trugbild, Phantom, Utopie, Hirngespinst *(abwertend)*, Phantasmagorie, Illusion, Luftschloß; → Ansicht, → Betrug, → Gespenst, → Lüge, → Muster; → unwirklich.
Einbildungskraft: → Einbildung.
einbleuen: → einprägen.
Einblick: → Erfahrung.
einbrechen, einen Einbruch begehen/ausführen/verüben, einsteigen; → einmarschieren; → Dieb.
Einbrecher: → Dieb.
einbringen: → einträglich [sein], → ernten.
Einbruch: einen E. begehen → einbrechen.
einbuchten: → festsetzen.
einbunkern: → festsetzen.
einbürgern: → naturalisieren; sich e. → üblich [werden].
einbüßen, zusetzen, zubuttern *(salopp)*, zuschustern *(salopp)*, verunschicken *(schweiz.)*; → verlieren, → zahlen.
eincremen: → einreiben.
eindämmen: → hindern.
eindecken: → einschneien; sich e. → kaufen.
eindeutig: → klar.
eindösen: → einschlafen.
eindringen: → einmarschieren.
Eindringling: → Störenfried.
Eindruck: E. machen → auffallen.
eindrucksvoll: → außergewöhnlich.
Eindruckswort: → Wortart.
eindrusseln: → einschlafen.
einerlei: jmdm. ist etwas e. → unwichtig [sein].
Einerleiheit: → Identität.
[1]**einfach,** schlicht, kunstlos, schmucklos, unauffällig, unscheinbar, farblos, primitiv · *vom Essen:* frugal; → arglos · Ggs. → üppig.
[2]**einfach:** → bescheiden, → mühelos.
Einfachheit: → Bescheidenheit.
einfädeln: → bewerkstelligen.
einfahren: → ernten.
Einfall, Gedanke, Idee, Eingebung, Erleuchtung, Intuition, Inspiration, Geistesblitz *(ugs.)* · *witziger:* Gag · *eigenartiger, verrückter:* Schnapsidee *(salopp)*; → Absicht, → Ausspruch, → Entwurf, → Pointe; → denken, → entwerfen.
einfallen: → einmarschieren; etwas fällt jmdm. ein → erinnern (sich).
einfallslos: → unoriginell.
einfallsreich: → schöpferisch.
einfältig: → arglos.
Einfaltspinsel: → Narr.
Einfamilienhaus: → Haus.
einfangen: → fangen.
einfarbig, farbig, uni, monochrom, nicht → bunt.
einfetten: → einreiben.

einfinden: sich e. → kommen.
Einfriedung: → Zaun.
einfügen: sich e. → anpassen.
einfühlen (sich), sich hineinversetzen in, etwas anempfinden; → verstehen.
Einfühlungsvermögen: → Verständnis.
einführen: → einarbeiten.
Einführung: → Ratgeber, → Vorwort.
einfüllen: → füllen.
Eingabe: → Gesuch.
eingebildet: → dünkelhaft, → unwirklich.
eingeboren: → angeboren.
Eingeborener: → Bewohner.
Eingebung: → Einfall.
eingefallen: → abgezehrt.
eingefleischt, überzeugt, unverbesserlich.
eingegeben: → gefühlsmäßig.
eingehen: → sterben; e. auf → anworten; eine Koalition e. → verbünden (sich); vor Angst e. → Angst [haben].
eingerostet: → ungeschickt.
eingeschnappt: → gekränkt.
eingeschränkt: → bescheiden.
Eingeschränktheit: → Bescheidenheit.
eingesessen: → einheimisch.
Eingesessener: → Bewohner.
Eingeständnis: → Bekenntnis.
eingestehen: → gestehen.
Eingeweide, Gedärme, Innereien, Gekröse, Kaldaunen, Kutteln *(landsch.)*.
eingeweiht: → aufgeklärt.
Eingeweihter: → Fachmann, → Komplice.
eingewöhnen: → anpassen.
eingezogen: → unzugänglich.
eingießen: → schütten.
Einglas, Monokel; → Brille, → Kneifer.
[ein]gravieren, [ein]meißeln, [ein]hauen.
eingreifen, durchgreifen, einschreiten, dazwischentreten, sich einmischen/*(ugs.)* einmengen, sich mischen/*(ugs.)* mengen in, aufräumen [mit] *(ugs.)*, zuschlagen, kurzen Prozeß machen, nicht lange fackeln *(salopp)*; → abhalten, → anhalten, → bereinigen, → helfen, → hindern, → kämpfen, → vermitteln; → streng.
Einhalt: E. gebieten → hindern.
einhalten: → achtgeben, → aufhören.
einhämmern: → einprägen.
einhändigen: → abgeben.
einhauen: → eingravieren.
einheimisch, ansässig, [alt]eingesessen, wohnhaft, nicht → fremd[ländisch]; → bekannt; → Bewohner.
Einheimischer: → Bewohner.
einheimsen: → kassieren.
Einheit: → Abteilung, → Struktur.
einheitlich: → übereinstimmend.
einheizen: → heizen.
einhellig: → übereinstimmend.
[1]**einholen,** erreichen, ereilen, einkriegen *(ugs.)*; → fangen.
[2]**einholen:** → aufholen.
einig: sich e. werden → übereinkommen.
einige, etliche, verschiedene, ein paar, mehrere, zahlreiche, viele; → reichlich; → Anzahl.
einigermaßen, annähernd, angenähert, approximativ, ungefähr, ziemlich, erheblich, halbwegs *(ugs.)*, mittel *(ugs.)*; → mäßig, → notdürftig, → sehr.
einiggehen: → billigen.
Einigkeit: → Übereinstimmung.
Einjähriges, mittlere Reife · Primareife.
einkalkulieren: → vermuten.
einkassieren: → kassieren.
einkaufen: → kaufen.
einkerkern: → festsetzen.
einklinken: → schließen.
einkochen: → konservieren.
einkommen (Geldbetrag), zusammenkommen; → buchen.
Einkommen: → Gehalt.
einkoten: sich e. → defäkieren.
einkriegen: → einholen.
Einkünfte: → Gehalt.
[1]**einladen** (jmdn.), laden/bitten zu; → beordern.
[2]**einladen:** → laden.
[1]**einlassen** (jmdn.), jmdm. öffnen/ *(ugs.)* aufmachen.
[2]**einlassen:** sich mit jmdm. e. → koitieren.
einläßlich: → gewissenhaft.
einlaufen: → kommen.
einleben: sich e. → anpassen (sich).
einlegen: → konservieren; ein gutes Wort e. für → fördern.
einleiten: → bewerkstelligen.
Einleitung: → Vorwort.
einleuchtend, glaubhaft, augenfällig, evident, überzeugend, einsichtig, verständlich, begreiflich, plausibel *(ugs.)*; → beredt, → klar, → stichhaltig, → zugkräftig, → zweifellos.
einliefern, aufliefern, aufgeben; → schikken.
einlochen: → festsetzen.
einlullen: → beruhigen.
einmachen: → konservieren.
einmal: → damals, → später; auf e. → plötzlich.
Einmaligkeit: → Ereignis.
einmarschieren, einrücken, einziehen, eindringen, einfallen; → betreten, → einbrechen.
einmeißeln: → eingravieren.
einmengen: sich e. → eingreifen.
einmieten: → übersiedeln.
einmischen: → eingreifen.
Einmütigkeit: → Übereinstimmung.
Einnahme: → Gehalt.
einnässen: sich e. → urinieren.
einnehmen: → erobern, → essen, → innehaben, → kassieren; die erste Stelle/den ersten Platz e. → Höchstleistung [erzielen].
einnicken: → einschlafen.
Einöde, Öde, Ödland, Wüste, Wüstenei, Steppe, Tundra.
einölen: → einreiben.

[1]**einordnen,** einräumen, hineinlegen, hineinstellen.
[2]**einordnen:** → subsumieren; sich e. → anpassen.
einpacken, verpacken, einwickeln, verschnüren.
einpauken: → lehren.
einpennen: → einschlafen.
einprägen, einschärfen *(ugs.)*, einhämmern *(ugs.)*, einbleuen *(salopp)*; → lehren, → lernen.
einpudern: → pudern.
einpuppen: sich e. → abkapseln (sich).
[1]**einräumen,** zur Verfügung stellen, abtreten; → abgeben.
[2]**einräumen:** → billigen, → einordnen, → gestehen.
einreden: → zuraten.
einreiben, [ein]fetten, [ein]schmieren, [ein]cremen, [ein]salben, [ein]ölen, abschmieren.
einreißen: → niederreißen.
einrenken: → bereinigen.
einrichten: → gründen; sich e. → sparen.
Einrichtung: → Institution, → Mobiliar.
einrücken: → einmarschieren, → Soldat [werden].
einsalben: → einreiben.
einsam: → abgelegen, → allein.
Einsamkeit, Alleinsein, Vereinsamung, Zurückgezogenheit, Einsiedelei, Eremitage; → Kloster; → abkapseln (sich).
einschalten: sich e. → vermitteln.
einschärfen: → einprägen.
einscharren: → bestatten.
einschätzen: → beurteilen.
[1]**einschlafen,** in Schlaf sinken, einschlummern, einnicken *(ugs.)*, eindrusseln *(ugs., nordd.)*, eindösen *(ugs.)*, einpennen *(derb)*; → schlafen · Ggs. → wach [werden].
[2]**einschlafen:** → sterben.
einschläfern: → betäuben, → töten.
einschleichen: → steigern.
einschleusen: → infiltrieren.
einschließen (etwas), enthalten, in sich begreifen, zum Inhalt haben, innewohnen, beinhalten, involvieren, anhaften, inhärieren, mitberücksichtigen; → einschließlich.
einschließlich, inklusive, einbegriffen, inbegriffen, plus, bis auf, mit *(bayr.)*, samt, nebst; → einschließen · Ggs. → ausschließlich.
Einschließung: → Freiheitsentzug.
einschlummern: → einschlafen.
einschmeicheln: sich e. → nähern (sich jmdm.).
einschmieren: → einreiben.
einschneien, verschneien, zuschneien, zudecken, eindecken; → schneien.
Einschnitt, Schnitt, Zäsur; → aufhören.
einschränken: → verringern; sich e. → sparen.
[1]**Einschränkung,** Beschränkung, Restriktion, Verminderung, Reduzierung · *des Geldumlaufs:* Deflation · Ggs. → Geldentwertung.
[2]**Einschränkung:** → Vorbehalt.
einschreiten: → eingreifen.
einschüchtern, verschüchtern, unter Druck setzen, verwirren; → Angst [machen].
einschütten: → schütten.
Einsegnung: → Konfirmation.
einsehen: → erkennen.
Einsehen: → Duldung.
einseitig: → parteiisch.
Einseitigkeit: → Vorurteil.
einsetzen: → ausfüllen; etwas setzt ein → anfangen; sein Leben e. → wagen; sich e. für → eintreten (für).
Einsicht: → Erfahrung.
einsichtig: → einleuchtend, → tolerant.
Einsiedelei: → Einsamkeit, → Kloster.
einsilbig: → wortkarg.
einsitzen: → abbüßen.
Einspänner: → Junggeselle.
einsparen: → sparen.
Einsparung, Ersparung, Ersparnis, Sparsamkeit; → sparen; → sparsam.
einsperren: → ausschließen, → festsetzen.
[1]**einspielen** (sich): etwas spielt sich ein/kommt in Gang/verläuft reibungslos.
[2]**einspielen:** → einträglich [sein].
einspinnen: sich e. → abkapseln (sich).
einsprengen: → sprengen.
einspringen: → helfen.
[1]**Einspruch,** Beschwerde, Reklamation, Einwand, Einwendung, Protest, Veto · *im Rechtswesen:* Rekurs · *diplomatischer:* Demarche; → Herausforderung, → Verbot; → beanstanden · Ggs. → Erlaubnis.
[2]**Einspruch:** E. erheben → zweifeln.
einst: → damals, → später.
einstecken: → ertragen, → kassieren.
einstehen (für), verantworten, Verantwortung tragen/übernehmen, auf seine Kappe nehmen *(ugs.)*, büßen/zahlen/bezahlen/geradestehen/bluten für, sich opfern/ein Opfer bringen/sein Blut vergießen für, den Kopf hinhalten [müssen] *(ugs.)*, ausbaden *(ugs.)*, herhalten müssen *(ugs.)*, ersetzen, erstatten, bürgen/haften/garantieren/sich verbürgen/die Hand ins Feuer legen für, Bürgschaft leisten/stellen, die Bürgschaft/Garantie übernehmen, Garantie leisten, entschädigen, Schadenersatz leisten, sühnen, [wieder]gutmachen; → bedauern, → bessern (sich), → eintreten (für), → reparieren.
einsteigen: → einbrechen.
[1]**einstellen** (jmdn.), anstellen, beschäftigen, verpflichten, engagieren, anwerben, anheuern, heuern, dingen; → kaufen · Ggs. → entlassen.
[2]**einstellen:** → aufhören; sich e. → kommen.
Einstellung: → Denkweise.
einstens: → damals.
einstmals: → damals.
einstreichen: → kassieren.
einstweilen: → inzwischen.
eintauschen: → tauschen.
[1]**einteilen,** zuteilen, rationieren, disponieren, zumessen, abmessen, zuweisen, dosieren, zusprechen; → gliedern, → messen.

²einteilen: → teilen.
eintönig: → langweilig.
Eintracht: → Übereinstimmung.
eintragen: → ausfüllen, → einträglich [sein].
einträglich, gewinnbringend, rentabel, lukrativ; → zugkräftig; **e. sein,** sich bezahlt machen, lohnen/rentieren/auszahlen/etwas einbringen/eintragen/abwerfen, etwas kommt heraus/schaut heraus/springt heraus *(ugs.)*, etwas fällt dabei ab *(salopp)* · *von Theaterstücken und Filmen:* [Unkosten] einspielen; → profitieren.
¹eintreffen: etwas trifft ein/wird wahr/geht in Erfüllung, etwas verwirklicht/realisiert/erfüllt sich; → geschehen, → verwirklichen.
²eintreffen: → kommen.
eintreiben: → kassieren.
¹eintreten (für), sich einsetzen für, Partei ergreifen/nehmen für, jmdn. in Schutz nehmen, eine Lanze brechen für, jmdm. beispringen, sich vor jmdn. stellen, jmdm. die Stange halten; → erwirken, → fördern, → helfen.
²eintreten: → beitreten, → betreten, → geschehen.
eintrichtern: → lehren.
Eintritt: → Anfang.
Eintrittskarte: → Fahrkarte.
eintrudeln: → kommen.
einverleiben: sich etwas e. → essen.
Einvernahme: → Verhör.
Einvernehmen: im E. mit → Erlaubnis.
einverstanden: → ja; e. sein → billigen.
Einverständnis: → Erlaubnis.
Einwand: → Einspruch; Einwände erheben/machen → antworten.
Einwanderer, Immigrant, Siedler, Kolonist, Ansiedler · Ggs. → Auswanderer.
einwandfrei: → richtig.
einweihen: eingeweiht sein → wissen.
einweisen: → einarbeiten.
einwenden: → antworten.
Einwendung: → Einspruch.
einwerfen: → antworten.
einwickeln: → einpacken.
einwiegen: → abwiegen.
Einwilligung: → Erlaubnis.
einwirken: → beeinflußen.
einwohnen: → bewohnen.
Einwohner: → Bewohner.
Einzahl, Singular · Ggs. → Anzahl.
Einzahlungsschein: → Zahlkarte.
Einzäunung: → Zaun.
Einzel: → Spiel.
Einzelband: → Buch.
Einzelgänger: → Außenseiter.
einzeln, gesondert, getrennt, apart, separat, für sich; → allein.
Einzelspiel: → Spiel.
einziehen: → beschlagnahmen, → einberufen, → einmarschieren, → kassieren; Erkundigungen e. → fragen.
Eisdiele: → Café.
Eisen: zum alten E. werfen. → entlassen.
eisern: → unzugänglich; -e Ration → Proviant.
eisig: → kalt.
eiskalt: → kalt.
Eisprung: → Ovulation.
¹eitel, kokett, geckenhaft, stutzerhaft, putzsüchtig *(abwertend)*, gefallsüchtig *(abwertend)*, affig *(ugs., abwertend)*; → dünkelhaft, → hübsch.
²eitel: eitler Affe → Geck.
Ejakulation: → Samenerguß.
ekel: → ekelhaft.
Ekel: → Abneigung.
ekelerregend: → ekelhaft.
ekelhaft, widerlich, eklig, ekelerregend, widerwärtig, ekel, abstoßend; → böse.
Eklat: → Aufsehen.
eklatant: → offenbar.
eklektisch: → unoriginell.
eklig: → ekelhaft.
Ekstase: → Lust.
Ekthym: → Hautausschlag.
Ekzem: → Hautausschlag.
Elaborat: → Arbeit.
Elan: → Temperament.
elastisch: → biegsam.
Eldorado: → Tummelplatz.
elegant: → geschmackvoll.
Elegant: → Geck.
Elegie: → Gedicht, → Klage[lied].
elegisch: → schwermütig.
Elektrische: → Straßenbahn.
Elektrokution: → Hinrichtung.
elend: → hinfällig, → schwermütig.
Elend: → Armut.
Eleve: → Schüler.
Elfenbeinturm: im E. leben → abkapseln (sich).
Elfsilbler: → Vers.
eliminieren: → entfernen.
Elite: → Oberschicht.
Ellbogencheck: → Regelverstoß.
Elle: → Metermaß.
Eloge: → Lobrede.
eloquent: → beredt.
Eltern, Elternteil, Vater und Mutter, die Alten *(ugs.)* · *schlechte:* Rabeneltern; → Angehöriger, → Familie, → Mutter, → Vater.
Elternhaus: → Umwelt.
Elternteil: → Eltern.
Elysium: → Paradies.
Emanzipation: → Befreiung.
emanzipiert: → selbständig.
Emaskulation: → Kastration.
Emblem: → Abzeichen.
Embolie: → Gefäßverstopfung.
Embryo: → Leibesfrucht.
Emesis: → Erbrechen.
Emeute: → Verschwörung.
Emigrant: → Auswanderer.
emigrieren: → auswandern.
eminent: → außergewöhnlich.
Emissär: → Abgesandter.
Emotion: → Erregung.
emotional: → gefühlsbetont.

[1]**Empfang,** Audienz, Cour.
[2]**Empfang:** in E. nehmen → entgegennehmen.
empfangen: → begrüßen, → erwerben.
Empfänger, Adressat · Ggs. → Absender.
empfänglich: → aufgeschlossen.
Empfänglichkeit: → Anlage.
Empfängnis, Konzeption, Befruchtung, Kopulation, Insemination, Fekundation, Imprägnation; → Koitus.
Empfängnisverhütung, Kontrazeption; → Präservativ.
Empfängnisverhütungsmittel, Präventivmittel; → Ovulationshemmer, → Präservativ.
empfehlen: → vorschlagen; sich e. → trennen (sich); es empfiehlt sich → nötig [sein].
empfehlenswert: → nötig.
Empfehlung: → Vorschlag.
empfinden: → fühlen; e. als → beurteilen.
Empfinden: → Gefühl.
empfindlich, zartbesaitet, verletzbar, verletzlich, feinfühlig, sensibel, allergisch, sensitiv, suszeptibel, reizbar, reizsam, schwierig, übelnehmerisch, nachtragend, mimosenhaft; → aufgeregt, → empfindsam, → gekränkt, → wählerisch, → wehleidig, → zart; → Unzuträglichkeit.
Empfindlichkeit: → Unzuträglichkeit.
empfindsam, sentimental, gefühlvoll, innerlich, überschwenglich, schwärmerisch, exaltiert, gefühlsselig, rührselig, tränenselig, gefühlsduselig *(salopp, abwertend)*, lyrisch, romantisch; → bewegt, → empfindlich, → gedankenvoll, → gefühlsbetont.
Empfindung: → Gefühl.
Empfindungswort: → Wortart.
empirisch: → erfahrungsgemäß.
empor: → hoch.
empören: sich e. → aufbegehren.
Empörer: → Revolutionär.
empört: → ärgerlich.
Empörung: → Verschwörung.
emsig: → fleißig.
en bloc: → ungefähr.
[1]**Ende,** Ausgang, Schluß[punkt], Abschluß, Ausklang, Finale, Sense *(salopp)*; → Ertrag, → Nachwort, → Pointe.
[2]**Ende:** → Exitus; langes E. → Mann; am Ende → spät; ohne E. → unaufhörlich; zu E. gehen → abnehmen; zu E. führen → vollenden; zu E. sein → fertig [sein]; letzten -s → letztlich.
enden: → aufhören, → sterben.
endgültig: → verbindlich.
Endkampf, Endspurt, Finish, Finale.
endlich: → spät, → vergänglich.
endlos: → unaufhörlich.
Endreim: → Reim.
Endspurt: → Endkampf.
Energie: → Tatkraft.
energielos: → willensschwach.
energisch: → zielstrebig.
enervieren: → abnutzen.
eng, schmal, knapp · Ggs. → geräumig.
engagieren: → einstellen.
Engel, Erzengel, Seraph, Cherub, himmlische Heerscharen; → Gott, → Gottheit, → Trinität.
Engelsgeduld: → Duldung.
engherzig, kleinlich, unduldsam, intolerant, spießbürgerlich, spießig, provinziell, kleinstädtisch, hinterwäldlerisch, muckerhaft, muffig *(abwertend)*, plüschen, *(abwertend)*, philiströs, schulmeisterlich *(abwertend)*, pedantisch, kleinkariert *(abwertend)*, pinslig *(ugs.)*, pingelig *(ugs., landsch.)*, nicht → entgegenkommend, nicht → tolerant · *in sexueller Hinsicht:* zimperlich, spröde, prüde · *in finanzieller Hinsicht:* → sparsam; → gewissenhaft, → spitzfindig; → Pedant, → Pedanterie, → Spießer, → Vorurteil.
Engherzigkeit: → Vorurteil.
Englischhorn: → Blasinstrument.
Engpaß: → Behinderung.
engstirnig: → stumpfsinnig.
Enklave: → Gebiet.
ennuyant: → langweilig.
enorm: → außergewöhnlich, → gewaltig.
Ensemble: → Mannschaft.
entbehren: → mangeln.
entbehrlich: → nutzlos.
entbinden: → gebären; e. von → befreien (von).
Entbindung: → Geburt.
entblößen: → ausziehen.
entblößt → nackt.
Entblößung, Exhibition, Zurschaustellung; → bloßstellen.
entdecken: → finden; jmdm. etwas e. → gestehen.
entdeckt: e. werden → herumsprechen (sich).
[1]**Ente** · *männliche:* Erpel, Enterich.
[2]**Ente:** → Falschmeldung; kalte E. → Gewürzwein.
entehren: → vergewaltigen.
enteignen, beschlagnahmen, verstaatlichen · *von geistlichen Gütern:* säkularisieren, verweltlichen.
Entente: → Bund.
Enterich: → Ente.
entern: → kapern.
entfachen: → anzünden.
entfallen: etwas entfällt auf jmdn. → zufallen; jmdm. entfällt etwas → versäumen.
entfalten: sich e. → entstehen.
Entfaltung: → Entwicklung.
[1]**entfernen,** fortbringen, wegbringen, fortschaffen, wegschaffen, ausräumen, aus dem Weg räumen, forträumen, wegräumen, transportieren, abtransportieren, beiseite/aus den Augen schaffen, beseitigen, eliminieren; → abgehen, → ausschließen, → kündigen, → reparieren, → töten, → verlagern, → vertreiben, → wegnehmen, → wegwerfen.
[2]**entfernen:** → entlassen; sich e. → weggehen.
entfernt: → fern; weit e. → nein.
Entfernung, Ferne, Abstand, Distanz.

entflammen: → begeistern.
entflammt: → verliebt.
entfliehen: → fliehen.
entgegengesetzt: → gegensätzlich.
entgegenhalten: → antworten.
entgegenkommen (jmdm.), sich herbeilassen/herablassen/bequemen; → befriedigen.
Entgegenkommen: → Höflichkeit.
entgegenkommend, verbindlich, freundlich, liebenswürdig, nett, großzügig, konziliant, leutselig, gönnerhaft, wohlwollend, huldvoll, huldreich, jovial, wohlmeinend, kulant, nicht → engherzig; → freigebig, → gefällig, → gesellig, → gütig, → höflich, → lieb, → lustig, → tolerant; → Helfer, → Höflichkeit.
entgegennehmen, annehmen, in Empfang nehmen; → nehmen.
entgegensehen: → hoffen.
entgegenstehen, etwas kommt jmdm. ungelegen/*(ugs.)* geht jmdm. gegen den Strich/*(ugs.)* paßt jmdm. nicht [in den Kram]/*(ugs.)* kommt jmdm. verquer; → unzugänglich [sein].
entgegentreten: → hindern.
entgegenwirken: → hindern.
entgegnen: → antworten.
entgehen: → fliehen; sich etwas e. lassen → versäumen.
entgeistert: → betroffen.
Entgelt: → Gehalt.
entgleisen: → benehmen (sich).
enthalten: etwas e. → einschließen.
enthaltsam, abstinent, mäßig, entsagend, asketisch; → bescheiden.
Enthaltsamkeit, Abstinenz, Askese; → Entsagung.
enthaupten: → töten.
enthäuten: → abziehen.
entheben: des Amtes e. → entlassen.
entheiligen: → entweihen.
enthüllen: → aufdecken, → auspacken; sich e. → offenbar [werden].
enthusiasmieren: → begeistern.
Enthusiasmus: → Begeisterung.
entjungfern: → deflorieren.
entkleiden: → ausziehen; des Amtes e. → entlassen.
entkommen: → fliehen.
entkräften: → abnutzen.
entkräftet: → kraftlos.
Entkrampfung: → Entspannung.
entlarven: → aufdecken.
[1]**entlassen,** kündigen, freisetzen, fortschikken, abservieren *(ugs.)*, den Laufpaß geben, abhängen *(ugs.)*, abschieben *(ugs.)*, kaltstellen *(ugs.)*, davonjagen, schassen *(ugs.)*, ablösen, rauswerfen *(ugs.)*, rausschmeißen *(salopp)*, feuern *(salopp)*, den Abschied bekommen, absetzen, abhalftern *(salopp)*, absägen *(salopp)*, des Amtes entheben/entkleiden, stürzen, entthronen, entmachten, entfernen, abbauen, ausbooten *(salopp)*, abschießen *(salopp)*, in die Wüste schicken, aufs Abstellgleis schieben *(ugs.)*, zum alten Eisen werfen *(ugs.)*, gegangen werden *(ugs., scherzh.)*, seinen Hut nehmen/seine Koffer packen/gehen müssen; → ausschließen, → entfernen, → hinauswerfen, → kündigen, → trennen (sich), → vertreiben; → Kündigung · Ggs. → einstellen.
[2]**entlassen:** → freilassen.
Entlassung: → Kündigung.
entleeren: sich e. → defäkieren.
entlegen: → abgelegen.
entleiben (sich), Selbstmord/Suizid begehen (oder:) verüben, sich das Leben nehmen, aus dem Leben scheiden, Schluß machen *(ugs.)*, sich umbringen, sich ums Leben bringen, sich etwas/ein Leid antun, Hand an sich legen, den Freitod wählen, sich selbst richten, sich ertränken, ins Wasser gehen, den Gashahn aufdrehen, sich die Pulsader[n] aufschneiden · *durch Gift:* sich vergiften, eine Überdosis [Schlaf]tabletten nehmen · *durch Schießen:* sich erschießen · *durch Hängen:* sich aufhängen, sich erhängen, sich aufknüpfen, sich aufbammeln *(salopp)*, sich aufbaumeln *(salopp)*; → sterben, → töten; → Exitus, → Selbstmord, → Selbstmörder, → Toter, → Tötung.
entleihen: → leihen.
entlohnen/entlöhnen: → zahlen.
entmachten: → entlassen.
Entmannter: → Kastrat.
Entmannung: → Kastration.
entmutigt: → mutlos.
entnehmen, herausnehmen, wegnehmen; → abheben.
entnerven: → abnutzen.
Entomologie: → Insektenkunde.
entraten: einer Sache e. → abschreiben.
enträtseln, entwirren, dahinterkommen *(ugs.)*, [auf]lösen, abklären, entscheiden.
Entrechteter: → Außenseiter.
Entree: → Diele.
entreißen: → wegnehmen.
entrichten: → zahlen.
entrinnen: → fliehen.
entrüstet: → ärgerlich.
entsagen: einer Sache e. → abschreiben.
entsagend: → enthaltsam.
Entsagung, Verzicht, Resignation; → Enthaltsamkeit; → abschreiben.
entschädigen: → einstehen.
Entschädigung: → Ersatz.
Entscheid: → Urteil.
entscheiden: → enträtseln; sich e. für → auswählen; sich e. → entschließen (sich); etwas ist noch zu e. → bevorstehen.
entscheidend: → maßgeblich.
Entscheidung: → Urteil.
entschlafen: → sterben.
Entschlafener: → Toter.
entschleiern: → aufdecken.
entschließen (sich), sich schlüssig werden/entscheiden/aufraffen/aufschwingen/*(ugs.)* aufrappeln/ermannen/*(ugs.)* ein Herz fassen/überwinden/zwingen/*(ugs.)* einen Ruck geben, es über sich bringen/gewinnen, es übers Herz bringen, einen Entschluß fassen, be-

schließen, sich etwas vornehmen/auferlegen; → auswählen, → vorhaben, → wagen.
entschlossen: → zielstrebig.
entschlüpfen: → fliehen.
Entschluß: einen E. fassen → entschließen.
[1]**entschuldigen** (sich), um Entschuldigung/Verzeihung bitten, jmdm. etwas abbitten, Abbitte tun/leisten.
[2]**entschuldigen:** → verzeihen.
entsenden: → abordnen.
Entsendung: → Abordnung.
Entsetzen, Horror, Grausen, Grauen, Schauder, Schreck[en], Bestürzung; → Abneigung, → Angst; → schrecklich.
entsetzlich: → schrecklich.
entsetzt: → betroffen.
entsinnen: sich e. → erinnern (sich).
entspannen: → ruhen.
entspannt: → schlaff.
Entspannung, Entkrampfung, Beruhigung.
entspinnen: sich e. → entstehen.
entsprechen: → befriedigen, → gleichen, → passen.
entsprechend: → gemäß.
Entsprechung: → Gegenstück.
entspringen: → entstammen, → fliehen.
entstammen, stammen, herrühren, resultieren, sich herleiten/ergeben [aus], kommen von, zurückzuführen sein auf, entspringen, entstehen; → folgern.
[1]**entstehen,** werden, sich entfalten/erheben/entwickeln/bilden/anspinnen/entspinnen/regen/anbahnen, erwachsen, aufkommen, erscheinen, sich zeigen, zum Vorschein kommen, auftauchen *(ugs.)*, herauskommen, in Schwang kommen *(ugs.)*, in Gebrauch kommen; → anfangen, → edieren, → gedeihen, → üblich [werden], → zusammensetzen (sich aus); → offenbar.
[2]**entstehen:** → entstammen.
entstellen: → verunstalten.
Entstellung: → Zerrbild.
enttäuscht: → unzufrieden.
Enttäuschung, Desillusion, Desillusionierung, Ernüchterung, Versagung, Frustration; → Überraschung; → ernüchtern, → versagen; → unzufrieden.
entthronen: → entlassen.
entweichen: → fliehen.
entweihen, entheiligen, schänden; → vergewaltigen.
entwenden: → wegnehmen.
Entwendung: → Diebstahl.
[1]**entwerfen,** anlegen, planen, erarbeiten, ausarbeiten, skizzieren, konzipieren; → ausdehnen, → ausdenken, → denken, → vorhaben; → Absicht, → Einfall, → Entwurf.
[2]**entwerfen:** → aufschreiben.
entwickeln: → erfinden; sich e. → entstehen.
[1]**Entwicklung,** Entfaltung, Reife, Wachstum · *beschleunigte des Jugendlichen:* Akzeleration; → Pubertät; → verstärken.
[2]**Entwicklung:** → Neigung.
Entwicklungsgeschichte: → Laufbahn.
entwicklungsgeschichtlich: → geschichtlich.
Entwicklungszeit: → Pubertät.
entwinden: → wegnehmen.
entwirren: → enträtseln.
entwischen: → fliehen.
entwürdigen: → verleumden.
Entwürdigung: → Nichtachtung.
Entwurf, Konzept, Konzeption, Skizze, Brouillon, Kladde; → Absicht, → Arbeit, → Einfall, → Erzählung, → Gliederung; → entwerfen.
entziehen: → aberkennen, → ausweichen.
entzücken: → begeistern.
Entzücken: → Lust.
entzückend: → hübsch.
entzünden: → anzünden.
entzwei: e. sein → defekt [sein].
entzweien (sich), sich veruneinigen/verfeinden/überwerfen/verzanken/zerstreiten, uneins werden.
Entzweiung: → Streit.
en vogue: e.v. sein → modern [sein].
Enzyklopädie: → Nachschlagewerk.
Enzym: → Gärstoff.
Ephebophiler: → Homosexueller.
Epidemie: → Krankheit.
Epigone: → Nachahmer.
Epigramm, Sinngedicht, Distichon, Zweizeiler, Xenion, [Sinn]spruch; → Ausspruch, → Dichtung, → Erzählung, → Gedicht, → Schriftsteller, → Versmaß; → dichten.
Epik: → Dichtung.
Epilog: → Nachwort.
Episode: → Ereignis.
Epistel: → Schreiben.
Epitaph: → Grabstein.
Epitasis: → Höhepunkt.
epochal: → außergewöhnlich.
Epoche: → Zeitraum.
Equipe: → Mannschaft.
erachten: e. für → beurteilen.
Erachten: meines -s → Ansicht.
erarbeiten: → entwerfen.
Erbarmen: → Mitgefühl.
erbärmlich: → kläglich.
erbarmungslos: → unbarmherzig.
erbauen: → bauen.
erbaulich: → beschaulich.
Erbauungsliteratur: → Literatur.
Erbe, Erbteil, Erbschaft, Schenkung, Hinterlassenschaft, Nachlaß, Vermächtnis, Legat, Vergabung; → Testament; → hinterlassen.
erbeben: → zittern.
erbeuten: → kapern.
erbieten: sich e. → anbieten.
erbitten: → bitten.
erbittert: → ärgerlich.
Erbitterung: → Ärger.
erblich: → angeboren.
erblicken: → sehen; etwas in jmdm./etwas e. → beurteilen.
erborgen: → leihen.
erbost: → ärgerlich.

erbrechen: → öffnen; [sich] e. → übergeben (sich).
Erbrechen, Übelkeit, Vomitio, Vomitus, Emesis; → übergeben (sich).
erbringen: [den Beweis] e. → nachweisen.
Erbschaft: → Erbe.
Erbteil: → Erbe.
Erdäpfel: → Kartoffeln.
Erdbeben, Beben, Erdstoß, Erschütterung.
Erdbevölkerung: → Menschheit.
[1]**Erde,** Boden, Grund, Scholle, Erdreich, Sand, Krume.
[2]**Erde:** → Welt.
Erdenbürger: → Mensch; kleiner/junger E. → Kind.
erdenken: → ausdenken.
erdenklich: → möglich.
erdichten: → erfunden.
Erdichtung: → Einbildung.
Erdkunde, Geographie, Geologie; → Gesteinskunde.
erdolchen: → töten.
Erdölleitung: → Rohrleitung.
Erdreich: → Erde.
erdreisten (sich), sich vermessen/erkühnen/erfrechen, sich etwas erlauben/anmaßen; → frech.
erdröhnen: → schallen.
erdrosseln: → töten.
Erdstoß: → Erdbeben.
erdulden: → ertragen.
ereignen: sich e. → geschehen.
[1]**Ereignis,** Begebenheit, Begebnis, Geschehen, Geschehnis, Vorkommnis, Vorfall, Zufall, Erlebnis, Abenteuer, Sensation, Wirbel, Phänomen, Einmaligkeit, Kuriosum, Besonderheit, Zwischenspiel, Episode, Zwischenfall, Intermezzo · *ärgerliches, aufsehenerregendes:* Ärgernis, Skandal; → Liebelei, → Tatsache, → Unglück, → Vorgang; → erleben, → geschehen; → vorübergehend.
[2]**Ereignis:** freudiges E. → Geburt.
ereilen: → einholen.
Erektion: eine E. haben → steif [werden].
Eremitage: → Einsamkeit.
ererbt: → angeboren.
[1]**erfahren,** hören, jmdm. kommt/gelangt etwas zu Ohren, Kenntnis/ *(salopp)* Wind bekommen von; → finden, → wahrnehmen, → wissen.
[2]**erfahren:** → erleben.
Erfahrenheit: → Kunstfertigkeit.
[1]**Erfahrung,** Einsicht, Einblick, Wissen, Bildung, Überblick, Beschlagenheit, Praxis, Erkenntnis, Weisheit, Lebenserfahrung, Menschenkenntnis, Weltkenntnis, Weltläufigkeit, Weltgewandtheit; → Duldsamkeit, → Duldung, → Heiterkeit, → Vernunft; **E. haben,** gewitzigt sein, nichts Menschliches ist jmdm. fremd; → schlau.
[2]**Erfahrung:** → Kunstfertigkeit; in E. bringen → finden.
erfahrungsgemäß, empirisch, pragmatisch, induktiv, diskursiv, behavioristisch, nicht → gefühlsmäßig; → wirklich.
erfassen: → buchen, → verstehen; etwas erfaßt jmdn. → überkommen.
Erfassung: → Sammlung.
erfinden, entwickeln, verbessern; → ausdenken, → finden; → erfunden.
erfinderisch: → schöpferisch.
Erfolg, Wirkung, Folge, Effekt, Ergebnis, Resultat, Fazit; → Glück, → Sieg; **E. haben,** Lorbeeren ernten *(ugs.)*, ein Kassenschlager/erfolgreich sein, reüssieren; **keinen E. haben,** erfolglos sein, unverrichteterdinge weggehen; → gelingen, → verursachen; → nutzlos.
erfolgen: → geschehen.
erfolglos: → wirkungslos; e. sein → Erfolg.
erfolgreich: e. sein → Erfolg [haben].
erforderlich: → nötig.
erforschen: → forschen.
erfragen: → auskundschaften.
erfrechen: sich e. → erdreisten (sich).
[1]**erfreuen:** etwas erfreut/freut/beglückt/belustigt/beseligt/amüsiert jmdn., etwas macht jmdm. Spaß/Freude; → begeistern, → freuen (sich); → Lust.
[2]**erfreuen:** sich e. → freuen (sich).
erfreulich, angenehm, günstig, vorteilhaft, positiv, willkommen, gut, nicht → unerfreulich; → beschaulich, → glücklich, → lustig, → nützlich, → zweckmäßig; → Vorteil.
erfüllen: → befriedigen, → beseelen; etwas erfüllt sich → eintreffen.
Erfüllung: etwas geht in E. → eintreffen.
erfunden, erdichtet, vorgetäuscht, angenommen, hypothetisch, vorausgesetzt, fingiert, fiktiv, zum Schein, erstunken und erlogen *(salopp, abwertend)*; → falsch, → grundlos, → unredlich; → Lüge.
ergänzen: → tanken, → vervollständigen.
ergattern: → erwerben.
[1]**ergeben:** sich in etwas e. → ertragen; sich e. → nachgeben; sich e. aus → entstammen, → erhellen.
[2]**ergeben:** → treu.
Ergebnis: → Erfolg.
Ergebung: → Demut.
ergehen: sich e. → spazierengehen; sich e. in/über → äußern (sich); etwas über sich e. lassen → ertragen.
ergiebig: nicht e. sein → nützlich.
ergießen: sich e. → fließen.
ergötzen: sich e. → freuen (sich).
ergrauen: → altern.
[1]**ergreifen** (jmdn.), aufgreifen, abfassen, jmds. habhaft werden, unschädlich machen, erwischen, ertappen, [an]packen, fassen, kriegen *(ugs.)*, schnappen *(salopp)*, ausheben, hochnehmen, hoppnehmen *(salopp)*, verhaften, abholen, festnehmen, gefangennehmen, sistieren, inhaftieren, in Haft/Verhaft nehmen, arretieren, dingfest machen, abführen, in Arrest bringen/ *(ugs.)* stecken, internieren; → fangen, → nehmen.
[2]**ergreifen:** etwas ergreift jmdn. → erschüttern.

ergreifend: → interessant.
ergriffen: → bewegt.
Ergriffenheit, Rührung, Erschütterung; → erschüttern; → bewegt.
ergrimmen: → ärgerlich [werden].
ergrübeln: → ausdenken.
ergründen: → forschen.
erhaben, hehr, sublim, verfeinert, erlaucht, honorig, achtunggebietend, festlich, feierlich, solenn, [ehr]würdig, altväterlich, patriarchalisch; → ehrenhaft, → verfeinern.
Erhabenheit: → Vornehmheit.
erhalten: → beibehalten, → ernähren, → erwerben, → konservieren.
erhängen: → töten, → entleiben (sich).
erhaschen: → fangen.
[1]**erheben** (sich), aufstehen, sich aufrichten/aufrecken, aufstreben, aufspringen, aufschnellen; → steif [werden] · Ggs. → schlafen [gehen].
[2]**erheben:** → heben, → kassieren; Einspruch e. → zweifeln; sich e. → aufbegehren, → entstehen.
erhebend: → beschaulich.
erheblich: → außergewöhnlich, → einigermaßen.
Erhebung: → Verschwörung.
erheitern, aufheitern, aufmuntern; → anregen, → anstacheln.
erhellen: etwas erhellt/geht hervor/wird deutlich/ergibt sich aus, etwas macht jmdm. etwas bewußt.
erhöhen: → steigern.
Erhöhung: → Aufschlag, → Podium.
erholen (sich), wieder zu Kräften kommen, sich regenerieren, ausspannen, Ferien/Urlaub machen; → faulenzen, → gesund [werden], → ruhen; → Urlaub.
Erholungspause: eine E. einlegen → ruhen.
Erholungsuchender: → Urlauber.
erigieren: → steif [werden].
erinnerlich: etwas ist jmdm. e. → Gedächtnis.
[1]**erinnern** (sich), sich entsinnen/besinnen/zurückerinnern, sich etwas ins Gedächtnis [zurück]rufen, jmds./einer Sache gedenken, denken an, etwas fällt jmdm. ein, zurückdenken, zurückblicken, zurückschauen, Rückschau halten; → mahnen; → Erinnerung.
[2]**erinnern:** → mahnen.
[1]**Erinnerung,** Rückschau, Rückblick, Reminiszenz · *unangenehme:* Denkzettel; → Gedächtnis; → erinnern.
[2]**Erinnerung:** -en → Biographie.
Erinnerungsstück: → Andenken.
Erinnye: → Rachegöttin.
Erkältung, Schnupfen, Husten; → Grippe.
[1]**erkennen,** feststellen, identifizieren, einsehen, sehen, zu der Erkenntnis kommen/gelangen, dahinterkommen, hinter etwas kommen, etwas/ein Licht/ein Seifensieder geht jmdm. auf *(ugs.)*, durchschauen, apperzipieren, der Groschen fällt *(salopp)* · *von einer Krankheit:* diagnostizieren; → bemerken, → merken, → verstehen, → vorstellen (sich etwas).
[2]**erkennen:** → koitieren, → sehen; zu e. geben → mitteilen; e. lassen → bekunden.
Erkennen: → Diagnose.
erkenntlich: sich e. zeigen → belohnen.
Erkenntnis: → Erfahrung.
Erkennungszeichen: → Losung.
Erker: → Veranda.
erklärbar: → erklärlich.
erklären: → auslegen, → äußern (sich); an Eides Statt e. → versprechen.
erklärlich, erklärbar, deutbar.
Erklärung: → Angabe, → Auslegung, → Programm.
erklettern: → steigen (auf).
erklimmen: → steigen (auf).
erklingen: → schallen.
Erkrankung: → Krankheit.
erkühnen: sich e. → erdreisten (sich).
erkunden: → auskundschaften, → prüfen.
erkundigen: sich e. → fragen.
Erkundigung: -en einziehen → fragen.
erkünstelt: → geziert.
Erlagschein: → Zahlkarte.
erlangen: → erwerben.
Erlaß: → Weisung.
erlassen: jmdm. etwas e. → befreien (von).
erlauben: → billigen; sich etwas e. → erdreisten (sich).
[1]**Erlaubnis,** Genehmigung, Billigung, Zustimmung, Einwilligung, Bestätigung, Einverständnis, Sondergenehmigung, Extrawurst (salopp), Lizenz, Permiß, Option, Sanktion, Konsens, Plazet, Ratifikation · *zum Lehren an einer Hochschule:* Venia legendi; → Abmachung, → Befreiung, → Beifall, → Berechtigung, → Bescheinigung, → Zugeständnis · Ggs. → Einspruch; **mit E. von,** im Einvernehmen/nach Übereinkunft/nach Vereinbarung/in Übereinstimmung/im Einverständnis/nach Absprache mit, mit Zustimmung von; → gemäß; → statthaft.
[2]**Erlaubnis:** E. geben → billigen.
erlaubt: → statthaft.
erlaucht: → erhaben.
erläutern: → auslegen.
Erläuterung: → Auslegung.
Erle: → Laubbaum.
erleben, erfahren, die Erfahrung machen; → ertragen, → haben, → weilen; → Ereignis.
Erlebnis: → Ereignis, → Liebelei.
erledigen: → töten, → verwirklichen.
erledigt: → fertig; e. sein → erschöpft [sein].
erlegen: → töten, → zahlen.
erleichtern: → wegnehmen; sich/sein Herz e. → mitteilen.
erleichtert: → glücklich.
erleiden: → ertragen; Schiffbruch e. → scheitern.
erlernen: → lernen.
erlesen, auserlesen, fein, kostbar, wertvoll, unersetzlich, unersetzbar, teuer; → geschmackvoll; → Schmuck.

Erleuchtung: → Einfall.
erlogen: → unredlich; erstunken und e. → erfunden.
Erlös: → Ertrag.
erlösen: → retten; erlöst werden → sterben.
Erlöser: → Heiland.
ermächtigen, bevollmächtigen, autorisieren.
ermächtigt: → befugt.
Ermächtigung: → Berechtigung.
ermahnen: → mahnen.
ermangeln: → mangeln.
ermannen: sich e. → entschließen (sich).
ermäßigen, verringern, nachlassen; → abschreiben.
Ermäßigung: → [Preis]nachlaß.
ermattet: → kraftlos.
ermitteln: → ausrechnen, → finden, → prüfen.
Ermittlung: → Verhör.
ermöglichen: → möglich [machen].
ermorden: → töten.
Ermordung: → Tötung.
ermüdend: → beschwerlich, → langweilig.
ermüdet: → müde.
ermuntern: → zuraten.
Ermunterung: → Impuls.
ermutigen: → zuraten.
ermutigend: → tröstlich.
Ern: → Treppenhaus.
ernähren, nähren, für jmdn. sorgen, für jmds. Lebensunterhalt sorgen/aufkommen, unterhalten, erhalten, aushalten, zu essen geben, beköstigen, verköstigen, verpflegen, in Kost haben, herausfüttern *(ugs.)*, abfüttern *(ugs.)*, überfüttern *(ugs.)*, sättigen, satt machen, den Hunger stillen · *von Tieren:* zu fressen geben, füttern, Futter geben, atzen, mästen, nudeln; → essen, → stillen, → zahlen; → satt; → Nahrung.
erneuen: → erneuern.
[1]**erneuern,** erneuen, renovieren, wiederherstellen, restaurieren, modernisieren, auswechseln; → aufarbeiten, → mobilisieren, → reparieren, → tauschen, → verbessern.
[2]**erneuern:** → reparieren.
Erneuerung: → Neubelebung, → Wiederherstellung.
erneut: → wieder.
erniedrigen, demütigen, Kotau machen, zu Kreuze kriechen, einen Gang nach Canossa antreten; **sich nicht e.,** sich nichts vergeben; → bloßstellen, → verbrüdern (sich).
[1]**ernst,** kritisch, bedrohlich; → gefährlich.
[2]**ernst:** → ernsthaft; nicht e. nehmen → mißachten.
ernsthaft, seriös, ernst, ernstlich, todernst; → ernst, → schwermütig; → Trauer.
ernstlich: → ernsthaft.
Ernte: → Ertrag.
[1]**ernten,** abernten, einbringen, einfahren, pflücken (Obst), abpflücken (Obst), lesen (Weintrauben), mähen (Getreide), schneiden (Getreide).
[2]**ernten:** Lorbeeren e. → Erfolg [haben].
ernüchtern, desillusionieren, jmdm. den Zahn ziehen *(salopp)*; → Enttäuschung.
Ernüchterung: → Enttäuschung.
erobern, einnehmen, stürmen, besetzen, okkupieren, [in Besitz] nehmen, Besitz ergreifen von; → nehmen.
eröffnen: → anfangen; jmdm. etwas e. → gestehen.
Eröffnung: → Anfang.
erörtern, abhandeln, ver-, behandeln, auseinandersetzen, darstellen, darlegen, untersuchen, diskutieren, disputieren, polemisieren, beraten, bereden, besprechen, durchsprechen, bekakeln *(ugs.)*, bekatern *(ugs.)*; → anfangen, → beanstanden, → erwähnen, → kämpfen, → mitteilen, → tagen; → Darlegung, → Gespräch, → Kampf, → Streit.
Erörterung: → Gespräch.
Eros: → Liebe.
Erotik: → Liebe.
Erpel: → Ente.
erpicht: e. sein auf → begierig [sein].
erpressen: → nötigen.
erproben: → prüfen.
erprobt, bewährt, zuverlässig, verläßlich, geeignet, fähig; → verbürgt, → richtig; → können.
Erquickung: → Trost.
errechnen: → ausrechnen.
erregen: Anstoß/Mißfallen/Mißbilligung/Ärgernis e. → anstoßen.
erregt: → aufgeregt.
Erregung, Aufregung, Emotion, Affekt, Exaltation, Überspanntheit, Hysterie, Stimulierung, Stimulation, Irritation; → Begeisterung, → Leidenschaft, → Lust, → Temperament, → Unrast; → gefühlsbetont, → unbesonnen.
erreichen: → einholen, → erwirken; e., daß → bewältigen; zu e. suchen → streben.
erretten: → retten.
errichten: → bauen, → gründen.
erringen: → bewältigen, → erwirken; den Sieg e. → siegen.
erröten: → schämen (sich).
Ersatz, Gegenwert, Entschädigung, Äquivalent, Wiedergutmachung, Reparation, [Lasten]ausgleich, Behelf, Surrogat; → Beitrag, → Gabe, → Verwechslung, → Vorrat.
Ersatzbefriedigung: → Selbstbefriedigung.
Ersatzmann: → Stellvertreter.
ersatzpflichtig: → haftbar.
ersaufen: → ertrinken.
erschaffen, schöpfen, schaffen, ins Leben rufen, kreieren.
erschallen: → schallen.
erscheinen: → kommen, → vorkommen; etwas erscheint jmdm. → vermuten; e. als → erweisen (sich als).
Erscheinung: → Gespenst; in E. treten → hervortreten.
erschießen: → töten; sich e. → entleiben.
erschlagen: → töten.

erschöpft, abgespannt, angeschlagen *(ugs.)*, ausgelaugt, ausgepumpt; → krank; e. sein, schachmatt/zerschlagen/abgeschlagen sein, [wie] gerädert sein *(ugs.)*, absein *(ugs.)*, erledigt/groggy / kaputt / erschossen / fertig / k.o. sein *(ugs.)*.
erschossen: e. sein → erschöpft [sein].
erschrecken: → Angst [machen].
erschrocken: → betroffen.
erschüttern: etwas erschüttert/ergreift/rührt jmdn./geht zu Herzen; → fühlen, → überkommen; → bewegt; → Ergriffenheit.
erschüttert: → bewegt.
Erschütterung: → Erdbeben, → Ergriffenheit.
erschweren: → hindern.
ersetzen: → einstehen (für), → tauschen.
ersinnen: → ausdenken.
erspähen: → sehen.
ersparen: jmdm. bleibt nichts erspart → ertragen.
Ersparnis: → Einsparung; -se machen → sparen.
Ersparung: → Einsparung.
ersprießlich: → nützlich.
erstarren: → steif [werden].
erstatten: → einstehen (für), → zahlen.
Erstaufführung: → Aufführung.
erstaunen: etwas erstaunt jmdn. → befremden.
Erstaunen: → Überraschung; in E. setzen → befremden.
erstaunlich: → außergewöhnlich.
erstaunt: → überrascht.
erste: fürs e. → zunächst, die e. Stelle/den -n Platz einnehmen, an -r Stelle stehen → Höchstleistung [erzielen].
erstechen: → töten.
erstehen: → kaufen.
ersteigen: → steigen (auf).
erstellen: → bauen.
ersticken: → töten.
Erstkläßler: → Schüler.
erstreben: → streben.
erstunken: e. und erlogen → erfunden.
ersuchen: → bitten.
Ersuchen: → Bitte.
ertappen: → ergreifen.
ertönen: → schallen.
[1]**Ertrag,** Gewinn, Ausbeute, Ernte, Erlös; → Chance, → Ende, → Vorteil.
[2]**Ertrag:** → Gehalt.
ertragen, erdulden, dulden, leiden, erleiden, sich in etwas schicken/ergeben/finden/fügen, durchmachen, mitmachen, durchstehen, bestehen, aushalten, ausstehen, überstehen, überwinden, überleben, vertragen, verkraften, verarbeiten, tragen, hinnehmen, in Kauf nehmen, auffangen, verschmerzen, verdauen *(ugs.)*, fertig werden mit, sich etwas gefallen/bieten lassen, etwas über sich ergehen lassen, jmdm. bleibt nichts erspart, einstekken *(ugs.)*, schlucken *(ugs.)*; → bewältigen, → billigen, → durchsetzen (sich), → erleben, → hassen, → nachgeben, → standhalten.
erträglich: → annehmbar.
ertragsarm: → unfruchtbar.
ertränken: → töten; sich e. → entleiben (sich).
ertrinken, ersaufen *(derb)*, versaufen *(derb)*, mit Mann und Maus umkommen, ein feuchtes/nasses Grab finden; → sterben.
ertrotzen: → erwirken.
ertüfteln: → ausdenken.
eruieren: → forschen.
Eruktation, Efflation, Aufstoßen, Rülpsen *(salopp)*; → eruktieren.
eruktieren, aufstoßen, rülpsen *(salopp)* · *beim Baby:* Bäuerchen machen; → Eruktation.
Eruption: → Hautausschlag.
erwachen: → wach [werden].
erwachsen: → entstehen.
erwägen, ventilieren, in Erwägung/Betracht ziehen, bedenken, überdenken, ins Auge fassen, mit sich zu Rate gehen, sich etwas durch den Kopf gehen lassen *(ugs.)*; → achtgeben, → berücksichtigen, → denken.
erwählen: → auswählen.
erwählt: → auserwählt.
erwähnen, anführen, ins Treffen/Feld führen, zitieren, aufführen, aufzählen, nennen, angeben; → bereitstellen, → buchen, → erörtern.
erwarten: → hoffen, → vermuten, → warten.
Erwartung: → Aussichten.
erwartungsgemäß, tatsächlich, natürlich, buchstäblich, denn auch; → auch, → gleich, → wahrlich, → wirklich.
erwecken: → verursachen.
erweichen: → überreden.
erweisen (sich als), erscheinen/sich herausstellen als.
erweitern: → ausdehnen.
Erweiterung: → Ausdehnung.
Erwerb: → Kauf.
[1]**erwerben,** gewinnen, erlangen, gelangen zu, erhalten, empfangen, bekommen, kriegen *(ugs.)*, erwischen, ergattern; → erwirken, → fangen, → geben, → gelingen, → schicken, → verdienen, → zufallen.
[2]**erwerben:** [käuflich] e. → kaufen.
erwerbslos: → arbeitslos.
erwidern: → antworten.
erwiesen: → offenbar.
erwirken, durchsetzen, durchbringen, [ein Gesetz] verabschieden, durchkriegen *(ugs.)*, durchdrücken *(ugs.)*, erreichen, erzielen, erringen, ertrotzen, durchpeitschen, erzwingen, durchfechten *(ugs.)*, durchpauken *(ugs.)*, durchboxen *(ugs.)*, ausrichten, vermögen, herausholen *(ugs.)*, herausschlagen *(salopp)*, herausschinden *(salopp)*, bei jmdm. landen *(salopp)*; → ausnutzen, → beikommen, → bewältigen, → durchsetzen (sich), → eintreten (für), → entschließen (sich), → erwerben, → können, → streben; → Beauftragter.
erwischen: → ergreifen, → erwerben.
erworben: → anerzogen.

erwünscht: → begehrt.
erwürgen: → töten.
erzählen: → mitteilen.
Erzählung, Roman, Novelle, Kurzgeschichte, Short story, Fabel, Legende, Anekdote, Sage, Märchen, Geschichte, Mythos; → Dichtung, → Entwurf, → Epigramm, → Gedicht, → Literatur, → Lüge, → Versmaß, → Witz; → dichten.
Erzengel: → Engel.
erzeugen, produzieren, hervorbringen, generieren; → anfertigen, → schwängern.
Erzeuger: → Unternehmer, → Vater.
Erzeugnis: → Hervorbringung.
erziehen, bilden, schulen, ausbilden, drillen, trainieren, stählen, abrichten, dressieren; → festigen, → großziehen, → lehren, → lernen; → Ausbildung, → Pflege.
Erzieher: → Lehrer.
Erzieherin: → Kindermädchen.
Erziehung: → Benehmen.
erzielen: → erwirken.
erzittern: → zittern.
erzürnt: → ärgerlich.
erzwingen: → erwirken.
Esel, Grautier, Maulesel, Muli, Maultier.
Eskalation: → Steigerung.
eskalieren: → zunehmen.
Eskompte: → [Preis]nachlaß.
eskortieren: → begleiten.
Esoteriker: → Fachmann.
esoterisch: → aufgeklärt.
Espada: → Stierkämpfer.
Espresso: → Café, → Kaffee.
Essay: → Arbeit.
Esse: → Schornstein.
¹essen, speisen, sich stärken, tafeln, Tafel halten, schmausen, futtern *(ugs.)*, schnabulieren *(ugs.)*, schwelgen, schlemmen, prassen, [in Saus und Braus/gut] leben, spachteln *(ugs.)*, stopfen *(ugs.)*, präpeln *(ugs., landsch.)*, acheln *(ugs., landsch.)*, mampfen, schlingen, sich überfuttern *(ugs.)*, verzehren, vespern *(landsch.)*, jaus[n]en *(östr.)*, das Essen einnehmen, etwas [zu sich] nehmen, genießen, knabbern, sich gütlich tun an, naschen, schlecken *(landsch.)*, sich etwas zu Gemüte führen/einverleiben, hinunterwürgen · *im Hinblick auf Medizin:* einnehmen, schlucken *(ugs.)* · *von Tieren:* fressen, äsen, weiden, grasen · *morgens oder vormittags:* frühstücken, Kaffee trinken · *mittags:* Mittag/Mittagbrot essen, zu Mittag essen, mittagmahlen *(östr.)*, lunchen, dinieren · *abends:* Abendbrot essen, zu Abend/Nacht essen, nachtmahlen *(östr.)*, soupieren · *im Freien:* Picknick halten/ *(ugs.)* machen, picknicken; → aufessen, → auftischen, → ernähren, → kauen, → schmecken; → bekömmlich, → unersättlich; → Essen, → Feinschmecker.
²essen: nichts zu e. haben → Hunger [leiden]; zu e. geben → ernähren.
¹Essen, Nahrungsaufnahme, Mahl, Festmahl, Frühstück, Bankett, Mahlzeit, Gericht, Schmaus, Speise, Imbiß, Vesper *(landsch.)*, Jause *(östr.)*, Snack, Menü, Gedeck, Speisenfolge, Gang, Fraß *(derb, abwertend)*, Schlangenfraß *(derb, abwertend)* · *von Tieren:* Fressen · *am Morgen oder Vormittag:* Frühstück, Brotzeit *(landsch.)*, Gabelfrühstück, Sektfrühstück · *zu Mittag:* Mittagessen, Mittagsmahl, Mittag[brot], Diner, Lunch · *am Abend:* Abendbrot, Abendmahlzeit, Abendessen, Nachtessen *(landsch.)*, Nachtmahl *(östr.)*, Dinner, Souper · *im Freien:* Picknick; → Dessert, → Nahrung, → Proviant; → essen, → schmecken; → ungewürzt.
²Essen: das E. zubereiten → kochen.
Essenz: → Bedeutung.
Eßlust: → Hunger.
eßlustig: → unersättlich.
Estaminet: → Café.
Estrich: → Boden.
etablieren: → gründen; sich e. → niederlassen (sich).
Etablissement: → Unternehmen.
Etage: → Geschoß.
Ethik: → Sitte.
ethisch: → sittlich.
Ethnologie: → Völkerkunde.
Ethos: → Pflichtbewußtsein.
etikettieren: → beschriften.
etliche: → einige.
etwa: → ungefähr.
etwaig, allfällig *(schweiz.)*; → plötzlich; → vielleicht.
Etwas: das gewisse E. → Anmut.
Eumenide: → Rachegöttin.
Eunuch: → Kastrat.
Euphonie: → Wohlklang.
euphonisch: → wohlklingend.
Europa: → Abendland.
Eutokie: → Geburt.
evakuieren: → verlagern.
eventuell: → vielleicht.
Evergreen: → Schlager.
evident: → einleuchtend.
evozieren: → verursachen.
ewig: -e Seligkeit → Himmel; in die -en Jagdgründe eingehen → sterben.
Ewige: der E. → Gott.
Ewigkeit: in die E. abgerufen werden → sterben.
ex: e. trinken → austrinken.
Exaggeration: → Steigerung.
exakt: → klar.
Exaltation: → Erregung.
exaltiert: → empfindsam.
Examen: → Prüfung.
examinieren: → prüfen.
Exanthem: → Hautausschlag.
exekutieren: → töten.
Exekution: → Hinrichtung.
Exempel: → Muster.
Exemplar: → Muster.
exemplarisch: → vorbildlich.
Exequien: → Begräbnis.
Exhibition: → Entblößung.
Exil: → Verbannung.
existent: → wirklich.

Existenz: → Lage.
[1]**existieren,** bestehen, vorhanden sein, vorkommen, herrschen, sein, es gibt/ *(salopp, landsch.)* hat [hier keine Bäume]; → befinden.
[2]**existieren:** → leben.
Exitus, Tod, Ableben, Sterben, Hinscheiden, Heimgang, Ende, Hinschied, Abschied, Todesfall; → Ende, → Tod, → Toter, → Tötung; → entleiben (sich), → sterben; → töten; → tot.
Exklave: → Gebiet.
exklusiv: → besonders.
exkommunizieren: → ausschließen.
Exkrement, Fäkalien, Fäzes, Ausscheidung, Stuhl[gang], Kot, Aa *(ugs.)*, Schiet *(salopp)*, Kacke *(derb)*, Scheiße *(vulgär)*; → Urin; → austreten, → defäkieren, → urinieren.
Exkurs: → Abschweifung.
Exkursion: → Reise.
exmittieren: → hinauswerfen.
Exorzist: → Teufelsbeschwörer.
Exoteriker: → Nichtfachmann.
exotisch: → fremd[ländisch].
expandieren: → ausdehnen.
Expansion: → Ausdehnung.
expedieren: → transportieren.
Experiment: → Wagnis.
Experte: → Fachmann.
Expertise, Gutachten, Begutachtung.
Explikation: → Auslegung.
explizieren: → auslegen.
explodieren: → ärgerlich [werden], → platzen.
exploitieren: → ausnutzen.
Explosion: → Streit.
explosiv: → sprengend.
expressiv: → gefühlsbetont.
Exsekration: → Bann.
Exspektant: → Anwärter.
ex tempore: → improvisiert.
extra: → besonders.
Extra: → Zubehör.
extravagant: → überspannt.
extravertiert: → gesellig.
Extrawurst: → Erlaubnis.
Extremität: → Gliedmaße.
exzellent: → trefflich.
Exzerpt, Auszug, Lesefrucht, Blütenlese, Florileg[ium]; → Auswahl.
Exzeß: → Ausschweifung.

F

Fabel: → Erzählung.
fabelhaft: → außergewöhnlich.
Fabrik: → Büro.
Fabrikant: → Unternehmer.
Fabrikbesitzer: → Unternehmer.
fabrizieren: → anfertigen.
Fach: → Gebiet.
Facharzt: → Arzt.
Fachmann, Sachverständiger, Sachkundiger, Kenner, Kundiger, Eingeweihter, Esoteriker, Experte, Könner, Meister, Koryphäe, Kapazität, Größe, Autorität, Spezialist; → Gelehrter, → Helfer, → Lumen, → Sportler; → fachmännisch · Ggs. → Nichtfachmann; → dilettantisch.
fachmännisch, gekonnt, gut, qualifiziert, zünftig, nicht → dilettantisch; → meisterhaft; → Fachmann · Ggs. → Nichtfachmann.
Fach[richtung], Fachschaft, Wissenszweig, Disziplin; → Hochschule.
Fachschaft: → Fachrichtung.
Fachschule: → Schule.
Fachsprache: → Ausdrucksweise.
Fachwort: → Begriff.
fackeln: nicht lange f. → eingreifen.
fade: → abgestanden, → langweilig.
fähig: → erprobt; f. sein zu → können.
[1]**Fähigkeit,** Kraft, Macht, Gewalt, Stärke, Können, Vermögen, Tüchtigkeit, Tauglichkeit, Qualifikation · *sexuelle:* Manneskraft, Zeugungsfähigkeit, Zeugungskraft, Liebeskraft, Liebesfähigkeit, Potenz; → Höchstleistung, → Kunstfertigkeit; → impotent · Ggs. → Unfähigkeit.
[2]**Fähigkeit:** → Begabung.
fahl: → blaß.
Fähnchen: → Kleid.
fahnden: → suchen.
[1]**Fahne,** Flagge, Banner, Standarte, Stander, Wimpel, Gösch; → Abzeichen, → Merkmal, → Sinnbild.
[2]**Fahne:** → Schwanz; die F. raushängen → flaggen; die weiße F. hissen → nachgeben; zu den -n eilen → Soldat [werden]; zu den -n rufen → einberufen.
Fahnenflüchtiger: → Deserteur.
fahrbar: -er Untersatz → Auto.
[1]**fahren,** lenken, chauffieren, steuern, kutschieren, manövrieren · *langsam:* Schritt fahren · *ohne Ziel:* spazierenfahren, herumkutschieren *(ugs.)*, herumkarriolen *(ugs.)*; → fortbewegen (sich), → radfahren; → Boot, → Fahrer.
[2]**fahren:** → reisen; f. auf → zusammenstoßen; einen f. lassen → Darmwind [entweichen lassen]; in die /zur Grube f. → sterben.
fahrenlassen: → abschreiben.
Fahrer, Chauffeur, Schofför, Lenker, Führer; → fahren; → Schaffner.
Fahrerlaubnis: → Ausweis.
Fahrgast: → Passagier.

Fahrgestell: → Gliedmaße.
fahrig: → aufgeregt.
[Fahr]karte, Fahrtausweis, Fahrschein, Ticket, Flugkarte, Billett, Eintrittskarte; → Schaffner.
[1]**Fahrrad,** Rad, Stahlroß *(ugs., scherzh.)*, Drahtesel *(ugs., scherzh.)*, Velo *(schweiz.)* · *mit zwei Sitzen:* Tandem; → Auto, → Motorrad, → Radfahrer.
[2]**Fahrrad:** → Brille.
Fahrschein: → [Fahr]karte.
Fahrstraße: → Straße.
Fahrstuhl: → Aufzug.
Fahrt: → Reise; in F. kommen → ärgerlich.
Fahrtausweis: → Fahrkarte.
Fahrweg: → Straße.
Fahrzeug: → Auto.
Faible: → Zuneigung.
fair: → ehrenhaft.
Fairneß: → Treue.
Fäkalien: → Exkrement.
Faksimile: → Nachahmung.
faktisch: → wirklich.
Faktizität: → Tatsache.
Faktor: → Tatsache.
Faktotum: → Diener.
Faktum: → Tatsache.
Faktur: → Rechnung.
Fakultät: von der andern F. → gleichgeschlechtlich.
fakultativ: → freiwillig.
Falangist: → Nationalsozialist.
Falbe: → Pferd.
Fall: → Angelegenheit; einen F. tun, zu F. kommen → fallen; für den F., daß → wenn; für alle Fälle → vorsichtshalber; auf jeden F. → ja, → ohnehin; auf keinen Fall → nein.
Falle: in die F. gehen → hereinfallen, → schlafen [gehen].
[1]**fallen,** [hin]stürzen, hinfallen, einen Fall tun, zu Fall kommen, [hin]sinken, [hin]schlagen *(ugs.)*, [hin]purzeln *(ugs.)*, [hin]plumpsen *(ugs.)*, [hin]fliegen *(salopp)*, [hin]knallen *(salopp)*, [hin]sausen *(salopp)*, [hin]segeln *(salopp)*; → fliegen, → gleiten, → schwanken, → stolpern, → umfallen.
[2]**fallen:** → sterben, → zufallen; vom Fleische f. → schlank [werden].
fällen: das Urteil/einen Spruch f. → verurteilen.
fallenlassen: → abschreiben.
fällig: f. werden → ablaufen.
Fallreep: → Treppe.
falls: → wenn.
Fallwind, Föhn, Mistral, Bora; → Wind, → Wirbelwind.
[1]**falsch,** unrichtig, unwahr, unzutreffend, irrig, fehlerhaft, verfehlt, grundfalsch, [grund]verkehrt, nicht → richtig; → erfunden, → versehentlich; → lügen; → Lüge.
[2]**falsch:** → unecht, → unredlich; als f. bezeichnen → abstreiten.
Falschgeld: → Geld.
fälschlich: → versehentlich.
Falschmeldung, Ente *(ugs.)*; → Lüge.
Fälschung, Falsifikat; → Zahlungsmittel.
Falsifikat: → Fälschung.
Faltboot: → Boot.
fälteln: → falten.
falten, fälteln, falzen, knicken, kniffen, plissieren; → zerknittern.
Falter: → Schmetterling.
faltig, runzlig, zerknittert, zerfurcht, zerklüftet, knittrig, welk; → trocken, → verschrumpelt.
falzen: → falten.
Fama: → Gerücht.
[1]**Familie,** Verwandtschaft, Sippe, Sippschaft *(abwertend)*, Parentel, Mischpoke *(salopp, abwertend)*; → Abkunft, → Angehöriger, → Eltern, → Sohn.
[2]**Familie:** zur F. gehörend → verwandt.
Familienangehöriger: → Angehöriger.
Familienmitglied: → Angehöriger.
Familienname, Zuname, Nachname; → Spitzname, → Vorname.
Famulus: → Helfer.
Fan: → Anhänger.
Fanatiker: → Eiferer.
Fanatismus: → Begeisterung.
Fang: → Raub.
[1]**fangen,** einfangen, haschen, erhaschen · *Fische:* fischen, angeln, den Wurm baden *(ugs., scherzh.)*; → einholen, → ergreifen, → erwerben.
[2]**fangen:** etwas f. → krank [werden].
Fangschuß: den F. geben → töten.
Fant: → Geck.
färben: → lügen, → tönen.
farbenfreudig: → bunt.
farbenfroh: → bunt.
farbenprächtig: → bunt.
farbig: → bunt, → einfarbig.
Farbiger: → Neger.
farblos: → einfach.
Farce: → Komödie.
Farm: → Gut.
Farmer: → Bauer.
Fasching: → Fastnacht.
Faschist: → Nationalsozialist.
faseln: → sprechen.
Faß: → Behälter.
Fassade: → Vorderseite.
fassen: → ergreifen (jmdn.), → verstehen; etwas faßt jmdn. → überkommen; ins Auge f. → ansetzen; zu f. bekommen → beikommen.
Fassung: → Gelassenheit; außer F. sein → aufgeregt [sein]; aus der F. bringen → verwirren.
Fassungskraft: → Fassungsvermögen.
fassungslos: → betroffen.
Fassungsvermögen, Kapazität, Aufnahmefähigkeit, Volumen, Fassungskraft; → Vorrat.
fast: → beinah[e].
fasten: → Hunger [leiden].
Fastnacht, Karneval *(rhein.)*, Fasching *(südd.)*.
Fastnachtskräppel: → Pfannkuchen.

Fastnachtsküchlein: → Pfannkuchen.
Faszikel: → Aktenbündel.
faszinieren: → bezaubern.
fatal: → unerfreulich.
Fatalist: → Pessimist.
Fata Morgana: → Einbildung.
Fatum: → Schicksal.
Fatzke: → Geck.
faul, arbeitsscheu, tatenlos, untätig, müßig, bequem, stinkfaul *(salopp, abwertend)*, nicht → fleißig; → träge; → faulenzen.
faulen, verfaulen, abfaulen, modern, vermodern, verwesen, verrotten, schimmeln, verschimmeln, schlecht werden, umkommen, verderben, vergammeln *(ugs.)*, etwas [Verderbliches] hält sich nicht/darf nicht lange liegen.
faulenzen, nichts tun, auf der faulen Haut liegen *(salopp)*, krankfeiern *(ugs.)*, blaumachen *(salopp)*; → abwesend [sein], → erholen (sich), → langsam [arbeiten], → ruhen; → faul.
Fäustchen: sich ins F. lachen → schadenfroh [sein].
Faustkampf: → Boxen.
Faustregel: → Regel.
Fauteuil: → Sitzgelegenheit.
Fauxpas: → Fehler; einen F. begehen → benehmen (sich).
Favorit: → Günstling.
Favoritin: → Geliebte.
Fäzes: → Exkrement.
Fazit: → Erfolg.
Feature: → Bericht.
federleicht, leicht, nicht → schwer.
Federweißer: → Wein.
Fegefeuer: → Hölle.
fegen: → fortbewegen (sich), → säubern.
Fehde: → Kampf.
fehl: f. am Platze → unerfreulich.
Fehlbetrag, Defizit, Manko, Soll, Debet; → Mangel · Ggs. → Guthaben.
fehlen: → abwesend [sein], → sündigen; etwas fehlt jmdm. → mangeln; jmdm. fehlt etwas → krank [sein].
Fehler, Versehen, Mißverständnis, Irrtum, Lapsus, Schnitzer, Patzer, Unterlassungssünde, Fauxpas; → Mangel, → Taktlosigkeit, → Verstoß; → benehmen (sich).
fehlerfrei: → richtig.
fehlerhaft: → falsch.
fehlerlos: → richtig.
fehlgebären: → abortieren.
Fehlgeburt, Abort, Abtreibung; → Leibesfrucht; → arbortieren, → gebären.
fehlgehen: → irren (sich), → verirren (sich).
Fehlschlag: → Pech.
fehlschlagen: → scheitern.
Fehltritt: einen F. begehen/tun → sündigen.
Feier: → Fest.
feierlich: → erhaben.
feiern, begehen, begießen *(ugs.)*, festen *(schweiz.)*, die Nacht durchfeiern/*(ugs.)* durchmachen.
[1]feige, memmenhaft *(abwertend)*, feigherzig, hasenherzig, hasenfüßig, nicht → mutig; → ängstlich, → mutlos, → willensschwach; → ausweichen; → Feigling · Ggs. → Mut.
[2]feige: → gemein.
feigherzig: → feige.
Feigling, Drückeberger, Angsthase, Hasenherz, Bangbüx *(nordd.)*; → ausweichen; → feige.
feilbieten: → verkaufen.
feilen: → polieren.
feilhalten: → verkaufen.
feilschen: → handeln.
fein: → erlesen.
Feinbäcker: → Bäcker.
Feind: → Gegner.
feindlich: → gegnerisch.
Feindschaft: → Abneigung.
feindschaftlich: → gegnerisch.
feindselig: → gegnerisch.
Feindseligkeit: → Abneigung.
feinfühlig: → empfindlich.
Feingefühl: → Höflichkeit.
Feinkost: → Leckerbissen.
feinmachen: → schönmachen.
Feinschmecker, Gourmet, Schlemmer, Gourmand, Genießer; → essen.
feist: → dick.
feixen: → lachen.
Fekundation: → Empfängnis.
[1]Feld, Acker, Flur; → Bauer, → Gut, → Rabatte, → Wiese.
[2]Feld: → Gebiet; das F. behaupten → standhalten; aus dem -e schlagen → übertreffen; ins F. führen → erwähnen; zu -e ziehen gegen → hindern.
Feldhase: → Hase.
Feldstecher: → Fernglas.
Fell: → Haut.
feminin: → unmännlich, → weiblich.
Fenn: → Sumpf.
Fenster, Luke · *an Schiffen:* Bullauge.
Fensterladen, Jalousie, Jalousette, Markise, Rolladen, Laden.
Ferien: → Urlaub; F. machen → erholen (sich).
Feriengast: → Urlauber.
Ferkel: → Schwein.
ferkeln: → gebären.
Ferment: → Gärstoff
fern, weit, [himmel]weit entfernt, fernliegend; → abgelegen; **f. sein,** fernab/weitab/weit weg sein, in der Ferne liegen, das ist das nächste Ende von hier *(ugs., scherzh.)*, nicht → nah[e].
fernab: f. sein → fern [sein].
fernbleiben: → kommen.
Ferne: → Entfernung; in der F. [liegen] → fern [sein].
ferner: → auch.
Fernglas, Feldstecher, Operngläs.
fernhalten: → abhalten.
fernliegend: → fern.
Fernschreiben: → Telegramm.

Fernsehen, Television, Fernseher, Mattscheibe *(ugs.)*, Pantoffelkino *(salopp, scherzh.)*, Glotze *(salopp, berlin.)*.
Fernseher: → Fernsehen.
Fernsprecher, Telefon, Quasselstrippe *(salopp)*; **am F. sein,** an der Strippe sein; → anrufen.
Fernweh: → Sehnsucht.
Fersengeld: F. geben → weggehen.
[1]**fertig,** beendet, erledigt, abgeschlossen, ausgeführt; → aktuell, → bereit; **f. sein,** zu Ende sein.
[2]**fertig:** → verfügbar; f. sein → erschöpft [sein]; f. werden mit → bewältigen, → ertragen.
fertigbringen: → verwirklichen.
fertigen: → anfertigen.
Fertigkeit: → Kunstfertigkeit.
fertiglesen: → lesen.
fertigmachen: → bedienen, → besiegen, → schelten, → vollenden.
fertigstellen: → vollenden.
fesch: → geschmackvoll.
fesselnd: → interessant.
[1]**fest,** hart, steinhart, knochenhart, glashart, nicht → schlaff, nicht → weich; → steif; **f. sein,** [fest]kleben, [fest]backen *(landsch.)*, festsitzen, halten, pappen *(ugs.)*, heben *(südd.)*.
[2]**fest:** → firm, → unzugänglich.
Fest, Feier, Festlichkeit, Festivität, Vergnügen, Party, Fete *(ugs.)*, Ringelpietz *(salopp)*.
festbacken: → fest [sein.]
festen: → feiern.
festfahren: etwas ist festgefahren → aufhören.
festhalten: → aufschreiben, → beibehalten, → festigen.
festigen, [be]stärken, [be]kräftigen, stützen, [fest]halten, heben *(südd.)*, steifen, befestigen, festlegen, zementieren; → erziehen. → versprechen.
Festivität: → Fest.
festkleben: → fest [sein].
[1]**festlegen** (jmdn. auf etwas), jmdn. beim Wort nehmen/*(ugs.)* festnageln.
[2]**festlegen:** → festigen.
festlich: → erhaben.
Festlichkeit: → Fest.
Festmahl: → Essen.
festnageln: → festlegen.
festnehmen: → ergreifen.
festsetzen (jmdn.), gefangenhalten, in Arrest/Haft halten, einkerkern, in Gewahrsam nehmen, ins Gefängnis/in den Kerker werfen, einsperren *(ugs.)*, jmdn. in etwas sperren, ins Loch stecken/stoßen *(salopp)*, einlochen *(salopp)*, einbunkern *(salopp)*, einbuchten *(salopp)*; → ausschließen; → Strafanstalt.
festsitzen: → fest [sein].
Festspiel: → Schauspiel.
feststehend: → verbindlich.
feststellen: → bemerken, → erkennen, → finden, → prüfen.
Feststellung: → Diagnose.
Festungshaft: → Freiheitsentzug.
Fete: → Fest.
Fetisch: → Amulett.
fett: → dick.
Fett, Schmalz, Schmer *(landsch.)*, Talg, Speck, Flom[en] *(landsch.)*, Butter, Margarine, Öl.
fetten: → einreiben.
fettleibig: → dick.
Fetus: → Leibesfrucht.
Fetzen: → Flicken.
feucht: → naß.
feuchtwarm: → schwül.
Feudel: → Putzlappen.
feudeln: → säubern.
Feuer: → Begeisterung, → Brand, → Temperament; F. [an]machen → heizen; F. legen/anmachen/machen → anzünden.
feuern: → entlassen, → heizen, → werfen.
Feuersbrunst: → Brand.
Feuerstuhl: → Motorrad.
feurig: → lebhaft.
Fiaker: → Kutsche.
Fichte: → Nadelbaum.
ficken: → koitieren.
fickrig: → aufgeregt.
fidel: → lustig.
fiebrig: → aufgeregt, → krank.
Fiedel: → Streichinstrument.
Figur: → Bild, → Gestalt, → Mensch; keine gute F. machen → bloßstellen.
Figurant: → Schauspieler.
Fiktion: → Einbildung.
fiktiv: → erfunden.
Filiale: → Unternehmen.
Filius: → Sohn.
Film: → Spielfilm.
Filmpalast: → Kino.
Filou: → Schlaukopf.
filzen: → durchsuchen, → schlafen, → wegnehmen.
filzig: → sparsam.
Fimmel: → Spleen.
Finale: → Ende, → Endkampf.
Finanzen: → Vermögen.
finanzieren: → zahlen.
[1]**finden,** stoßen auf, entdecken, sehen, antreffen, auffinden, vorfinden, treffen [auf], begegnen, wiedersehen, jmdm. in die Arme/Beine/über den Weg laufen *(ugs.)*, etwas findet sich an, aufspüren, orten, den Standort bestimmen, ausfindig machen, ausfinden, ausmachen, ermitteln, in Erfahrung bringen, feststellen, herausfinden, herausbekommen, herausbringen *(ugs.)*, herauskriegen *(salopp)*, rauskriegen *(salopp)*, aufstöbern, auftreiben *(ugs.)*, auflesen *(ugs.)*, aufgabeln *(salopp)*, auffischen *(salopp)*; → beschaffen, → erfahren, → erfinden, → fragen, → sehen, → wahrnehmen; → Auskundschafter · Ggs. → suchen.
[2]**finden:** → meinen; sich in etwas f. → ertragen.
findig: → schlau.
Finesse: → Trick.

Finger: lange/krumme Finger machen → wegnehmen.
fingerfertig: → anstellig.
fingern: → bewerkstelligen.
Fingerzeig: → Hinweis.
fingiert: → erfunden.
Finish: → Endkampf.
Finnen: → Hautausschlag.
finster: → dunkel, → unzugänglich.
Finsternis: → Dämmerung.
Finte: → Ausflucht.
firm, sicher, fest, belesen, sattelfest, bewandert, beschlagen.
Firma: → Unternehmen.
Firmament, Himmel, Horizont, Sternenzelt *(dichter.)*; → Luft.
First: → Giebel.
fischen: → fangen.
Fischer: → Angler.
Fisimatenten: → Ausflucht.
fispeln: → flüstern.
fispern: → flüstern.
Fist: → Darmwind.
fit: f. sein → gesund [sein].
fix: → schnell; f. machen → beeilen (sich); -e Idee → Spleen.
fixieren: → ansehen.
Fixum: → Gehalt.
FKK: → Freikörperkultur.
flach: → niedrig, → oberflächlich.
Fläche: → Gebiet.
flachsen: → aufziehen.
flackern: → brennen.
Flagge: → Fahne.
flaggen, hissen, heißen, aufhissen, die Fahne raushängen *(salopp)*; → Fahne.
Flair: → Gefühl.
Flakon: → Flasche.
[1]**Flamme,** Lohe, Stichflamme; → Brand.
[2]**Flamme:** → Geliebte; in -n aufgehen → brennen; in -n aufgehen lassen → verbrennen.
flanieren: → spazierengehen.
[1]**Flasche,** Flakon, Korbflasche, Bouteille, Buddel *(ugs.)*, Pulle *(ugs.)*; → Behälter, → Kanne.
[2]**Flasche:** → Versager.
Flaschenhals: → Behinderung.
Flaschner: → Klempner.
Flat: → Wohnung.
flatterhaft: → untreu.
flattern: → fliegen.
flattieren: → schmeicheln.
Flatulenz: → Blähsucht.
Flatus: → Darmwind.
flau: → abgestanden; jmdm. ist f. [im Magen] → Hunger [haben].
Flaum: → Haar.
Flaute: → Windstille.
Fläz: → Mensch.
fläzen: sich f. → recken (sich).
fläzig: → unhöflich.
Flechte: → Hautausschlag.
Fleck: vom Fleck kommen → vorangehen.
flecken: etwas fleckt → vorangehen.
Flecken: → Hautausschlag.
fleddern: → wegnehmen.
Flegel: → Mensch.
flegelhaft: → unhöflich.
flegelig: → unhöflich.
Flegeljahre: → Pubertät.
flehen: → bitten.
Fleisch: vom -e fallen → schlank [werden].
Fleischbrühe: → Suppe.
Fleischer, Schlachter *(nordd.)*, Schlächter *(nordd.)*, Metzger *(südd., westd.)*, Metzler *(mittelrhein.)*, Selcher *(südostd.)*, Wurster *(südd.)*, Katzoff *(landsch.)*, Fleischhauer *(östr.)*, Fleischhacker *(östr.)*.
Fleischhacker: → Fleischer.
Fleischhauer: → Fleischer.
fleischig: → dick.
Fleischkloß · *gebratener*: [deutsches] Beefsteak, Bulette *(berlin.)*, Frikadelle *(nordd.)*, Bällchen *(westfäl.)*, [Brat]klops *(nordd.)*, Karbonade *(mitteld.)*, Fleischklößchen *(mitteld.)* · *gekochter*: [Königsberger] Klops; → Kloß.
fleischlich: → weltlich.
Fleischsuppe: → Suppe.
[1]**fleißig,** arbeitsam, tüchtig, arbeitswillig, strebsam, eifrig, emsig, rührig, aktiv, unternehmend, unternehmungslustig, tätig, geschäftig, betriebsam, rastlos, unermüdlich, nimmermüde, nicht → faul; → aufgeregt, → lebhaft, → übereifrig, → unaufhörlich, → vollbeschäftigt; → arbeiten.
[2]**fleißig:** f. sein → arbeiten.
flennen: → weinen.
flexibel: → biegsam.
Flic: → Polizist.
flicken: → nähen, → reparieren.
Flicken, Fetzen, Stück, Lumpen, Lappen, Schnipsel *(ugs.)*.
[1]**Fliege,** Mucke *(schwäb.)*, Mücke *(fränk.)* · *große*: Brummer *(ugs.)*, Brumme *(ugs.)*; → Mücke.
[2]**Fliege:** → Krawatte.
[1]**fliegen,** flattern, schweben, segeln, schwirren, gaukeln *(dichter.)*; → gleiten, → fallen.
[2]**fliegen:** → fallen; einen f. lassen → Darmwind [entweichen lassen].
Flieger: → Flugzeug, → Flugzeugführer.
fliehen, die Flucht ergreifen, flüchten, sich retten/in Sicherheit bringen, entfliehen, entweichen, retirieren, ausbrechen, entspringen, entwischen, entschlüpfen, das Hasenpanier ergreifen, jmdm. durch die Lappen gehen *(salopp)*, türmen *(salopp)*, entkommen, entgehen, entrinnen; → ausweichen, → weggehen.
fließen, [heraus]strömen, treiben, schwimmen, wogen, wallen, fluten, branden, [heran]brechen, sich ergießen, [heraus]schießen, [heraus]laufen, [heraus]rinnen, [heraus]quellen, plätschern, gluckern, glucksen, sickern, [heraus]tropfen, tröpfeln, triefen, rieseln, wegfließen, versickern, herausfließen, heraussprudeln, etwas leckt/ist leck/hat ein Leck; → perlen, → schmelzen, → sprudeln, → träufeln; → Fluß.

fließend, geläufig, flüssig; → Flüssigkeit.
flimmern: → leuchten.
flink: → schnell.
Flinse: → Kartoffelpuffer, → Omelett.
Flinte: → Schußwaffe; die F. ins Korn werfen → nachgeben.
Flirt: → Liebelei.
flirten, umwerben, werben/buhlen um, jmdm. den Hof machen, poussieren, liebeln, kokettieren, jmdm. den Kopf verdrehen · *vom Federwild:* balzen; → schmeicheln, → werben; → Liebelei.
Flittchen: → Prostituierte.
Flitzbogen: → Schußwaffe.
flitzen: → fortbewegen (sich).
Flitzer: → Auto.
Floh: Flöhe → Geld.
Flom[en]: → Fett.
Florett: → Stichwaffe.
florieren: → gedeihen.
Florileg[ium]: → Exzerpt.
Floskel: → Redensart.
Flosse: → Gliedmaße.
Flöte: → Blasinstrument.
flöten: → singen.
flott: → schwungvoll.
Flott: → Sahne.
Fluch: → Bann.
fluchen: → schelten.
Flucht: die F. ergreifen → fliehen.
flüchten: → fliehen.
flüchtig: → nachlässig, → vorübergehend.
Flüchtling: → Auswanderer.
Flug: → Herde.
Flügel: → Tasteninstrument.
Flughafen: → Flugplatz.
Flugkapitän: → Flugzeugführer.
Flugkarte: → Fahrkarte.
Flugplatz, Flughafen, Lufthafen, Landeplatz; → Flugzeug, → Flugzeugführer, → Rollbahn.
Flugzeug, Maschine, Flieger *(ugs.)*, Kiste *(salopp)* · *langsames, altes:* Mühle *(salopp)*; → Flugplatz, → Flugzeugführer, → Luftschiff.
Flugzeugführer, Pilot, Flugkapitän, Flieger · *zweiter:* Kopilot; → Flugplatz, → Flugzeug.
Flunkerei: → Lüge.
flunkern: → lügen.
Flur: → Diele, → Feld, → Treppenhaus.
Fluß, Wasserlauf, Strom, Bach, Rinnsal; → Meer, → Pfütze, → See, → Ufer; → fließen.
[1]**flüssig,** dickflüssig, zähflüssig, breiig, schleimig, seimig, sämig (Suppe), geschmolzen, verflüssigt, [auf]getaut; → fließend; → Flüssigkeit.
[2]**flüssig:** → fließend, → zahlungsfähig.
Flüssigkeit, Lösung, Lauge, Tinktur, Sud, Lotion; → Getränk; → fließend, → flüssig.
flüstern, wispern, pispern, pispeln, fispern, fispeln, lispeln, zischeln, zischen, tuscheln, hauchen, murmeln, munkeln, raunen, brummeln, brummen; → mitteilen, → sprechen, → stottern.
Flüsterpropaganda: → Gerücht.
fluten: → fließen.
flutschen: etwas flutscht → vorangehen.
Föderation: → Bund.
fohlen: → gebären.
Fohlen: → Pferd.
Föhn: → Fallwind.
föhnig: → schwül.
Folge: → Erfolg, → Reihenfolge, → Zyklus.
folgen: → gehorchen.
folgendermaßen: → so.
folgenreich: → wichtig.
folgenschwer: → wichtig.
folgerichtig: → planmäßig.
folgern, schließen, urteilen, den Schluß ziehen, ableiten, herleiten; → beurteilen, → denken, → entstammen.
folglich: → also.
folgsam: → artig.
Foliant: → Buch.
Folie: → Hintergrund.
Folklore: → Volkskunde.
foltern: → schikanieren.
Fond: → Hintergrund.
Fonds: → Vorrat.
foppen: → anführen.
forcieren: → verstärken.
Förderer: → Gönner.
förderlich: → nützlich.
fordern: → verlangen.
fördern, begünstigen, protegieren, lancieren, aufbauen, sich verwenden für, befürworten, ein gutes Wort einlegen für; → eintreten (für), → helfen, → steigern, → vermehren, → verstärken; → Gönner, → Helfer, → Steigerung, → Vetternwirtschaft; → nützlich.
Forderung: → Anspruch, → Rechnung.
Forke *(nordd.)*, Mistgabel; → Harke.
[1]**Form,** Zuschnitt, Schnitt, Muster.
[2]**Form:** → Manier; in F. sein → gesund [sein].
Formel: → Redensart.
formell, förmlich, steif; → herkömmlich, → höflich.
formen, gestalten, bilden; → anfertigen, → verbessern.
förmlich: → formell.
formlos: → ungezwungen.
formulieren: → aufschreiben.
Formulierung: → Wortlaut.
Formwort: → Wortart.
forsch: → schnell.
forschen, ergründen, erforschen, eruieren, studieren, sondieren; → ansehen, → prüfen, → zergliedern.
Forscher: → Gelehrter.
Forst: → Wald.
Förster, Forstmann; → Jäger.
Forstmann: → Förster.
fort: → unterwegs, → weg.
fortab: → später.
fortan: → später.
fortbestehen: → andauern.
fortbewegen (sich), gehen, laufen, marschieren, schreiten, wandeln, wallen, stol-

zieren, stelzen, stöckeln, tänzeln, tippeln *(ugs.)*, tappeln *(ugs.)*, trippeln, trotten, zotteln, stak[s]en, stapfen, tappen, waten, stiefeln, latschen, schlurfen, schleichen, watscheln · *schnell:* rennen, springen, spurten, sprinten, eilen, hasten, huschen, jagen, stieben, stürmen, stürzen *(ugs.)*, rasen, sausen, fegen, pesen *(ugs.)*, wetzen *(ugs.)*, flitzen, spritzen *(ugs.)*; die Beine in die Hand nehmen *(ugs.)*; → Boot [fahren], → fahren, → herumtreiben (sich), → hinken, → kommen, → kriechen, → spazierengehen, → weggehen.

fortbringen: → entfernen.

fortdauern: → andauern.

fortdauernd: → unaufhörlich.

fortfahren: → fortsetzen.

fortführen: → fortsetzen.

fortgesetzt: → unaufhörlich.

fortjagen: → vertreiben.

Fortkommen: sein F. finden → werden (etwas).

fortlassen: → aussparen.

fortmachen: sich f. → weggehen.

forträumen: → entfernen.

fortschaffen: → entfernen.

fortschicken: → entlassen.

fortschleichen: sich f. → weggehen.

Fortschritt: -e machen → vorangehen.

fortschrittlich, progressiv, avantgardistisch, vorkämpferisch, zeitgemäß, lebensnah, gegenwartsbezogen, gegenwartsnah, nicht → altmodisch, nicht → rückschrittlich; → modern; → Vorkämpfer.

fortschrittsfeindlich: → rückschrittlich.

fortschrittsgläubig: → zuversichtlich.

fortsetzen, fortfahren, weitermachen, fortführen, weiterführen, dabeibleiben, weiterverfolgen, am Ball bleiben *(ugs.)*, nicht → aufhören.

fortstehlen: sich f. → weggehen.

fortwährend: → unaufhörlich.

Fose: → Prostituierte.

Fotografie: → Bild.

fotografieren, aufnehmen, eine Aufnahme/ein Bild machen, knipsen *(ugs.)*, abnehmen, ein Bild schießen *(salopp)*; → Bild.

Fotze: → Vagina.

Foul: → Regelverstoß.

Frage: → Schwierigkeit; eine F. richten an/stellen/vorlegen/vorbringen, mit -n überschütten → fragen.

[1]fragen, eine Frage richten an/stellen/vorlegen/vorbringen, mit Fragen überschütten, ausfragen, verhören, aushorchen, ausforschen, auf den Busch klopfen *(ugs.)*, ausholen *(ugs.)*, ausquetschen *(salopp)*, ausknautschen *(salopp)*, ausnehmen *(salopp)*, befragen, interviewen, umfragen, herumfragen, eine Umfrage halten/veranstalten, sich erkundigen/informieren/orientieren/unterrichten/ *(ugs.)* umhören/umtun, Erkundigungen einziehen, konsultieren, anfragen, nachfragen; → finden, → prüfen; → Gespräch, → Umfrage · Ggs. → antworten.

[2]fragen: sich f. → denken.

Fragezeichen: → Satzzeichen.

fragil: → zart.

fraglich: → ungewiß.

fraglos: → zweifellos.

fragwürdig: → anrüchig.

Fraktion: → Partei.

Fraktur: F. reden → schelten.

franko: → kostenlos.

Franktireur: → Partisan.

Franse, Quaste, Troddel, Bommel, Puschel, Klunker; → Besatz.

frappant: → außergewöhnlich.

Fraß: → Essen.

fraternisieren: → verbrüdern (sich).

Fratz: → Kind.

Fratze: → Gesicht, → Zerrbild.

[1]Frau, Dame, Fräulein, Weib, Weibchen, Frauenzimmer, alte Schachtel *(salopp, abwertend)*, Vettel *(abwertend)*, Schrippe *(salopp, abwertend, berlin.)*, Schrulle *(salopp, abwertend)*, Weibsbild *(derb)*, Weibstück *(derb)*, das Mensch *(abwertend)*, Person *(abwertend)* · *die noch nicht geboren hat:* Nullipara · *die mehrmals geboren hat:* Multipara; → Ehefrau, → Mädchen, → Mensch · Ggs. → Mann.

[2]Frau: → Ehefrau.

Frauenarzt: → Arzt.

Frauenheld, Frauenliebling, Belami, Beau, Lebemann, Playboy, Suitier, Salonlöwe, Bonvivant, Luftikus, Verführer, Poussierstengel *(ugs.)*, Windhund, Lüstling, Wüstling, Roué, Schürzenjäger, Schwerenöter, Weiberheld *(abwertend)*, Paris, Adonis, Casanova, Don Juan; → Junggeselle, → Mann.

Frauenliebling: → Frauenheld.

Frauenzimmer: → Frau.

Fräulein: → Frau.

fraulich: → weiblich.

frech, keck, vorlaut, vorwitzig, naseweis, altklug, dreist, keß, ungezogen, unartig, ungesittet, unmanierlich, unverfroren, unverschämt, pampig *(salopp)*, ausverschämt, impertinent, frivol, schamlos, kiebig *(landsch.)*, nicht → artig; → anstößig, → gewöhnlich, → mutig, → spöttisch, → unhöflich; → erdreisten (sich).

Frechdachs: → Junge.

frei: → kostenlos, → nackt, → selbständig, → ungezwungen; -e Bahn/Hand haben → selbständig [sein]; auf -en Fuß setzen → freilassen; -e Rhytmhen → Vers.

freien: → heiraten.

Freiersfüße: auf -n gehen → werben.

freigebig, großzügig, generös, nobel, honorig, splendid, gebefreudig, weitherzig, verschwenderisch, verschwendungssüchtig *(abwertend)*, spendabel *(ugs.)*, nicht → sparsam; → entgegenkommend, → üppig; → verschwenden.

freigemacht: → kostenlos.

freigestellt: → freiwillig.

Freiheit: die F. schenken → freilassen.

Freiheitsentzug, Haft, Arrest, Freiheitsstrafe, Gefängnisstrafe, Zuchthausstrafe,

Einschließung, Festungshaft, Sicherungsverwahrung, Zet *(salopp)*; → Strafanstalt; → ergreifen, → festsetzen.
Freiheitsstrafe: → Freiheitsentzug.
freiheraus: → rundheraus.
Freikörperkultur, FKK, Nacktkultur, Nudismus, Naturismus.
freilassen, entlassen, auf freien Fuß setzen, jmdm. die Freiheit schenken/geben, gehen/laufen/springen lassen.
freilich: → ja.
freimütig: → aufrichtig.
Freischärler: → Partisan.
freisetzen: → entlassen.
freisinnig: → aufgeklärt.
freistellen: jmdm. etwas f. → billigen.
Freitag: schwarzer F. → Unglückstag.
Freite: auf die F. gehen → werben.
Freitod: → Selbstmord.
Freitreppe: → Treppe.
Freiübungen: → Sport.
freiweg: → rundheraus.
freiwillig, fakultativ, spontan, von selbst, von sich aus, aus sich heraus, von allein, unaufgefordert, ungeheißen, ohne Aufforderung, aus eigenem Antrieb, aus freiem Willen, aus freien Stücken, etwas ist freigestellt, nicht → verbindlich; → absichtlich.
Freizeit: → Muße.
fremd: → fremdländisch.
Fremde: → Ausland.
Fremdenheim: → Hotel.
Fremder: → Gast.
fremdgehen: → untreu [sein].
fremd[ländisch], wildfremd, unbekannt, ausländisch, exotisch, nicht → bekannt, nicht → einheimisch; → Gast.
Fremdling: → Gast.
frequentieren: → besuchen.
Fresse: → Gesicht; jmdm. die F. polieren → schlagen.
fressen: → essen; zu f. geben → ernähren.
Fressen: → Essen.
Freßwerkzeuge: → Mund.
Freude: → Lust.
Freudenhaus: → Bordell.
Freudenmädchen: → Prostituierte.
Freudenruf: einen F. ausstoßen → schreien.
Freudenschrei: einen F. ausstoßen → schreien.
freudig: → lustig.
freudlos: → schwermütig.
[1]**freuen** (sich), sich erfreuen/ergötzen, genießen, Freude/Wohlgefallen haben/Freude empfinden an, Gefallen finden an, sich delektieren/weiden an, das Herz geht jmdm. auf, etwas nicht erwarten können; → erfreuen, → vergnügen (sich); → Lust, → Zuneigung.
[2]**freuen:** → erfreuen; sich f. → lachen.
[1]**Freund,** [Schul]kamerad, Genosse, Gefährte, Intimus, Vertrauter, Konfident, Busenfreund, Kumpel *(ugs.)*, Gespiele; → Berater, → Freundschaft, → Helfer · Ggs. → Gegner.
[2]**Freund:** → Geliebter; -e sein → duzen; F. und Feind → alle; F. Hein → Tod.
Freundin: → Geliebte.
freundlich: → entgegenkommend.
freundnachbarlich: → freundschaftlich.
Freundschaft, Kameradschaft, Bindung, freundschaftliche Beziehung, Kameraderie, Clique, Klüngel *(abwertend)*; → Bund, → Freund, → Mitgefühl, → Zuneigung; → freundschaftlich.
freundschaftlich, freundnachbarlich, kameradschaftlich, kollegial; → gefällig; → Freundschaft.
Frevel: → Verstoß.
freveln: → sündigen.
Freveltat: → Verstoß.
Friede[n]: → Stille.
friedfertig, verträglich, friedlich; → vertragen (sich); → Gelassenheit, → Übereinstimmung.
Friedhof, Kirchhof, Gottesacker, Totenacker, Gräberfeld, Nekropole, Soldatenfriedhof, Ehrenfriedhof; → sterben.
friedlich: → friedfertig.
Friedrich: F. Wilhelm → Unterschrift.
frieren, frösteln, schaudern, schauern, bibbern *(ugs.)*, schlottern, jmdm. ist kalt, Gänsehaut haben/bekommen; → zittern; → kalt; → Kälte.
Frieseln: → Hautausschlag.
frigid: → gefühlskalt.
Frikadelle: → Fleischkloß.
frisch: → kalt, → neu; -e Luft schnappen → atmen; an die -e Luft setzen → hinauswerfen.
Frische: → Kälte.
frischen: → gebären.
Frischling: → Schwein.
Friseur, Coiffeur, Haarkünstler.
Frisiercreme: → Haarpflegemittel.
Frist, Zeit, Ziel, Zeitpunkt, Termin, Galgenfrist; → Weile, → Zeitraum.
Frisur, Haartracht, Haarschnitt; → Dutt, → Haar; → tönen.
frivol: → frech.
froh: → lustig.
fröhlich: → lustig.
Fröhlichkeit: → Lust.
frohlocken: → schadenfroh [sein].
Frohsinn: → Lust.
[1]**fromm,** kirchlich, religiös, gottesfürchtig, [gott]gläubig, frömmelnd, bigott, strenggläubig, orthodox; **f. sein,** in die Kirche gehen.
[2]**fromm:** → zahm.
frömmelnd: → fromm.
frommen: → nützlich [sein].
Fron: → Tätigkeit.
Front: → Vorderseite.
Frost: → Kälte.
frösteln: → frieren.
frostig: → kalt, → unzugänglich.
frottieren: → reiben.
frotzeln: → aufziehen.
Frucht: → Getreide.
fruchtbar: → nützlich.
Früchte: → Obst.

fruchten: → nützlich [sein].
frugal: → einfach.
[1]**früh,** zeitig, frühzeitig, rechtzeitig, beizeiten, zur rechten Zeit, zur Zeit, nicht → spät; → vorzeitig.
[2]**früh:** → morgens.
Frühdruck: → Inkunabel.
Frühe: in der F. → morgens.
früher: → damals.
Frühjahr, Frühling, Lenz *(dichter.)*.
Frühling: → Frühjahr.
Frühstück: → Essen.
frühzeitig: → früh.
Frustration: → Enttäuschung.
[1]**Fuchs,** Reineke Fuchs.
[2]**Fuchs:** → Pferd, → Schlaukopf.
fuchsen: etwas fuchst jmdn. → ärgern.
fuchsteufelswild: → ärgerlich.
fudeln: → pfuschen, → säubern.
Fuge: → Riß.
fügen: sich f. → nachgeben, → ertragen.
Fügewort: → Wortart.
fügsam: → artig.
Fügung: → Schicksal.
fühlen, empfinden, spüren, verspüren, ergriffen werden von, zu spüren bekommen; → erschüttern, → merken, → überkommen.
Fühlungnahme: → Kontakt.
führen: → begleiten, → Höchstleistung [erzielen], → vorstehen; ins Treffen/Feld f. → erwähnen.
führend: f. sein → Höchstleistung [erzielen].
Führer: → Fahrer, → Oberhaupt, → Ratgeber.
Führerschein: → Ausweis.
Führung: → Regie.
Full-dress: → Anzug.
Fülle: in Hülle und F. → reichlich.
füllen, abfüllen, einfüllen.
Füllen: → Pferd.
füllig: → dick.
fulminant: → meisterhaft.
Fummel: → Kleid.
Fummeltrine: → Homosexueller.
Fundament: → Grundlage.
Fundgrube: → Grundlage.
fundieren: → begründen.
Fundus: → Grundlage.
Funeralien: → Begräbnis.
Funk: → Radio.
funkeln: → leuchten.
funkelnagelneu: → neu.
funken: es hat gefunkt → verstehen.
Funkspruch: → Telegramm.
Funktion: → Aufgabe.
Funktionär: → Beauftragter.
funktionieren, etwas funktioniert/ist in Betrieb/ist angestellt/ *(ugs.)* ist an/arbeitet/ *(ugs.)* geht/läuft [auf vollen Touren], etwas tut es noch/wieder *(ugs.)*; → anstrengen, → arbeiten.
Funzel: → Lampe.
Furcht: → Angst.
furchtbar: → schrecklich.
fürchten: → Angst [haben], → vermuten.
fürchterlich: → schrecklich.
furchtlos: → mutig.
Furchtlosigkeit: → Mut.
furchtsam: → ängstlich.
fürder: → später.
fürderhin: → später.
Furie: → Rachegöttin.
furios: → streitbar.
Furor: → Ärger.
Furore: F. machen → auffallen.
Fürst: → Oberhaupt; F. dieser Welt → Teufel.
Furunkel: → Abszeß.
Fürwort: → Wortart.
Furz: → Darmwind.
furzen: → Darmwind [entweichen lassen].
Fusel: → Alkohol.
füsilieren: → töten.
Fusion: → Bund.
Fuß: → Gliedmaße; immer wieder auf die Füße fallen → Glück [haben]; zu F. kommen → kommen; sich jmdm. zu Füßen werfen → knien.
Fußball, Ball, Leder, Pille *(salopp)* · **F. spielen,** kicken, knödeln *(ugs.)* · *unfair:* holzen, klotzen.
Fußballtor: → Tor.
Fußgängersteig: → Gehsteig.
Fußgängerweg: → Gehsteig.
Fußleiste, Scheuerleiste, Lambrie *(landsch.)*, Lamperie *(südd.)*.
Fußvolk: → Mitläufer.
Fußweg: → Gehsteig.
Fusti: → [Preis]nachlaß.
Futter: → Nahrung.
Futterluke: → Mund.
futtern: → essen.
füttern: → ernähren, → bespannen; die Fische f. → übergeben (sich).

G

Gabe, Geschenk, Präsent, Angebinde, Aufmerksamkeit, Mitbringsel, Almosen; → Beitrag, → Ersatz; → schenken.
Gabelfrühstück: → Essen.
Gaben: → Begabung.
gackern: → krächzen, → lachen.
gaffen: → zuschauen.
Gaffer: → Zuschauer.
Gag: → Einfall.
Gage: → Gehalt.
Gala: → Anzug; sich in G. werfen/schmeißen → schönmachen.
Galan: → Geliebter.
galant: → höflich.

Galgenfrist: → Frist.
Galgenhumor: → Humor.
Galimathias: → Unsinn.
gallebitter: → sauer.
Galoschen: → Schuh.
Gambe: → Streichinstrument.
Gammler, Beatle, Provo, Hippie, Blumenkind; → Vagabund; → herumtreiben (sich).
gang: g. und gäbe sein → üblich [sein].
¹**Gang** (der): → Bergwerk, → Diele, → Essen, → Vorgang; etwas kommt in G. → einspielen (sich).
²**Gang** (die): → Bande.
gangbar: → möglich.
gängig: → üblich.
Gangster: → Verbrecher.
Gangway: → Treppe.
Ganove: → Verbrecher.
Gänsefüßchen: → Satzzeichen.
Gänsehaut: G. haben → frieren.
Gant: → Versteigerung.
Ganymed: → Bedienung.
¹**ganz,** ganz und gar, gänzlich, völlig, vollkommen, lückenlos, vollständig, vollauf, restlos, total, in jeder Hinsicht/Beziehung, über und über, von oben bis unten, voll [und ganz], von Grund auf/aus, überhaupt, schlechterdings, platterdings, schlechtweg, durchaus, geradezu, nachgerade; → A bis Z, → meisterhaft, → schlechthin, → unbedingt, → wirklich; → vervollständigen · Ggs. → unvollständig.
²**ganz:** → heil; g. und gar nicht → nein.
gänzlich: → ganz.
gar: → sehr.
Garage: → Parkhaus.
Garantie: G. leisten/übernehmen → einstehen.
garantieren: → einstehen.
Garaus: den G. machen → töten.
Garçonniere: → Wohnung.
Gardine, Vorhang, Store, Übergardine.
Gardinenpredigt: G. halten → schelten.
garen: → braten.
Garn: ins G. gehen → hereinfallen.
garstig: → böse.
Gärstoff, Hefe, Ferment, Enzym, Katalysator, Zyma.
Garten: → Park; G. Eden → Paradies.
Gartenhaus: → Haus.
Gartenlokal: → Café.
Gashahn: den G. aufdrehen → entleiben.
Gasse: → Straße.
Gassenhauer: → Schlager.
¹**Gast,** Besuch, Besucher, Fremder, Fremdling, Pimock *(rhein., abwertend)*, Ausländer, Staatenloser, Zugereister *(ugs.)*; → Auswanderer; → fremd[ländisch] · Ggs. → Bewohner.
²**Gast:** → Urlauber.
gastfrei, gastfreundlich, gastlich.
gastfreundlich: → gastfrei.
Gastgeber, Wirt, Hausherr.
Gasthaus: → Gaststätte, → Hotel.
Gasthof: → Hotel.
gastlich: → gastfrei.
Gastronom: → Koch.
Gastspielreise: → Reise.
Gaststätte, Lokal, Restaurant, Gasthaus, Gastwirtschaft, Wirtschaft, Wirtshaus, Krug, Bar, Weinstube, Schenke, Bistro, Straußwirtschaft, Stehbierhalle, Taverne, Schwemme *(ugs.)*, Pinte *(schweiz.)*, Kneipe *(salopp)*, Schuppen *(abwertend)*, Destille *(salopp)*, Beize *(landsch.)*, Kretscham *(ostmitteld.)*, Speisehaus, Schnellgaststätte, Schnellbüffet *(östr.)*, Imbißstube, Snackbar *(engl.)* · *nicht gute, üble:* Stampe *(ugs.)*, Bums[lokal] *(ugs., abwertend)*, Kaschemme *(salopp)*, Spelunke *(salopp)* · *mit Tanz:* Tanzlokal, Tanzbar · *im Zug:* Speisewagen · *in der Hochschule:* Mensa · *im Betrieb:* Kantine; → Café, → Hotel, → Wohnung.
Gastwirtschaft: → Gaststätte.
Gatte: → Ehemann.
Gatter: → Zaun.
Gattin: → Ehefrau.
Gattung: → Art.
gaukeln: → fliegen.
Gaul: → Pferd.
Gauner: → Betrüger.
Gazette: → Zeitung.
geachtet: → angesehen.
Geäst: → Dickicht.
gebändigt: → zahm.
Gebärde, Geste, Pantomime, Zeichen; → Hinweis.
gebärden: sich g. → benehmen.
gebären, ein Kind bekommen/ *(ugs.)* kriegen/in die Welt setzen/zur Welt bringen, niederkommen, kreißen, entbinden, eines Kindes genesen, Mutter werden · *von Säugetieren:* hecken, werfen, jungen, Junge bekommen/ *(ugs.)* kriegen, setzen (Haarwild), schütten (Hund, Wolf), [ab]kalben (Kuh), [ab]fohlen (Pferd), [ab]ferkeln (Schwein), frischen (Wildschwein), lammen (Schaf), kitzen (Reh u. a.), welfen (Wolf u. a.) · *von Fischen:* [ab]laichen; → abortieren, → brüten, → koitieren, → schwängern; → geboren, → schwanger; → Fehlgeburt, → Frau, → Geburt.
gebaucht: → gebogen.
Gebäude: → Haus.
gebefreudig: → freigebig.
Gebeine: → Toter.
¹**geben,** [dar]reichen, darbieten, versorgen/versehen/ausrüsten/ausstatten mit, langen *(ugs.)*, verpassen *(salopp)*, nicht → zurückhalten (mit); → abgeben, → bereitstellen, → erwerben, → haben, → pflegen.
²**geben:** → abgeben, → auftischen, → geschehen, → spenden, → veranstalten; sich g. → benehmen (sich); es gibt → existieren; jmdm. eine g. → schlagen; etwas ist jmdm. gegeben → billigen.
Gebet: ins G. nehmen → schelten.
Gebiet, Bereich, Bezirk, Sphäre, Fach, Feld, Fläche, Areal, Raum, Komplex, Sektor, Ressort, Sparte, Branche, Region, Revier, Terrain, Territorium, Zone · *vom eige-*

nen Staatsgebiet eingeschlossenes eines fremden Staates: Enklave · *von fremdem Staatsgebiet eingeschlossenes des eigenen Staates:* Exklave; → Gut, → Stelle; → regional.
gebieten: g. über → beherrschen.
Gebieter: Herr und G. → Ehemann.
gebietsweise: → regional.
gebildet, studiert, gelehrt, kenntnisreich, belesen; → geistreich, → gewandt, → lebensfremd.
Gebiß: → Zahnersatz.
gebogen, krumm, geschwungen, geschweift, halbrund, gekrümmt, verkrümmt, verbogen, gewölbt, bauchig, gebaucht, ausladend, nicht gerade; → rund.
geboren, gebürtig; **g. werden,** zur Welt/auf die Welt kommen, das Licht der Welt erblicken, ankommen; → gebären.
geborgen: → sicher.
Gebot: → Weisung.
geboten: → nötig.
Gebräu: → Getränk.
[1]**Gebrauch,** Verwendung, Anwendung.
[2]**Gebrauch:** → Brauch; in G. kommen → entstehen.
gebrauchen: → anwenden.
gebräuchlich: → üblich.
Gebrauchsanweisung: → Ratgeber.
gebrechen: etwas gebricht jmdm. → mangeln.
Gebrechen: → Krankheit.
gebrechlich: → hinfällig.
Gebrest: → Krankheit.
gebrochen: → mutlos.
Gebühr: → Abgabe.
gebührend: → angemessen.
gebührlich: → angemessen.
[1]**Geburt,** Niederkunft, Entbindung, freudiges Ereignis, Ankunft, Partus · *leichte:* Eutokie; → gebären.
[2]**Geburt:** → Abkunft.
gebürtig: → geboren.
Geburtsland: → Heimat.
Geburtsname, Mädchenname.
Geburtsort: → Heimatort.
Geburtsstadt: → Heimatort.
Geburtstag, Wiegenfest, Ehrentag; **G. haben,** ein Jahr älter werden.
Gebüsch: → Dickicht.
Geck, Laffe, Fant, Stutzer, Zierbengel, Fatzke, eitler Affe, Dandy, Snob, Elegant, Stenz, Lackaffe, Gigerl *(östr.)*; → Angeber.
geckenhaft: → eitel.
gedacht, vorgestellt, gedanklich, ideell.
Gedächtnis, Gedenken, Andenken, Angedenken, Jubiläum, Gedenktag; → Erinnerung; **im G. haben,** im Kopf/gegenwärtig haben, etwas ist jmdm. erinnerlich/gegenwärtig/präsent.
Gedächtnisrede: → Nachruf.
Gedanke: → Einfall; sich -n machen, einem -n nachhängen → denken; sich mit dem -n tragen → vorhaben; kein G. daran → nein.
Gedankenblitz: → Ausspruch.
gedankenlos: → unbesonnen.
Gedankensplitter: → Ausspruch.
Gedankenstrich: → Satzzeichen.
gedankenverloren: → gedankenvoll.
gedankenvoll, nachdenklich, versonnen, vertieft, [in Gedanken] versunken, gedankenverloren, verträumt, träumerisch; → empfindsam, → unrealistisch.
Gedankenwelt: → Gesichtskreis.
gedanklich: → gedacht.
Gedärme: → Eingeweide.
Gedeck: → Essen.
gedeihen, blühen, aufblühen, aufleben, wachsen, florieren; → entstehen; → wieder.
gedeihlich: → nützlich.
gedenken: → erinnern (sich); g. zu tun → vorhaben.
Gedenken: → Gedächtnis.
Gedenktag: → Gedächtnis.
Gedicht, Poem, Vers, Verschen, Lied · *von bestimmter Form:* Ballade, Romanze, Rhapsodie, Dithyrambus, Hymnus, Ode, Elegie, Sonett · *bei dem die Anfangsbuchstaben der Zeilen ein Wort oder einen Satz ergeben:* Akrostichon · *bei dem die an bestimmter Stelle der Zeilenmitten stehenden Buchstaben von oben nach unten gelesen ein Wort oder einen Satz ergeben:* Mesostichon · *bei dem die Endbuchstaben der Zeilen ein Wort oder einen Satz ergeben:* Telestichon; → Dichtung, → Epigramm, → Erzählung, → Schriftsteller, → Versmaß; → dichten.
gediegen, solide, reell; → bleibend.
Gedränge: → Zustrom.
gedrängt: → kurz; dicht g. → voll.
gedrückt: → mutlos.
gedrungen: → untersetzt.
Geduld: → Beharrlichkeit, → Duldung.
gedulden: sich g. → warten.
geduldig: → tolerant.
gedunsen: → aufgedunsen.
geeignet: → erprobt.
gefährlich, gewagt, kritisch, riskant, nicht → ungefährlich; → böse, → ernst.
gefahrlos: → ungefährlich.
Gefährt: → Wagen.
Gefährte: → Freund.
[1]**gefallen,** zusagen, behagen, imponieren, jmdm. sympathisch/angenehm/genehm sein, es jmdm. angetan haben, jmd. liegt jmdm., nicht → unbeliebt [sein]; → lieben, → schmekken.
[2]**gefallen:** sich etwas g. lassen → ertragen.
Gefallen: → Zuneigung.
Gefallener: → Toter.
[1]**gefällig,** hilfsbereit, hilfreich, diensteifrig, eilfertig, dienstfertig, dienstbeflissen, dienstwillig; → bereit, → entgegenkommend, → freundschaftlich, → menschlich.
[2]**gefällig:** → geschmackvoll.
Gefälligkeit: → Höflichkeit.
gefälligst: → tunlichst.
gefallsüchtig: → eitel.
gefälscht: → unecht.
Gefangener, Häftling, Arrestant, Zuchthäusler; → Strafanstalt, → Verbrecher.

gefangenhalten: → festsetzen.
gefangennehmen: → ergreifen.
gefangensitzen: → abbüßen.
Gefängnis: → Strafanstalt.
Gefängnisstrafe: → Freiheitsentzug.
gefärbt, tendenziös; → parteiisch, → planmäßig.
Gefäß: → Behälter.
gefaßt: → ruhig; g. sein/sich g. machen auf → gewärtigen, → vermuten.
Gefaßtheit: → Gelassenheit.
Gefäßverstopfung, Obturation, Embolie, Thrombose, Infarkt; → Venenentzündung.
Gefecht: → Kampf.
gefeit: → widerstandsfähig.
Gefilde: G. der Seligen → Paradies.
geflügelt: -es Wort → Ausspruch.
Geflunker: → Lüge.
Gefolgschaft: → Anhänger.
gefragt: → begehrt.
gefräßig: → unersättlich.
gefressen: g. haben → hassen.
gefüge: → bereit.
Gefüge: → Struktur.
gefügig: → bereit.
[1]**Gefühl,** Empfindung, Empfinden, Spürsinn, Flair, Instinkt, Organ, Gespür, Riecher *(salopp)*; → Ahnung, → Seele; → merken.
[2]**Gefühl:** → Ahnung.
gefühllos: → gefühlskalt, → unbarmherzig.
gefühlsbetont, emotional, affektiv, expressiv, irrational; → empfindsam, → gefühlsmäßig; → Erregung.
gefühlsduselig: → empfindsam.
gefühlskalt, gefühllos, hartherzig, verhärtet · *im Sexuellen:* frigid.
gefühlsmäßig, triebmäßig, eingegeben, intuitiv, instinktiv, nicht → erfahrungsgemäß; → angeboren, → gefühlsbetont.
gefühlsselig: → empfindsam.
gefühlvoll: → empfindsam.
gegeben: → zweckmäßig.
gegebenenfalls: → vielleicht.
Gegebenheit: → Tatsache.
gegen: → ungefähr.
Gegend: → Stelle.
gegengeschlechtlich: → andersgeschlechtlich.
[1]**Gegensatz,** Gegenwort, Antonym, Opposition; → Konkurrenz · Ggs. → synonym.
[2]**Gegensatz:** im G. dazu → aber; in G. stehen zu → kontrastieren.
gegensätzlich, widerspruchsvoll, widersprüchlich, widersprechend, einander ausschließend, paradox, widersinnig, unlogisch, disjunktiv, [diametral] entgegengesetzt, gegenteilig, umgekehrt, oppositionell, dichotomisch, unvereinbar, ungleichartig, disparat, konträr, polar, kontradiktorisch, komplementär, korrelativ, antithetisch, antinomisch, adversativ; → verschieden, → wechselseitig; → aber, → allerlei · Ggs. → gleichen.
gegenseitig: → wechselseitig.
Gegenstand, Ding, Sache, Objekt, Sujet, Thema, Stoff; → Ausspruch.
gegenständlich: → wirklich.
gegenstandslos: → grundlos.
Gegenstück, Pendant, Entsprechung.
Gegenteil: im G. → vielmehr.
gegenteilig: → gegensätzlich.
gegenüber, vis-à-vis.
gegenüberstellen: → vergleichen.
gegenwärtig: → jetzt; g. sein → anwesend [sein]; g. haben, etwas ist jmdm. g. → Gedächnis.
gegenwartsbezogen: → fortschrittlich.
gegenwartsnah: → fortschrittlich.
Gegenwehr: ohne G. → widerstandslos.
Gegenwert: → Ersatz.
Gegenwort: → Gegensatz.
Gegner, Kontrahent, Widersacher, Antagonist, Antipode, Nebenbuhler, Feind, Rivale, Konkurrent, Opponent; → Abneigung, → Kämpfer, → Querulant, → Störenfried; → gegnerisch · Ggs. → Freund.
gegnerisch, feindlich, feindselig, feindschaftlich, animos, haßerfüllt; → Abneigung, → Gegner.
Gegnerschaft: → Konkurrenz.
gehaben: g. Sie sich wohl! → Gruß.
[1]**Gehalt** (das), Lohn, Bezahlung, Vergütung, Entgelt, Salär *(schweiz.)*, Honorar, Verdienst, Rente, Pension, Einkommen, Einkünfte, Bezüge, Einnahmen, Erträge, Rendite, Revenuen, Apanage · *festes:* Fixum · *als Soldat:* Wehrsold, Sold, Löhnung · *als Seemann:* Heuer *als Künstler:* Gage; → Spesen; → zahlen.
[2]**Gehalt** (der): → Bedeutung.
gehalten: g. sein → müssen.
geharnischt, polemisch, scharf, gepfeffert *(ugs.)*, gesalzen *(ugs.)*; → spöttisch.
gehässig: → schadenfroh.
Gehässigkeit: → Bosheit.
Gehäuse: → Tor.
gehbehindert: → lahm.
geheim: → heimlich.
geheimhalten: → schweigen.
geheimnisvoll: → unfaßbar.
Geheimzeichen: → Sinnbild.
Geheiß: → Weisung.
gehemmt: → ängstlich.
gehen: → fortbewegen (sich), → kündigen, → weggehen; g. mit → begleiten, → lieben; g. zu → besuchen; g. müssen → entlassen; gegangen werden → entlassen; etwas geht → funktionieren; in sich g. → bessern (sich); ins Geld g. → teuer [sein]; g. lassen → freilassen.
Gehilfe: → Helfer, → [Handels]gehilfe.
Gehirn, Hirn, Bregen; → Kopf.
Gehirnhautentzündung, Meningitis, Perienzephalitis, Meningoenzephalitis.
Gehöft: → Gut.
Gehölz: → Wald.
Gehör: → Ohr; G. schenken → hören.
gehorchen, gehorsam sein, folgen, nachkommen, Folge leisten, auf jmdn. hören,

parieren *(ugs.)*, kuschen *(ugs.)*, sich ducken *(ugs.)*, nach jmds. Pfeife tanzen *(ugs.)*, spuren *(salopp)*; → achtgeben, → befriedigen; → artig.
gehören: → angehören, → haben.
gehörig: → angemessen.
gehorsam: → artig.
Gehörsinn: → Ohr.
gehörsmäßig: → akustisch.
Gehsteig, Bürgersteig, Gehweg, Fuß[gänger]weg, Fußgängersteig, Trottoir; → Straße.
Gehweg: → Gehsteig.
Geifer: → Speichel.
geifern: → spucken.
Geige: → Streichinstrument.
geil: → begierig.
Geilheit: → Leidenschaft.
Geißel: → Peitsche.
geißeln: → brandmarken.
Geist: → Gespenst, → Vernunft; Vater, Sohn und Heiliger G. → Trinität.
geistesabwesend: → unaufmerksam.
Geistesblitz: → Einfall.
geistesgegenwärtig: → ruhig.
geistesgestört, geisteskrank, wahnsinnig, umnachtet, irr[e], irrsinnig, schwachsinnig, debil, imbezil, idiotisch, dement, verblödet, blöde, verrückt *(salopp)*; → dumm, → überspannt; **g. sein,** sein Gedächtnis verloren haben, spinnen *(salopp)*, nicht bei Trost sein *(ugs.)*, plemplem/bekloppt/meschugge/behämmert/hirnverbrannt/nicht [ganz] dicht (oder:) richtig sein *(salopp)*, einen Vogel (oder:) Stich (oder:) Knall (oder:) Rappel/nicht alle Tassen im Schrank haben *(salopp)*, bei jmdm. rappelt es/piept es/ist eine Schraube locker *(salopp)*, überschnappen *(ugs.)*, den Verstand verlieren, um den Verstand kommen; → Spleen · Ggs. → Vernunft.
geisteskrank: → geistesgestört.
geistesverwandt, ebenbürtig, wesensgleich, kongenial; → übereinstimmend.
geistig: g. zurückgeblieben/minderbemittelt → stumpfsinnig.
geistlich: → sakral; -er Herr → Geistlicher.
Geistlicher, Pfarrer, geistlicher Würdenträger, Pastor, Prediger, Priester, Kleriker, Theologe, Pfaffe *(abwertend)*, Seelsorger, Seelenhirt[e], Pfarrherr, geistlicher Herr, Vikar, Pfarrvikar, Kaplan, Pfarrgeistlicher, Kirchenmann, Gottesmann, Schwarzrock *(abwertend)*, Hochwürden, Ehrwürden · *höherer:* Präses, Bischof, Kardinal; → Dekan, → Oberhaupt.
geistreich, geistvoll, sprühend, spritzig, witzig, schlagfertig; → gebildet, → geziert.
geistvoll: → geistreich.
geizen: → sparen.
geizig: → sparsam.
geknickt: → mutlos.
gekonnt: → fachmännisch.
gekränkt, beleidigt, verletzt, verstimmt, pikiert, verschnupft *(ugs.)*, eingeschnappt *(ugs.)*; → empfindlich; **g. sein,** schmollen, bocken, nicht wollen, die beleidigte/gekränkte Leberwurst spielen *(ugs.)*; → ärgerlich, → unzufrieden; → kränken.
gekreuzigt: der Gekreuzigte → Heiland.
Gekröse: → Eingeweide.
gekrümmt: → gebogen.
gekünstelt: → geziert.
Gelächter: in G. ausbrechen → lachen.
geladen: g. sein → ärgerlich [sein].
gelähmt: → lahm.
gelangen: g. zu → bewältigen, → erwerben.
Gelaß → Raum.
gelassen: → ruhig.
Gelassenheit, Fassung, Gefaßtheit, Haltung, [Selbst]beherrschung, Beherrschtheit, Gleichmut, Ausgeglichenheit, Ruhe, Kontenance, Gleichmaß, Seelenfriede, Besonnenheit; → Übereinstimmung; → friedfertig, → ruhig · Ggs. → Unausgeglichenheit.
geläufig: → fließend.
[1]**Geld,** [Geld]mittel, Kleingeld, Pimperlinge *(ugs.)*, Marie *(ugs.)*, Pinke[pinke] *(ugs.)*, Kies *(salopp)*, Zaster *(salopp)*, Moneten *(salopp)*, Moos *(salopp)*, Penunzen *(salopp)*, Mücken *(salopp)*, Kröten *(salopp)*, Mäuse *(salopp)*, Flöhe *(salopp)*, Lappen *(salopp)*, Pulver *(salopp)*, Eier *(salopp)*, Piepen *(salopp)*, Kohlen *(salopp)* · *falsches:* Falschgeld, Blüte; → Fälschung, → Vermögen, → Zahlungsmittel.
[2]**Geld:** → Vermögen; G. haben, im G. schwimmen → reich [sein]; ins G. gehen/laufen → teuer [sein].
Geldbeutel: → Portemonnaie.
Geldbörse[l]: → Portemonnaie.
Geldentwertung, Abwertung, Inflation; → Einschränkung · Ggs. → Preisanstieg.
Geldgier: → Habgier.
geldgierig: → habgierig.
Geldinstitut, Kreditinstitut, Bank, Sparkasse.
Geldkatze: → Portemonnaie.
Geldschrankknacker: → Dieb.
Geldstrafe: → Strafe.
Geldtasche: → Portemonnaie.
gelegen: → befindlich; g. kommen → passen.
Gelegenheit: → Anlaß, → Chance.
Gelegenheits-: → improvisiert.
Gelegenheitsgedicht: → Scherzgedicht.
gelegentlich: → manchmal.
gelehrt: → gebildet.
Gelehrter, Wissenschaftler, Forscher, Stubengelehrter *(abwertend)*, Studierter, Akademiker; → Fachmann.
geleiten: → begleiten.
Geleitwort: → Vorwort.
gelenkig: → biegsam.
Gelichter: → Abschaum.
Geliebte, Liebchen *(abwertend)*, Liebste, Angebetete, Dulzinea, Flamme *(ugs.)*, Freundin, Verhältnis *(ugs.)*, Mätresse, Kurtisane, Favoritin, Donja, [Stamm]zahn *(salopp)*; → Abgott, → Geliebter, → Liebling, → Prostituierte; → lieben.

Geliebter, Liebhaber, Liebster, Freund, Bekannter, Amant, Verehrer, Anbeter, Kavalier, Galan, Hausfreund, Cicisbeo, ständiger Begleiter, Gspusi *(ugs., scherzh.)*, Scheich *(salopp)*, Verhältnis *(ugs.)*; → Abgott, → Bräutigam, → Geliebte, → Liebling; → lieben.
geliefert: g. sein → abgewirtschaftet.
geliehen: → leihweise.
gelingen, glücken, gutgehen, wunschgemäß verlaufen, nach Wunsch gehen, glatt gehen *(ugs.)*, klappen *(ugs.)*; → erwerben, → können; → Glück, → Erfolg.
gellen: → schallen.
gellend: → laut.
geloben: → versprechen.
gelöst: → ungezwungen.
Gelse: → Mücke.
Geltung: → Ansehen.
Gelübde: → Zusicherung.
Gelüst[e] → Leidenschaft.
gelüsten: es gelüstet jmdn. nach → streben.
Gemach: → Raum.
gemacht: → geziert, → ja.
Gemächt: → Penis.
Gemahl: → Ehemann.
Gemahlin: → Ehefrau.
gemahnen: → mahnen.
Gemälde: → Malerei.
gemäß, laut, nach, entsprechend; → übereinstimmend; → Erlaubnis.
[1]**gemein,** niederträchtig, infam, niedrig, schäbig, schmutzig, feige, schimpflich, schändlich, schmählich, schmachvoll; → anstößig, → böse, → ehrlos, → schadenfroh, → unbarmherzig, → unkameradschaftlich; → Bloßstellung.
[1]**gemein:** → gewöhnlich; sich mit jmdm. g. machen → verbrüdern (sich).
gemeingefährlich: → böse.
gemeinhin: → generell.
Gemeinplatz: → Redensart.
[1]**gemeinsam,** gemeinschaftlich, zusammen, vereint, gesamthaft *(schweiz.)*; → gleichzeitig, → und, → ungefähr.
[2]**gemeinsam:** etwas g. haben → gleichen.
Gemeinschaft: → Mannschaft.
gemeinschaftlich: → gemeinsam.
Gemenge: → Mischung.
gemessen: → ruhig.
Gemetzel: → Blutbad.
Gemisch: → Mischung.
Gemunkel: → Klatsch.
Gemüt: → Seele; sich etwas zu -e führen → essen.
gemütlich, behaglich, wohnlich, heimelig, wohltuend, wohlig, angenehm, anheimelnd, traulich, traut, lauschig, idyllisch; → genießerisch.
Gemütsart: → Wesen.
Gemütsruhe: in aller G. → ruhig.
genannt: → obig.
genant: g. sein → schämen (sich).
genau: → gewissenhaft, → klar.
Genauigkeit: → Sorgfalt.
genauso: → auch.
Gendarm: → Polizist.
genehm: jmdm. g. sein → gefallen.
genehmigen: → billigen; sich einen g. → trinken.
Genehmigung: → Erlaubnis.
geneigt: → bereit, → schräg; jmdm. g. sein → lieben.
Geneigtheit, Gunst, Jovialität, Leutseligkeit.
generalisieren: → verallgemeinern.
Generation, Altersklasse, Jahrgang *jüngere:* Jugend · *ältere:* Alter; → Abkunft, → Menschheit.
generell, im allgemeinen, im großen und ganzen, durchweg, gemeinhin, weithin, weitgehend; → allgemein.
generieren: → erzeugen.
generös: → freigebig.
genesen: → gesund [werden]; eines Kindes g. → gebären.
Genesung: → Wiederherstellung.
genial: → begabt.
Genialität: → Begabung.
Genick: → Nacken.
Genie: → Begabung.
genieren: → behelligen; sich g. → schämen (sich).
genierlich: g. sein → schämen (sich).
genießen: → essen, → freuen (sich).
Genießer: → Feinschmecker.
genießerisch, genüßlich, schwelgerisch; → gemütlich.
Genitalien, Geschlechtsorgane, Schamteile; → Hoden, → Klitoris, → Penis, → Prostata, → Skrotum, → Vagina, → Vulva.
Genosse: → Freund.
genötigt: g. sein, sich g. sehen → müssen.
Genre: → Art.
Gentleman: → Weltmann; -'s Agreement → Abmachung.
gentlemanlike: → ehrenhaft.
genug: → ausreichend; [mehr als] g. → reichlich; g. haben → angeekelt [sein], → satt [sein].
Genüge: G. tun → befriedigen; zur G. → sattsam.
genügen: → ausreichen.
genügend: → ausreichend.
Genus: → Wortart.
Genußmittel: → Lebensmittel.
geöffnet: → offen.
Geographie: → Erdkunde.
Geologie: → Erdkunde.
Gepflogenheit: → Brauch.
genügsam: → bescheiden.
Genügsamkeit: → Bescheidenheit.
genüßlich: → genießerisch.
gepfeffert: → geharnischt.
gepflegt: → geziert.
Geplänkel: → Kampf.
geplättet: g. sein → überrascht [sein].
Geplauder: → Gespräch.
Gepräge: → Wesen.
Gepränge: → Prunk.

Ger: → Wurfwaffe.
gerade: → aufrichtig, → jetzt; nicht g. → gebogen.
geradebiegen: → bereinigen.
geradeheraus: → rundheraus.
gerädert: [wie] g. sein → erschöpft [sein].
geradestehen: g. für → einstehen.
¹geradewegs, schnurstracks; → gleich.
²geradewegs → rundheraus.
geradezu: → ganz, → rundheraus.
Gerät: → Apparat.
¹geraten, werden, ausfallen.
²geraten: g. in → verfallen (in); nach jmdm. g. → gleichen.
Gerätschaft, Werkzeug, Instrument; → Apparat.
geraum: → lange.
geräumig, groß, breit, weit, ausgedehnt, nicht → eng, nicht → klein.
Geraune: → Klatsch.
Geräusch, Klang, Schall, Hall, Ton; → Widerhall; → schallen.
Gerede: → Klatsch; leeres G. → Gewäsch.
gereift: → reif.
gereizt: → aufgeregt.
Geriatrie: → Altersheilkunde.
¹Gericht, Gerichtshof; → Justiz, → Jurist.
²Gericht: → Essen; vors G. gehen → prozessieren.
Gerichtsbarkeit: → Justiz.
Gerichtshof: → Gericht.
gerieben: → schlau.
gerieren: sich g. → benehmen (sich).
gering: → klein; nicht im -sten → nein.
geringachten: → mißachten.
geringfügig: → klein.
geringschätzig: → abschätzig.
gerinnen: → steif [werden].
gerissen: → schlau.
geritzt: ist g. → ja.
gern: → ja; g. haben → lieben; nicht g. gesehen → unerfreulich.
Gerontologie: → Altersforschung.
Gerstensaft: → Bier.
Gerte: → Stock.
gertenschlank: → schlank.
Geruch, Duft, Odeur, Aroma, Arom, Bukett, Wohlgeruch, Gestank *(abwertend)*; → riechen.
Geruchsorgan: → Nase.
Geruchssinn: → Nase.
Gerücht, Ondit, Fama, Sage, Hörensagen, Flüsterpropaganda, Latrinenparole *(derb)*; → Mitteilung, → Propaganda.
geruhig: → ruhig.
gerührt: → bewegt.
geruhsam: → ruhig.
gerundet: → rund.
gesalzen: → geharnischt.
gesamt: → allgemein.
Gesamtdeutschland: → Deutschland.
Gesandter: → Diplomat.
Gesäß, Nates, Hintern *(salopp)*, Hinterteil *(ugs.)*, Allerwertester *(ugs., scherzh.)*, Po[po] *(ugs.)*, Podex *(ugs.)*, Pöker *(ugs.)*, Tokus *(ugs.)*, verlängerter Rücken *(scherzh.)*, Sterz *(ugs.)*, Stert *(ugs., landsch.)*, Posteriora, Kiste *(salopp)*, Stinker *(salopp)*, Arsch *(vulgär)*, Bierarsch *(vulgär)*; → After; → rektal.
gesättigt: → satt.
geschaffen: wie g. → richtig.
¹Geschäft, Handel, Transaktion, Transitgeschäft.
²Geschäft: → Laden; -e machen → verkaufen; sein G. erledigen → austreten.
geschäftig: → fleißig.
Geschäftsmann, Kaufmann, Businessman, Händler, Krämer; → Unternehmer.
Geschäftsträger: → Diplomat.
geschätzt: → angesehen.
¹geschehen, erfolgen, stattfinden, vonstatten gehen, vor sich gehen, eintreten, sich ereignen/zutragen/begeben/abspielen, zustande kommen, vorfallen, vorgehen, passieren, es gibt etwas, etwas unterläuft jmdm.; → begegnen, → eintreffen, → sterben; → Ereignis, → Vorgang.
²geschehen: g. lassen → billigen.
Geschehen: → Ereignis.
Geschehnis: → Ereignis.
gescheit: → klug.
Geschenk: → Gabe.
Geschichte: → Erzählung, → Tradition.
geschichtlich, historisch, diachronisch, entwicklungsgeschichtlich, nicht synchronisch; → herkömmlich · Ggs. → gleichzeitig.
Geschick: → Schicksal.
Geschicklichkeit: → Kunstfertigkeit.
¹geschickt, wendig, agil, beweglich; → gewandt.
²geschickt: → anstellig, → schlau.
geschieden, aufgelöst, getrennt [von Tisch und Bett].
Geschlecht: → Abkunft, → Penis, → Wortart.
geschlechtlich: → sexuell.
Geschlechtsakt: → Koitus.
Geschlechtsorgane: → Genitalien.
geschlechtsreif, heiratsfähig, mannbar, zeugungsfähig, potent; → reif, → volljährig. Ggs. → impotent.
Geschlechtsteil: → Penis.
Geschlechtstrieb: → Leidenschaft.
Geschlechtsverkehr: → Koitus; G. haben → koitieren.
Geschlechtswort: → Wortart.
geschliffen: → gewandt.
Geschlücht: → Abschaum.
¹Geschmack, Aroma, Würze.
²Geschmack: G. finden an → billigen.
geschmacklos, geschmackswidrig, stillos, stilwidrig, kitschig, nicht → geschmackvoll, nicht → hübsch; → abscheulich; → Kitsch.
geschmackswidrig: → geschmacklos.
geschmackvoll, vornehm, nobel, kultiviert, distinguiert, adrett, elegant, schick, apart, fesch, mondän, gut angezogen, schmuck, gefällig, nicht → geschmacklos; → anziehend, → erlesen, → hübsch; → anziehen.

Geschmeide: → Schmuck.
geschmeidig: → biegsam.
Geschmeiß: → Abschaum.
geschmolzen: → flüssig.
Geschöpf, Kreatur, [Lebe]wesen; → Mensch.
Geschoß, Stockwerk, Etage · *zwischen Erdgeschoß und erstem Stock:* Zwischengeschoß, Halbstock *(östr.)*, Mezzanin *(östr.)* · *unter Straßenhöhe:* Kellergeschoß, Souterrain, Basement (im Kaufhaus).
geschraubt: → geziert.
geschützt: → sicher.
Geschwader: → Abteilung.
Geschwätz: → Gewäsch.
geschwätzig: → gesprächig.
geschweift: → gebogen.
geschwind: → schnell.
Geschwindigkeit, Schnelligkeit, Eile, Hast, Tempo, Rasanz, Karacho *(ugs.)*; → eilen; → schnell.
geschwollen: → geziert.
Geschwulst: → Geschwür.
geschwungen: → gebogen.
Geschwür, Magengeschwür, Ulkus, Geschwulst, Myom, Tumor, Zyste, Karzinom, Helkose; → Abszeß, → Krankheit, → Wunde.
gesegnet: -en Leibes sein → schwanger [sein].
Geselle: → [Handels]gehilfe.
gesellig, soziabel, kontaktfähig, kontaktfreudig, umgänglich, extravertiert, nicht → unzugänglich; → entgegenkommend, → menschlich; → Geselligkeit.
Geselligkeit, Soziabilität, Umgänglichkeit; → Nächstenliebe; → gesellig.
Gesellschaft: → Oberschicht; → Öffentlichkeit, → Unternehmen; menschliche G. → Menschheit.
Gesellschafter: → Teilhaber, → Weltmann.
Gesellschaftsanzug: → Anzug.
Gesetz: → Regel, → Weisung.
Gesetzeshüter: → Polizist.
gesetzlich: → rechtmäßig.
Gesetzmäßigkeit: → Regel.
gesetzt: → ruhig.
gesetzwidrig, ungesetzlich, illegitim, illegal, kriminell, unzulässig, unstatthaft, unerlaubt, verboten, nicht → rechtmäßig, nicht → statthaft; → unehelich.
[1]**Gesicht,** Angesicht, Antlitz *(dichter.)*, Physiognomie, Visage *(abwertend)*, Fratze *(abwertend)*, Fresse *(derb, abwertend)*; → Wange.
[2]**Gesicht:** → Augenlicht, → Einbildung; zweites G. → Ahnung.
Gesichtsausdruck: → Mimik.
Gesichtserker: → Nase.
Gesichtsfeld: → Gesichtskreis.
Gesichtskreis, Blickfeld, Gesichtsfeld, Horizont, Gedankenwelt; → Gesichtspunkt.
Gesichtspunkt, Blickpunkt, Blickwinkel, Blickrichtung, Perspektive, Anblick, Aspekt, Betrachtungsweise; → Ansicht, → Argument, → Denkweise, → Gesichtskreis.
gesiebt: -e Luft atmen → abbüßen.
Gesinde: → Personal.
Gesindel: → Abschaum.
Gesinnung: → Denkweise.
Gesinnungslump: → Opportunist.
Gesittung: → Sitte.
Gesocks: → Abschaum.
Gesöff: → Getränk.
gesondert: → einzeln.
gesonnen: → bereit.
gespannt: → aufmerksam.
Gespenst, Geist, Phantom, Erscheinung, Spuk · *nachts:* Nachtmahr; → Einbildung.
Gespiele: → Freund.
Gespött: zum G. machen → bloßstellen.
[1]**Gespräch,** Unterhaltung, Unterredung, Aussprache, Beratschlagung, Interview, Konversation, Dialog, Debatte, Diskussion, Streitgespräch, Diskurs, Erörterung, Verhandlung, Kolloquium, Besprechung, Geplauder, Plauderei · *mit sich selbst:* Selbstgespräch, Monolog; → Rede, → Streit, → Tagung, → Umfrage; → erörtern, → fragen, → unterhalten (sich); → gesprächig.
[2]**Gespräch:** ein G. beginnen → ansprechen.
gesprächig, mitteilsam, redefreudig, redelustig, redselig, geschwätzig *(abwertend)*, quatschig *(salopp, abwertend)*, klatschsüchtig *(abwertend)*, tratschsüchtig *(abwertend)*, schwatzhaft *(abwertend)*; → beredt; → mitteilen; → Gespräch.
gespreizt: → geziert.
Gespritzter: → Wein.
Gespür: → Gefühl.
Gestade: → Ufer.
Gestalt, Figur, Wuchs, Statur, Körper, Korpus *(scherzh.)*, Leib.
gestalten: → formen.
gestaltend: → schöpferisch.
Gestaltung: → Verarbeitung.
Geständnis: → Bekenntnis; ein G. ablegen → gestehen.
Gestank: → Geruch.
gestatten: → billigen.
gestattet: → statthaft.
Geste: → Gebärde.
gestehen, bekennen, einbekennen *(östr.)*, eingestehen, einräumen, zugeben, beichten, eine Beichte ablegen, ein Geständnis ablegen/machen, jmdm. etwas entdecken/eröffnen.
Gesteinskunde, Lithologie, Mineralogie; → Erdkunde.
gestelzt: → geziert.
gestiefelt: g. und gespornt → verfügbar.
gestorben: → tot.
Gesträuch: → Dickicht.
gestreng: → streng.
Gestrüpp: → Dickicht.
Gesuch, Antrag, Eingabe, Petition, Bittschrift, Supplik · *im Parlament:* Motion *(schweiz.)*; → Bitte, → Mitteilung, → Schreiben.
gesucht: → geziert.

gesund, kerngesund, kregel *(landsch.)*, nicht → krank; → bekömmlich, → heil; **g. machen,** heilen, wiederherstellen, [aus]kurieren, in Ordnung/in die Reihe/über den Berg/wieder auf die Beine bringen *(ugs.)*, aufhelfen, retten; → behandeln, → helfen; **g. werden,** genesen, gesunden, sich bessern, auf dem Wege der Besserung sein, sich auf dem Wege der Besserung befinden, aufkommen, wieder auf die Beine/auf den Damm kommen *(ugs.)*, sich aufrappeln *(ugs.)*; → erholen (sich); **g. sein,** wohlauf/ fit / *(ugs.)* mobil/in Form/ *(ugs.)* auf dem Posten sein, jmdm. geht es gesundheitlich gut; → Gesundheit.
gesunden: → gesund [werden].
Gesundheit, Wohlbefinden, Wohlsein, Rüstigkeit, gutes Befinden, Gesundheitszustand; → gesund · Ggs. → Krankheit.
gesundheitlich: jmdm. geht es g. gut → gesund [sein].
Gesundheitszustand: → Gesundheit.
gesundschrumpfen: → verringern.
gesundstoßen: sich g. → verdienen.
Gesundung: → Wiederherstellung.
gesüßt: → süß.
getaut: → flüssig.
Getöse: → Lärm.
Getränk, Trank, Trunk, Drink, Umtrunk, Trinkbares *(ugs.)*, Gebräu, Gesöff *(derb, abwertend)*, Plörre *(salopp, abwertend)*, Plempe *(salopp, abwertend)*, Brühe *(salopp, abwertend)*; → Flüssigkeit, → Kaffee, → Wein; → trinken; → trunksüchtig.
getrauen: sich g. → wagen.
Getreide, Korn, Frucht.
getrennt: → einzeln; g. [von Tisch und Bett] → geschieden.
getreu: → treu.
getreulich: → treu.
getrieben: → lebhaft.
getrost: → zuversichtlich.
Gevatter: G. Tod → Tod.
Gewächs: → Wein.
gewagt: → gefährlich.
gewählt: → geziert.
gewahr: g. werden → wahrnehmen.
gewahren: → wahrnehmen.
gewähren: → billigen.
Gewährenlassen: → Duldung.
gewährleisten, verbürgen, bürgen für.
Gewahrsam: in G. nehmen → festsetzen.
Gewalt: → Fähigkeit; jmdm. G. antun → vergewaltigen; sich in der G. haben → ruhig [bleiben].
Gewaltakt: → Verschwörung.
gewaltig, mächtig, enorm, ungeheuer, kolossal[isch], titanisch, gigantisch, monumental, groß, massiv, schwer, stark, grob; → außergewöhnlich, → böse, → groß, → lebhaft, → sehr, → unsagbar.
gewalttätig: → unbarmherzig.
Gewand: → Kleid.
gewandt, weltgewandt, weltläufig, weltmännisch, urban, geschliffen; → gebildet, → geschickt, → schlau; → Weltmann.
Gewandtheit: → Kunstfertigkeit.
Gewandung: → Kleid.
gewärtig: g. sein → gewärtigen.
gewärtigen, gewärtig sein, gefaßt sein auf; → hoffen, → vermuten.
Gewäsch, Blabla, Geschwätz, leeres Gerede/Stroh, Schmus, Schmonzes *(ugs.)*; → Klatsch.
Gewässer, Wasser; → Meer, → Pfütze, → See.
Gewebe, Gewirk, Stoff, Netz.
geweckt: → aufgeschlossen.
Gewehr: → Schußwaffe.
geweiht: → sakral.
Gewerbe: → Beruf.
Gewerbeschule: → Schule.
gewesen, vergangen, vormalig, ehemalig, verflossen *(ugs.)*; → damals.
Gewicht: G. haben → schwer [sein], → wichtig [sein].
gewieft: → schlau.
gewiegt: → schlau.
gewillt: → bereit.
Gewinn: → Ertrag; G. haben → profitieren.
Gewinnanteil, Dividende, Reingewinn, Tantieme.
gewinnbringend: → einträglich.
gewinnen: → erwerben, → siegen; g. [für] → verleiten; es über sich g. → entschließen (sich).
gewinnend: → hübsch.
Gewinner: → Held.
Gewinnsucht: → Habgier.
gewinnsüchtig: → habgierig.
Gewirk: → Gewebe.
gewiß: → ja, → wahrlich, → zweifellos.
Gewissen: ins G. reden → schelten.
gewissenhaft, genau, gründlich, eigen, minuziös, peinlich, einläßlich *(schweiz.)*; → engherzig.
Gewissenhaftigkeit: → Pflichtbewußtsein.
Gewissenlosigkeit, Skrupellosigkeit, Bedenkenlosigkeit · Ggs. → Schuldgefühl.
Gewissensbisse: → Schuldgefühl.
Gewissensnot: → Schuldgefühl.
gewissermaßen, sozusagen, eigentlich, so gut wie, quasi *(ugs.)*; → schlechthin.
gewittrig: → schwül.
gewitzigt: g. sein → Erfahrung [haben].
gewitzt: → schlau.
gewogen: jmdm. g. sein → lieben.
Gewogenheit: → Zuneigung.
Gewohnheit: → Brauch.
[1]**gewöhnlich,** gemein, unflätig, ausfallend, ordinär, vulgär, pöbelhaft, proletenhaft; → anstößig, → frech, → gemein, → unhöflich.
[2]**gewöhnlich:** → üblich.
gewohnt: → üblich.
Gewölbe, Kuppel, Dom, Wölbung.
gewölbt: → gebogen.
Gewürzwein, Glühwein, Punsch, Bowle, kalte Ente; → Wein.
gezähmt: → zahm.

Gezänk: → Streit.
Gezanke: → Streit.
gezielt: → planmäßig.
geziemend: → angemessen.
geziert, gewählt, gepflegt, gesucht, affektiert, gemacht, unecht, unnatürlich, gespreizt, gestelzt, geschraubt, geschwollen, theatralisch, manieriert, gekünstelt, erkünstelt; → geistreich.
gezwungenermaßen: → verbindlich.
Gezücht: → Abschaum.
gickeln: → lachen.
Giebel, First, Dach[stuhl].
Gieper: → Leidenschaft.
Gier: → Leidenschaft.
gieren: g. [nach] → streben.
gierig: → begierig.
gießen: → schütten, → sprengen; es gießt → regnen.
Gig: → Boot.
gigantisch: → gewaltig.
Gigerl: → Geck.
Gilde: → Zweckverband.
Gipfel: → Höhepunkt.
Gipfelleistung: → Höchstleistung.
Gipfeltreffen: → Tagung.
Gipferl: → Brötchen.
Gipser: → Maler.
Gischt: → Brandung.
Gitarre: → Zupfinstrument.
Gitter: → Zaum.
Glans, Eichel (beim Penis); → Penis, → Vorhaut.
Glanz: → Schein.
glänzen: → leuchten.
glänzend: → meisterhaft.
Glanzleistung: → Höchstleistung.
glanzlos: → matt.
Glanznummer: → Glanzpunkt.
Glanzpunkt, Glanznummer, Glanzstück, Zugstück, Zugnummer, Attraktion, Clou, Schlager; → Höhepunkt, → Köder.
Glanzstück: → Glanzpunkt.
Glas: → Trinkgefäß.
Gläser: → Brille.
gläsern: → stier.
glashart: → fest.
glasig: → stier.
glatt, rutschig, schlüpfrig, glitschig.
[2]**glatt:** g. gehen → gelingen.
Glatteis: aufs G. führen → betrügen.
glätten: → bügeln, → polieren.
glattweg: → rundheraus.
Glatze, Glatzkopf, Kahlkopf, Tonsur, Platte *(ugs.)*, Spielwiese/Landeplatz *(scherzh.)*.
Glatzkopf: → Glatze.
[1]**Glaube,** [Glaubens]bekenntnis, Konfession, Religion; → Glaubensbekenntnis.
[2]**Glaube:** guten -ns → gutgläubig.
[1]**glauben** (jmdm.), sich auf jmdn. verlassen, bauen/zählen auf, rechnen auf/mit, Glauben schenken, vertrauen, trauen, glaubwürdig sein, Vertrauen genießen, jmdm. etwas abnehmen *(salopp)*; → ehrenhaft · Ggs. → verdächtigen.
[2]**glauben:** → meinen.
Glaubensbekenntnis, Kredo; → Glaube.
Glaubenssatz: → Lehre.
glaubhaft: → einleuchtend.
gläubig: → fromm.
glaubwürdig: → verbürgt; g. sein → glauben.
[1]**gleich,** sogleich, sofort, unverzüglich, spornstreichs, ohne Aufschub, alsbald, unmittelbar, auf der Stelle, umgehend, prompt, auf Anhieb *(ugs.)*, postwendend; → erwartungsgemäß, → geradewegs, → schnell.
[2]**gleich:** → übereinstimmend; g. sein → gleichen; jmdm. ist etwas g. → unwichtig [sein].
gleichartig: → übereinstimmend.
gleichbedeutend: → synonym.
gleichbleibend: → unaufhörlich.
gleichen, übereinstimmen, sich decken, entsprechen, gleich sein, ähneln, ähnlich sein/sehen, nach jmdm. kommen/arten/geraten, in die Art schlagen, etwas gemeinsam haben; → harmonieren; → übereinstimmend · Ggs. → gegensätzlich; → Abweichung.
gleichfalls: → auch.
gleichförmig: → langweilig.
gleichgeschlechtlich, eigengeschlechtlich, homosexuell, invertiert, homophil, homoerotisch, schwul *(derb)*, warm *(ugs.)*, anders-/verkehrtherum *(salopp)*, am 17. 5./17. Mai geboren *(ugs.)*, von der anderen Fakultät *(ugs.)* · *von Frauen:* lesbisch, sapphisch, nicht → andersgeschlechtlich; → pervers, → sexuell, → zwittrig; → Homosexueller.
Gleichgewicht: aus dem G. bringen → verwirren.
gleichgültig: → träge; jmdm. ist etwas g. → unwichtig [sein].
Gleichgültigkeit: → Teilnahmslosigkeit.
Gleichmut: → Gelassenheit.
gleichmütig: → ruhig.
Gleichnis: → Sinnbild.
gleichwohl: → dennoch.
gleichzeitig, simultan, zeitgleich, synchron[isch]; → deskriptiv; → und.
gleisnerisch: → unredlich.
gleißen: → leuchten.
gleiten, rutschen, schurren, ausgleiten, ausrutschen, ausglitschen *(ugs.)*, schlittern; → fallen, → fliegen, → schwanken, → stolpern.
Glied: → Mitglied; männliches G. → Penis.
gliedern, aufgliedern, untergliedern, klassifizieren, unterteilen, segmentieren, staffeln, auffächern, differenzieren, [an]ordnen; → einteilen; → Gliederung.
Gliederung, Anordnung, Disposition; → Entwurf; → gliedern.
Gliedmaße (meist Plural), Extremität (meist Plural) · *künstliche:* Prothese · *obere:* Arm · *Teil der oberen:* Hand, Patsche *(Kindersp r.)*, Patschhand *(Kinderspr.)* · *untere:* Bein, Fahrgestell *(salopp, scherzh.)*, Stelze *(salopp, abwertend)*, Haxe *(salopp, abwertend)* · *Teil der unteren:* Fuß, Quadratlat-

schen *(salopp, abwertend)*, Quanten *(salopp, abwertend)* · *bei Tieren:* Flosse (Fisch), Huf (Pferd, Esel), Pfote (Hund, Katze), Klaue (Wiederkäuer, Schwein), Pranke (Löwe), Pratze (Bär), Tatze (Bär).
glimmen: → brennen.
Glimmstengel: → Zigarette.
glitschig: → glatt.
glitzern: → leuchten.
global: → allgemein.
Globetrotter: → Weltreisender.
[1]**Glocke,** Klingel, Schelle, Bimmel, Gong.
[2]**Glocke:** an die große G. hängen → verbreiten.
Glorienschein: → Heiligenschein.
glorifizieren: → loben.
Glorifizierung: → Verherrlichung.
Gloriole: → Heiligenschein.
glorreich: → anerkennenswert.
glosen: → brennen.
Glosse: → Randbemerkung.
Glotze: → Fernsehen.
glotzen: → blicken.
[1]**Glück,** Segen, Heil, Wohl, Glücksfall; → Erfolg; **G. haben,** einen Treffer haben, Schwein/Dusel/Massel haben *(salopp)*, in den Glückstopf gegriffen haben *(ugs.)*, immer wieder auf die Beine/Füße fallen *(ugs.)*; → gelingen.
[2]**Glück:** → Lust; G. wünschen → gratulieren; zum G. → glücklicherweise.
Glucke: → Huhn.
glucken: → brüten, → krächzen.
glücken: → gelingen.
gluckern: → fließen.
glücklich, selig, glückselig, glückstrahlend, zufrieden, erleichtert, heilfroh *(ugs.)*; → erfreulich, → lustig, → unbesorgt.
glücklicherweise, zum Glück, Gott sei Dank!
glucksen: → fließen, → krächzen.
Glücksbringer: → Amulett.
glückselig: → glücklich.
Glückseligkeit: → Lust.
Glücksfall: → Glück.
Glücksgüter: mit -n gesegnet → reich.
Glücksspiel, Spiel, Hasardspiel, Wette, Toto, Lotto, Lotterie, Tombola.
Glückstopf: in den G. gegriffen haben → Glück [haben].
glückstrahlend: → glücklich.
[1]**Glückwunsch,** Gratulation, Beglückwünschung, Segenswünsche.
[2]**Glückwunsch:** Glückwünsche übermitteln → gratulieren.
Glühwein: → Gewürzwein.
glupschen: → blicken.
glühen: → brennen.
Glut: → Begeisterung, → Wärme.
Gnade: → Begnadigung, → Gunst.
gnadenlos: → unbarmherzig.
Gnadenschuß: den G. geben → töten.
Gnadenstoß: den G. geben/versetzen → töten.
gnädig: → gütig.
gnietschig: → sparsam.
Gnom: → Zwerg.
Gnome: → Ausspruch.
Goal: ein G. schießen → Tor [schießen].
Goaler: → Torwart.
Goalkeeper: → Torwart.
Gockel: → Huhn.
Goder: → Doppelkinn.
goldig: → hübsch.
goldrichtig: → richtig.
Gondel: → Boot.
Gong: → Glocke.
gongen: → läuten.
gönnen: nicht g. → neiden.
Gönner, Schützer, Beschützer, Förderer, Mäzen, Schutzherr, Schirmherr, Protektor; → Berater, → Betreuer, → Helfer, → Lehrer; → fördern.
gönnerhaft: → entgegenkommend.
Gör[e]: → Kind.
Gorgo: → Meduse.
Gösch: → Fahne.
Gosche: → Mund.
Gossensprache: → Ausdrucksweise.
[1]**Gott,** Herr, Herrgott, [himmlischer] Vater, Gottvater, Herr Zebaoth, der Allmächtige/Ewige, Jehova, Jahwe, Adonai, Vater im Himmel, der liebe Gott, Schöpfer; → Abgott, → Engel, → Gottheit, → Heiland, → Trinität.
[2]**Gott:** → Schicksal; G. sei Dank! → glücklicherweise; G. zum Gruße! → Gruß; Mutter -es → Madonna; Reich -es → Himmel.
gottbegnadet: → begabt.
Göttergatte: → Ehemann.
gottergeben: → tolerant.
Gottergebenheit: → Unterwürfigkeit.
Gottergebung: → Unterwürfigkeit.
Gottesacker: → Friedhof.
gottesdienstlich: → sakral.
gottesfürchtig: → fromm.
Gotteshaus: → Kirche.
Gotteslästerung: → Beleidigung.
Gottesmann: → Geistlicher.
Gottesmutter: → Madonna.
Gottessohn: → Heiland.
gottgläubig: → fromm.
Gottheit, Numen, höchstes Wesen; → Engel, → Gott, → Trinität.
Gottseibeiuns: → Teufel.
Gottvater: → Gott.
gottverlassen: → abgelegen.
Götze: → Abgott.
Gourmand: → Feinschmecker.
Gourmet: → Feinschmecker.
Gout: → Zuneigung.
goutieren: → billigen.
Gouvernante: → Kindermädchen.
Gouvernement: → Verwaltungsbezirk.
[1]**Grab,** Grube, Gruft, Hügel, Ruhestatt, Ruhestätte, Stelle; → Grabstein.
[2]**Grab:** zu -e tragen → bestatten.
Graben: → Grube.
Gräberfeld: → Friedhof.
Grabesstille: → Stille.
Grabmal: → Grabstein.

Grabstein, Grabmal · *mit Inschrift:* Epitaph; → Denkmal, → Grab.
Grad: → Ausmaß.
Gradation: → Steigerung.
Gram: → Leid.
grämlich: → ärgerlich.
Grandezza: → Vornehmheit.
grandios: → außergewöhnlich.
grantig: → ärgerlich.
Grapefruit: → Pampelmuse.
grapschen: → nehmen.
Gras: → Rasen; ins G. beißen → sterben.
grasen: → essen.
grassieren: → überhandnehmen.
gräßlich: → schrecklich.
gratis: g. [und franko] → kostenlos.
Gratulation: → Glückwunsch.
gratulieren, beglückwünschen, Glück wünschen, Glückwünsche übermitteln/überbringen/darbringen, einem Wunsch Ausdruck verleihen.
[1]**grau** (Haar), meliert, weiß, schlohweiß.
[2]**grau:** → bewölkt, → blaß; g. werden → altern.
grauen: es graut jmdm. → Angst [haben].
Grauen: → Entsetzen.
graulen: sich g. → Angst [haben].
graupeln: → hageln.
grausam: → unbarmherzig.
grausen: es graust jmdm. → Angst [haben].
Grausen: → Entsetzen.
gravid: → schwanger.
gravieren: → eingravieren.
Grazie: → Anmut.
grazil: → schlank.
Greenhorn: → Anfänger.
greifbar: → klar.
greifen: → nehmen; in die Kasse g. → wegnehmen; in die Tasche g. → zahlen; um sich g. → überhandnehmen.
greinen: → weinen.
greis: → alt.
grell: → bunt, → laut.
Gremium: → Ausschuß.
greulich: → abscheulich.
grienen: → lachen.
griesgrämig: → ärgerlich.
Griff, Handgriff, Henkel, Stiel, Schaft, Handhabe, Knauf, Halter, Heft, Helm, Holm; → Pfahl, → Stange, → Stock.
Grille: → Laune.
grillen: → braten.
Grimm: → Ärger.
grimmig: → ärgerlich, → streitbar.
Grind: → Schorf.
grinsen: → lachen.
Grippe, Influenza; → Erkältung.
Grips: → Vernunft.
[1]**grob,** ungefüge, ungattlich *(schweiz.)*.
[2]**grob:** → gewaltig, → unhöflich.
grobschlächtig: → athletisch, → unhöflich.
Grobzeug: → Abschaum.
groggy: g. sein → erschöpft [sein].
grölen: → schreien, → singen.
Groll: → Ärger.
Groom: → Diener.
Groschen: → Vermögen; der G. fällt → erkennen.
[1]**groß,** hoch, hochgewachsen, hochwüchsig, von hohem Wuchs, stattlich, hochaufgeschossen, lang, baumgroß, haushoch, baumlang, riesenhaft, riesig, hünenhaft; → gewaltig, → sehr.
[2]**groß:** → außergewöhnlich, → gewaltig, → geräumig; g. machen → defäkieren; -e Stücke auf jmdn. halten → achten; etwas wird g. geschrieben → wichtig [sein], → selten [sein]; im -en und ganzen → generell.
großartig: → außergewöhnlich.
Großdirn: → Magd.
Größe: → Ausmaß, → Berühmtheit, → Fachmann.
großjährig: → volljährig.
großkotzig: → protzig.
Großmannssucht: → Übertreibung.
Großmaul: → Angeber.
Großmäuligkeit: → Übertreibung.
Großsprecher: → Angeber.
Großsprecherei: → Übertreibung.
großspurig: → protzig.
Großstadt: → Stadt.
Großtuer: → Angeber.
großtun: → übertreiben.
großziehen, aufziehen, hochpäppeln, aufpäppeln; → erziehen.
großzügig: → entgegenkommend, → freigebig.
Großzügigkeit: → Duldsamkeit.
grotesk: → lächerlich.
[1]**Grube,** Loch, Kute *(nordd.)*, Kuhle, Vertiefung, Graben.
[2]**Grube:** → Bergwerk, → Grab; in die/zur G. fahren → sterben.
grübeln: → denken.
Gruft: → Grab.
grün: → jung, → unreif; -e Lunge → Park; -e Witwe sein → allein [sein].
Grund: → Anlaß, → Argument, → Erde; von G. auf/aus → ganz; aus diesem -e → deshalb; im -e → letztlich.
Grundbesitz: → Immobilien.
Grundbirne: → Kartoffel.
gründen, begründen, konstituieren, einrichten, etablieren, errichten, instituieren, stiften.
grundfalsch: → falsch.
grundgütig: → gütig.
Grundlage, Quelle, Vorlage, Original, Bedingung, Voraussetzung, Ursprung, Vorstufe, Ausgangspunkt, Plattform, Unterlage, Unterbau, Fundament, Substrat, Bestand, Mittel, Fundus, Basis, Fundgrube *(ugs.)*; → Anfang, → Anlaß.
gründlich: → gewissenhaft.
grundlos, unbegründet, haltlos, gegenstandslos, wesenlos, hinfällig, unmotiviert, aus der Luft gegriffen; → erfunden, → nutzlos, → unwichtig, → unwirklich.
Grundriß: → Ratgeber.
Grundsatz: → Regel.

Grundsatzerklärung: → Programm.
grundverkehrt: → falsch.
grundverschieden: → verschieden.
Grundzahl: → Wortart.
Grüner: → Polizist.
Grünfläche: → Park.
Grüngürtel: → Vorort.
Gruppe: → Mannschaft, → Partei.
Gruppenarbeit: → Tätigkeit.
Gruppierung: → Lage.
Gruß, Grußformel · *allgemein:* guten Tag!, Gott zum Gruße!, grüß Gott! *(bayr., östr.)*, Servus! *(östr.)*, küß die Hand! *(östr.)*, hallo! *(engl.)*, salut! *(franz.)*, hi! *(amerik.)* · *morgens:* guten Morgen! · *mittags:* Mahlzeit! *(ugs.)* · *abends:* guten Abend! · *bei der Ankunft von Gästen:* herzlich willkommen! · *beim Abschied:* auf Wiedersehen!, gute Nacht!, bis bald!, adieu!, gehaben Sie sich wohl!, gehorsamster/ergebenster Diener!, habe die Ehre! *(östr.)*, mach's gut! *(ugs.)*, tschüs! *(nordd.)*, pfüeti Gott! *(bayr.)*, bye-bye *(engl.)*, cherio *(engl.)*, arrivederci! *(ital.)*, tschau! *(ital.:* ciao), adiós! *(span.)*.
grüßen: → begrüßen; grüß Gott! → Gruß.
Grußformel: → Gruß.
grußlos: → wortlos.
Grütze: → Vernunft.
Gspusi: → Geliebter.
gucken: → blicken.
Guerilla: → Partisan.
Guide: → Ratgeber.
guillotinieren: → töten.
Gummischutzmittel: → Präservativ.
[1]**Gunst,** Gnade, Huld, Auszeichnung, Ehre; → Ansehen, → Begnadigung, → Geneigtheit; → ehrenhaft.
[2]**Gunst:** → Geneigtheit; jmdm. seine G. schenken → koitieren.
Gunstgewerblerin: → Prostituierte.
günstig: → billig, → erfreulich.
Günstling, Favorit, Protegé, Schützling; → Liebling.
Günstlingswirtschaft: → Vetternwirtschaft.
Gurgel: → Hals, → Rachen.
Gurke: → Nase.
gurren: → krächzen.
Gürtel: den G. enger schnallen → sparen.
Guß: → Niederschlag.
Gusto: → Neigung.
gut: → erfreulich, → fachmännisch, → gütig, → ja, → trefflich; -er Dinge sein → lustig; -er Hoffnung sein → schwanger [sein]; jmdm. g. sein → lieben; jmdm. ist nicht g. → krank [sein]; sich g. stehen → reich [sein]; -en Mutes sein → zuversichtlich.
[1]**Gut,** [Guts]hof, Landgut, Bauerngut, Bauernhof, Gehöft, Landwirtschaft, Pachthof, Rittergut, Hurde *(schweiz.)* · *staatliches:* Domäne, Staatsgut · *in Amerika, Afrika:* Farm, Ranch, Pflanzung, Plantage · *in Südamerika:* Hazienda · *in der Sowjetunion:* Kolchose, Sowchos[e]; → Bauer, → Gebiet.
[2]**Gut:** [Hab und] G. → Besitz.
Gutachten: → Expertise.
Gutachter: → Referent.
gutartig, benigne, nicht → böse.
gutgehen: jmdm. geht es gesundheitlich gut → gesund [sein].
gutgläubig, vertrauensselig, vertrauensvoll, guten Glaubens, bona fide; → arglos, → dumm, → zuversichtlich.
Guthaben, Haben, Konto, Kredit · Ggs. → Fehlbetrag, → Mangel.
gutheißen: → billigen.
gutherzig: → gütig.
gütig, grundgütig, herzlich, warmherzig, gut, seelengut, herzensgut, gutherzig, gutmütig, sanftmütig, weichherzig, uneigennützig, selbstlos, neidlos, altruistisch, barmherzig, gnädig, mild, lindernd, nicht → selbstsüchtig; → entgegenkommend, → menschlich, → tolerant, → willensschwach.
gütlich: sich g. tun an → essen.
gutmachen: → einstehen.
gutmütig: → gütig.
Gutschein: → Vergütung.
Gutschrift: → Vergütung.
Gutsel: → Bonbon.
Gutshof: → Gut.
gutwillig: → bereit.
Gymnasiast: → Schüler.
Gymnasium: → Schule.
Gymnastik: → Sport.
Gynäkologe: → Arzt.

H

Haar, Loden, *(salopp, abwertend)*, Schopf, Strähnen, Locken · *zartes, feines von Neugeborenen:* Flaum · *künstliches:* Perücke, Toupet; Haarteil · *beim Tier:* Mähne; → Dutt, → Frisur; → tönen.
Haarkünstler: → Friseur.
Haarpflegemittel · *flüssiges:* Haarwasser, Haarspray · *in Cremeform:* Frisiercreme, Pomade, Brillantine; → tönen.
Haarschnitt: → Frisur.
Haarspalter: → Pedant.
Haarspalterei: → Pedanterie.
haarspalterisch: → spitzfindig.
Haarspray: → Haarpflegemittel.
Haarteil: → Haar.
Haartracht: → Frisur.
Haarwasser: → Haarpflegemittel.
Hab: H. und Gut → Besitz.

Habe: → Besitz; bewegliche H. → Mobiliar.
[1]**haben,** besitzen, in Besitz haben, in jmds. Besitz sein/sich befinden, im Besitz von etwas sein, verfügen über, versehen/ausgestattet/ausgerüstet sein mit, zur Hand/parat/in petto/*(ugs.)* auf Lager/zur Verfügung haben, sein eigen nennen/sein, jmdm. gehören, sein (das ist mir; *ugs., landsch.*), etwas steht jmdm. zur Verfügung; → aufweisen, → erleben, → geben, → innehaben, → wissen; → Besitz, → Besitzer.
[2]**haben:** → beschaffen, → existieren; sich h. → schämen (sich); h. + zu + Infinitiv → müssen; es h. mit/auf → krank [sein]; h. wollen → wünschen; zu h. sein für → aufgeschlossen [sein]; es mit jmdm. h. → lieben.
Haben: → Guthaben.
Habgier, Habsucht, Unersättlichkeit, Raffgier, Gewinnsucht, Geldgier, Pleonexie; → habgierig.
habgierig, habsüchtig, raffgierig, gewinnsüchtig, geldgierig; → sparsam; → Habgier.
habhaft: jmds. h. werden → ergreifen.
habilitieren: sich h. → promovieren.
Habit: → Kleidung.
Habseligkeiten: → Besitz.
Habsucht: → Habgier.
habsüchtig: → habgierig.
Hades: → Hölle.
Hafendamm: → Damm.
Hafner/Häfner: → Keramiker.
Haft: → Freiheitsentzug.
haftbar, [schaden]ersatzpflichtig, haftpflichtig, verantwortlich.
haften: → einstehen.
Häftling: → Gefangener.
haftpflichtig: → haftbar.
Haftung: → Schuld.
hageln, graupeln, schloßen *(landsch.)*; → regnen, → schneien; → Niederschlag.
hager: → schlank.
Hagestolz: → Junggeselle.
Hahn: → Huhn.
Hähnchen: → Huhn.
Hahnrei: zum H. machen → untreu [sein].
Hain: → Wald.
halbamtlich: → amtlich.
halbdunkel: → dunkel.
halber: → wegen.
Halbjahr: → Zeitraum.
halbpart: h. machen → teilen.
Halbrock: → Unterkleid.
halbrund: → gebogen.
halbseiden: → unmännlich.
Halbseidener: → Homosexueller.
Halbstarker: → Jüngling.
Halbstock: → Geschoß.
halbwach: → müde.
halbwegs: → einigermaßen.
Halbwüchsiger: → Jüngling.
Halde: → Abhang.
Hälfte: bessere H. → Ehefrau, → Ehemann.
Hall: → Geräusch.
Halle: → Raum.
hallen: → schallen.
Hallig: → Insel.
hallo: → Gruß.
Hallo: → Aufsehen.
Halluzination: → Einbildung.
Halm: → Stamm.
[1]**Hals,** Gurgel, Kehle; → Nacken.
[2]**Hals:** → Rachen; H. über Kopf → schnell.
halsstarrig: → unzugänglich.
Halsstarrigkeit: → Eigensinn.
haltbar: → bleibend; h. machen → konservieren.
[1]**halten,** stehenbleiben, anhalten, zum Stehen/Stillstand kommen, [ab]bremsen, [ab]stoppen; → anhalten (etwas, jmdn.).
[2]**halten:** → beibehalten, → festigen, → fest [sein], → parken, → veranstalten; an sich h. → ruhig [bleiben]; h. für/von, → beurteilen; etwas Verderbliches hält sich nicht → faulen.
Halter: → Griff.
haltlos: → grundlos, → willensschwach.
Haltung: → Gelassenheit, → Stellung.
Halunke: → Schuft.
hämisch: → schadenfroh.
Hammel: → Schaf.
hamstern: → aufbewahren.
Hand: → Gliedmaße, → Handschrift; H. an sich legen → entleiben; die H. geben/reichen/schütteln, → begrüßen; die H. darauf geben → versprechen; sich die Hände reiben → schadenfroh [sein]; zur/an die H. gehen, H. anlegen → helfen; zur H. haben → haben; freie H. haben → selbständig.
Handbuch: → Ratgeber, → Verzeichnis.
Handel: → Geschäft; H. treiben → verkaufen.
[1]**handeln,** herunterhandeln, den Preis [herunter]drücken, markten, feilschen *(abwertend)*, schachern *(abwertend)*; → kaufen, → verkaufen.
[2]**handeln:** h. mit → verkaufen; es handelt sich um → beziehen (sich).
Handelsbeziehung: in H. stehen → verkaufen.
[**Handels**]**gehilfe,** Kommis, Verkäufer, Clerk, Geselle, Lehrling, Stift *(ugs.)*, Ladenschwengel *(abwertend)*; → Arbeitnehmer.
Handelsgesellschaft: → Unternehmen.
handfest: → klar.
Handgeld: H. geben → bestechen.
Handgelenk: aus dem H. → improvisiert.
handgemein: h. werden → schlagen.
Handgemenge: → Streit.
Handgreiflichkeit: → Streit.
Handgriff: → Griff.
Handhabe: → Griff.
handhaben, praktizieren, ausüben; → verwirklichen.
Handhabung, Technik, Manipulation, Manöver, Operation, Prozedur, Behandlungsweise; → Kunstfertigkeit, → Strategie, → Verfahren.
Handharmonika: → Tasteninstrument.
Handicap: → Behinderung.
Händler: → Geschäftsmann.
handlich: → zweckmäßig.

Handlung: → Tat.
[1]**Handschrift,** Schrift, Hand, Klaue *(salopp, abwertend)*, Pfote *(salopp, abwertend)*.
[2]**Handschrift:** → Skript.
Handumdrehen: im H. → schnell.
Handwagen: → Wagen.
handwarm: → warm.
Handwerk: → Beruf; jmdm. das H. legen → hindern; jmdm. ins H. pfuschen → Konkurrenz [machen].
Handwerkszeug: → Rüstzeug.
Handzeichen: → Unterschrift.
Hang: → Abhang, → Neigung.
[1]**hängen,** baumeln *(ugs.)*, bammeln *(salopp)*; → schwanken, → schwingen.
[2]**hängen:** → töten; an jmdm. h. → lieben.
Hänger: → Mantel.
hängig: → unerledigt.
hänseln: → aufziehen.
Hanswurst: → Harlekin.
hantieren: → arbeiten.
Happy-End: mit einem H. enden → heiraten.
Häretiker: → Ketzer.
häretisch: → ketzerisch.
Harfe: → Zupfinstrument.
Harke *(nordd.)*, Rechen *(südd.)*; → Forke.
Harlekin, Pierrot, Clown, Hanswurst.
Harm: → Leid.
Harmattan: → Wind.
harmlos: → arglos, → ungefährlich.
Harmonie: → Heiterkeit, → Übereinstimmung.
harmonieren, [zusammen]passen, [zusammen]stimmen, sitzen *(ugs.)*; → gleichen, → kleiden, → stimmen; **nicht h.,** etwas beißt sich/*(ugs.)* paßt wie die Faust aufs Auge.
harmonisieren: → anpassen.
Harmonium: → Tasteninstrument.
Harn: → Urin.
harnen: → urinieren.
Harpune: → Wurfwaffe.
harren: → hoffen, → warten.
hart: → fest, → streng.
hartherzig: → gefühlskalt.
hartleibig: → sparsam.
hartnäckig: → beharrlich.
Hartnäckigkeit: → Eigensinn.
Haruspex: → Wahrsager.
Hasardspiel: → Glücksspiel.
haschen: → fangen.
Häscher: → Verfolger.
Hase, Feldhase, Osterhase, Mümmelmann, Meister Lampe.
hasenfüßig: → feige.
Hasenherz: → Feigling.
hasenherzig: → feige.
Hasenpanier: das H. ergreifen → fliehen.
Haß: → Abneigung.
hassen, nicht leiden können/mögen, nicht mögen, nicht ausstehen können, nicht verknusen können *(ugs.)*, nicht verputzen können *(ugs.)*, nicht riechen können *(salopp)*, gefressen haben *(salopp)*, im Magen haben *(ugs.)*, nicht → lieben, nicht → ertragen; → Abneigung.
haßerfüllt: → gegnerisch.
häßlich: → abscheulich.
Hast: → Geschwindigkeit.
hasten: → fortbewegen (sich).
hastig: → schnell.
Haube: unter die H. kommen → heiraten.
Hauch: → Nuance, → Wind.
hauchen: → blasen, → flüstern.
Haudegen: → Kämpfer.
hauen: → einhauen, → schlagen.
Hauer: → Schwein.
Haufen: → Abteilung.
häufen: sich h. → überhandnehmen.
haufenweise: → reichlich.
häufig: → oft.
Haupt: → Kopf.
Häuptling: → Oberhaupt.
Hauptsaison: → Saison.
Hauptschule: → Schule.
Hauptstadt: → Stadt.
Haupt- und Staatsaktion: → Schauspiel.
Hauptwort: → Wortart.
Hauptzeit: → Saison.
[1]**Haus,** Gebäude, Anwesen, Heimwesen *(schweiz.)*, Bau, Bauwerk, Baulichkeit, Wohnhaus, Mietshaus, Renditenhaus *(schweiz.)*, Mietskaserne *(abwertend)*, Einfamilienhaus, Eigenheim, Villa, Bungalow, Landhaus, Wochenendhaus, Chalet, Datscha, Gartenhaus, Laube, Pavillon, Kasten *(ugs., abwertend)* · *hohes:* Hochhaus, Wolkenkratzer, Turmhaus · *kleines, einfaches:* Hütte, Kate, Baude, Blockhaus, Schuppen, Verschlag, Remise, [Bretter]bude *(salopp, abwertend)*, Baracke, Nissenhütte, Behelfsheim; → Scheune, → Schloß.
[2]**Haus:** nach -e kommen → zurückkommen; zu -e → Privatleben; nicht zu -e sein → abwesend [sein].
Hausangestellte, [Dienst]mädchen, Haushälterin, Wirtschafterin, Haushilfe, Hausgehilfin, Bedienerin *(östr.)*, Stütze, Perle, dienstbarer Geist, Minna, Donna, Dienstspritze *(abwertend)*, Dienstbolzen *(abwertend)*, Trampel *(abwertend)*.
Hausarzt: → Arzt.
hausbacken: → langweilig.
Hausbesitzer → Hauswirt.
Häuschen: → Toilette.
Hausdiener: → Diener.
Hauseigentümer: → Hauswirt.
hausen: → weilen.
Hausflur: → Treppenhaus.
Hausfreund: → Geliebter.
Hausgehilfin: → Hausangestellte.
Hausgeister: → Hausgötter.
Hausgötter, Hausgeister, Penaten, Laren, Manen.
Haushalt, Hausstand, Hauswesen, Haushaltung, Wirtschaft.
haushalten: → sparen.
Haushälterin: → Hausangestellte.
haushälterisch: → sparsam.

Hausherr: → Gastgeber, → Hauswirt.
Haushilfe: → Hausangestellte.
haushoch: → groß.
Häuslichkeit: in seiner H. → Privatleben.
Hausmeister, Hauswart, Portier, Abwart *(schweiz.)* · *in der Schule:* Pedell; → Hauswirt.
Hausrat: → Mobiliar.
Hausschuh: → Schuh.
Hausse: → Aufschwung.
Hausstand: → Haushalt.
Haustyrann: → Ehemann.
Hauswart: → Hausmeister.
Hauswesen: → Haushalt.
Hauswirt, Hausbesitzer, Hauseigentümer, Hausherr *(südd.)*, Vermieter, Bauherr; → Hausmeister.
Haut, Fell, Pelz, Decke, Balg; → Schale.
Hautarzt: → Arzt.
[Haut]ausschlag, Exanthem, Eruption, Effloreszenz, Quaddel, Urtika, Pustel, Impetigo, Ekthym, Pickel, Akne, Bläschen, Herpes, Papel, Papula, Flecken, Miliaria, Frieseln, Flechte, Pilz, Finnen, Blattern, Pocken, Variola, Ekzem · *im Munde:* Aphthe; → Abszeß, → Schorf.
häuten: → abziehen.
Hautevolee: → Oberschicht.
Haxe: → Gliedmaße.
Hazienda: → Gut.
Headline: → Schlagzeile.
Hearing: → Verhör.
Hebe: → Bedienung.
[1]**heben,** erheben, hochheben, lüften, lüpfen.
[2]**heben:** → festigen, → fest [sein], → kassieren, → steigen; einen h. → trinken.
hecheln: → atmen.
Hecht: → Rauch.
hechten: → springen.
Hecke: → Zaun.
hecken: → brüten, → gebären.
Heckenschütze: → Partisan.
Heeresdienst: den H. leisten → Soldat.
Heerführer: → Befehlshaber.
Heerschar: himmlische -en → Engel.
Hefe: → Abschaum, → Gärstoff.
Heft: → Griff.
heftig: → lebhaft.
Heftigkeit: → Ungeduld.
Hegemonie: → Vorherrschaft.
hehr: → erhaben.
Heidelbeere: → Blaubeere.
Heidenangst: H. haben → Angst [haben].
heikel: → schwierig, → wählerisch.
[1]**heil,** ganz, unbeschädigt, unverletzt, unversehrt, nicht → defekt; **h. sein,** in Ordnung/ *(ugs.)* in Schuß sein; → gesund.
[2]**heil:** aus -er Haut → plötzlich.
Heil: → Glück.
Heiland, Gottessohn, Menschensohn, Sohn Davids, Jesus [Christus], Christus, Messias, Erlöser, Nazarener, der Gekreuzigte, Schmerzensmann, der gute Hirte, König der Juden; → Gott, → Gottheit, → Madonna, → Trinität.
Heilanstalt: → Krankenhaus.
heilen: → gesund [machen].
heilfroh: → glücklich.
heilig: → sakral; Heilige Schrift → Bibel.
Heiligenschein, Glorienschein, Gloriole, Aureole, Mandorla; → Verherrlichung.
Heilkundiger: → Arzt.
Heilmittel: → Medikament.
Heilpraktiker: → Arzt.
Heilquellenkunde: → Bäderkunde.
heilsam: → nützlich.
Heilstätte: → Krankenhaus.
Heim: → Wohnung.
Heimat, Geburtsland, [Herkunfts]land, Ursprungsland, Heimatland, Inland, Vaterland; → Begeisterung, → Heimatort, → Nationalismus, → Patriot; → national · Ggs. → Ausland.
Heimatland: → Heimat.
Heimatliebe: → Zuneigung.
Heimatort, Heimatstadt, Geburtsort, Geburtsstadt; → Heimat.
Heimatstadt: → Heimatort.
Heimatvertriebener: → Auswanderer.
heimelig: → gemütlich.
heimführen: → heiraten.
Heimgang: → Exitus.
Heimgegangener: → Toter.
heimgehen: → sterben.
heimholen: der Tod holte heim → sterben.
Heimkehr: → Rückkehr.
heimkehren: → zurückkommen; nicht h. → sterben.
heimlich, im geheimen, geheim, insgeheim, im stillen, unbemerkt, latent, verstohlen, klammheimlich *(ugs.)*; → unaufrichtig, → Verschwiegenheit.
Heimreise: → Rückkehr.
Heimtücke: → Arglist.
heimtückisch: → böse, → unaufrichtig.
Heimweh: → Sehnsucht.
Heimwesen: → Haus.
heimzahlen: → bestrafen.
Hein: Freund H. → Tod.
Heinzelmännchen: → Zwerg.
Heirat: → Ehe.
heiraten, sich verheiraten/verehelichen/ vermählen/ *(scherzh.)* beweiben, ehelichen, freien, heimführen, unter die Haube kommen *(ugs.)*, in den Ehestand treten, eine Ehe eingehen/schließen, in dem Hafen der Ehe landen, in den Hafen der Ehe einlaufen, den Bund fürs Leben schließen, Hochzeit machen/ halten/feiern, sich trauen lassen, getraut werden, in den heiligen Stand der Ehe treten, zum Altar führen, die Ringe tauschen/wechseln, sich eine Frau/einen Mann nehmen, sich kriegen *(salopp)*, sich in das Ehejoch beugen *(scherzh.)*, mit einem Happy-End enden; → werben; → Ehe, → Vermählung.
Heiratsantrag: einen H. machen → werben.
heiratsfähig: → geschlechtsreif.
Heiratsgut: → Aussteuer.
Heiratsschwindler: → Betrüger.
heischen: → verlangen.

heiß: → sprengend, → warm.
heißblütig: → lebhaft.
heißen: → bedeuten, → flaggen, → schelten; jmdn. etwas h. → anordnen.
Heißhunger: → Hunger.
[1]**heiter,** sonnig, wolkenlos, nicht → bewölkt; → hell · Ggs. → schattig.
[2]**heiter:** → lustig; aus -em Himmel → plötzlich.
Heiterkeit, Behagen, Wohlbehagen, gute Laune, Zufriedenheit, Harmonie, Weisheit; → Erfahrung, → Gelassenheit, → Lust; → ruhig · Ggs. → schwermütig.
heizen, anheizen, Feuer [an]machen, einheizen, beheizen, wärmen, warm machen, feuern; → anzünden.
hektisch: → aufgeregt.
Held, Heros, Sieger, Gewinner; → Kämpfer, → Soldat; → mutig.
heldenhaft: → mutig.
heldenmütig: → mutig.
Heldentod: den H. sterben → sterben.
[1]**helfen,** beistehen, Beistand leisten, zur Seite stehen, unterstützen, zur/an die Hand gehen, Hand anlegen, mithelfen, assistieren, vertreten, einspringen, zupacken *(ugs.)*, behilflich sein, Hilfe leisten/bringen, sekundieren, zu Hilfe kommen/eilen, Schützenhilfe leisten, unter die Arme greifen *(ugs.)*; → behüten, → eingreifen, → eintreten (für), → fördern, → gesund [machen], → pflegen; → Berater, → Betreuer, → Helfer, → Unfallwagen.
[2]**helfen:** → nützlich [sein].
Helfer, Gehilfe, Beistand, Assistent, Adjutant, Adlatus, Adept, Famulus, Sekundant; → Anhänger, → Berater, → Betreuer, → Diener, → Fachmann, → Freund, → Gönner, → Stellvertreter; → fördern, → helfen; → entgegenkommend.
Helfershelfer: → Komplice.
Helikon: → Blasinstrument.
Helkose: → Geschwür.
hell, licht, klar, nicht → dunkel; → heiter.
helle: → schlau.
hellhörig: → wachsam.
Hellseher: → Wahrsager.
hellwach: → wach.
Helm: → Griff, → Kopfbedeckung.
Hemdenmatz: → Kind.
hemdsärmelig: → ungezwungen.
Hemisphäre: die westliche H. → Amerika.
hemmen: → hindern.
hemmend: → hinderlich.
Hemmschuh: → Behinderung.
Hemmung: → Behinderung; -en → Angst.
hemmungslos, zügellos, ungezügelt, unkontrolliert; → triebhaft, → ungezwungen; h. sein, ohne Maß und Ziel sein.
Hengst: → Pferd.
Henkel: → Griff.
henken: → töten.
Henne: → Huhn.
herablassen: sich h. → entgegenkommen (jmdm.).
herablassend: → dünkelhaft.
herabmindern: → verringern.
herabsetzen: → verleumden, → verringern.
Herabsetzung: → Nichtachtung.
herabwürdigen: → verleumden.
Heraldik: Wappenkunde.
heranbrechen: → fließen.
herankommen: → kommen.
heranmachen: sich an jmdn. h. → nähern.
Heranwachsender: → Jüngling.
heraufbeschwören: → verursachen.
heraus, hervor, hinaus.
herausbekommen: → finden.
herausbringen: → edieren, → finden.
herausfinden: → finden.
herausfließen: → fließen.
herausfordern: → verursachen.
herausfordernd: → streitbar.
Herausforderung, Provokation, Brüskierung; → Einspruch.
herausfüttern: → ernähren.
herausgeben: → edieren; nicht h. → zurückhalten (mit).
heraushalten: sich h. → teilnehmen.
heraushängen: etwas hängt jmdm. zum Hals heraus → angeekelt [sein].
herausholen: → erwirken.
herauskommen: → einträglich [sein], → entstehen, → herumsprechen (sich).
herauskriegen: → finden.
herauslaufen: → fließen.
herausnehmen: → entnehmen.
herausplatzen: → lachen.
herausputzen: → schönmachen.
herausquellen: → fließen.
herausreißen, ausreißen, ausraufen, [her]ausrupfen, auszupfen.
herausrinnen: → fließen.
herausrücken: nicht h. → zurückhalten (mit).
herausrupfen: → herausreißen.
herausrutschen: etwas rutscht jmdm. heraus → mitteilen.
herausschauen: → einträglich [sein].
herausschießen: → fließen.
herausschinden: → erwirken.
herausschlagen: → erwirken.
herausspringen: → einträglich [sein].
heraussprudeln: → fließen.
herausstellen: → betonen; sich h. → offenbar [werden]; sich h. als → erweisen (sich als).
herausströmen: → fließen.
heraussuchen: → auswählen.
heraustropfen: → fließen.
herauswachsen: etwas wächst jmdm. zum Hals heraus → angeekelt [sein].
herb: → sauer.
herbeiführen: → verursachen.
herbeilassen: sich h. → entgegenkommen.
herbeischaffen: → beschaffen.
Herberge: → Wohnung.
Herde, Rudel (Hirsche, Wölfe), Meute, Schwarm, Schar (Fasane, Wildgänse u. a.), Koppel (Hunde), Sprung (Rehe), Rotte (Sauen), Zug (Schnepfen), Kette (Fasane,

Wildgänse), Kompanie (Rebhühner), Flug (Wildtauben); → Abteilung, → Mannschaft, → Menge.
hereditär: → angeboren.
hereinfallen, auf den Leim gehen/kriechen *(ugs.)*, in die Falle gehen, ins Garn/Netz gehen, hereinfliegen *(salopp)*, den kürzeren ziehen, der Dumme sein.
hereinfliegen: → hereinfallen.
hereinkommen: → betreten.
hereinlegen: → betrügen.
hereinschauen: → besuchen.
hereinspazieren: → betreten.
hereintreten: → betreten.
Hergang: → Vorgang.
hergeben: → schenken; jmdn. h. müssen → sterben.
hergebracht: → herkömmlich.
herhalten: h. müssen → einstehen.
Herkommen: → Abkunft.
herkömmlich [alt]hergebracht, überliefert, überkommen, traditionell, konventionell; → formell, → geschichtlich, → überlebt, → üblich; → Tradition.
herkulisch: → athletisch.
Herkunft: → Abkunft.
Herkunftsland: → Heimat.
herleiten: → folgen; sich h. → entstammen.
Hermeneutik: → Auslegung.
hernach: → hinterher.
Heroine: → Schauspielerin.
heroisch: → mutig.
Heros: → Held.
Herpes: → Hautausschlag.
Herr: → Mann; H. [Zebaoth] → Gott; H. der Schöpfung → Mensch; einer Sache H. werden → beikommen; H. sein über sich → ruhig [bleiben].
herreden: hinter jmdm. h. → verleumden.
Herrgott: → Gott.
Herrschaft, Regierung, Regentschaft, Regime · *allein vom König ausgeübte:* Monarchie · *unumschränkte eines Monarchen:* Absolutismus · *unumschränkte eines Herrschers:* Autokratie · *unumschränkte, gewaltsam ausgeübte:* Diktatur · *die allein religiös legitimiert wird:* Theokratie · *der Priester:* Hierokratie · *einer kleinen Gruppe:* Oligarchie · *der Reichen:* Plutokratie · *des Adels:* Aristokratie · *des Volkes:* Demokratie, Volksdemokratie · *des Pöbels:* Ochlokratie; → Oberhaupt, → Unfreiheit; **zur H. kommen,** zur Herrschaft gelangen, an die Macht kommen/gelangen, ans Ruder kommen *(ugs.)*.
herrschen: h. über → beherrschen.
Herrscher: → Oberhaupt.
herrühren: → entstammen.
hersagen: → sprechen.
herschenken: → schenken.
herstellen: → anfertigen.
Hersteller: → Unternehmer.
herumdoktern: → behandeln.
herumerzählen: → verbreiten.
herumfragen: → fragen.
herumkommen, etwas von der Welt sehen, sich den Wind um die Nase wehen lassen.
herumkriegen: → überreden.
herumkritteln: → beanstanden.
herumkutschieren: → fahren.
herumlaufen: → herumtreiben (sich).
herummäkeln: → beanstanden.
herumnörgeln: → beanstanden.
herumraten: → denken.
herumrätseln: → denken.
herumscharwenzeln: h. um → unterwürfig [sein].
herumschnüffeln: → neugierig [sein].
herumschwänzeln: h. um → unterwürfig [sein].
herumsprechen (sich), sich verbreiten, bekannt/ruchbar/entdeckt werden, durchsickern, durchdringen, aufkommen, herauskommen, ans Licht kommen, an die Öffentlichkeit dringen.
herumstreichen: → herumtreiben (sich).
herumstreifen: → herumtreiben (sich).
herumstreunen: → herumtreiben (sich).
herumstrolchen: → herumtreiben (sich).
herumstromern: → herumtreiben (sich).
herumtragen: → verbreiten.
herumtreiben (sich), herumziehen, herumlaufen, herumstreifen, umherstreifen, umherschweifen, herumstreichen, herumstrolchen, herumstromern, herumstreunen, [herum]vagabundieren, [herum]zigeunern; → fortbewegen (sich); → Gammler.
herumvagabundieren: → herumtreiben (sich).
herumziehen: → herumtreiben (sich).
herumzigeunern: → herumtreiben (sich).
herunterdrücken: den Preis h. → handeln.
heruntergekommen: → abgewirtschaftet.
herunterhandeln: → handeln.
herunterhauen: jmdm. eine h. → schlagen.
herunterkanzeln: → schelten.
herunterkommen: → verwahrlosen.
herunterleiern: → sprechen.
heruntermachen: → schelten.
herunterputzen: → schelten.
herunterschnurren: → sprechen.
hervor: → heraus.
hervorbringen: → erzeugen.
Hervorbringung, Erzeugnis, Produkt · *negative:* Ausgeburt, Spottgeburt.
hervorgehen: etwas geht hervor aus → erhellen.
hervorheben: → betonen.
hervorragen: → hervortreten.
hervorragend: → trefflich.
hervorrufen: → verursachen.
hervortreten, in Erscheinung treten, hervorragen.
[1]**Herz,** Pumpe *(ugs.)*.
[2]**Herz:** → Mittelpunkt, → Seele, → Spielkarte; sein H. verlieren → verlieben (sich); jmdm. etwas ans H. legen → vorschlagen; etwas liegt jmdm. am -en → wünschen;

es übers H. bringen → entschließen (sich); etwas geht zu -en → erschüttern.
Herzeleid: → Leid.
herzen: → küssen.
herzensgut: → gütig.
herziehen: → reden (über).
herzig: → hübsch.
Herzklopfen: H. haben → aufgeregt [sein].
herzlich: → gütig; h. wenig → klein.
herzlos: → unbarmherzig.
Hetäre: → Prostituierte.
heterodox: → ketzerisch.
heteronom: → unselbständig.
heterosexuell: → andersgeschlechtlich.
Hetze: → Propaganda.
hetzen: → aufwiegeln, → verfolgen.
Hetzer, Aufwiegler, Aufhetzer, Demagoge, Volksverführer, Ohrenbläser, Petzer, Zuträger, Verleumder; → aufwiegeln.
heucheln: → vortäuschen.
Heuchler: → Schmeichler.
heuchlerisch: → unredlich.
heuer: → Jahr.
Heuer: → Gehalt.
heuern: → einstellen.
heulen: → bellen, → weinen.
Heuriger: → Wein.
Heuristik: → Verfahren.
heuristisch: -es Prinzip → Verfahren.
heute: → jetzt; von h. auf morgen → plötzlich.
heutig: → jetzt.
heutigentags: → jetzt.
heutzutage: → jetzt.
Hexaeder: → Würfel.
Hexameter: → Vers.
Hexenaustreiber: → Teufelsbeschwörer.
Hexenschuß: → Bandscheibenschaden.
Hexerei: → Zauberei.
hi: → Gruß.
Hiebwaffe, Schwert, Säbel, Degen, Streitaxt · *der Indianer:* Tomahawk; → Schußwaffe, → Stichwaffe, → Wurfwaffe.
hieran: → daran; h. anschließend → hinterher.
Hierokratie: → Herrschaft.
High-Society: → Oberschicht.
Hilfe: → Putzfrau; H. leisten/bringen, zu H. kommen/eilen → helfen.
Hilferuf, Schrei, Notruf, Notsignal, SOS-Ruf.
hilflos: → machtlos.
hilfreich: → gefällig.
hilfsbedürftig: → machtlos.
hilfsbereit: → gefällig.
Hilfsschule: → Schule.
[1]**Himmel,** Reich Gottes, ewige Seligkeit, Jenseits · *im germanischen Götterglauben:* Walhalla, · *im griechischen Götterglauben:* Olymp; → Paradies.
[2]**Himmel:** → Firmament; Vater im H. → Gott; jmdn. in den H. heben → loben.
himmelangst: jmdm. ist h. → Angst [haben].
Himmelskönigin: → Madonna.
himmelweit: → fern.
hinaus: → heraus.
hin: h. sein → defekt [sein]; h. und wieder → manchmal.
hinausgehen: h. lassen → schicken; über etwas h. → übertreffen.
hinausschieben: → verschieben.
hinausschießen: übers Ziel h. → übertreiben.
hinauswerfen, exmittieren, an die frische Luft setzen *(ugs.)*, raussetzen *(ugs.)*, rausschmeißen *(salopp)*; → entlassen.
Hinauswurf: → Kündigung.
hinausziehen: → verschieben.
hinauszögern: → verschieben.
hinbiegen: → bereinigen.
hinderlich, lästig, hemmend, nachteilig; → beschwerlich, → schwer, → unerfreulich.
hindern, verhindern, verhüten, unterbinden, abstellen, einen Riegel vorschieben, im Keime ersticken, Einhalt tun/gebieten, bekämpfen, ankämpfen/angehen/zu Felde ziehen/vorgehen gegen, entgegentreten, begegnen, entgegenwirken, durchkreuzen, vereiteln, verunmöglichen *(schweiz.)*, jmdm. das Handwerk legen, einen Strich durch die Rechnung machen *(ugs.)*, hintertreiben, unmöglich machen, behindern, eindämmen, abhalten, verwehren, wehren, stören, beeinträchtigen, komplizieren, im Wege stehen, hemmen, lähmen, erschweren, blockieren, boykottieren, abwehren, abwenden, abbiegen *(salopp)*, nicht → möglich [machen]; → abhelfen, → anhalten, → eingreifen, → kämpfen, → verringern; → aussichtslos.
Hindernis: → Behinderung.
hineingehen: → betreten.
hineingelangen: → betreten.
hineinknien: sich in etwas h. → befassen (sich mit).
hineinkommen: → betreten.
hineinlegen: → einordnen.
hineinschlüpfen: → anziehen.
hineinspazieren: → betreten.
hineinstellen: → einordnen.
hineinversetzen: sich h. in → einfühlen.
hinfallen: → fallen.
[1]**hinfällig,** gebrechlich, verfallen, elend, kachektisch, kaduk, klapprig *(salopp)*; → krank; **h. werden,** kollabeszieren.
[2]**hinfällig:** → grundlos.
hinfeuern: → werfen.
hinfläzen: sich h. → recken (sich).
hinflegeln: sich h. → recken (sich).
hinfliegen: → fallen.
hinfort: → später.
Hingabe: → Demut, → Koitus.
hingeben: sich jmdm. h. → koitieren.
hingegen: → aber.
hingehen: h. zu → besuchen.
Hingeschiedener: → Toter.
hinhalten: → vertrösten.
hinhaltend, dilatorisch, schleppend; → langsam; → verschieben.
hinhören: → hören.

Hinkel: → Huhn.
hinken, lahmen, humpeln *(ugs.)*, schnappen *(ugs., landsch.)*; → fortbewegen (sich).
hinknallen: → fallen.
hinknien: sich h. → knien.
hinkriegen: → bewerkstelligen.
hinlänglich: → ausreichend.
hinlegen: sich h. → schlafen [gehen].
hinlümmeln: sich h. → recken (sich).
hinmetzeln: → töten.
hinmorden: → töten.
hinnehmen: → ertragen.
hinpfeffern: → werfen.
hinplumpsen: → fallen.
hinpurzeln: → fallen.
hinreichend: → ausreichend.
hinreißen: → begeistern.
hinrichten: → töten.
Hinrichtung, Exekution · *durch elektrischen Strom:* Elektrokution; → Tötung; → töten.
hinsausen: → fallen.
hinscheiden: → sterben.
Hinscheiden: → Exitus.
Hinschied: → Exitus.
hinschlagen: → fallen.
hinschleudern: → werfen.
hinschmeißen: → werfen; die Arbeit h. → kündigen.
hinsegeln: → fallen.
hinsetzen: sich h. → setzen (sich).
Hinsicht: in jeder H. → ganz.
hinsinken: → fallen.
hinstürzen: → fallen.
hinter: h. sich lassen → übertreffen.
Hinterbein: sich auf die -e stellen → wehren (sich).
hinterbringen: → mitteilen.
hintergehen: → betrügen.
hintergießen: → trinken.
Hintergrund, Fond, Tiefe, Background, Folie.
hintergründig, abgründig, tiefgründig, tiefsinnig; → unfaßbar · Ggs. → vordergründig.
hinterhältig: → unaufrichtig.
hinterher, nachher, später, danach, dann, hernach, [hieran] anschließend, im Anschluß an, rückblickend, rückschauend, retrospektiv, nicht → jetzt; → daran, → spät.
Hinterlader: → Homosexueller.
Hinterland: → Vorort.
hinterlassen, zurücklassen, vererben, vermachen *(ugs.)*; → schenken, → spenden.
Hinterlassenschaft: → Erbe.
hinterlegen: → zahlen.
Hinterlist: → Arglist.
hinterlistig: → unaufrichtig.
Hintern: → Gesäß; in den H. kriechen → unterwürfig [sein].
Hinterpommer: → Homosexueller.
Hinterteil: → Gesäß.
hintertreiben: → hindern.
hinterwäldlerisch: → engherzig.
Hinterziehung: → Diebstahl.
hinüber: h. sein → defekt [sein].
hinüberschlummern: → sterben.
hinuntergießen: → trinken.
hinunterspülen: → trinken.
hinunterstürzen: → trinken.
hinunterwürgen: → essen.
hinwegsehen: h. über → ignorieren.
Hinweis, Tip, Ratschlag, Fingerzeig, Wink; → Angabe, → Argument, → Gebärde, → Vorschlag; **einen H. geben,** andeuten, antönen *(schweiz.)*, zu verstehen geben, anspielen auf; → mitteilen, → vorschlagen.
hinweisen (auf), aufmerksam machen/verweisen auf, zeigen.
hinwerfen: → werfen.
hinzielen: h. auf → vorhaben.
hinzufügen: → vervollständigen.
Hippie: → Gammler.
Hippodrom: → Zirkus.
Hirn: → Gehirn.
Hirngespinst: → Einbildung.
hirnverbrannt: h. sein → geistesgestört.
Hirte: der gute H. → Heiland.
hissen: → flaggen.
Historie: → Tradition.
historisch: → geschichtlich.
Hit: → Schlager.
Hitze: → Wärme.
hitzig: → aufgeregt, → streitbar.
hitzköpfig: → aufgeregt.
Hobby: → Liebhaberei.
[1]**hoch,** empor, in die Höhe.
[2]**hoch:** → groß; h. im Kurs bei jmdm. stehen → angesehen [sein].
Hoch: → Schönwetter; ein H. auf jmdn. ausbringen → zutrinken.
Hochachtung: → Achtung.
hochaktuell: → sprengend.
hochanständig: → ehrenhaft.
hochaufgeschossen: → groß.
hochbetagt: → alt.
hochblicken: → aufsehen.
Hochdruckgebiet: → Schönwetter.
hochexplosiv: → sprengend.
hochfahrend: → dünkelhaft.
hochgehen: → ärgerlich [werden].
hochgestochen: → hochtrabend.
hochgewachsen: → groß.
hochgradig: → sehr.
hochgucken: → aufsehen.
Hochhaus: → Haus.
hochheben: → heben.
Hochherzigkeit: → Duldsamkeit.
hochkommen: nicht h. lassen → unterdrücken.
Hochkonjunktur: → Aufschwung.
hochleben: jmdn. h. lassen → zutrinken.
höchlichst: → sehr.
Hochmut: → Überheblichkeit.
hochmütig: → dünkelhaft.
hochnäsig: → dünkelhaft.
hochnehmen: → aufziehen, → ergreifen.
hochpäppeln: → großziehen.
Hochsaison: → Saison.
Hochschule, Universität, Uni *(ugs.)*, Akademie, Alma mater; → Fachrichtung, → Schule, → Student.

Hochschüler: → Student.
hochsehen: → aufsehen.
hochspielen: → übertreiben.
Hochsprache, Schriftsprache, Literatursprache; → Ausdrucksweise, → Muttersprache · Ggs. → Mundart.
höchst: aufs -e → sehr; es ist -e Zeit/Eisenbahn → spät; das Höchste → Höhepunkt.
Hochstapler: → Betrüger.
Höchste, das: → Höhepunkt.
Höchstleistung, Bestleistung, Meisterleistung, Spitzenleistung, Spitzenklasse, Glanzleistung, Gipfelleistung, Rekord; → Fähigkeit, → Höhepunkt; **H. erzielen,** die Spitze halten, an erster Stelle stehen, die erste Stelle/den ersten Platz einnehmen, führen, führend sein.
Höchstmaß: → Höhepunkt.
höchstwahrscheinlich: → anscheinend.
Höchstwert: → Höhepunkt.
hochtrabend, schwülstig *(abwertend)*, hochgestochen, anspruchsvoll, bombastisch, pompös.
hochwüchsig: → groß.
Hochwürden: → Geistlicher.
Hochzeit: → Ehe; H. machen/halten → heiraten.
hochziehen: → bauen.
hocken: → sitzen.
hockenbleiben: → wiederholen.
Hocker: → Sitzgelegenheit.
Hoden, Orchis, Testis, Testikel, Didymus, Klöten *(vulgär)*, Eier *(vulgär)* · *ihr Zurückbleiben in der Bauchhöhle oder im Leistenkanal:* Kryptorchismus; → Genitalien.
Hodensack: → Skrotum.
Hof: → Gut; jmdm. den H. machen → flirten.
Hoffart: → Überheblichkeit.
hoffärtig: → dünkelhaft.
hoffen, die Hoffnung haben, erwarten, harren, sich in der Hoffnung wiegen, sich Hoffnungen machen, träumen; → gewärtigen, → wünschen.
¹**Hoffnung,** Zuversicht, Zutrauen, Vertrauen; → Optimismus.
²**Hoffnung:** die H. haben → hoffen; die H. aufgeben → verzagen; guter H., in [der] H. sein → schwanger [sein].
Hoffnungsfreude: → Optimismus.
hoffnungsvoll: → zuversichtlich.
hofieren: → schmeicheln.
höflich, ritterlich, galant, artig, aufmerksam, zuvorkommend, taktvoll, nicht → unhöflich, nicht → aufdringlich; → angemessen, → entgegenkommend, → formell, → richtig; → Höflichkeit, → Weltmann.
Höflichkeit, Aufmerksamkeit, Gefälligkeit, Entgegenkommen, Ritterlichkeit, Zuvorkommenheit, Artigkeit, Takt, Feingefühl, Zartgefühl; → Verschwiegenheit, → Weltmann; → entgegenkommend, → höflich.
Höhe: → Ausmaß, → Berg, → Vornehmheit; nicht auf der H. sein → krank [sein]; in die H. treiben → steigern.
Hoheitszeichen: → Abzeichen.
höher: -e Schule → Schule.
Höhepunkt, Gipfel, Nonplusultra, Kulmination, Akme, Epitasis, Wendepunkt, Krise, Peripetie, Katastase, Maximum, das Höchste, Optimum, Höchstmaß, Höchstwert, Überangebot, Überschuß · *einer Krankheit:* Paroxysmus · *sexueller:* Orgasmus; → Glanzpunkt, → Höchstleistung, → Samenerguß, → Steigerung · Ggs. → Minimum.
höherstufen: → befördern.
hohl: → phrasenhaft.
hohlwangig: → abgezehrt.
Hohn: → Humor.
höhnisch: → spöttisch.
hold: → hübsch; jmdm. h. sein → lieben.
holen: → beschaffen; sich etwas h. → krank [werden].
Hölle, Fegefeuer, Purgatorium, Inferno, Unterwelt, Schattenreich, Hades, Totenreich, Orkus, Tartarus, Abyssus; → Teufel · Ggs. → Paradies.
Höllenfürst: → Teufel.
Holm: → Griff.
holpern, rumpeln, rattern, stuckern *(ugs., landsch.)*; → springen.
Holz: → Wald.
Holzblasinstrument: → Blasinstrument.
holzen: → Fußball [spielen].
Holzweg: auf dem H. sein → irren (sich).
Homo: → Homosexueller.
homoerotisch: → gleichgeschlechtlich.
homogen: → übereinstimmend.
Homograph: → Homonym.
homolog: → übereinstimmend.
homonym: → mehrdeutig.
Homonym, Homophon, Homograph; → synonym.
Homöopath: → Arzt.
homophil: → gleichgeschlechtlich.
Homophiler: → Homosexueller.
Homophon: → Homonym.
homosexuell: → gleichgeschlechtlich.
Homosexueller, Invertierter, Urning, Uranist, Kinäde, Homophiler, Männerfreund, Androphiler, Homo *(ugs.)*, Halbseidener *(ugs.)*, Schwuler *(salopp)*, Hundertfünfundsiebziger *(salopp)*, warmer Bruder *(salopp)*, Hinterlader *(salopp)*, Hinterpommer *(salopp)*, Schweizer, Spinatstecher *(landsch.)*, Schwuchtel *(salopp)*, Tucke *(salopp)*, Fummeltrine *(salopp)*, Tunte *(salopp)*, Arschficker *(vulgär)* · *gerichtet auf Knaben, Jugendliche:* Päderast, Ephebophiler · *mit Neigung, Kleidung des anderen Geschlechts zu tragen:* Transvestit · *homosexuelle Frau:* Lesbierin, Tribade, Urninde, Urlinde; → Abweichung, → Prostituierte, → Umkehrung, → Unzucht; → gleichgeschlechtlich, → pervers, → unmännlich.
honett: → ehrenhaft.
Honig, H. um den Mund schmieren → schmeicheln.
Honorar: → Gehalt.
honorieren: → zahlen.

honorig: → ehrenhaft, → erhaben, → freigebig.
hoppeln: → springen.
hoppnehmen: → ergreifen.
hopsen: → springen.
hopsgehen: → sterben.
hörbar: → laut.
Hörbild: → Bericht.
horchen: → hören.
Horde: → Bande.
[1]**hören,** vernehmen, verstehen, zuhören, anhören, hinhören, die Ohren spitzen *(ugs.)*, jmdm. Gehör schenken, sein Ohr leihen, ein offenes Ohr haben für, horchen, lauschen, die Ohren aufsperren *(salopp)*; → wahrnehmen; → akustisch.
[2]**hören:** → erfahren; auf jmdn. h. → gehorchen; nicht h. auf → mißachten.
Hörensagen: → Gerücht.
hörenswert: → interessant.
Hörer: → Student.
Hörerschaft: → Publikum.
hörig: → unselbständig.
Horizont: → Firmament, → Gesichtskreis.
Horizontale: → Prostituierte.
Horn: → Blasinstrument; jmdm. Hörner aufsetzen → untreu [sein].
Hörnchen: → Brötchen.
Horror: → Entsetzen; einen H. haben → Angst [haben].
horten: → aufbewahren.
Hörvermögen: → Ohr.
[1]**Hose,** Buxe *(ugs., nordd.)*, Beinkleid, die Unaussprechlichen *(scherzh.)*, Blue jeans · *kurze:* Shorts · *lange, weite für Damen:* Slacks.
[2]**Hose:** jmdm. die -n strammziehen → schlagen; die -n [gestrichen] voll haben → Angst; etwas ist Jacke wie H. → unwichtig [sein].
Hosenboden: sich auf den H. setzen → anstrengen (sich).
Hosenmatz: → Kind.
Hospital: → Krankenhaus.
Hospiz: → Hotel.
Hostilität: → Abneigung.
Hotel, Gasthaus, Gasthof, Hotel garni, Pension, Fremdenheim, Hospiz, Raststätte · *für Motorisierte:* Motel · *als Hotel ausgebautes Schiff:* Botel · *dazugehörendes Nebengebäude:* Dependance · *für Jugendliche:* Jugendherberge; → Gaststätte, → Wohnung.
hübsch, attraktiv, anmutig, lieblich, charmant, bestrickend, berückend, betörend, gewinnend, angenehm, lieb, niedlich, allerliebst, reizend, entzückend, bezaubernd, süß, herzig, goldig, schön, bildschön, wunderschön, bildhübsch, hold *(dichter.)*, dufte *(salopp)*, schnieke *(salopp)*, nicht → geschmacklos; → anziehend, → eitel, → geschmackvoll, → lieb, → sehr; → anziehen; → Anmut.
Hucke: auf die H. nehmen → tragen.
Huckepack: H. nehmen → tragen.
hudeln: → pfuschen.
Huf: → Gliedmaße.
Hüften, Lenden, Seiten, Schoß.
Hüfthalter: → Mieder.
Hügel: → Berg, → Grab.
Huhn · *weibliches:* Henne, Hinkel *(landsch.)* · *brütendes:* Glucke · *männliches:* Hahn, Gokkel *(landsch.)*, Hähnchen · *junges:* Küken, Küchlein · *zur Mast bestimmtes:* Poulet, Poularde, Kapaun.
Huld: → Gunst.
Huldigung: → Beifall.
huldreich: → entgegenkommend.
huldvoll: → entgegenkommend.
Hülle: → Schale; sterbliche H. → Toter; die sterbliche H. ablegen → sterben; in H. und Fülle → reichlich.
hüllenlos: → nackt.
Hülse: → Schale.
human: → menschlich.
humanitär: → menschlich.
Humanität: → Nächstenliebe.
Humbug: → Unsinn.
Humor, Witz, Ironie, Spott, Hohn, Sarkasmus, Zynismus · *bitterer, verzweifelter:* Galgenhumor; → spöttisch.
humorig: → spöttisch.
humorvoll: → spöttisch.
humpeln: → hinken.
Humpen: → Trinkgefäß.
[1]**Hund,** Vierbeiner, Wauwau *(Kinderspr.)*, Kläffer *(ugs., abwertend)*, Köter *(salopp., abwertend)*, Töle *(derb, abwertend)*, Promenadenmischung *(ugs., scherzh.)*, Rüde; → bellen.
[2]**Hund:** auf den H. kommen → verwahrlosen; mit allen -en gehetzt sein → schlau [sein].
hundekalt: → kalt.
Hundekälte: → Kälte.
hundemüde: → müde.
Hundertfünfundsiebziger: → Homosexueller.
hundertfünfzigprozentig: → übereifrig.
hundertprozentig: → trefflich.
hündisch: → unterwürfig.
hundsmiserabel: → minderwertig.
Hüne: → Mann.
hünenhaft: → groß.
[1]**Hunger,** Appetit, Eßlust · *großer:* Bärenhunger, Wolfshunger, Mordshunger, Riesenhunger, Heißhunger, Kohldampf *(ugs.)*; **H. haben,** hungrig/ausgehungert sein, jmdm. ist flau [im Magen]; **H. leiden,** hungern, am Hungertuch nagen, nichts zu essen/nichts zu brechen und zu beißen haben *(ugs.)*, darben, schmachten, fasten.
[2]**Hunger:** den H. stillen → ernähren.
hungern: → Hunger [leiden].
Hungertuch: am H. nagen → Hunger [leiden].
hungrig: h. sein → Hunger [haben]; h. sein nach → begierig [sein].
hüpfen: → springen.
Hurde: → Gut.
Hürde, Barriere, Schranke, Wall.
Hure: → Prostituierte.
Hurenhaus: → Bordell.
Hurrapatriotismus: → Begeisterung.

Hurrikan: → Wirbelwind.
hurtig: → schnell.
huschelig: → nachlässig.
huscheln: → pfuschen.
huschen: → fortbewegen (sich).
huschlig: → aufgeregt.
hüsteln: → husten.
Husten: → Erkältung.
[1]**husten,** hüsteln, bellen *(ugs.)*, krächzen *(ugs.)*.
[2]**husten:** jmdm. etwas h. → ablehnen.
[1]**Hut** (der): → Kopfbedeckung.
[2]**Hut** (die): auf der H. sein → verfahren.
hüten: → schonen, → weiden; das Bett h. → krank [sein].
Hüter: → Wächter.
Hutmacherin: → Putzmacherin.
Hütte: → Haus.
Hutung: → Wiese.
Hutweide: → Wiese.
hutzlig: → verschrumpelt.
hybrid: → dünkelhaft.
Hybris: → Überheblichkeit.
Hymen, Jungfernhäutchen; → Virginität; → deflorieren.
hymnisch: → ausdrucksvoll.
Hymnus: → Gedicht.
Hyperästhesie: → Unzuträglichkeit.
Hyperbel: → Steigerung.
hypermodern: → modern.
Hypertrophie: → Übertreibung.
Hypobulie: → Unfähigkeit.
hypochondrisch: → schwermütig.
Hypothese: → Ansicht.
hypothetisch: → erfunden.
Hysterie: → Erregung.

I

...iana: → Arbeit.
ichbezogen: → selbstsüchtig.
ichsüchtig: → selbstsüchtig.
ideal: → richtig, → trefflich.
Ideal: → Muster.
idealisieren: → loben.
Idealist: → Optimist.
Idee: → Bedeutung, → Einfall; fixe I. → Spleen.
ideell: → gedacht.
ideenreich: → schöpferisch.
identifizieren: → erkennen.
identisch: → übereinstimmend.
Identität, Übereinstimmung, Wesensgleichheit, Einerleiheit.
Ideologie: → Denkweise.
Idiom: → Mundart.
idiomatisch: → regional.
Idiosynkrasie: → Unzuträglichkeit.
Idiot: → Dummkopf.
Idiotikon: → Nachschlagewerk.
idiotisch: → dumm, → geistesgestört.
Idol: → Abgott.
Idolatrie: → Verherrlichung.
idyllisch: → gemütlich.
Ignorant: → Nichtfachmann.
Ignoranz: → Unkenntnis.
ignorieren, wie Luft behandeln *(ugs.)*, übersehen, hinwegsehen über, keines Blickes würdigen, schneiden, links liegenlassen *(ugs.)*, nicht [mehr] ansehen/anschauen/angucken *(ugs.)*; → ablehnen, → mißachten · Ggs. → achten, → achtgeben; → Ansehen.
Ikebana: → [Kunst]fertigkeit.
illegal: → gesetzwidrig.
illegitim: → gesetzwidrig.
illiquid: → zahlungsunfähig.
Illiquidität: → Zahlungsunfähigkeit.
illoyal: → unredlich.
Illoyalität: → Untreue.
Illusion: → Einbildung.
illusorisch: → unwirklich.
Illustration: → Bild.
illustrieren: → bebildern, → veranschaulichen.
Illustrierte: → Zeitschrift.
Image: → Ansehen.
imaginär: → unwirklich.
Imagination: → Einbildung.
imbezil: → geistesgestört.
Imbiß: → Essen.
Imbißstube: → Gaststätte.
Imitation: → Nachahmung.
imitieren: → nachahmen.
immer: für i. → bleibend; schon i. → unaufhörlich.
immerhin: → aber.
immer[zu]: → unaufhörlich.
Immigrant: → Einwanderer.
Immobilien, Liegenschaften, Grundbesitz, Realitäten *(östr.)*.
immun: → widerstandsfähig.
immunisieren: → widerstandsfähig [machen].
impertinent: → frech.
Impetigo: → [Haut]ausschlag.
Impetus: → Neigung.
imponieren: → gefallen.
imponierend: → außergewöhnlich.
imposant: → außergewöhnlich.
impotent, zeugungsunfähig, unfruchtbar, steril, infertil; → Unfähigkeit · Ggs. → geschlechtsreif; → Fähigkeit.
Impotenz: → Unfähigkeit.
Imprägnation: → Empfängnis.
Impresario: → Betreuer.
improvisiert, aus dem Stegreif, aus dem Handgelenk, unvorbereitet, ohne Vorbereitung, Gelegenheits-, ex tempore; → plötzlich.

Impuls, Antrieb, Anstoß, Anregung, Ermunterung, Aufmunterung; → Neigung; → anregen.
impulsiv: → unbesonnen.
imstande: i. sein → können.
in: → binnen, → während.
Inauguraldissertation: → Doktorarbeit.
Inbegriff: → Muster.
inbegriffen: → einschließlich.
Inbild: → Muster.
Inbrunst: → Begeisterung.
indes: → aber.
indessen: → aber, → inzwischen.
Index: → Verzeichnis.
indifferent: → unparteiisch.
indigniert: → ärgerlich.
Individuum: → Mensch.
indiskret: → aufdringlich.
Indiskretion: → Taktlosigkeit.
indisponiert: → krank.
Individualist: → Außenseiter.
Indiz: → Nachweis.
indolent: → träge.
induktiv: → erfahrungsgemäß.
Indulgenz: → Duldung.
Industrieller: → Unternehmer.
infam: → gemein.
Infamie: → Bosheit.
infantil: → kindisch.
Infarkt: → Gefäßverstopfung.
Infekt: → Ansteckung.
Infektion: → Ansteckung.
Inferno: → Hölle.
infertil: → impotent.
infiltrieren, durchsetzen, [ideologisch] unterwandern, [Agenten] einschleusen; → konspirieren; → Spion, → Verschwörung.
infizieren: sich i. → krank [werden].
Inflation: → Geldentwertung.
Influenza: → Grippe.
infolge: → wegen.
infolgedessen: → also.
Information: → Mitteilung, → Nachricht.
informieren: → mitteilen; sich i. → fragen; informiert sein → wissen.
ingeniös: → schöpferisch.
Ingenium: → Begabung.
Ingrimm: → Ärger.
ingrimmig: → ärgerlich.
Inhaber: → Besitzer.
inhaftieren: → ergreifen.
Inhalt: → Bedeutung; zum I. haben → einschließen.
inhaltsreich, inhaltsvoll, reichhaltig; → außergewöhnlich.
inhaltsvoll: → inhaltsreich.
inhärieren: → einschließen.
inhuman: → unbarmherzig.
Initialwort: → Abkürzung.
initiieren: → anregen.
Injurie: → Beleidigung.
inklusive: → einschließlich.
inkognito: → anonym.
inkommodieren: → behelligen.
Inkubationszeit: → Wartezeit.
Inkunabel, Wiegendruck, Frühdruck; → Buch.
Inland: → Heimat.
inliegend: → anbei.
innehaben, einnehmen, bekleiden, sein; → haben.
innehalten: → aufhören.
innen: → anbei.
Innenstadt, Stadtmitte, Stadtkern, Altstadt, [Stadt]zentrum, City; → Mittelpunkt, → Ort, → Stadt.
innere: i. Stimme → Ahnung.
Innere: -s → Seele; im Innern → anbei.
Innereien: → Eingeweide.
innerhalb: → binnen.
innerlich: → empfindsam.
innert: → binnen.
innewerden: → wahrnehmen.
innewohnen: → einschließen.
Innung: → Zweckverband.
inoffiziell: → Verschwiegenheit; nicht i. → amtlich.
in petto: i. p. haben → haben.
Inquisition: → Verhör.
Insektenkunde, Entomologie.
Insel, Eiland, Atoll, Hallig, Werder, Wört[h], Au[e], Sandbank, Sand, Barre, Riff, Klippe, Schäre · *schwimmende aus Treibholz:* Raft.
Insemination: → Empfängnis.
Inserat: → Angebot.
insgeheim: → heimlich.
Insignien: → Abzeichen.
insofern: → deshalb.
insolvent: → zahlungsunfähig.
Insolvenz: → Zahlungsunfähigkeit.
in spe: → später.
Inspektion: → Überwachung.
Inspiration: → Einfall.
inspirieren: jmdn. zu etwas i. → anstacheln.
inspizieren: → prüfen.
instand: i. setzen → reparieren.
Instauration: → Wiederherstellung.
instaurieren: → reparieren.
Instinkt: → Gefühl.
instinktiv: → gefühlsmäßig.
instituieren: → gründen.
Institut: → Institution.
Institution, Einrichtung, Institut, Seminar.
instruieren: → lehren.
Instruktion: → Weisung.
instruktiv: → interessant.
Instrument: → Gerätschaft, → Musikinstrument.
Instrumentalist: → Musizierender.
instrumentieren: → vertonen.
Insuffizienz: → Ungenügen.
Insult: → Beleidigung.
insultieren: → behelligen, → kränken.
Insurrektion: → Verschwörung.
integrieren: → verbünden (sich).
integrierend: → nötig.
Intellekt: → Vernunft.
intelligent: → klug.
Intelligenz: → Begabung.

Intelligenzprothese: → Brille.
Intention: → Absicht.
Interdikt: → Verbot.
interessant, anregend, ansprechend, spannend, fesselnd, reizvoll, entzückend, ergreifend, packend, mitreißend, lehrreich, instruktiv, aufschlußreich, bemerkenswert, lesenswert, sehenswert, hörenswert, beachtenswert, wissenswert, markant, repräsentativ; → anziehend, → außergewöhnlich, → hübsch, → kennzeichnend, → kurzweilig, → nützlich, → wichtig.
Interesse: → Mitgefühl, → Neugier, → Reiz, → Zuneigung; -n → Belange; I. zeigen für → lieben; I. haben für → aufgeschlossen [sein].
Interessent: → Kunde.
Interessenvertretung, Lobby; → Propaganda.
interessieren: jmdn. i. für → verleiten.
interessiert: i. sein an → aufgeschlossen [sein].
Interjektion: → Wortart.
Intermezzo: → Ereignis.
Internat: → Schule.
international: → allgemein.
internieren: → ergreifen.
Internist: → Arzt.
Interpretation: → Auslegung.
interpretieren: → auslegen.
Interpunktion: → Satzzeichen.
intervenieren: → vermitteln.
Interview: → Gespräch.
interviewen: → fragen.
intim: -er Bereich → Privatleben; -e Beziehungen haben → koitieren.
Intimität: → Koitus.
Intimsphäre: → Privatleben.
Intimus: → Freund.
Intimverkehr: → Koitus.
intolerant: → engherzig.
Intoleranz: → Unduldsamkeit, → Unzuträglichkeit.
intonieren: → anfangen.
Intransigenz: → Unduldsamkeit.
Intrige: → Arglist.
intrigieren, jmdn. gegen jmdn. ausspielen, Ränke schmieden; → Bosheit.
introvertiert: → selbstbezogen.
Intuition: → Einfall.
intuitiv: → gefühlsmäßig.
intus: einen i. haben → betrunken [sein].
Invektive: → Beleidigung.
Inventar: → Mobiliar, → Verzeichnis.
invertiert: → gleichgeschlechtlich.
Invertierter: → Homosexueller.
investieren: → zahlen.
involvieren: → einschließen.
Inzest, Blutschande, Inzucht; → Unzucht; → anstößig.
Inzucht: → Inzest.
inzwischen, in der Zwischenzeit, indessen, währenddessen, währenddem, unterdessen, dieweil, derweil, mittlerweile, einstweilen; → während.
Ipsation: → Selbstbefriedigung.
Ipsismus: → Selbstbefriedigung.
irdisch: → weltlich.
irgendein: → beliebig.
Ironie: → Humor.
ironisch: → spöttisch.
irrational: → gefühlsbetont.
irr[e]: → geistesgestört.
irreal: → unwirklich.
Irrealität: → Einbildung.
irreführend: → unwirklich.
irregehen: → verirren (sich).
irremachen: → verwirren.
irren (sich), fehlgehen in, sich täuschen/verrechnen, im Irrtum/ *(ugs.)* auf dem Holzweg sein; → verirren (sich).
Irrenanstalt: → Krankenhaus.
Irrenhaus: → Krankenhaus.
irrgläubig: → ketzerisch.
irregulär: → unüblich.
Irregularität: → Abweichung.
irrelevant: → unwichtig.
irrig: → falsch.
Irritabilität: → Unzuträglichkeit.
Irritation: → Erregung.
irritieren: → verwirren.
irrsinnig: → geistesgestört.
Irrtum: → Fehler; im I. sein → irren (sich).
irrtümlich: → versehentlich.
Isegrim: Wolf.
isolieren: → abkapseln, → ausschließen.

J

[1]**ja,** jawohl, gewiß, sicher, freilich, allerdings, natürlich, selbstverständlich, selbstredend, sehr wohl, in der Tat, gern[e], schön, gut, einverstanden, durchaus, auf jeden Fall, allemal, versteht sich, [ab]gemacht *(ugs.)*, okay *(ugs.)*, ist geritzt *(salopp)*; → wahrlich, → zweifellos · Ggs. → nein.
[2]**ja:** j. sagen zu → billigen.
Jabot: → Besatz.
[1]**Jacke,** Jackett, Sakko, Rock *(landsch.)*, Kittel *(landsch.)*, Klubjacke, Blazer, Lumberjack.
[2]**Jacke:** etwas ist J. wie Hose → unwichtig [sein].
Jackett: → Jacke.
Jagd: auf die J. gehen, J. machen → jagen.
Jagdgrund: in die ewigen Jagdgründe eingehen → sterben.

[1]**jagen,** auf die Jagd gehen, pirschen, Jagd machen, auf Pirsch gehen · *unbefugterweise:* wildern, wilddieben · *mit einem abgerichteten Raubvogel:* beizen; → Jäger.
[2]**jagen:** → fortbewegen (sich), → verfolgen, → vertreiben.
Jäger, Weidmann, Jägersmann, Nimrod; → Förster; → jagen.
Jägerlatein: → Lüge.
jäh: → steil.
jäh[lings]: → plötzlich.
Jahr, Jahrgang, Lebensjahr; **in diesem J.,** heuer *(südd.)*.
jahrelang: → langjährig.
Jahrgang: → Generation, → Jahr.
Jahrmarkt, Markt, Kirchweih *(landsch.)*, Kirmes *(landsch.)*, Kerwe *(landsch.)*, Messe *(südd.)*, Rummel *(ugs.)*, Dult *(bayr.)*.
Jahwe: → Gott.
Jähzorn: → Ärger.
jähzornig: → aufgeregt.
Jalousette: → Fensterladen.
Jalousie: → Fensterladen.
Jambus: → Versfuß.
Jammer: → Leid; ein J. → schade.
jämmerlich: → kläglich.
jammern: → klagen.
jammernd: → wehleidig.
Jammerrede: → Klage[lied].
jammerschade: → schade.
Janhagel: → Abschaum.
janusgesichtig: → mehrdeutig.
Jargon: → Ausdrucksweise.
Jauche: → Dünger.
jauchzen: → schreien.
jaulen: → bellen.
Jause: → Essen.
jaus[n]en: → essen.
jawohl: → ja.
je: → Stück.
jeder: → alle.
jedermann: → alle.
jedoch: → aber.
jegliche: → alle.
jeher: von j. → unaufhörlich.
Jehova: → Gott.
Jenseits: → Himmel; ins J. befördern → töten.
Jeremiade: → Klage[lied].
jesuitisch: → schlau.
Jesus: J. [Christus] → Heiland.
jetzig: → jetzt.
jetzt, gegenwärtig, jetzig, augenblicklich, derzeit[ig], nunmehr, zur Stunde, im Augenblick/Moment, am heutigen Tage, momentan, soeben, eben, gerade, just, justament, zur Zeit, heutzutage, heutig, heute, heutigentags, nicht → damals, nicht → kürzlich, nicht → vorher, nicht → hinterher, nicht → später.
Jiu-Jitsu: → Judo.
Job: → Beruf.
Joch: → Last, → Unfreiheit.
jodeln: → singen.
Jokus: → Scherz.
Johannisbeere, Ribisel *(östr.)*.
johlen: → schreien.
Jolle: → Boot.
Journal: → Zeitschrift.
Journalist: → Berichter.
jovial: → entgegenkommend.
Jovialität: → Geneigtheit.
jubeln: → schreien.
Jubiläum: → Gedächtnis.
jubilieren: → schreien.
juchzen: → schreien.
jucken: → kitzeln.
Jude: König der -n → Heiland.
Judo, Jiu-Jitsu; → Boxen, → Ringen.
Jugend: → Generation.
Jugendherberge: → Hotel.
jugendlich, juvenil, jung, kindlich, knabenhaft; → jung, → kindisch.
Jugendlicher: → Jüngling.
[1]**jung,** jünger, jung an Jahren, blutjung, unfertig, unreif, unerfahren, grün *(abwertend)*, nicht → alt; → jugendlich, → unreif.
[2]**jung:** → jugendlich; -er Mensch/Mann → Jüngling.
Jungchen: → Junge.
Junge, Knabe, Bub, Bube *(abwertend)*, Jungchen, Jüngelchen, Bubi, Bübchen, Bürschchen, Bengel, Kerlchen, Rüpel, Schlingel, Schelm, Frechdachs; → Jüngling, → Kind · Ggs. → Mädchen.
Jüngelchen: → Junge.
jungen: → gebären.
Junger: → Wein.
Jünger: → Anhänger.
Jungfer: → Mädchen.
Jungfernhäutchen: → Hymen.
Jungfrau: → Mädchen; J. Maria → Madonna.
jungfräulich: → anständig.
Jungfräulichkeit: → Virginität.
Junggeselle, Hagestolz, Einspänner, Weiberfeind; → Ehemann, → Frauenheld.
Jüngling, Bursch[e], Twen, Jugendlicher, Minderjähriger, Heranwachsender, Halbstarker *(abwertend)*, Halbwüchsiger, junger Mensch/Mann; → Junge, → Kind, → Mann, → Mensch; → volljährig · Ggs. → Mädchen.
jüngst: → kürzlich.
Jurisdiktion: → Justiz.
Jurist, Rechtsgelehrter, Advokat, Richter, Kadi *(ugs.)*, Staatsanwalt, Rechtsvertreter, Rechtsbeistand, Rechtsanwalt, Anwalt, Notar, Justizrat *(Baden-Württemberg)*, Rechtsverdreher *(abwertend)*; → Gericht, → Justiz.
Jury: → Preisrichter.
just: → jetzt.
justament: → jetzt.
Justiz, Rechtsprechung, Rechtspflege, Rechtswesen, Gerichtsbarkeit, Jurisdiktion; → Gericht, → Jurist.
Justizrat: → Jurist.
juvenil: → jugendlich.
Juwelen: → Schmuck.
Jux: → Scherz.
jwd: → abgelegen.

K

Kabale: → Arglist.
Kabarett: → Komödie.
kabbeln: sich k. → kämpfen.
kabeln: → telegrafieren.
Kabine: → Raum.
Kabinett: → Raum.
Kabriolett: → Auto.
kachektisch: → hinfällig.
Kacke: → Exkrement.
kacken: → defäkieren.
Kadaver: → Aas.
Kadi: → Jurist; vor den K. bringen → prozessieren.
kaduk: → hinfällig.
Käfer: → Auto.
Kaff: → Ort.
Kaffee, Mokka, Türkischer, Kapuziner *(östr.)*, Espresso, Negerschweiß *(ugs., scherzh.)* · *nicht starker, dünner:* Blümchenkaffee *(scherzh.)*, Muckefuck *(salopp, abwertend)*, Lorke *(salopp, abwertend)*, Abwaschwasser *(abwertend)*; → Getränk.
Kaffeehaus: → Café.
Käfig · *für Vögel:* Bauer, Voliere.
Kahlkopf: → Glatze.
Kahn: → Boot.
Kai: → Damm.
Kaiser: → Oberhaupt.
Kajak: → Boot.
Kajüte: → Raum.
Kakao: durch den K. ziehen → aufziehen, → verleumden.
Kakophonie: → Mißklang.
Kalauer: → Witz.
kalben: → gebären.
Kaldaunen: → Eingeweide.
Kalendarium: → Verzeichnis.
Kalesche: → Kutsche.
Kaliber: → Art.
kalkig: → blaß.
Kalkül: → Kalkulation.
Kalkulation, Berechnung, Kalkül, Kostenanschlag.
kalkulieren: → ausrechnen, → vermuten.
kalkweiß: → blaß.
Kalle: → Prostituierte.
Kalme: → Windstille.
kalorienreich: → nahrhaft.
[1]**kalt,** kühl, frisch, frostig, eiskalt, eisig, hundekalt *(salopp)*, lausekalt *(salopp)*, saukalt *(derb)*, nicht → warm; → frieren; → Kälte.
[2]**kalt:** → spöttisch, → ungerührt; -e Ente → Gewürzwein; -e Mamsell → Koch; jmdm. die -e Schulter zeigen → ablehnen.
kaltblütig: → ruhig.
Kälte, Kühle, Frische, Frost, Hundekälte *(salopp)*, Lausekälte *(salopp)*, Saukälte *(derb)*; → frieren; → kalt.
kaltherzig: → ungerührt.
kaltmachen: → töten.
Kaltmamsell: → Koch.
kaltschnäuzig: → ungerührt.
kaltstellen: → entlassen.
Kamel, Wüstenschiff · *mit einem Höcker:* Dromedar.
Kamerad: → Freund.
Kameraderie: → Freundschaft.
Kameradschaft: → Freundschaft.
kameradschaftlich: → freundschaftlich.
Kamin: → Schornstein.
Kamm: über einen K. scheren → verallgemeinern.
Kammer: → Raum.
Kampagne: → Versuch.
Kampf, Krieg, Weltkrieg, Weltbrand *(dichter.)*, Schlacht, Fehde, Gefecht, Treffen, Ringen, Scharmützel, Geplänkel, Plänkelei; → Blutbad, → Schlachtfeld, → Streit, → Überfall; → erörtern, → kämpfen.
kämpfen, streiten, in Streit geraten, aneinandergeraten, sich zanken/ *(landsch.)* kabbeln/ *(ugs.)* in den Haaren liegen/ *(ugs.)* in die Haare geraten (oder:) kriegen/ *(ugs.)* in die Wolle kriegen, ringen; → eingreifen, → erörtern, → hindern, → streiken; → böse, → streitbar; → Blutbad, → Kampf, → Schlachtfeld, → Streit, → Zweikampf.
[1]**Kämpfer,** Haudegen, Draufgänger, Kampfhahn; → Gegner, → Held, → Mut, → Querulant, → Soldat, → Revolutionär; → mutig.
[2]**Kämpfer:** → Sportler.
Kampfhahn: → Kämpfer.
kampflos: → widerstandslos.
Kampfplanung: → Strategie.
Kampfplatz: → Schlachtfeld.
Kampfrichter: → Schiedsrichter.
kampieren: → übernachten.
Kanadier: → Boot.
Kanaille: → Abschaum.
Kanal: den K. voll haben → angeekelt [sein].
Kanapee: → Liege.
Kandelaber: → Lampe.
Kandidat: → Anwärter.
kandieren: → zuckern.
Kaninchen, Karnickel, Stallhase *(scherzh.)*.
Kannbestimmung: → Weisung.
Kanne, Krug, Karaffe, Kruke; → Behälter, → Flasche.
Kannibale: → Rohling.
Kannvorschrift: → Weisung.
Kanone: → Sportler.
Kanossa: einen Gang nach K. antreten → erniedrigen (sich).
Kante: → Rand, → Stelle; auf die hohe K. legen → sparen.

Kantine: → Gaststätte.
Kantschu: → Peitsche.
Kanu: → Boot.
Kanzel: → Podium.
Kanzlei: → Büro.
Kanzler: → Oberhaupt.
Kanzone: → Lied.
Kapaun: → Huhn.
Kapazität: → Fachmann, → Fassungsvermögen.
[1]**Kapelle,** Orchester, Band, Musik; → Kapellmeister; → dirigieren.
[2]**Kapelle:** → Kirche.
Kapellmeister, Dirigent, Bandleader; → Kapelle; → dirigieren.
kapern, aufbringen, entern, erbeuten; → nehmen.
kapieren: → verstehen.
kapital: → außergewöhnlich.
Kapital: → Vermögen.
Kapitälchen: → Buchstabe.
Kapitale: → Stadt.
Kapitalverbrechen: → Verstoß.
Kapitel: → Abschnitt.
kapitulieren: → nachgeben.
Kaplan: → Geistlicher.
Kappe: → Kopfbedeckung.
Kappes: → Kohl.
Kapsel: → Medikament.
kaputt: → defekt; k. sein → erschöpft [sein].
kaputtmachen: → zerstören.
Kapuziner: → Kaffee.
Karabiner: → Schußwaffe.
Karacho: → Geschwindigkeit.
Karaffe: → Kanne.
Karambolage: → Zusammenstoß.
Karbatsche: → Peitsche.
Karbonade: → Fleischkloß, → Kotelett.
Karbunkel: → Abszeß.
Kardinal: → Geistlicher.
Kardinalzahl: → Wortart.
Karenz[zeit]: → Wartezeit.
Karezza: → Koitus.
Karfiol: → Blumenkohl.
[1]**karg,** kärglich, dürftig, ärmlich, armselig, spärlich, knapp, schmal, kümmerlich, verkümmert, vermickert, mick[e]rig, zurückgeblieben, murklig *(landsch.)*, bescheiden; → selten.
[2]**karg:** → unfruchtbar.
kargen: → sparen.
kärglich: → karg.
Karikatur: → Satire, → Zerrbild.
karikieren: → verzerren.
Karitas: → Nächstenliebe.
Karneval: → Fastnacht.
Karnickel: → Kaninchen.
Karo: → Spielkarte.
Karosse: → Auto.
Karre: → Auto, → Wagen.
Karren: → Wagen.
Karriere: → Laufbahn; K. machen → werden (etwas).
Kärrner: → Arbeitstier.
Karte: → Fahrkarte, → Schreiben, → Spielkarte.
Kartell: → Bund.
Kartenlegerin: → Wahrsager.
Kartenschlägerin: → Wahrsager.
Kartoffeln, Erdäpfel *(östr.)*, Grundbirnen *(landsch.)* · *gekochte:* Salzkartoffeln, Dampfkartoffeln · *junge, in der Schale gekochte:* Pellkartoffeln · *gebratene:* Röstkartoffeln, Bratkartoffeln · *roh in schwimmendem Fett gebackene:* Pommes frites, Chips · *rohe, runde, besonders zubereitete Scheiben im Ofen gar gemacht und gebräunt:* Pommes chamonix, Kartoffeln auf Dauphiner Art; → Kartoffelpüree, → Kloß.
Kartoffelbrei: → Kartoffelpüree.
Kartoffelflinse: → Kartoffelpuffer.
Kartoffelmus: → Kartoffelpüree.
Kartoffelpfannkuchen: → Kartoffelpuffer.
Kartoffelpuffer *(berlin.)*, Kartoffelpfannkuchen *(nordd.)*, Reibekuchen *(landsch.)*, Reibeplätzchen *(westfäl.)*, [Kartoffel]flinse *(landsch.)*; → Omelett.
Kartoffelpüree, Kartoffelbrei, Kartoffelmus *(selten)*, Quetschkartoffeln *(berlin.)*, Stampfkartoffeln *(nordd.)*; → Kartoffeln.
Karton: → Schachtel.
Karzer: → Strafanstalt.
Karzinom: → Geschwür.
Kaschemme: → Gaststätte.
Käse: weißer K. → Weißkäse.
Käseblatt: → Zeitung.
käsen: jmdm. eine k. → schlagen.
kasernieren: → beherbergen.
käseweiß: → blaß.
käsig: → blaß.
Kasper[le]theater: → Puppentheater.
Kassandra: → Wahrsager.
Kasse: bei K. sein → reich [sein]; in die K. greifen → wegnehmen.
Kassenschlager: ein K. sein → Erfolg [haben].
Kassette: → Schachtel.
Kassiber: → Schreiben.
kassieren, abkassieren, einkassieren, einnehmen, einstecken, einheimsen, eintreiben, einstreichen *(ugs.)*, einziehen, erheben, heben *(landsch.)*.
Kastagnetten → Rassel.
Kasten: → Haus, → Schachtel, → Tor.
Kastrat, Eunuch, Entmannter, Verschnittener; → Kastration.
Kastration, Verschneidung, Entmannung, Emaskulation, Sterilisation, Sterilisierung; → Kastrat.
kasuistisch: → spitzfindig.
Katalog: → Verzeichnis.
Katalysator: → Gärstoff.
Katamenien: → Menstruation.
Katapult: → Wurfwaffe.
katapultieren: → werfen.
Katastase: → Höhepunkt.
Katastrophe: → Unglück.
Kate: → Haus.
kategorisch: → klar.

Kater: → Katze.
Katharsis: → Läuterung.
Kathederblüte: → Stilblüte.
Kathedrale: → Kirche.
katzbuckeln: → unterwürfig [sein].
¹**Katze,** Miez[e], Miezekatze *(Kinderspr.)*, Dachhase *(scherzh.)* · *männliche:* Kater.
²**Katze:** da beißt sich die K. in den Schwanz → Teufelskreis.
katzenfreundlich: → unredlich.
Katzoff: → Fleischer.
kauen, beißen, mümmeln, nagen, knabbern, abbeißen; → essen.
kauern: → sitzen.
¹**Kauf,** Erwerb, Anschaffung, Ankauf; → Kunde; → kaufen.
²**Kauf:** einen K. tätigen → kaufen; etwas in K. nehmen → ertragen; zum K. anbieten → verkaufen.
¹**kaufen,** erstehen, anschaffen, an sich bringen, [käuflich] erwerben, sich etwas beschaffen, einen Kauf tätigen, sich etwas zulegen, mitnehmen *(ugs.)*, schießen *(salopp)*, ankaufen, einkaufen, aufkaufen, sich eindecken mit, abkaufen, abnehmen, übernehmen · *unüberlegt und nicht zur eigenen Zufriedenheit:* sich bekaufen *(ugs., landsch.)*; → beschaffen, → einstellen, → handeln, → zahlen; → Kauf · Ggs. → verkaufen.
²**kaufen:** → bestechen.
Käufer: → Kunde.
Kaufhaus: → Laden.
käuflich: → bestechlich; k. erwerben → kaufen.
Kaufmann: → Geschäftsmann.
kaum: → beinah[e].
kausal: → ursächlich.
Kauz: → Außenseiter.
kauzig: → seltsam.
Kavalier: → Geliebter, → Weltmann.
keck: → frech.
Keeper: → Torwart.
Kegel: mit Kind und K. → alle.
Kehle: → Hals, → Rachen.
kehren: → säubern.
Kehricht: → Abfall.
Kehrreim, Refrain; → Strophe.
Kehrseite: → Rückseite.
kehrtmachen: → umkehren.
keifen: → schelten.
keilen: sich k. → schlagen.
Keiler: → Schwein.
Keim: → Krankheitserreger; im -e erstikken → hindern.
keimfrei, steril, aseptisch.
keinesfalls: → nein.
keineswegs: → nein.
Kelch: → Trinkgefäß.
Kelle: → Löffel.
Kellergeschoß: → Geschoß.
Kellner[in]: → Bedienung.
Kemenate: → Raum.
¹**kennen,** bekannt sein; → duzen, → kennenlernen.
²**kennen:** → auskennen (sich).
kennenlernen, vorgestellt werden, bekannt gemacht werden; → kennen.
Kenner: → Fachmann.
Kennkarte: → Ausweis.
kenntlich: k. machen → anstreichen.
Kenntnis: K. bekommen von → erfahren; K. geben → mitteilen; K. haben von → wissen; in K. setzen → mitteilen.
kenntnisreich: → gebildet.
Kennwort: → Losung, → Stichwort.
Kennzeichen: → Merkmal.
kennzeichnen: → bedeuten; sich k. durch → aufweisen.
kennzeichnend, bezeichnend, wesensgemäß, unverkennbar, typisch, charakteristisch; → interessant, → vorbildlich.
kentern, umschlagen, umkippen *(ugs.)*; → untergehen.
Kephalalgie: → Kopfschmerz.
Keramiker, Töpfer *(nordd.)*, Hafner *(südd.)*, Häfner *(südd.)*.
Kerker: → Strafanstalt.
Kerl: → Mann.
Kerlchen: → Junge.
Kern: → Mittelpunkt.
kerngesund: → gesund.
Kernspruch: → Ausspruch.
Kerwe: → Jahrmarkt.
Kerze, Licht; → Lampe.
Kerzenständer: → Lampe.
keß: → frech.
Kette: → Herde.
Ketzer, Häretiker, Sektierer, Apostat, Schismatiker, Dissident, Konvertit; → Abtrünniger, → Außenseiter, → Deserteur; → ketzerisch.
ketzerisch, häretisch, andersgläubig, heterodox, apostatisch, irrgläubig; → Ketzer.
keuchen: → atmen.
keusch: → anständig.
Keuschheit: → Virginität.
kichern: → lachen.
kicken: → Fußball [spielen].
kiebig: → frech.
Kiebitz: → Zuschauer.
Kiefer: → Nadelbaum.
kieken: → blicken.
Kies: → Geld.
kiesetig: → wählerisch.
killen: → töten.
Killer: → Mörder.
Kinäde: → Homosexueller.
¹**Kind,** Baby, Bébé *(schweiz.)*, Neugeborenes, kleiner/junger Erdenbürger, Säugling, Wikkelkind, Kleinkind, Kleines, Fratz, Bambino, Range, Wildfang, Blag *(abwertend)*, Balg *(salopp, abwertend)*, Wurm *(ugs.)*, Matz, Spatz, Hemdenmatz, Hosenmatz, Dreikäsehoch, Steppke, Knirps, Wicht, Lausbub, Lauser, Strick, Spitzbube, Gör[e], Kruke · *uneheliches:* Bastard, Bankert *(abwertend)*; → Junge, → Jüngling, → Leibesfrucht, → Mädchen, → Mensch, → Schüler.
²**Kind:** ein K. erwarten, mit einem K. gehen → schwanger [sein]; ein K. bekommen → ge-

bären; jmdm. ein K. machen → schwängern; mit K. und Kegel → alle; das K. mit dem Bade ausschütten → verallgemeinern.

Kinderarzt: → Arzt.

Kinderfrau: → Kindermädchen.

kinderleicht: → mühelos.

Kindermädchen, Amme, Bonne, Erzieherin, Kinderfrau, Kinderpflegerin, Gouvernante, Babysitter *(ugs.)*, Kinderschwester.

Kinderpflegerin: → Kindermädchen.

Kinderschwester: → Kindermädchen.

Kinderstube: → Benehmen.

kindisch, albern, witzlos, läppisch, simpel, infantil, pueril; → ahnungslos, → jugendlich.

kindlich: → jugendlich.

Kino, Lichtspieltheater, Lichtspielhaus, Filmpalast, Lichtspiele, Kintopp *(ugs. abwertend)*; → Spielfilm.

Kippe: → Zigarette.

[1]**Kirche,** Gotteshaus, Dom, Münster, Kathedrale, Kapelle, Basilika, Synagoge, Tempel, Moschee, Pagode, Dschami.

[2]**Kirche:** in die K. gehen → fromm [sein].

Kirchenlied: → Lied.

Kirchenmann: → Geistlicher.

Kirchhof: → Friedhof.

kirchlich: → fromm, → sakral.

Kirchweih: → Jahrmarkt.

Kirmes: → Jahrmarkt.

kirre: → zahm.

Kiste: → Auto, → Flugzeug, → Gesäß, → Schachtel.

Kitsch, Schund, Schmarren *(abwertend)*; → Schleuderware, → Unsinn; → geschmacklos.

kitschig: → geschmacklos.

Kittchen: → Strafanstalt.

Kittel: → Jacke.

kitzeln, kraulen, krauen, krabbeln *(ugs.)*, kribbeln, jucken; → kratzen, → liebkosen, → reiben.

kitzen: → gebären.

Kitzler: → Klitoris.

kitzlig: → schwierig.

Kladde: → Entwurf, → Verzeichnis.

Kladderadatsch: → Aufsehen.

kläffen: → bellen.

Kläffer: → Hund.

Klage: K. führen → beanstanden; K. erheben, eine K. anstrengen → prozessieren.

Klage[lied], Elegie, Wehklage, Jammerrede, Jeremiade, Lamento *(ugs.)*; → klagen; → wehleidig.

[1]**klagen,** wehklagen, jammern, lamentieren *(abwertend)*, barmen *(ugs.)*; → stöhnen; → wehleidig; → Klage[lied].

[2]**klagen:** k. über → beanstanden.

klagend: → wehleidig.

kläglich, erbärmlich, jämmerlich; → schwermütig.

Klamauk: → Lärm.

klamm: → naß.

Klammer: → Satzzeichen.

Klammern: → Regelverstoß.

klammheimlich: → heimlich.

Klang: → Geräusch.

klangmäßig: → akustisch.

klangvoll: → wohlklingend.

Klappe: → Mund; in die K. gehen → schlafen [gehen].

klappen: → gelingen.

Klapper: → Rassel.

Klapperkasten: → Auto.

klapprig: → hinfällig.

[1]**klar,** genau, bestimmt, greifbar, handfest, exakt, präzise, unmißverständlich, eindeutig, kategorisch, unzweideutig, deutlich, unverblümt, ungeschminkt, klipp und klar *(ugs.)*, nicht → unklar; → aufrichtig, → einleuchtend, → rundheraus, → wirklich.

[2]**klar:** → hell.

klären: → berichtigen.

Klarinette: → Blasinstrument.

klarlegen: → berichtigen.

klarmachen: → auslegen.

klarstellen: → berichtigen.

klassisch: → antik.

Klatsch, Tratsch, Gerede, Geraune, Gemunkel; → Gewäsch.

Klatsche: eine K. benutzen → absehen.

klatschen: → prasseln, → reden.

Klatschen: → Beifall.

klatschnaß: → naß.

klatschsüchtig: → gesprächig.

Klaue: → Gliedmaße, → Handschrift.

klauen: → wegnehmen.

Klause: → Kloster.

Klaustrophobie: → Angst.

Klaviatur: → Tastatur.

Klavichord: → Tasteninstrument.

Klavier: → Tasteninstrument.

kleben: → fest [sein]; jmdm. eine k. → schlagen.

klebenbleiben: → wiederholen.

Kleb[e]stoff: → Leim.

klecksen: → malen.

Kledasche: → Kleidung.

Kleid, Gewand, Fähnchen *(ugs.)*, Fummel *(salopp)*, Kostüm, Komplet; → Anzug, → Kleidung; → anziehen.

[1]**kleiden:** etwas kleidet jmdn., etwas tragen können, etwas schmeichelt/steht jmdm; → harmonieren.

[2]**kleiden:** sich k. → anziehen.

Kleider: → Kleidung.

Kleiderschrank: → Mann.

Kleidung, Bekleidung, Kleider, Gewandung, Aufzug *(abwertend)*, Kluft, Sachen *(ugs.)*, Zeug *(salopp)*, Kledasche *(salopp, abwertend)*, Habit, Ornat, Robe, Wichs, Tracht, Kostüm, Uniform, bunter Rock, Montur *(ugs., scherzh.)*, Livree; → Anzug, → Kleid, → Mantel; → anziehen, → schönmachen.

[1]**klein,** winzig, [herzlich] wenig, klitzeklein, lütt *(nordd.)*, gering, geringfügig, unerheblich unbedeutend, unbeträchtlich, lächerlich, nicht → geräumig; → unwichtig.

[2]**klein:** k. machen → urinieren; das Kleinste → Minimum.

Kleine: → Mädchen.
Kleines: → Kind.
Kleingeld: → Geld.
Kleinigkeit, Bagatelle, Lappalie, Quisquilien.
Kleinigkeitskrämer: → Pedant.
kleinkariert: → engherzig.
Kleinkind: → Kind.
kleinlich: → engherzig.
Kleinlichkeit: → Pedanterie.
kleinmütig: → mutlos.
Kleinod: → Schmuck.
Kleinstadt: → Stadt.
kleinstädtisch: → engherzig.
Kleister: → Leim.
Klementine: → Mandarine.
Klemme: in der K. sein → Not [leiden].
klemmen: → quetschen, → wegnehmen.
Klemmer: → Kneifer.
Klempner, Spengler *(oberd., westd.)*, Flaschner *(oberd.)*, Blechner *(südwestd.)*, Blechschmied *(landsch.)*.
Klepper: → Pferd.
Kleriker: → Geistlicher.
klettern: → avancieren.
Klicker: → Murmel.
Klient: → Kunde.
klieren: → schreiben.
Kliff: → Ufer.
Klima: → Umwelt, → Wetter[lage].
Klimakterium, Wechseljahre, Klimax.
Klimax: → Klimakterium, → Steigerung.
Klingel: → Glocke.
klingeln: → läuten.
klingen: → schallen.
Klinik: → Krankenhaus.
Klinker: → Ziegelstein.
Klippe: → Insel.
Klippschule: → Schule.
Klischee: → Nachahmung.
Klitoris, Kitzler; → Genitalien.
Klitterung: → Mischung.
klitzeklein: → klein.
Klo: → Toilette.
klobig: → athletisch.
klönen: → unterhalten (sich).
kloppen: sich k. → schlagen.
Klops: → Fleischkloß.
Klosett: → Toilette.
Kloß, Kartoffelkloß, Knödel *(oberd.)* · *besonders zubereiteter:* Krokette, Pommes dauphine, Mandelkartoffeln; → Fleischkloß, → Kartoffeln.
[1]**Kloster,** Abtei, Stift, Konvent, Einsiedelei, Klause; → Einsamkeit.
[2]**Kloster:** → Toilette.
Klöten: → Hoden.
Klotz: → Block.
klotzen: → Fußball [spielen].
Klub: → Bund.
Klubjacke: → Jacke.
Kluft: → Kleidung.
klug, gescheit, verständig, umsichtig, intelligent, scharfsinnig, aufgeweckt, nicht → dumm; → begabt, → ruhig, → schlau, → stichhaltig; → Begabung.
Klugheit: → Vernunft.
Klümpchen: → Bonbon.
Klumpen: → Block.
Klüngel: → Freundschaft.
Klunker: → Franse.
knabbern: → essen, → kauen.
Knabe: → Junge.
knabenhaft: → jugendlich.
Knall: K. und Fall → plötzlich; einen K. haben. → geistesgestört [sein]; es gibt einen K. → krachen.
Knalleffekt: → Pointe.
knallen: → fallen, → krachen; jmdm. eine k. → schlagen; k. auf → zusammenstoßen.
knallig: → bunt.
Knallschote: → Ohrfeige.
knapp: → beinah[e], → eng, → karg, → kurz.
Knappe: → Bergmann.
Knarre: → Schußwaffe.
Knast: → Strafanstalt; K. schieben, → abbüßen.
knattern: → krachen.
Knauf: → Griff.
knauserig: → sparsam.
knausern: → sparen.
knautschen: → zerknittern.
knebeln: → unterdrücken.
Knecht, Stallknecht, Landarbeiter, Schweizer; → Diener, → Magd, → Personal.
knechten: → unterdrücken.
knechtisch: → unterwürfig.
[1]**kneifen,** zwicken, zwacken, petzen *(landsch.)*; → stechen.
[2]**kneifen:** → ausweichen.
Kneifer, Klemmer, Zwicker, Pincenez; → Brille, → Einglas.
Kneipe: → Gaststätte.
kneipen: → trinken.
kneisten: → blinzeln.
Knick: → Zaun.
knicken: → falten.
knickern: → sparen.
knickig: → sparsam.
knickrig: → sparsam.
Knickstiebel: ein K. sein → sparsam [sein].
knickstiebelig: → sparsam.
Knie: auf die K. fallen, auf den -n liegen → knien; jmdn. in die K. zwingen → besiegen.
Kniegeige: → Streichinstrument.
knien, niederknien, sich hinknien/auf die Knie werfen, auf die Knie fallen, auf den Knien liegen, sich niederwerfen, niederfallen, sich auf den Boden/an die Erde/jmdm. zu Füßen werfen; → sitzen.
kniepig: → sparsam.
Kniestrumpf: → Strumpf.
Kniff: → Trick.
kniffen: → falten.
knipsen: → fotografieren.
Knirps: → Kind, → Zwerg.
knistern: → prasseln.
Knittelvers: → Vers.

knittern: → zerknittern.
knittrig: → faltig.
Knobelbecher: → Schuh.
knobeln: → denken.
knochenhart: → fest.
Knochenmann: → Tod.
knochentrocken: → trocken.
knochig: → schlank.
Knödel: → Kloß.
knödeln: → Fußball [spielen], → singen.
knorzen: → sparen.
knoten: → binden.
Knoten: → Dutt.
Knotenpunkt: → Mittelpunkt.
knüllen: → zerknittern.
knüpfen: → binden.
Knüppel: → Brötchen, → Stock.
knurren: → bellen.
Knute: → Peitsche.
knutschen: → küssen.
Knüttel: → Stock.
k. o.: k. o. sein → erschöpft [sein].
koalieren: → verbünden (sich).
Koalition: → Bund; eine K. eingehen → verbünden (sich).
Kobold: → Zwerg.
Koch, Küchenchef, Gastronom · *weiblicher:* Köchin, Beiköchin, Kochfrau, Kaltmamsell, kalte Mamsell, Küchendragoner *(scherzh.)*.
[1]**kochen,** das Essen zubereiten, anrichten, anmachen; → würzen.
[2]**kochen:** → braten.
Kochfrau: → Koch.
Köchin: → Koch.
Köder, Lockvogel, Magnet, Blickfang; → Glanzpunkt.
ködern: → verleiten.
kodifizieren: → buchen.
Kodifizierung: → Sammlung.
Koffer: seine K. packen müssen → entlassen.
Kohabitation: → Koitus.
Kohl *(nordd.)*, Kraut *(südd.)*, Kappes *(westd.)*; → Blumenkohl, → Rotkohl.
Kohldampf: → Hunger.
Kohle: → [Preß]kohle.
kohlen: → lügen.
Kohlen: → Geld.
koitieren, begatten, beschlafen, mit jmdm. schlafen [gehen], mit jmdm. ins Bett gehen, ein Abenteuer mit jmdm. haben, es mit jmdm. treiben, sich mit jmdm. abgeben/einlassen, jmdm. seine Gunst schenken, [Geschlechts]verkehr/intime Beziehungen haben, die ehelichen Pflichten erfüllen, beiwohnen, erkennen *(bibl.)*, sich lieben, sich hingeben, umlegen *(vulgär)*, jmdn. vernaschen *(salopp)*, stoßen *(vulgär)*, bürsten *(vulgär)*, pimpern *(vulgär)*, Nummer schieben/machen *(vulgär)*, ficken *(vulgär)*, vögeln *(vulgär)* · *von Tieren:* sich paaren/verpaaren, decken (Rind, Hund u. a.), bespringen (Rind u. a.), beschälen (Rind u. a.), belegen (Rind, Hund, u. a.), besteigen (Rind, Hund, Katze, Ratte u. a.), aufreiten (Rind, Hund, Katze, Ratte u. a.), beschlagen (Rehbock u. a.), bedecken (Hund), treten (Huhn, Gans), ranzen (Wolf, Fuchs u. a.), rollen (Fuchs), begehren (Luchs, Katze), rammeln (Hase, Kaninchen); → gebären, → lieben, → schwängern; → schwanger; → Koitus, → Samenerguß.
Koitus, Beischlaf, Beilager, [Geschlechts]akt, [Geschlechts]verkehr, Intimverkehr, Intimität, Hingabe, Kohabitation, Kopulation, Kongressus, Beiwohnung, [Liebes]vollzug, Schäferstündchen · *mit verschiedenen Partnern:* Promiskuität · *unterbrochener:* Koitus interruptus · *verhaltener:* Karezza, Koitus reservatus · *bei Tieren:* Paarung, Begattung, Kopula, Balz *(Federwild)*; → Empfängnis, → Genitalien, → Liebesspiel, → Vergewaltigung, → Vermählung; → koitieren, → schwängern, → vergewaltigen; → schwanger.
Koje: → Bett.
Kokarde: → Abzeichen.
kokett: → eitel.
kokettieren: → flirten, → übertreiben.
Kokolores: → Unsinn.
Kokotte: → Prostituierte.
koksen: → schlafen.
Kolchose: → Gut.
Kolik, Leibschmerzen, Leibweh, Bauchschmerzen *(ugs.)*, Bauchweh *(ugs., landsch.)*, Bauchgrimmen *(ugs.)*.
kollabeszieren: → hinfällig [werden].
kollabieren: → ohnmächtig [werden].
Kollaps: → Anfall.
kollationieren: → vergleichen.
Kolleg: → Rede, → Unterricht.
Kollege, Mitarbeiter · *unter Geistlichen:* Amtsbruder, Konfrater (kath.); → Teilhaber.
kollegial: → freundschaftlich.
Kollekte, Sammlung, Spendenaktion; → Beitrag.
Kollektion: → Auswahl.
Kollektiv: → Mannschaft.
Kollektivarbeit: → Tätigkeit.
Koller: → Anfall.
kollern: → krächzen.
kollidieren: → zusammenstoßen.
Kollision: → Zusammenstoß.
Kolloquium: → Gespräch, → Prüfung.
Kollusion: → Abmachung.
Kolonist: → Einwanderer.
Kolonne: → Abteilung.
kolossal[isch]: → gewaltig.
kolportieren: → mitteilen.
Kolumne: → Rubrik.
Kolumnist: → Berichter.
Kombination: → Anzug, → Synthese.
komisch: → seltsam.
Komitee: → Ausschuß.
Komma: → Satzzeichen.
Kommandant: → Befehlshaber.
Kommandeur: → Befehlshaber.
kommandieren: k. zu → abordnen.
Kommando: → Weisung.

[1]**kommen,** sich nähern/herankommen, zu Fuß/per pedes/auf Schusters Rappen kommen (oder:) gehen, anrücken, im Anzug sein, anmarschieren, erscheinen, sich einfinden/einstellen, antanzen *(salopp)*, zur Stelle sein, ankommen, anlangen, eintreffen, aufkreuzen *(salopp)*, eintrudeln *(salopp)* · *vom Zug, Schiff:* einlaufen; → anwesend [sein], → fortbewegen (sich), → landen; **nicht k.,** fernbleiben, nicht → teilnehmen; → abwesend [sein].

[2]**kommen:** k. von → entstammen; k. lassen → beordern, → bestellen (etwas); k. sehen → merken; k. um etwas → verlieren; gekommen sein → anwesend [sein]; nach jmdm. k. → gleichen; hinter etwas k. → erkennen; im Kommen sein → bekannt [werden].

Kommen: → Besuch.

kommend: → später.

Komment: → Brauch.

Kommentator: → Kritiker.

kommentieren: → auslegen.

Kommis: → [Handels]gehilfe.

Kommiß: beim K. sein → Soldat [sein].

Kommissar: → Beauftragter.

Kommission: → Ausschuß, → Treuhänderschaft.

Kommunikation: → Kontakt.

Kommunion: → Konfirmation.

Kommuniqué: → Mitteilung.

Komödiant: → Schauspieler.

Komödie, Lustspiel, Kabarett, Posse, Farce, Burleske, Schwank, Sketch; → Kriminalstück, → Revue · Ggs. → Tragödie.

Kompagnon: → Teilhaber.

kompakt: → untersetzt.

Kompanie: → Herde.

Komparse: → Schauspieler.

Kompendium: → Ratgeber.

kompetent: → befugt.

komplementär: → gegensätzlich.

Komplet: → Kleid.

komplettieren: → vervollständigen.

komplex, verwickelt, verflochten, verzweigt, zusammengesetzt, beziehungsreich.

Komplex: → Gebiet.

Komplice, Helfershelfer, Eingeweihter, Kumpan *(salopp)*, Spießgeselle *(abwertend)*.

Kompliment: -e machen → schmeicheln.

komplizieren: → hindern.

kompliziert: → schwierig.

Komplott: → Verschwörung.

komponieren: → vertonen.

Komponist, Tonschöpfer, Tonsetzer, Kompositeur, Arrangeur; → vertonen.

Kompositeur: → Komponist.

Kompost: → Dünger.

Kompott: → Dessert.

komprimiert: → kurz.

Kompromiß: → Abmachung.

kompromißlos: → unzugänglich.

kompromittieren: → bloßstellen.

Kompromittierung: → Bloßstellung.

Kompulsion: → Zwang.

Konditor: → Bäcker.

Konditorei: → Café.

Kondolenz: → Beileid.

kondolieren, seine Teilnahme/sein Beileid ausdrücken (oder:) aussprechen (oder:) bezeigen; → mitfühlen; → Beileid.

Kondom: → Präservativ.

Kondukteur: → Schaffner.

Konfekt: → Praline, → Teegebäck.

Konferenz: → Tagung.

konferieren: → tagen.

Konfession: → Bekenntnis, → Glaube.

Konfident: → Freund.

Konfirmation, Einsegnung, Kommunion *(kath.)*; → taufen.

Konfiserie: → Café.

Konfiseur: → Bäcker.

konfiszieren: → beschlagnahmen.

Konflikt: → Not.

Konföderation: → Bund.

konform: → übereinstimmend; k. gehen → billigen.

Konfrater: → Kollege.

konfrontieren: → vergleichen.

Konfusion: → Verwirrung.

kongenial: → geistesverwandt.

kongenital: → angeboren.

Konglomerat: → Mischung.

Kongregation, Bruderschaft, Orden; → Bund.

Kongreß: → Tagung.

Kongressus: → Koitus.

König: → Oberhaupt; K. der Juden → Heiland; K. der Tiere/der Wüste → Löwe.

Konjunktion: → Wortart.

Konjunktur: → Aufschwung.

Konjunkturritter: → Opportunist.

Konjuration: → Verschwörung.

Konklave: → Tagung, → Versammlungsort.

Konkordat: → Abmachung.

konkret: → wirklich.

konkretisieren: → veranschaulichen.

Konkubinat: → Ehe.

Konkupiszenz: → Leidenschaft.

Konkurrent: → Gegner.

Konkurrenz, Wettbewerb, Wettstreit, Wetteifer, Rivalität, Gegnerschaft; → Gegensatz; **K. machen,** jmdm. ins Handwerk pfuschen *(ugs.)*; → übertreffen.

konkurrieren: k. mit → übertreffen.

Konkurs: → Zahlungsunfähigkeit.

[1]**können,** vermögen, imstande/in der Lage/fähig sein zu, nicht → versagen; → befugt [sein], → bewältigen, → bewerkstelligen, → erwirken, → gelingen, → verwirklichen, → wünschen; → erprobt.

[2]**können:** → müssen; nicht mehr k. → satt [sein]; etwas kann ... werden → lassen (sich).

Können: → Fähigkeit.

Könner: → Fachmann.

Konnivenz: → Duldung.

Konrektor: → Schulleiter.

Konsens: → Erlaubnis.

konsequent: → planmäßig.

konservativ: → rückschrittlich.
Konserve: → Büchse.
konservieren, erhalten, haltbar machen *von Lebensmitteln:* einmachen, einkochen, einlegen · *von Leichen:* mumifizieren.
Konsistorium: → Tagung.
Konspekt: → Verzeichnis.
Konspiration: → Verschwörung.
konspirieren, sich verschwören, unter einer Decke stecken *(ugs.)*; → infiltrieren; → Verschwörung.
Konstabler: → Polizist.
konstant: → unaufhörlich.
Konstanz: → Beharrlichkeit.
konstatieren: → bemerken.
Konstellation: → Lage.
konsterniert: → betroffen.
Konstipation: → Stuhlverstopfung.
konstituieren: → gründen.
konstruktiv: → nützlich.
Konsul: → Diplomat.
konsultieren: → fragen.
konsumieren: → aufessen.
Kontakt, Verbindung, Kommunikation, Berührung, Fühlungnahme; → Bund.
kontaktarm: → unzugänglich.
kontaktfähig: → gesellig.
kontaktfreudig: → gesellig.
kontaktscheu: → unzugänglich.
kontaktschwach: → unzugänglich.
Kontemplation: → Versenkung.
kontemplativ: → beschaulich.
Kontenance: → Gelassenheit.
Konterfei: → Bild.
kontern: → antworten.
Kontertanz: → Tanz.
Kontext: → Text.
Kontingent: → Beitrag.
kontinuierlich: → unaufhörlich.
Konto: → Guthaben.
Kontra: K. geben → antworten.
Kontrabaß: → Streichinstrument.
kontradiktorisch: → gegensätzlich.
Kontrahent: → Gegner.
Kontrakt: → Abmachung.
konträr: → gegensätzlich.
kontrastieren, sich abheben von, in Gegensatz stehen zu, abstechen gegen, abweichen von.
Kontrazeption: → Empfängnisverhütung.
Kontrolle: → Überwachung.
kontrollieren: → prüfen.
Kontrollmädchen: → Prostituierte.
Kontroverse: → Streit.
Kontur: → Umriß.
Konvent: → Kloster, → Tagung.
Konventikel: → Tagung.
Konvention: → Abmachung.
konventionell: → herkömmlich.
konvergierend: → übereinstimmend.
Konversation: → Gespräch; K. machen → unterhalten (sich).
Konversationslexikon: → Nachschlagewerk.
konvertieren, übertreten, sich bekehren; → Abtrünniger.
Konvertit: → Ketzer.
Konvolut: → Aktenbündel.
konzedieren: → billigen.
Konzentration, Sammlung, Andacht, Aufmerksamkeit; → aufmerksam.
konzentrieren: → versenken (sich).
konzentriert: → aufmerksam.
Konzept: → Entwurf.
Konzeption: → Empfängnis, → Entwurf.
Konzern: → Unternehmen.
Konzertina: → Tasteninstrument.
Konzession: → Zugeständnis.
Konzil: → Tagung.
konziliant: → entgegenkommend.
konzipieren: → entwerfen.
konzis: → kurz.
Kooperation: → Mitarbeit.
koordinieren: → verknüpfen.
[1]Kopf, Haupt, Schädel, Dez *(salopp)*, Oberstübchen *(ugs.)*, Rübe *(salopp)*, Birne *(derb)*, Ballon *(derb)*, Kürbis *(derb)*, Nischel *(salopp)*, Dach *(salopp)*; → Gehirn.
[2]Kopf: jmdm. auf den K. kommen → schelten; im K. haben → Gedächtnis; jmdn. vor den K. stoßen → kränken.
Kopfbedeckung, Hut, Mütze, Kappe, Dekkel *(salopp)*, Zylinder, Helm.
Köpfchen: → Vernunft.
köpfen: → töten.
kopflos: → schnell.
kopfscheu: k. machen → verwirren.
Kopfschmerz, Migräne, Kephalalgie.
Kopfschuppe: → Schorf.
Kopfstoßen: → Regelverstoß.
kopfüber: → schnell.
Kopie: → Abschrift, → Nachahmung.
kopieren: → nachahmen.
Kopilot: → Flugzeugführer.
Koppel: → Herde, → Wiese.
Koprostase: → Stuhlverstopfung.
Kopula: → Koitus.
Kopulation: → Empfängnis, → Koitus, → Vermählung.
Korb: einen K. geben → ablehnen.
Korbflasche: → Flasche.
Kordel: → Schnur.
Kork[en]: → Stöpsel.
Korn: → Getreide.
Kornett: → Blasinstrument.
Körper: → Gestalt.
Körperertüchtigung: → Sport.
Korporation: → Bund.
Korps: → Bund, → Mannschaft.
korpulent: → dick.
Korpus: → Gestalt, → Text.
Korreferent: → Redner.
korrekt: → richtig.
Korrektur, Verbesserung, Berichtigung, Revision.
korrelativ: → gegensätzlich.
Korrespondent: → Berichter.
Korrespondenz: → Schriftwechsel.
Korridor: → Diele.

korrigieren: → ändern, → berichtigen.
korrumpieren: → bestechen.
korrupt: → bestechlich.
Korsage: → Mieder.
Korselett: → Mieder.
Korsett: → Mieder.
Korso: → Rennplatz.
Koryphäe: → Fachmann.
koscher: → unverdächtig.
Koseform: → Vorname.
kosen: → küssen.
Kosename: → Vorname.
Kosmonaut: → Astronaut.
Kosmopolit: → Weltbürger.
Kosmos: → Weltall.
Kost: → Nahrung.
kostbar: → erlesen.
kosten: → prüfen; viel k. → teuer [sein].
Kosten: die K. tragen → zahlen.
Kostenanschlag: → Kalkulation.
kostenlos, gratis, gratis und franko *(ugs.)*, umsonst, unentgeltlich, frei, portofrei, freigemacht, postfrei, franko.
Kostenrechnung: → Rechnung.
köstlich: → appetitlich.
Köstlichkeit: → Leckerbissen.
Kostprobe: eine K. nehmen → prüfen.
kostspielig: → teuer.
Kostüm: → Kleid, → Kleidung.
kostümieren: sich k. → verkleiden (sich).
Kot: → Exkrement, → Schmutz.
Kotau: K. machen → erniedrigen.
Kotelett, Karbonade *(landsch.)* · *ohne Knochen:* Schnitzel.
koten: → defäkieren.
Köter: → Hund.
kotzen: → übergeben (sich).
krabbeln: → kitzeln, → kriechen.
Krach: → Lärm, → Streit.
Kracheisen: → Schußwaffe.
krachen, knallen, es gibt einen Knall, knattern, böllern, donnern; → prasseln, → schallen.
[1]**krächzen,** schnarren, gackern/gluck[s]en (Henne), krähen (Hahn), schnattern, kollern (Truthahn), rucksen/gurren (Taube).
[2]**krächzen:** → husten.
Krad: → Motorrad.
kraft: → wegen.
Kraft: → Fähigkeit; außer K. setzen → abschaffen; wieder zu Kräften kommen → erholen (sich).
Kraftbrühe: → Suppe.
Kraftdroschke: → Taxe.
Kraftfahrzeug: → Auto.
kräftig: → bunt, → nahrhaft, → stark.
kräftigen: → festigen.
kraftlos, entkräftet, matt, ermattet, schlapp, nicht → stark; → anfällig, → krank, → schlaff, → willensschwach.
Kraftquelle: → Motor.
Kraftrad: → Motorrad.
kraftstrotzend: → athletisch.
kraftvoll: → stark.
Kraftwagen: → Auto.
krähen: → krächzen.
krakeln: → schreiben.
krallen: → wegnehmen.
kramen: → suchen.
Krämer: → Geschäftsmann.
krank, unwohl, unpäßlich, indisponiert, fiebrig, todkrank, sterbenskrank, malade, kränklich, kränkelnd, angekränkelt, morbid, leidend, siech, bettlägerig, nicht → gesund; → erschöpft, → hinfällig, → kraftlos, → krankhaft; **k. werden,** sich anstecken/infizieren/*(ugs.)* etwas [weg]holen, etwas [auf]schnappen/aufgabeln/fangen/ausbrüten *(ugs.)*; **k. sein,** leiden, darniederliegen, dahinsiechen, bettlägerig sein, das Bett hüten, im/zu Bett liegen, kränkeln, nicht mehr können *(ugs.)*, es zu tun haben mit *(ugs.)*, es haben mit/auf *(ugs.)*, auf der Nase liegen *(salopp)*, jmdm. ist [spei]übel/schlecht/nicht gut, jmdm. fehlt etwas, nicht auf der Höhe/auf dem Posten/auf dem Damm/in Ordnung sein *(ugs.)*; → Ansteckung, → Krankheit, → Unfallwagen.
kränkeln: → krank [sein].
kränkelnd: → krank.
[1]**kränken,** beleidigen, verletzen, verwunden, insultieren, schmähen, zurücksetzen, treffen, jmdm. eine Beleidigung zufügen, jmdn. vor den Kopf stoßen, brüskieren, jmdm. auf den Schlips treten *(salopp)*; → bloßstellen, → verletzen, → verleumden; → ärgerlich, → gekränkt; → Beleidigung.
[2]**kränken:** etwas kränkt jmdn. → ärgern.
Krankenanstalt: → Krankenhaus.
kränkend: → beleidigend.
Krankendienst: → Unfallwagen.
Krankenhaus, Krankenanstalt, Klinik, Poliklinik, Hospital, Spital, Lazarett, Heilanstalt, Sanatorium, Heilstätte, Siechenhaus, Irrenanstalt, Irrenhaus *(abwertend)*.
Kranker: → Patient.
krankfeiern: → faulenzen.
krankhaft, pathologisch; → krank.
Krankheit, Leiden, Übel, Seuche, Epidemie, Erkrankung, Siechtum, Bresthaftigkeit, Gebrechen, Gebrest, Unpäßlichkeit, Unwohlsein, schlechtes Befinden, Bettlägerigkeit, Wehwehchen *(ugs.)*; → Geschwür, → Not, → Tuberkulose, → Wunde · Ggs. → Gesundheit.
Krankheitserreger, [Krankheits]keim, Bakterie, Bazillus, Virus.
Krankheitskeim: → Krankheitserreger.
krankheitsverhütend: → vorbeugend.
kränklich: → krank.
Kränkung: → Beleidigung.
Kräppel: → Pfannkuchen.
[1]**kratzen,** schaben, scharren, schürfen, ritzen, schrammen, schrap[p]en *(landsch.)*; → kritzeln, → reiben.
[2]**kratzen:** → wegnehmen.
Kratzer: → Schramme.
krauchen: → kriechen.
krauen: → kitzeln.
kraulen: → baden, → kitzeln.

Kraut: → Kohl; ins K. schießen → überhandnehmen.
Krawall: → Streit, → Verschwörung.
Krawatte, Schlips, [Selbst]binder, Senkel *(salopp)*, [Krawatten]schleife, Fliege.
Krawattenschleife: → Krawatte.
Kreatur: → Geschöpf.
[1]**Kredit** (das): → Guthaben.
[2]**Kredit** (der): einen K. aufnehmen → leihen; auf K. → leihweise.
Kreditinstitut: → Geldinstitut.
Kredo: → Glaubensbekenntnis.
kregel: → gesund.
kreidebleich: → blaß.
kreideweiß: → blaß.
kreieren: → erschaffen.
Kreis: → Ausschuß, → Verwaltungsbezirk.
kreischen: → schreien.
kreisförmig: → rund.
kreißen: → gebären.
kremieren: → einäschern.
Kremser: → Kutsche.
krepieren: → platzen, → sterben.
Kretscham: → Gaststätte.
Kreuz: → Spielkarte; jmdn. aufs K. legen → betrügen; jmdm. etwas aus dem K. leiern → ablisten; zu -e kriechen → erniedrigen.
kreuzen: → züchten.
Kreuzfahrt: → Reise.
kreuzunglücklich: → schwermütig.
Kreuzverhör: → Verhör.
Kreuzworträtsel: → Rätsel.
kribbeln: → kitzeln.
kribblig: → aufgeregt.
Krickel: → Schwanz.
[1]**kriechen,** krabbeln, krauchen *(landsch.)*, robben; → fortbewegen (sich).
[2]**kriechen:** → unterwürfig [sein].
kriechend: → unterwürfig.
Kriecher: → Schmeichler.
Kriecherei: → Unterwürfigkeit.
kriecherisch: → unterwürfig.
Krieg: → Kampf; nicht aus dem K. heimkehren, im K. bleiben → sterben.
kriegen: → ergreifen (jmdn.), → erwerben; sich k. → heiraten.
Krieger: → Soldat.
kriegerisch: → streitbar.
Kriegsbeil: das K. begraben → bereinigen.
Kriegskunst: → Strategie.
Kriminalstück, Thriller, Schocker; → Komödie.
kriminell: → gesetzwidrig.
Krimineller: → Verbrecher.
Krise: → Höhepunkt.
Kriterium: → Merkmal.
Kritik: → Besprechung.
Kritiker, Rezensent, Besprecher, Komentator; → Besprechung.
kritisch: → ernst, → gefährlich; -e Tage → Menstruation.
kritisieren: → beanstanden, → prüfen.
kritteln: → beanstanden.
kritzeln: → schreiben.
Krokette: → Kloß.
Krokodilstränen: K. weinen → weinen.
Krone: → Lampe.
Kronleuchter: → Lampe.
Kroppzeug: → Abschaum.
Kröte: → Unke; -n → Geld.
krücken: → lügen.
Krug: → Gaststätte, → Kanne.
Kruke: → Kanne, → Kind.
Krume: → Erde.
krumm: → gebogen, → verwachsen; der ist k. → sparsam [sein]; sich k. legen → sparen.
krummnehmen: → übelnehmen.
krummliegen: → sparen.
krüppelig: → verwachsen.
Kruste: → Schale.
Kryptorchismus: → Hoden.
Kübler: → Böttcher.
Kubus: → Würfel.
Küchenchef: → Koch.
Küchendragoner: → Koch.
kuchenwarm: → warm.
Küchlein: → Huhn.
kucken: → blicken.
kugeln: → rollen.
Kuh: → Rind.
kühl: → kalt.
Kühle: → Kälte.
Küfer: → Böttcher.
kühl: → unzugänglich.
Kuhle: → Grube.
kühn: → mutig.
Kühnheit: → Mut.
kujonieren: → schikanieren.
Küken: → Huhn.
kulant: → entgegenkommend.
Kuli: → Arbeitstier.
kullern: → rollen.
kultivieren: → verfeinern.
kultiviert: → geschmackvoll.
Kulmination: → Höhepunkt.
Kumme: → Schüssel.
kümmeln: → trinken.
Kummer: → Leid.
kümmerlich: → karg.
kümmern: sich k. um → pflegen, → sorgen (sich); sich um alles k. → neugierig [sein].
Kümmernis: → Leid.
Kumpan: → Komplice.
Kumpel: → Freund.
[1]**Kunde,** Käufer, Stammkunde, Laufkunde, Abnehmer, Interessent, Auftraggeber · *im Rechtswesen:* Klient, Mandant; → Kauf, → Kundendienst, → Patient; → verkaufen.
[2]**Kunde:** → Nachricht.
Kundendienst, Service, Bedienung, Dienst [am Kunden]; → Kunde; → bedienen.
Kundgabe: → Mitteilung.
kundgeben: → bekunden.
[1]**kündigen** (jmd. kündigt), ausscheiden, verlassen, gehen *(ugs.)*, den Abschied nehmen, demissionieren, zurücktreten, die Arbeit niederlegen/ *(salopp)* hinschmeißen; → ausschließen, → entfernen, → entlassen, → streiken, → trennen (sich); → Kündigung.

²kündigen: → abbestellen, → entlassen.
Kundiger: → Fachmann.
Kündigung, Entlassung, Rücktritt, Austritt, Ausscheiden, Demission, Hinauswurf *(ugs.)*, Rausschmiß *(salopp)*; → entlassen, → kündigen.
Kundmachung: → Mitteilung.
künftig: → später.
Kunst: schwarze K. → Zauberei.
Kunstfertigkeit, Fertigkeit, Geschicklichkeit, Übung, Routine, Erfahrenheit, Erfahrung, Gewandtheit · *im Arrangieren von Blumen:* Ikebana; → Fähigkeit, → Handhabung, → Strategie, → Verfahren.
Kunstgriff: → Trick.
künstlich: → unecht.
kunstlos: → einfach.
Kunsttanz: → Tanz.
Kunterbunt: → Mischung.
Kupidität: → Leidenschaft.
kupieren: → beschneiden.
Kuppel: → Gewölbe.
Kuriosum: → Ereignis.
kurbeln: → drehen.
Kürbis: → Kopf.
Kurgast: → Urlauber.
Kurpfuscher: → Arzt.
Kurier: → Abgesandter.
kurieren: → gesund [machen].
Kurs: → Unterricht; hoch im K. bei jmdm. stehen → angesehen [sein].
Kursus: → Unterricht.
Kurtisane: → Geliebte.
Kurve: die K. kratzen → weggehen.
Kurven: → Busen.
¹kurz, knapp, gedrängt, kurz und bündig, kurz und schmerzlos *(ugs.)*, konzis, komprimiert, summarisch, lakonisch, lapidar, aphoristisch, nicht → ausführlich; → vergänglich.
²kurz: → vorübergehend; k. [angebunden] → unhöflich; in -er Zeit → später; den kürzeren ziehen → hereinfallen; über k. oder lang → später; zu k. kommen → mangeln.
Kürzel: → Abkürzung.
kürzen: → verringern.
kurzerhand, kurz entschlossen; → schnell.
Kurzgeschichte: → Erzählung.
kürzlich, neulich, letztens, jüngst, unlängst, vorhin, vor einer Weile, vor kurzem, nicht → jetzt.
Kurzschrift, Stenographie; → Abkürzung.
Kurzweil: → Unterhaltung.
kurzweilig, unterhaltend, unterhaltsam, abwechslungsreich, abwechslungsvoll, nicht → langweilig; → interessant, → lustig; → Unterhaltung.
Kurzwort: → Abkürzung.
kuschen: → gehorchen.
Kuß: einen K. geben → küssen.
¹küssen, einen Kuß geben, einen aufdrükken *(salopp)*, abküssen, abschmatzen *(ugs.)*, busseln *(landsch.)*, schnäbeln *(scherzh.)*, [ab]knutschen *(salopp)*, kosen, herzen, schmusen; → liebkosen, → umfassen.
²küssen: küß die Hand! → Gruß.
Küste: → Ufer.
Kustos: → Referent.
Kute: → Grube.
Kutsche, Droschke, Kalesche, Fiaker Landauer, Kremser; → Taxe, → Wagen.
kutschieren: → fahren.
Kutteln: → Eingeweide.
Kutter: → Boot.

L

Labbe: → Mund.
labberig: → abgestanden.
labend: → bekömmlich.
labil: → anfällig, → veränderlich.
laborieren: → behandeln.
Labsal: → Trost.
Lache: → Pfütze.
lächeln: → lachen.
¹lachen, lächeln, schmunzeln, strahlen, grinsen, grienen, sich freuen [über], belächeln, belachen, feixen *(ugs.)*, auflachen, eine Lache anschlagen, kichern, kickern, gickeln, gackern *(ugs.)*, in Gelächter ausbrechen, Tränen lachen, herausplatzen, *(ugs.)*, losplatzen *(ugs.)*, [los]prusten *(ugs.)*, losbrüllen *(ugs.)*, wiehern *(salopp)*, sich ausschütten/kugeln/krümmen/biegen vor Lachen *(ugs.)*, sich totlachen *(ugs.)*, sich krumm und schief/scheckig lachen *(salopp)*; sich einen Ast lachen *(salopp)*; → schadenfroh [sein]; → lustig · Ggs. → weinen.
²lachen: → schadenfroh [sein].
¹lächerlich, lachhaft, grotesk.
²lächerlich: → klein; l. machen → bloßstellen.
lachhaft: → lächerlich.
Lackaffe: → Geck.
Lacke: → Pfütze.
Lade: → Schachtel.
¹laden, beladen, vollladen, befrachten, bepacken, aufpacken, vollpacken, aufladen, aufbürden, auflasten, einladen, verladen, aufhalsen *(ugs.)*.
²laden: → beordern, → einladen.
¹Laden, Geschäft, Boutique, Basar, Verkaufsstätte, Selbstbedienungsladen, Supermarkt, Discountgeschäft · *großer:* Kaufhaus, Warenhaus · *mit Imbißstube:* Drugstore; → Unternehmen.
²Laden: → Fensterladen.
Ladenhüter: → Schleuderware.
Ladenschwengel: → [Handels]gehilfe.

Ladentisch, Tresen *(nordd.)*, Theke, Schanktisch, Buffet.
lädieren: → beschädigen.
Laffe: → Geck.
[1]**Lage,** Situation, Konstellation, Gruppierung, Status, Stand, Stellung, Zustand, Existenz, Assiette, Bestehen, Sein, Dasein, Stadium; → Not.
[2]**Lage:** in der L. sein → können; in die L. versetzen → möglich [machen].
Lager: → Vorrat, → Warenlager; auf L. haben → haben; nicht am L. sein → vergriffen [sein].
Lagerhaus: → Warenlager.
lagern, ablagern, ablegen, deponieren; → aufbewahren, → verlagern.
Lagerstatt: → Bett.
[1]**lahm,** gelähmt, gehbehindert.
[2]**lahm:** → ungeschickt.
lahmen: → hinken.
lähmen: → hindern.
laichen: → gebären.
Laie: → Nichtfachmann.
laienhaft: → dilettantisch.
Laisser-aller: → Duldung.
Laisser-faire: → Duldung.
Lakai: → Diener.
Laken *(nordd.)*, Bettuch *(südd.)*.
lakonisch: → kurz.
lala: so l. → mäßig.
lallen: → stottern.
Lambrie: → Fußleiste.
lamentieren: → klagen.
Lamento: → Klage[lied].
Lamm: → Schaf.
lammen: → gebären.
lammfromm: → zahm.
Lampe, Funzel, Laterne, Lampion, Leuchte, Kronleuchter, Lüster, Krone, Leuchter, Kandelaber, Kerzenständer; → Kerze.
Lampenfieber: L. haben → aufgeregt [sein].
Lamperie: → Fußleiste.
Lampion: → Lampe.
lancieren: → fördern.
Land: → Heimat; an L. bringen → länden.
Landarbeiter: → Knecht.
Landarbeiterin: → Magd.
Landauer: → Kutsche.
Landebahn: → Rollbahn.
[1]**landen,** niedergehen, aufsetzen · *auf dem Wasser:* wassern; → kommen.
[2]**landen:** bei jmdm. l. → erwirken.
länden, an Land bringen/ziehen, aus dem Wasser ziehen; → retten.
Landeplatz: → Flugplatz, → Glatze.
Landessprache: → Muttersprache.
Landgut: → Gut.
Landhaus: → Haus.
Landjäger: → Polizist.
Landkreis: → Verwaltungsbezirk.
landläufig: → üblich.
Landplage: → Störenfried.
Landschaft: → Stelle.
landschaftlich: → regional.
Landser: → Soldat.
Landstraße: → Straße.
Landstreicher: → Vagabund.
Landstrich: → Stelle.
Landwirt: → Bauer.
Landwirtschaft: → Gut.
lang: → groß; l. und breit → ausführlich.; -es Ende → Mann; von -er Hand, seit -em → längst.
langatmig: → ausführlich.
[1]**lange,** länger, geraum, langwierig · *von Krankheiten:* chronisch, unheilbar, hoffnungslos.
[2]**lange:** → längst; [schon] l. → bereits.
Länge: → Ausmaß; in die L. ziehen → verschieben.
langen: → ausreichen, → geben; jmdm. eine l. → schlagen.
länger: → lange.
Langeweile: L. haben → langweilen.
Langfinger: → Dieb.
langjährig, jahrelang; → alt.
Langmut: → Duldung.
langsam, im Schneckentempo, nicht → schnell; → hinhaltend, → ungeschickt; **l. arbeiten,** trödeln, bummeln, nölen *(ugs.)*, mären *(ugs.)*; → faulenzen · Ggs. → arbeiten.
[1]**längst,** von langer Hand, seit langem, lange [vorher]; → vorher.
[2]**längst:** [schon] l. → bereits.
langstielig: → ausführlich.
langweilen, Langeweile haben, anöden *(ugs.)*, sich mopsen *(ugs., landsch.)*.
langweilig, öde, trostlos, trist, fade, gleichförmig, eintönig, ermüdend, monoton, hausbacken, ennuyant, nicht → kurzweilig; → abgestanden, → ausführlich, → beschwerlich.
langwierig: → lange, → schwierig.
Lanze: → Wurfwaffe.
lapidar: → kurz.
Lappalie: → Kleinigkeit.
Lappen: → Flicken, → Geld; jmdm. durch die L. gehen → fliehen.
läppisch: → kindisch.
Lapsus: → Fehler.
Lärche: → Nadelbaum.
Laren: → Hausgötter.
Lärm, Getöse, Krach, Radau, Spektakel, Rabatz *(ugs.)*, Klamauk *(ugs.)*, Tamtam *(ugs.)*; → Aufsehen, → Streit; **L. machen,** lärmen, randalieren; → ärgerlich [sein].
lärmen: → Lärm [machen].
lasch: → abgestanden.
[1]**lassen** (sich): etwas läßt sich [erklären, vernehmen usw.], kann [erklärt, vernommen usw.] werden, ist zu [erklären], etwas ist erklärlich/erklärbar usw.
[2]**lassen:** → abschreiben, → versäumen; jmdm. etwas tun l. → anordnen.
lässig: → ungezwungen.
[1]**Last,** Bürde, Joch; → Anstrengung, → Tätigkeit; → tragen.
[2]**Last:** zur L. legen → anlasten, → verdächtigen.

Lastenausgleich: → Ersatz.
lastend: → schwer.
lasterhaft: → anstößig.
lästern: → reden.
lästig: → hinderlich, → unerfreulich.
Lastkraftwagen: → Auto.
lasziv: → anstößig.
latent, verborgen, versteckt, unmerklich; → heimlich.
Laterne: → Lampe.
Latrine: → Toilette.
Latrinenparole: → Gerücht.
latschen: → fortbewegen (sich).
Latschen: → Schuh.
Latte: → Brett.
lau: → warm.
Laubbaum, Eiche, Buche, Birke, Platane, Erle · Ggs. → Nadelbaum.
Laube: → Haus.
Laudatio: → Lobrede.
Lauf: → Vorgang; im -e von → binnen.
Laufbahn, Karriere, Werdegang, Lebenslauf, Curriculum vitae, Entwicklungsgeschichte; → Aufstieg, → Biographie.
Laufbursche: → Bote.
laufen: → fließen, → fortbewegen (sich), → rollen, → weggehen; l. lassen → freilassen; etwas läuft → funktionieren; etwas läuft ins Geld → teuer [sein].
Läufer: → Schwein, → Teppich.
Laufkunde: → Kunde.
Laufpaß: den L. geben → entlassen.
Laufsteg: → Treppe.
Lauge: → Flüssigkeit.
[1]**Laune,** Grille, Mucke.
[2]**Laune:** gute L. → Heiterkeit; schlechte L. → Ärger.
launenhaft: → launisch.
launisch, launenhaft, wetterwendisch, unberechenbar; → ärgerlich.
Lausbub: → Kind.
lauschen: → hören.
Lauscher: → Auskundschafter, → Ohr.
lauschig: → gemütlich.
lausekalt: → kalt.
Lausekälte: → Kälte.
Lauser: → Kind.
[1]**laut,** vernehmlich, hörbar, vernehmbar, lautstark, überlaut, ohrenbetäubend, schrill, grell, gellend, nicht → ruhig, nicht → still; → akustisch.
[2]**laut:** → gemäß.
Laut: L. geben → bellen.
Laute: → Zupfinstrument.
lauten: → bedeuten.
läuten, klingeln, schellen *(südd.)*, bimmeln *(ugs.)*, gongen, beiern; → rauschen, → schallen.
läutern: sich l. → bessern (sich).
Läuterung, Reinigung, Katharsis.
Lautlosigkeit: → Stille.
Lautschrift: → Umschrift.
lautstark: → laut.
lauwarm: → warm.
lavieren: → verfahren.
lax: → aufgeklärt.
Laxheit: → Duldsamkeit.
Lazarett: → Krankenhaus.
Lebemann: → Frauenheld.
[1]**leben,** existieren, sein Leben/Dasein fristen, vegetieren, [am Leben] sein, unter den Lebenden weilen, es gibt jmdn., ein Leben führen/haben, ein Dasein führen.
[2]**leben:** → weilen; gut l. → essen.
Leben: aus dem L. scheiden, sich ums L. bringen, sich das L. nehmen → entleiben; aus dem L. gerissen werden, ums L. kommen → sterben.
lebendig: → lebhaft.
Lebensart: → Lebensweise.
lebensbejahend: → zuversichtlich.
Lebensbejahung: → Optimismus.
Lebensbereich: → Umwelt.
Lebensbeschreibung: → Biographie.
Lebensbild: → Biographie.
Lebenserfahrung: → Erfahrung.
Lebenserinnerungen: → Biographie.
Lebensform: → Sitte.
lebensfremd, akademisch, trocken; → gebildet.
Lebensgefährte: → Ehemann.
Lebensgefährtin: → Ehefrau.
Lebensgeschichte: → Biographie.
Lebensjahr: → Jahr.
Lebenskamerad: → Ehefrau, → Ehemann.
Lebenskameradin: → Ehefrau.
Lebenslauf: → Laufbahn.
Lebenslicht: das L. ausblasen → töten.
Lebenslust: → Lust.
lebenslustig: → lustig.
Lebensmittel, Nahrungsmittel, Genußmittel, Viktualien, Fressalien *(salopp)*.
Lebensmüder: → Selbstmörder.
Lebensmüdigkeit: → Lebensunlust.
Lebensmut: → Optimismus.
lebensnah: → fortschrittlich.
Lebensneid: → Neid.
Lebensregel: → Ausspruch.
Lebensüberdruß: → Lebensunlust.
Lebensumstände: → Umwelt.
Lebensunlust, Lebensüberdruß, Lebensmüdigkeit; → Selbstmord.
Lebensweise, Lebensart · *altgewohnte, lässige:* Schlendrian, Trott; → Brauch.
Lebewesen: → Geschöpf.
[1]**lebhaft,** lebendig, vital, dynamisch, temperamentvoll, feurig, heißblütig, blutvoll, vollblütig, unruhig, getrieben, quecksilbrig, wild, übermütig, ausgelassen, unbändig, ungebärdig, ungestüm, stürmisch, vehement, heftig, nicht → ruhig; → aufgeregt, → fleißig, → gewaltig, → lustig, → unbesorgt; **l. sein:** außer Rand und Band sein.
[2]**lebhaft:** → bunt, → schwungvoll.
Lebhaftigkeit: → Temperament.
lechzen: l. [nach] → streben.
Leck: → Riß; ein L. haben → fließen.
lecken: → fließen, → saugen.
lecker: → appetitlich.

Leckerbissen, Delikatesse, Feinkost, Köstlichkeit; → appetitlich.
Leder: → Fußball.
lediglich: → ausschließlich.
leer: → phrasenhaft; -es Gerede → Gewäsch.
leeren: → austrinken.
legal: → rechtmäßig.
¹Legat (das): → Erbe.
²Legat (der): → Diplomat.
legen: → anbringen, → bebauen.
Legende: → Erzählung, → Lüge.
leger: → ungezwungen.
Legion: → Anzahl.
legitim: → rechtmäßig.
Legitimation: → Ausweis.
legitimieren: → billigen.
lehnen: → anlehnen; sich l. über → beugen (sich).
Lehranstalt: → Schule.
Lehrbuch: → Ratgeber.
¹Lehre, Doktrin, Lehrsatz, Theorie, These, Behauptung, Glaubenssatz, Dogma; → Ansicht; → lehren.
²Lehre: → Ausbildung.
¹lehren, unterrichten, dozieren, Vorlesung halten, unterweisen, instruieren, Unterricht geben, beibringen *(ugs.)*, vormachen *(ugs.)*, zeigen, einpauken *(salopp)*, eintrichtern *(salopp)*; → einarbeiten, → einprägen, → erziehen, → lernen; → Ausbildung, → Lehre.
²lehren: jmdn. Mores l. → schelten.
Lehrer, Schullehrer, Schulmann, Pädagoge, Erzieher, Lehrkraft, Schulmeister, Magister, Pauker *(salopp)*, Steißtrommler *(salopp)*, Lehrmeister; → Gönner.
Lehrgang: → Unterricht.
Lehrjahr: → Ausbildung.
Lehrkraft: → Lehrer.
Lehrling: → [Handels]gehilfe.
Lehrmeister: → Lehrer.
lehrreich: → interessant.
Lehrsatz: → Lehre.
Lehrstoff: → Pensum.
Lehrzeit: → Ausbildung.
¹Leib, Bauch, Abdomen, Unterleib, Wanst *(derb)*, Wampe *(derb)*, Wamme *(derb)*.
²Leib: → Gestalt; gesegneten/schweren -es sein → schwanger [sein].
leibeigen: → unselbständig.
Leibesfrucht · *bis zum dritten Monat:* Fetus · *vom dritten Monat an:* Embryo; → Fehlgeburt, → Kind.
Leibesübungen: → Sport.
Leibhaftige: der L. → Teufel.
Leibschmerzen: → Kolik.
Leibweh: → Kolik.
Leiche: → Toter.
Leichenbegängnis: → Begräbnis.
leichenblaß: → blaß.
Leichnam: → Toter.
leicht: → federleicht, → mühelos; -es Mädchen → Prostituierte.
leichtfertig: → unbesonnen.
leichtlebig: → lustig.
leichtsinnig: → unbesonnen.
leid: etwas tut/ist jmdm. l. → bedauern; einer Sache l. sein → angeekelt [sein]; so l. es mir tut → schade.
¹Leid, Pein, Qual, Schmerz, Gram, Kummer, Sorge, Herzeleid *(dichter.)*, Weh *(dichter.)*, Harm *(dichter.)*, Kümmernis, Jammer, Chagrin; → Not, → Trauer, → Unglück.
²Leid: sich ein L. antun → entleiben.
leiden: → ertragen, → krank [sein]; jmdn. l. können → lieben; nicht l. können → hassen.
Leiden: → Krankheit.
leidend: → krank.
¹Leidenschaft, Begier, Begierde, Gier, Begehrlichkeit, Begehren, Konkupiszenz, Kupidität, Lüsternheit, Gelüst[e], Gieper *(landsch.)*, Geilheit, Brunst, Verlangen, Passion, Libido, Trieb, Appetenz, Nisus [sexualis], Geschlechtstrieb; → Begeisterung, → Erregung, → Liebe, → Lust, → Neigung, → Sehnsucht, → Zuneigung.
²Leidenschaft: → Ärger, → Begeisterung.
leidenschaftlich: → streitbar.
leidenschaftslos: → träge.
leider: → schade.
leidig: → unerfreulich.
leidlich: → annehmbar.
Leidwesen: zu meinem L. → schade.
Leier: → Zupfinstrument.
leiern: → drehen; jmdm. etwas aus dem Kreuz l. → ablisten.
leihen, borgen, ausleihen, ausborgen, verleihen, verborgen, entleihen, erborgen, [an]pumpen *(salopp)*, Schulden machen, einen Kredit aufnehmen; → zahlen; → leihweise.
Leihgabe: als L. → leihweise.
Leihhaus: ins L. bringen → verpfänden.
leihweise, als Leihgabe, geliehen, auf Kredit/*(salopp)* Pump/*(ugs.)* Borg; → leihen.
¹Leim, Kleister, Kleb[e]stoff.
²Leim: auf den L. gehen/kriechen → hereinfallen; aus dem L. gegangen → defekt.
Leine: → Schnur; L. ziehen → weggehen.
Leinwand: → Spielfilm.
Leiste: → Brett.
leisten: → verwirklichen.
Leistungsstufe: → Niveau.
leiten: → begleiten, → dirigieren, → vorstehen.
Leiter: → Arbeitgeber.
Leiterwagen: → Wagen.
Leitfaden: → Ratgeber.
Leitlinie: → Regel.
Leitsatz: → Regel.
Leitschnur: → Regel.
Leitspruch: → Ausspruch.
Leitwort: → Stichwort.
Lektion: → Pensum, → Unterricht.
Lektor: → Schriftleiter.
Lektüre, Lesestoff; → Buch.
Lemma: → Stichwort.
Lenden: → Hüften.
lenken: → fahren.
Lenker: → Fahrer.

Lenz: → Frühjahr.
leptosom: → schlank.
lernen, erlernen, aufnehmen, sich etwas anlernen/zu eigen machen/annehmen/aneignen, üben, trainieren, pauken *(salopp)*, büffeln *(salopp)*, ochsen *(salopp)*; → anstrengen (sich), → einarbeiten, → einprägen, → erziehen, → lehren.
Lernstoff: → Pensum.
Lesbierin: → Homosexueller.
lesbisch: → gleichgeschlechtlich.
Lesefrucht: → Exzerpt.
[1]**lesen,** durchlesen, studieren, schmökern · *schnell, flüchtig:* überlesen, überfliegen, diagonal/quer lesen · *bis zu Ende:* auslesen, fertiglesen, verschlingen.
[2]**lesen:** → ernten, → sprechen.
lesenswert: → interessant.
Leser, Leseratte, Bücherwurm.
Leseratte: → Leser.
Lesestoff: → Lektüre.
Lethargie: → Teilnahmslosigkeit.
lethargisch: → träge.
Letter: → Buchstabe.
letzt: → vorig; -er Wille → Testament; das -e Stündlein ist gekommen/hat geschlagen → sterben.
letztens: → kürzlich.
letztlich, schließlich, im Grunde, letzten Endes; → spät.
Leu: → Löwe.
Leuchte: → Lampe, → Lumen.
leuchten, scheinen, strahlen, prangen, prunken, blenden, schimmern, flimmern, glänzen, gleißen, blinken, blitzen, funkeln, glitzern, schillern; → aufleuchten; → Schein.
leuchtend: → bunt.
Leuchter: → Lampe.
leugnen: → abstreiten.
Leumund: → Ansehen.
Leute: → Mensch.
leutselig: → entgegenkommend.
Leutseligkeit: → Geneigtheit.
Leuwagen: → Schrubber.
Leviten: jmdm. die L. lesen → schelten.
Lex: → Weisung.
Lexikon: → Nachschlagewerk.
Liaison: → Bund.
liberal: → aufgeklärt.
Liberalität: → Duldsamkeit.
Libertinage: → Ausschweifung.
Libido: → Leidenschaft.
-lich: etwas ist erklärlich usw. → lassen (sich).
licht: → hell, → spärlich.
Licht: → Kerze, → Lumen; -er → Auge; das L. der Welt erblicken → geboren [werden]; ans L. kommen → herumsprechen (sich); hinters L. führen → betrügen.
Lichtschein: → Schein.
Lichtspiel: → Spielfilm; -e → Kino.
Lichtspielhaus: → Kino.
Lichtspieltheater: → Kino.
Lichtstrahl: → Schein.
Lichtung: → Schneise.
[1]**lieb,** teuer, wert, liebenswert, nett, sympathisch, nicht → unbeliebt; → entgegenkommend, → hübsch.
[2]**lieb:** → artig, → hübsch.
liebäugeln (mit), mit dem Gedanken spielen, gern haben wollen.
Liebchen: → Geliebte.
Liebe, Eros, Sex, Sexus, Sexualität, Erotik; → Nächstenliebe, → Zuneigung.
Liebediener: → Schmeichler.
Liebedienerei: → Unterwürfigkeit.
liebedienern: → unterwürfig [sein].
Liebelei, Liebschaft, Flirt, [Liebes]abenteuer, [Liebes]erlebnis, Amouren, Affären, [Liebes]verhältnis; → Zuneigung; → flirten, → lieben, → verlieben (sich); → verliebt.
liebeln: → flirten.
[1]**lieben,** gern haben, liebhaben, jmdm. gut/geneigt/hold/gewogen sein, hängen an, zugetan sein, [gern] mögen, leiden können/mögen, etwas/viel übrig haben für, schätzen, begehren, Gefallen finden, ins Herz geschlossen haben, sein Herz schenken, an jmdn. sein Herz verschenken/hängen, jmds. Herz hängt an, Interesse zeigen für, mit jmdm. gehen/liiert sein, eine Liebschaft/*(ugs.)* ein Verhältnis/*(ugs.)* ein Techtelmechtel haben, etwas/es mit jmdm. haben; → achten, → anbandeln, → gefallen, → verlieben (sich); → verliebt; → Geliebte, → Geliebter, → Liebelei, → Zuneigung · Ggs. → hassen.
[2]**lieben:** → koitieren.
liebenswert: → lieb.
liebenswürdig: → entgegenkommend.
lieber: → tunlichst, → vielmehr.
Liebesabenteuer: → Liebelei.
Liebesbrief: → Schreiben.
Liebesdienerin: → Prostituierte.
Liebeserlebnis: → Liebelei.
Liebesfähigkeit: → Fähigkeit.
Liebeskraft: → Fähigkeit.
Liebesspiel, Petting, Necking; → Koitus.
Liebesverhältnis: → Liebelei.
Liebesvollzug: → Koitus.
liebhaben: → lieben.
Liebhaber: → Geliebter.
Liebhaberei, Lieblingsbeschäftigung, Steckenpferd, Hobby; → Anstrengung, → Beruf, → Tätigkeit.
liebkosen, abdrücken, streicheln, tätscheln; → kitzeln, → küssen, → umfassen.
lieblich: → hübsch.
Liebling, Schwarm, Augapfel, Schatz, Mignon; → Abgott, → Geliebte, → Geliebter, → Günstling.
Lieblingsbeschäftigung: → Liebhaberei.
Liebreiz: → Anmut.
Liebschaft: → Liebelei.
Liebste: → Geliebte.
Liebster: → Geliebter.
[1]**Lied,** Kirchenlied, Choral, Madrigal, Kanzone, Arie, Arioso, Rezitativ; → Sänger, → Schlager.
[2]**Lied:** → Gedicht.

liederlich: → anstößig.
Lieferant: → Bote.
liefern, anliefern, ausliefern, zustellen, bringen; → schicken.
Liege, Couch, Sofa, Liegestatt, Chaiselongue, Diwan, Ottomane, Kanapee; → Bett, → Sitzgelegenheit.
liegen: → befinden (sich); im Bett l. → krank [sein]; jmd. liegt jmdm. → gefallen; etwas liegt bei jmdm. → abhängen; jmdm. liegt etwas an jmdm./etwas → wichtig [sein]; etwas liegt jmdm. am Herzen → wünschen; still l. → ruhen.
liegenlassen: links l. → ignorieren.
Liegenschaften: → Immobilien.
Liegestatt: → Liege.
Lift: → Aufzug.
Liga: → Bund.
liiert: mit jmdm. l. sein → lieben.
Liliputaner: → Zwerg.
Limerick: → Scherzgedicht.
Limit: → Preisgrenze.
Limonade: → Selters[wasser].
Limone: → Zitrone.
Limousine: → Auto.
lind: → behutsam.
lindernd: → gütig.
Linderung: → Trost.
Lindwurm: → Ungeheuer.
Linga[m]: → Penis.
Linie: → Reihe.
linientreu: → übereifrig.
link: -e Seite → Rückseite; Ehe zur -en Hand → Ehe.
linkisch: → ungeschickt.
links: l. liegenlassen → ignorieren.
linsen: → blicken.
Lippen: → Mund.
liquid: → zahlungsfähig.
Liquidation: → Auflösung, → Rechnung.
liquidieren: → aufgeben, → töten.
Liquidität: → Zahlungsfähigkeit.
lispeln: → flüstern, → stottern.
List: → Arglist.
Liste: → Verzeichnis.
listig: → schlau.
Literat: → Schriftsteller.
Literatur · *schöngeistige:* Belletristik · *weiterführende wissenschaftliche:* Sekundärliteratur · *unanständige, pornographische:* Pornographie, Schundliteratur, Schmutzliteratur · *zur inneren Erbauung:* Erbauungsliteratur; → Buch, → Dichtung, → Erzählung.
Literaturangabe, Literatur[nachweis], Literaturverzeichnis, Literaturhinweis, Quellen[angabe], Schrifttum[snachweis].
Literatursprache: → Hochsprache.
Lithologie: → Gesteinskunde.
Litotes: → Untertreibung.
liturgisch: → sakral.
Livree: → Kleidung.
Lizenz: → Erlaubnis.
Lizitation: → Versteigerung.
Lkw: → Auto.
Lob: → Lobrede; L. erteilen → loben.
Lobby: → Interessenvertretung.
loben, beloben, belobigen, anerkennen, würdigen, preisen, verherrlichen, verklären, idealisieren, glorifizieren, beweihräuchern *(abwertend)*, rühmen, lobpreisen, feiern, ehren, auszeichnen, Lob erteilen/spenden/zollen, jmds. Loblied singen *(ugs.)*, ein Loblied anstimmen, jmds. Ruhm verbreiten, sich in Lobreden/Lobesworten ergehen, schwärmen von, auf den Schild erheben, jmdm. etwas nachrühmen, des Lobes voll sein über, jmdn. über den grünen Klee loben *(ugs.)*, jmdn. in den Himmel heben *(ugs.)*, nicht → schelten; → achten, → anschwärmen, → schmeicheln; → Lobrede.
lobenswert: → anerkennenswert.
Lobeswort: sich in -en ergehen → loben.
löblich: → anerkennenswert.
Loblied: → Lobrede; ein L. anstimmen → loben.
lobpreisen: → loben.
[1]**Lobrede,** Lob, Preis, Eloge, Loblied, Dithyrambe, Panegyrikus · *auf Preisträger:* Laudatio: → loben.
[2]**Lobrede:** sich in -n ergehen → loben.
Loch: → Grube, → Raum, → Riß, → Strafanstalt.
lochen: → durchlöchern.
löchern: → bitten.
locken: → verleiten.
locker: → lustig.
Lockvogel: → Köder.
Loddel: → Zuhälter.
Loden: → Haar.
lodern: → brennen.
[1]**Löffel,** Kelle, Schöpfer, Schleif *(westfäl.)*.
[2]**Löffel:** → Ohr; den L. wegschmeißen → sterben; über den L. balbieren → betrügen.
Loggia: → Veranda.
logieren: → übernachten, → übersiedeln.
Logis: → Raum, → Wohnung.
Lohe: → Flamme.
lohen: → brennen.
Lohn: → Gehalt.
Lohndiener: → Diener.
lohnen: → belohnen; sich l. → einträglich.
lohnend: → nützlich.
Löhnung: → Gehalt.
Lokal: → Gaststätte.
Lokalpatriotismus: → Begeisterung.
Lokus: → Toilette.
Longseller: → Buch.
Lorbeer: -en ernten → Erfolg [haben].
Lorgnon: → Brille.
Lorke: → Kaffee.
Los: → Schicksal.
losbrüllen: → lachen.
löschen: → säubern.
lose: → lustig, → schlaff.
loseisen: jmdn. l. → überreden.
losen, auslosen, verlosen.
[1]**lösen** (sich), sich ablösen, abgehen, abfallen, abblättern, abbröckeln, abspringen, abplatzen, absplittern; → untreu [werden].

²lösen: → enträtseln, → retten.
losgehen: etwas geht los → anfangen.
loslegen: → anfangen.
losplatzen: → lachen.
losprusten: → lachen.
losreißen: → abmachen; sich l. → trennen (sich).
losschlagen: → verkaufen.
lostrennen: → abmachen.
¹Losung, Parole, Kennwort, Losungswort, Erkennungszeichen, Schibboleth; → Ausspruch.
²Losung: → Ausspruch.
¹Lösung, Auflösung · *plötzliche, leichte und unerwartete in einer Schwierigkeit:* Deus ex machina.
²Lösung: → Flüssigkeit.
Losungswort: → Losung.
loswerden: → verkaufen.
losziehen: → weggehen.
Lot: ins L. bringen → bereinigen.
Lotion: → Flüssigkeit.
Lotterie: → Glücksspiel.
Lotto: → Glücksspiel.
Louis: → Zuhälter.
Löwe, Leu, König der Tiere/der Wüste.
loyal: → ehrenhaft.
Loyalität: → Treue.
luchsen: → blicken.
Lücke: → Mangel, → Riß.
lückenhaft: → unvollständig.
lückenlos: → ganz.
Lude: → Zuhälter.
Luder: → Aas.
¹Luft, Äther, Atmosphäre · *schlechte:* Mief *(salopp)*; → Firmament.
²Luft: → Atem; L. holen → atmen; an die frische L. setzen → hinauswerfen; in die L. gehen → ärgerlich [werden]; aus der L. gegriffen → grundlos.
Lüftchen: → Wind.
lüften: → heben.
Lufthafen: → Flugplatz.
Lufthauch: → Wind.
luftig, zugig, windig, böig, auffrischend, stürmisch; → Wind.
Luftikus: → Frauenheld.
Luftschiff, Zeppelin, Ballon; → Flugzeug.
Luftschloß: → Einbildung.
Luftzug: → Wind.
Lug: L. und Trug → Lüge.
Lüge, Unwahrheit, Legende, Märchen, Lug und Trug *(abwertend)*, Bluff *(ugs.)*, Schwindel *(ugs.)*, Geflunker, Flunkerei, Jägerlatein, Seemannsgarn; → Arglist, → Ausflucht, → Betrug, → Diebstahl, → Einbildung, → Erzählung, → Falschmeldung; → anführen, → lügen, → übertreiben; → erfunden, → falsch, → unredlich.
lugen: → blicken.
lügen, unaufrichtig sein, anlügen, belügen, die Unwahrheit/nicht die Wahrheit sagen, färben, nicht bei der Wahrheit bleiben, es mit der Wahrheit nicht so genau nehmen, flunkern, schwindeln, beschwindeln, jmdm. etwas vorschwindeln, kohlen *(ugs.)*, krücken *(ugs., landsch.)*, sohlen *(ugs., landsch.)*; → anführen, → betrügen, → übertreiben, → vertuschen, → vortäuschen; → falsch, → unaufrichtig, → unredlich; → Lüge.
lügenhaft: → unredlich.
lügnerisch: → unredlich.
Luke: → Fenster.
lukrativ: → einträglich.
lukullisch: → üppig.
Lulatsch: → Mann.
lullern: → urinieren.
Lumberjack: → Jacke.
Lumen, Licht. Leuchte; → Fachmann.
Lumie: → Zitrone.
Lümmel: → Mensch.
lümmelhaft: → unhöflich.
lümmeln: sich l. → recken (sich).
Lump: → Schuft.
Lumpen: → Flicken.
Lunch: → Essen.
Lunge: grüne L. → Park.
Lunte: → Schwanz; L. riechen → vermuten.
lüpfen: → heben.
Luser: → Ohr.
¹Lust, Vergnügen, Entzücken, Freude, Fröhlichkeit, Frohsinn, Lebenslust, Vergnügtheit, Lustigkeit, Spaß, Glück, Seligkeit, Glückseligkeit, Wonne, Verzückung, Ausgelassenheit, Rausch, Ekstase; → Begeisterung, → Erregung, → Heiterkeit, → Leidenschaft, → Unterhaltung; → erfreuen, → freuen (sich).
²Lust: L. haben → bereit [sein]; jmdm. die L. nehmen an → verleiden.
Lüster: → Lampe.
lüstern: → begierig.
Lüsternheit: → Leidenschaft.
lustig, fröhlich, vergnüglich, froh, heiter, sonnig, lebenslustig, vergnügt, vergnügungssüchtig, leichtlebig, lose, locker, freudig, munter, aufgeräumt, fidel, aufgekratzt *(ugs.)*, nicht → schwermütig; → entgegenkommend, → erfreulich, → glücklich, → kurzweilig, → lebhaft, → schwungvoll, → unbesorgt, → ungezwungen; **l. sein,** guter Dinge/*(ugs.)* aufgedreht sein; **l. werden,** munter werden, auftauen *(ugs.)*, warm werden *(ugs.)*, die Scheu verlieren; → lachen.
Lustigkeit: → Lust.
Lustknabe: → Prostituierte.
Lüstling: → Frauenheld.
lustrieren: → prüfen.
Lustspiel: → Komödie.
lustwandeln: → spazierengehen.
lutschen: → saugen.
Lutscher: → Schnuller.
lütt: → klein.
luxuriös: → üppig.
Luxus: → Prunk.
Luzifer: → Teufel.
Lyra: → Zupfinstrument.
Lyrik: → Dichtung.
lyrisch: → empfindsam.
Lyzeum: → Schule.

M

machen: → anfertigen, → anrichten, → veranstalten, → vollführen; m. in → verkaufen; mach's gut! → Gruß; noch einmal m. → wiederholen; sich an etwas m. → anfangen; [unter sich] m. → austreten; sich nichts daraus m. → mißachten; etwas macht nichts → unwichtig [sein].
Machenschaft: → Betrug.
Machination: → Betrug.
Macht: → Fähigkeit; an die M. kommen/gelangen → Herrschaft.
Machtbesessenheit: → Machtgier.
Machtgier, Machtbesessenheit, Machtwahn, Machthunger; → totalitär.
Machthaber: → Oberhaupt.
Machthunger: → Machtgier.
mächtig: → gewaltig.
machtlos, ohnmächtig, hilflos, hilfsbedürftig; → anfällig; **m. sein,** ausgesetzt/ausgeliefert sein.
Machtwahn: → Machtgier.
Machwerk: → Arbeit.
[1]**Mädchen,** Mädel, Maid, Mägdlein, Kleine, Ding, Jungfrau, Jungfer, Dirn, Dirndl *(bayr.)*, Backfisch, Teenager, Biene *(salopp)*, Puppe *(salopp)*, Mieze *(salopp)*; → Frau, → Ehefrau, → Kind, → Mensch · Ggs. → Junge, → Jüngling.
Mädchen: → Hausangestellte; leichtes M. → Prostituierte; M. für alles → Diener.
Mädchenname: → Geburtsname.
Mädel: → Mädchen.
madig: m. machen → verleiden, → verleumden.
Madonna, Mutter Gottes, Gottesmutter, [Jungfrau] Maria, Himmelskönigin; → Heiland, → Gott, → Gottheit, → Trinität.
Madrigal: → Lied.
Magazin: → Warenlager, → Zeitschrift.
Magd, Stallmagd, [Groß]dirn *(bayr.)*, Landarbeiterin; → Knecht, → Personal.
Mägdlein: → Mädchen.
Magen: im M. haben → hassen.
Magengeschwür: → Geschwür.
mager: → schlank, → unfruchtbar.
Magie: → Zauberei.
Magister: → Lehrer.
Magistrat: → Amt.
Magnet: → Köder.
mähen: → ernten.
Mahl: → Essen.
Mahlzeit: → Essen, → Gruß.
Mähne: → Haar.
mahnen, ermahnen, anhalten, erinnern, gemahnen; → abraten, → beanstanden, → bitten, → erinnern (sich), → zuraten.
Mahnruf: → Aufruf.
Mahnung: → Aufruf.
Mähre: → Pferd.
Maid: → Mädchen.
Mais, Kukuruz *(östr.)*, Welschkorn.
Majestät: → Vornehmheit.
majorenn: → volljährig.
Majuskel: → Buchstabe.
makaber, düster, schaudererregend.
makellos: → richtig.
mäkeln: → beanstanden.
Makler: → Vermittler.
mäklig: → wählerisch.
Makrokosmos: → Weltall.
Mal: von M. zu M. → binnen.
malade: → krank.
[1]**malen,** zeichnen, pinseln, klecksen; → anmalen, → streichen; → Maler.
[2]**malen:** → schreiben.
Maler, Tüncher *(bes. südd.)*, Anstreicher *(landsch.)*, Gipser *(schwäb.)*, Weißbinder *(landsch.)*, Weißer *(rhein.)*, Weißeler *(südd.)*, Anklatscher *(hamburg., scherzh.)*; → anmalen, → malen, → streichen.
Malerei, Bild, Gemälde · *in Wasserfarben:* Aquarell; → Bild.
Malheur: → Unglück.
Malice: → Arglist.
maligne: → böse.
malträtieren: → schikanieren.
Mama: → Mutter.
Mamilla: → Brustwarze.
Mamille: → Brustwarze.
Mammon: → Vermögen.
mampfen: → essen.
Mamsell: kalte M. → Koch.
Mänade, Bacchantin; → Rachegöttin.
managen: → bewerkstelligen.
Manager: → Betreuer.
mancherlei: → allerlei.
manchmal, gelegentlich, von Zeit zu Zeit, ab und zu, ab und an, hin und wieder, zuzeiten, dann und wann, zuweilen, bisweilen, mitunter; → selten, → vorübergehend.
Mandant: → Kunde.
Mandarine · *kernlose:* Klementine, Satsuma; → Apfelsine, → Pampelmuse, → Zitrone.
Mandatar: → Abgeordneter.
Mandelkartoffeln: → Kloß.
Mandoline: → Zupfinstrument.
Mandorla: → Heiligenschein.
Manen: → Hausgötter.
Mangel, Nachteil, Schwäche, Defekt, Schaden, Lücke, Desiderat, Verlust, Minus, Ebbe; → Fehler, → Fehlbetrag, → Guthaben, → Not, → Unfähigkeit, → Zahlungsunfähigkeit · Ggs. → Vorteil.
mangelhaft: → unzulänglich.
[1]**mangeln:** etwas mangelt/fehlt/gebricht jmdm., einer Sache ermangeln, etwas geht

jmdm. ab *(ugs.)*, vermissen, missen, entbehren, zu kurz kommen *(ugs.)*, schlecht wegkommen *(ugs.)*; → brauchen.
²mangeln: → bügeln.
mangen: → bügeln.
Manie: → Neigung.
Manier, Stil, Art, [Art und] Weise, Form, Masche *(salopp)*; → Ausdrucksweise; → Trick.
Manieren: → Benehmen.
manieriert: → geziert.
manierlich: → artig.
Manifest: → Programm.
Manifestation: → Voraussage.
Manipulation: → Betrug, → Handhabung.
Manko: → Fehlbetrag.
¹Mann, Herr, Mannsbild, Mannsperson, Kerl *(abwertend)* · *großer, kräftiger:* Riese, Gigant, Hüne, Kleiderschrank *(scherzh.)*, Lulatsch *(ugs.)*, langes Ende *(ugs., landsch.)*; → Ehemann, → Frauenheld, → Junggeselle, → Jüngling, → Mensch → Zwerg · Ggs. → Frau.
²Mann: → Ehemann; junger M. → Jüngling; ein M. sein → ruhig [bleiben].
mannbar: → geschlechtsreif.
Mannequin, Vorführdame · *vom Mann:* Dressman.
Männerfreund: → Homosexueller.
Manneskraft: → Fähigkeit.
mannhaft: → mutig.
mannigfaltig: → allerlei.
¹männlich, maskulin, viril, nicht → weiblich · Ggs. → zwittrig.
²männlich: -es Glied → Penis.
Männlichkeit: → Penis.
Mannsbild: → Mann.
Mannschaft, Gemeinschaft, Gruppe, Ensemble, Equipe, Team, Crew, Kollektiv, Brigade, Korps · *mit zwei Personen:* Duo · *mit drei Personen:* Trio · *mit vier Personen:* Quartett; → Abteilung, → Anhänger, → Bande, → Herde, → Menge.
Mannsperson: → Mann.
Mannstollheit, Nymphomanie, Andromanie, Ovariomanie, Metromanie, Östromanie.
mannweiblich: → zwittrig.
Manöver: → Handhabung.
manövrieren: → fahren.
Mansarde: → Wohnung.
Manschetten: M. haben → Angst [haben].
Mantel, Überzieher, Überrock, Paletot, Ulster, Hänger, Redingote, Trenchcoat; → Kleidung; **ohne M.**, per Taille *(berlin.)*.
Manual: → Tastatur.
Manuale: → Verzeichnis.
Manuskript: → Skript.
Manustupration: → Selbstbefriedigung.
Mappe: → Schultasche.
Maraca: → Rassel.
Märchen: → Erzählung, → Lüge.
märchenhaft: → außergewöhnlich.
mären: → langsam [arbeiten].
Margarine: → Fett.
Marginalexistenz: → Außenseiter.
Marginalie: → Randbemerkung.
Maria: → Madonna.
Mariage: → Ehe.
Marie: → Geld.
Marille: → Aprikose.
Marionettentheater: → Puppentheater.
markant: → interessant.
Marke: → Spaßvogel.
markieren: ein Tor/einen Treffer m. → Tor [schießen].
Markise: → Fensterladen.
Markt: → Jahrmarkt; auf den M. werfen → verkaufen.
markten: → handeln.
Marmel: → Murmel.
marodieren: → wegnehmen.
Marotte: → Spleen.
Marsch: jmdm. den M. blasen → schelten.
marschieren: → fortbewegen (sich).
Marschverpflegung: → Proviant.
martern: → schikanieren.
martialisch: → streitbar.
Märtyrer: → Opfer.
Masche: → Manier; den Ball in die -n setzen → Tor [schießen].
Maschine: → Apparat, → Flugzeug, → Motorrad.
maschineschreiben, Schreibmaschine schreiben, tippen *(ugs.)*.
Maskenball: → Maskerade.
Maskerade, Maskenball, Kostümfest, Mummenschanz, Redoute *(östr.)*.
maskieren: sich m. → verkleiden (sich).
Maskottchen: → Amulett.
maskulin: → männlich.
Maß: → Ausmaß; ohne M. und Ziel → hemmungslos; über alle -en → sehr.
Massaker: → Blutbad.
massakrieren: → töten.
Masse: → Anzahl, → Material, → Menge.
Massel: M. haben → Glück [haben].
massenhaft: → reichlich.
maßgebend: → maßgeblich.
maßgeblich, maßgebend, autoritativ, bestimmend, entscheidend, ausschlaggebend, richtungweisend, richtunggebend, wegweisend, normativ; → befugt, → totalitär, → wichtig.
maßhalten: → sparen.
massig: → schwer.
¹mäßig, mittelmäßig, durchschnittlich, mittlere, mittel *(ugs.)*, mittelprächtig *(ugs., scherzh.)*, so lala *(ugs.)*; → dilettantisch, → einigermaßen, → unzulänglich.
²mäßig: → enthaltsam.
mäßigen: → beruhigen; sich m. → ruhig [bleiben].
massiv: → gewaltig.
Maßnahme: -n treffen → sichern.
maßnehmen: jmdn. m. → ablisten.
maßregeln: → bestrafen.
Mast: → Pfahl.
mästen: → ernähren.

Masturbation: → Selbstbefriedigung.
masturbieren, onanieren, wichsen *(vulgär)*, sich einen abwichsen *(vulgär)*; → Samenerguß, → Selbstbefriedigung.
Matador: → Stierkämpfer.
Match: → Spiel.
¹Material, Materie, Stoff, Substanz, Masse.
²Material: → Vorrat.
Materie: → Material.
Matinee: → Vormittagsveranstaltung.
Matratze: die M. belauschen → schlafen.
Mätresse: → Geliebte.
Matrikel: → Verzeichnis.
Matsch: → Schlamm.
²matt, glanzlos, stumpf, blind.
¹matt: → kraftlos.
Matte: → Wiese.
Mattscheibe: → Fernseher.
Matura: → Prüfung.
Maturität: → Prüfung.
Maturum: → Prüfung.
Matz: → Kind, → Vogel.
Mauerschau: Teichoskopie.
Maul: → Mund; das M. stopfen → verbieten.
Maulaffe: -n feilhalten → zuschauen.
Maulesel: → Esel.
maulfaul: → wortkarg.
Maulschelle: → Ohrfeige.
Maultier: → Esel.
Maus: weiße M. → Polizist; Mäuse → Geld.
mäuschenstill: → still.
mausen: → wegnehmen.
mausetot: → tot.
Maut: → Abgabe.
Maxime: → Ausspruch.
Maximum: → Höhepunkt.
Mäzen: → Gönner.
mechanisch: → automatisch.
meckern: → beanstanden.
Medikament, Arznei[mittel], Heilmittel, Pharmakon, Präparat, Medizin, Mittel, Mittelchen *(ugs., abwertend)*, Tablette, Kapsel, Droge, Dragée, Pastille, Pille *(ugs.)* · *gegen Psychosen usw.:* Psychopharmakon, Tranquilizer.
Medikaster: → Arzt.
Medikus: → Arzt.
Meditation: → Versenkung.
meditieren: → denken.
Medizin: → Medikament.
Mediziner: → Arzt.
Medizinmann: → Arzt.
Meduse, Gorgo, Sphinx, Basilisk; → Ungeheuer.
Meer, See (die), Ozean, großer Teich *(ugs., scherzh.)*; → Fluß, → Gewässer, → Pfütze, → See, → Ufer.
Meerjungfrau: → Wassergeist.
Meeting: → Wiedersehen.
mehr: → vielmehr; m. als genug → reichlich.
mehrdeutig, äquivok, doppeldeutig, doppelsinnig, janusgesichtig, amphibolisch, doppelwertig, ambivalent, homonym; → unfaßbar.
Mehrehe: → Ehe.
mehren: → vermehren.
mehrere: → einige.
mehrfach: → oft.
mehrfarbig: → bunt.
Mehrheit: → Anzahl.
mehrmalig: → oft.
mehrmals: → oft.
Mehrzahl: → Anzahl; in der M. → oft.
meiden: → ausweichen.
¹meinen, der Meinung/Ansicht sein, finden, glauben, denken, dafürhalten; → vermuten.
²meinen: → äußern (sich).
Meinung: nach jmds. M. → Ansicht; jmdm. die M. sagen /geigen → schelten.
meißeln: → einmeißeln.
meist: → oft.
Meister: → Fachmann; M. Lampe → Hase.
meisterhaft, meisterlich, bravourös, virtuos, glänzend, prächtig, fulminant, vollendet, vollkommen, perfekt; → außergewöhnlich, → fachmännisch, → ganz, → trefflich.
Meisterleistung: → Höchstleistung.
meisterlich: → meisterhaft.
meistern: → bewältigen.
Melancholie: → Trauer.
melancholisch: → schwermütig.
melden: → mitteilen.
Melder: → Abgesandter.
Meldung: → Nachricht.
meliert: → grau.
meliorieren: → verbessern.
Membrum: M. virile → Penis.
Memento: → Aufruf.
memmenhaft: → feige.
Memoiren: → Biographie.
Memorandum: → Mitteilung.
Menagerie: → Tiergarten.
Menarche: → Menstruation.
Menetekel: → Anzeichen.
¹Menge, Masse, Volk; → Abteilung, → Herde, → Mannschaft, → Volk.
²Menge: → Anzahl, → Vorrat.
mengen: → mischen; sich m. in → eingreifen.
Meningitis: → Gehirnhautentzündung.
Meningoenzephalitis: → Gehirnhautentzündung.
Menkenke: → Ziererei.
Menopause: → Menstruation.
Menorrhö: → Menstruation.
Menostase: → Menstruation.
Mensa: → Gaststätte.
¹Mensch (der), Person, Persönlichkeit, Homo sapiens, Erdenbürger, Herr der Schöpfung, Zoon politikon, Individuum, Leute, Sterblicher, Figur *(salopp)*, Subjekt *(abwertend)* · *ungezogener, unhöflicher:* Flegel *(abwertend)*, Rüpel *(abwertend)*, Lümmel *(abwertend)*, Schnösel *(abwertend)*, Stiesel *(salopp, abwertend)*, Fläz *(abwertend)*, Rowdy *(abwertend)*, Rabauke *(salopp)*, Strolch *(abwertend)*; → Frau, → Geschöpf, → Jüngling, → Kind, → Mädchen, → Mann, → Menschheit, → Sonderling, → Zuschauer; → unhöflich.

[2]**Mensch** (das): → Frau.
Menschenalter: → Zeitraum.
menschenfeindlich: → unzugänglich.
menschenfreundlich: → menschlich.
Menschenfreundlichkeit: → Nächstenliebe.
Menschengeschlecht: → Menschheit.
Menschenhaß: → Menschenverachtung.
Menschenkenntnis: → Erfahrung.
Menschenkunde, Anthropologie.
menschenleer: → abgelegen.
Menschenliebe: → Nächstenliebe.
menschenscheu: → unzugänglich.
Menschenscheu: → Menschenverachtung.
Menschensohn: → Heiland.
Menschenverachtung, Menschenscheu, Menschenhaß, Misanthropie.
Menschenwürde: → Vornehmheit.
Menschheit, Menschengeschlecht, Erdbevölkerung, menschliche Gesellschaft; → Generation, → Mensch.
menschlich, human, humanitär, menschenfreundlich, philanthropisch, sozial, mitmenschlich, zwischenmenschlich, wohltätig; → ehrenhaft, → gefällig, → gesellig, → gütig; → Nächstenliebe · Ggs. → streitbar, → unzugänglich.
Menschliches: nicht M. ist jmdm. fremd → Erfahrung [haben].
Menschlichkeit: → Nächstenliebe.
Menses: → Menstruation.
Menstruation, Monatsblutung, Regelblutung, monatliche Blutung, Regel, Periode, [kritische] Tage, Katamenien, Menorrhö, Menses · *erste:* Menarche · *ausbleibende:* Menostase, Amenorrhö · *für immer aufhörende:* Menopause; → Ovulation, → Samenerguß; → menstruieren.
menstruieren, die Monatsblutung/die Tage haben, dransein *(ugs.)*; → Menstruation.
Mentalität: → Denkweise.
Mentor: → Berater.
Menü: → Essen.
Menükarte: → Speisekarte.
Mephisto[pheles]: → Teufel.
merken, spüren, wittern *(ugs.)*, riechen *(salopp)*, spannen *(ugs., landsch.)*, etwas wird jmdm. bewußt/kommt jmdm. zum Bewußtsein, mitbekommen *(ugs.)* spitz bekommen/kriegen *(ugs.)*, einen Anismus haben *(ugs.)*; → auslegen, → erkennen, → fühlen, → vermuten, → voraussehen, → vorstellen, → wahrnehmen; → Gefühl.
Merkmal, Kennzeichen, Prüfstein, Kriterium, Charakteristikum, Attribut, Statussymbol · *in der Medizin:* Syndrom; → Abzeichen, → Anzeichen, → Fahne, → Nachweis, → Wesen.
Merkwort: → Stichwort.
merkwürdig: → seltsam.
Mesalliance: → Ehe.
meschugge: m. sein → geistesgestört [sein].
Mesostichon: → Gedicht.
Messe: → Jahrmarkt.
messen, vermessen, ausmessen, abmessen; → einteilen.
Messias: → Heiland.
Metapher: → Sinnbild.
metaphorisch: → ausdrucksvoll.
Meteorismus: → Blähsucht.
Metermaß, Elle, Zollstock.
Methode: → Verfahren.
methodisch: → planmäßig.
Metier: → Beruf.
Metonymie: → Sinnbild.
Metromanie: → Mannstollheit.
Metropole: → Stadt.
Metrum: → Versmaß.
Metze: → Prostituierte.
Metzger: → Fleischer.
Metzler: → Fleischer.
Meuchelmord: → Tötung.
Meuchelmörder: → Mörder.
meucheln: → töten.
Meute: → Herde.
Meuterei: → Verschwörung.
meutern: → aufbegehren.
Mezzanin: → Geschoß.
Mezzosopran: → Sängerin.
mickrig: → karg.
Midinette: → Putzmacherin.
Mieder, Korsett, Hüfthalter, Korselett, Schnürleib, Korsage.
Mief: → Luft, → Rückständigkeit.
Miene: → Mimik.
Mienenspiel: → Mimik.
miesmachen: → verleiden.
mieten, abmieten, pachten, abpachten; → vermieten.
Mietshaus: → Haus.
Mietskaserne: → Haus.
Mietwagen: → Taxe.
Miez[e]: → Katze, → Mädchen.
Mignon: → Liebling.
Migräne: → Kopfschmerz.
Milchbar: → Café.
mild: → behutsam, → gütig.
Milde: → Duldung.
Mildtätigkeit: → Nächstenliebe.
Miliaria: → Hautausschlag.
Milieu: → Umwelt.
militant: → streitbar.
Militär: beim M. sein → Soldat [sein].
Millionen: → Vermögen.
Mime: → Schauspieler.
mimen: → darstellen.
Mimik, Mienenspiel, [Gesichts]ausdruck, Miene.
Mimikry: → Anpassung.
mimosenhaft: → empfindlich.
minderbemittelt: [geistig] m. → stumpfsinnig.
Minderjähriger: → Jüngling.
minderwertig, schlecht, billig, miserabel *(abwertend)*, hundsmiserabel (*salopp*, abwertend).
mindeste: zum -n → wenigstens; nicht im -n → nein; das Mindeste → Minimum.
mindestens: → wenigstens.

Mindestmaß: → Minimum.
Mindestwert: → Minimum.
Mine: → Bergwerk.
Mineralogie: → Gesteinskunde.
Mineur: → Bergmann.
Minicar: → Taxe.
Minimum, das Kleinste, das Wenigste, das Mindeste, Mindestmaß, Mindestwert, Untergrenze · Ggs. → Höhepunkt.
Ministerium: → Amt.
Minna: → Hausangestellte; jmdn. zur M. machen → schelten.
Minus: → Mangel.
Minuskel: → Buchstabe.
minuziös: → gewissenhaft.
Mirakel: → Wunder.
Misanthropie: → Menschenverachtung.
misanthropisch: → unzugänglich.
[1]**mischen,** vermischen, mengen, vermengen, mixen.
[2]**mischen:** sich m. in → eingreifen.
Mischmasch: → Mischung.
Mischpoke: → Familie.
Mischung, Gemisch, Allerlei, Kunterbunt, Durcheinander, Gemenge, Mixtur, Klitterung, Konglomerat, Mischmasch *(abwertend)*, Pelemele, Mixtum compositum · *in der Musik:* Potpourri, Quodlibet; → Auswahl.
miserabel: → minderwertig.
Misere: → Not.
mißachten, geringachten, unterschätzen, übergehen, überfahren *(ugs.)*, benachteiligen, nicht ernst/nicht für voll nehmen, in den Wind schlagen, nicht hören auf, auf die leichte Schulter nehmen *(ugs.)*, pfeifen auf *(salopp)*, sich nichts daraus machen *(ugs.)*, nicht → achten, nicht → achtgeben, nicht → berücksichtigen; → ablehnen, → ignorieren.
Mißachtung: → Nichtachtung.
mißbilligen: → beanstanden.
Mißbilligung: M. erregen → anstoßen.
Mißbrauch: M. treiben/begehen → ausnutzen.
mißbrauchen: → ausnutzen, → vergewaltigen.
missen: → mangeln.
Missetat: → Verstoß.
Missetäter: → Verbrecher.
Mißfallen: M. erregen → anstoßen.
mißfällig: → abschätzig.
mißgelaunt: → ärgerlich.
Mißgeschick: → Unglück.
mißgestaltet: → verwachsen.
mißglücken: → scheitern.
mißgönnen: → neiden.
Mißgunst: → Neid.
mißgünstig: → schadenfroh.
mißhandeln: → schikanieren.
Mißheirat: → Ehe.
Mission: → Beruf.
[1]**Mißklang,** Disharmonie, Dissonanz, Kakophonie, Diskordanz, Paraphonie; → Abweichung · Ggs. → Wohlklang.
[2]**Mißklang:** → Unausgeglichenheit.
Mißkredit: in M. bringen → verleumden.
mißlaunig: → ärgerlich.
mißlich: → unerfreulich.
mißliebig: → unbeliebt.
mißlingen: → scheitern.
Mißmut: → Ärger.
mißmutig: → ärgerlich.
mißraten: → scheitern.
Mißstimmung: → Ärger.
mißtrauen: → verdächtigen.
Mißtrauen: → Verdacht.
mißtrauisch: → argwöhnisch.
Mißvergnügen: → Neid.
mißvergnügt: → ärgerlich.
Mißverhältnis: → Abweichung.
Mißverständnis: → Fehler.
Mist: → Dünger, → Unsinn.
Mistgabel: → Forke.
mistig: → schmutzig.
Mistral: → Fallwind.
Miszellen: → Arbeit.
mit: → einschließlich.
Mitarbeit, Zusammenwirken, Kooperation.
mitarbeiten: → teilnehmen.
Mitarbeiter: → Kollege.
mitbekommen: → merken, → verstehen.
mitberücksichtigen: → einschließen.
Mitbringsel: → Gabe.
mitempfinden: → mitfühlen.
Mitempfinden: → Mitgefühl.
mitfühlen, mitempfinden, Mitgefühl zeigen, teilnehmen, Anteil nehmen, Teilnahme zeigen/bezeigen, Anteilnahme bezeigen, [den Schmerz] teilen, den Daumen halten/drücken *(ugs.)*; → bedauern, → kondolieren, → trösten, → Mitgefühl.
[1]**Mitgefühl,** Mitempfinden, Mitleid, Erbarmen, Teilnahme, Anteilnahme, Interesse; → Beileid, → Freundschaft, → Zuneigung.
[2]**Mitgefühl:** M. zeigen → mitfühlen.
mitgehen: → begleiten; m. lassen/heißen → wegnehmen.
Mitgift: → Aussteuer.
[1]**Mitglied,** Glied, Anghöriger, Beteiligter, Mitwirkender.
[2]**Mitglied:** M. werden → beitreten.
mithalten: → teilnehmen.
mithelfen: → helfen.
mithin: → also.
Mitinhaber: → Teilhaber.
mitkriegen: → verstehen.
Mitläufer, Fußvolk *(ugs.)*, Stimmvieh *(salopp, abwertend)*; → Anhänger, → Opportunist.
Mitleid: → Mitgefühl; M. haben/empfinden → bedauern.
mitleidslos: → unbarmherzig.
mitmachen: → ertragen, → teilnehmen.
mitmenschlich: → menschlich.
mitmischen: → teilnehmen.
mitnehmen: → angreifen, → kaufen, → wegnehmen.
mitnichten: → nein.

mitrechnen, berechnen, mitzählen; → ausrechnen.
mitreißen: → begeistern.
mitreißend: → interessant.
mitspielen: → teilnehmen.
Mittag[brot]: → Essen.
Mittagessen: → Essen.
Mittagsmahl: → Essen.
Mitte: → Mittelpunkt.
mitteilen, erzählen, berichten, verkünden, verkündigen, referieren, Bericht erstatten, einen Bericht geben, schildern, darstellen, beschreiben, eine Beschreibung geben, sagen, benachrichtigen, avisieren, in Kenntnis setzen, melden, vermelden, anmelden, signalisieren, verlautbaren, bekanntmachen, informieren, unterrichten, aufklären, Mitteilung machen, bestellen, ausrichten, Kenntnis geben, vorbringen, vortragen, zur Sprache bringen, äußern, ausdrücken, durchblicken/verlauten lassen, zu erkennen geben, zum Ausdruck bringen, auspacken *(salopp)*, jmdm. etwas/sich jmdm. anvertrauen, kolportieren, [sich] aussprechen, sich/sein Herz erleichtern, sich etwas von der Seele reden, jmdm. sein Herz ausschütten, ankündigen, androhen · *ein Geheimnis o. ä.:* ausplaudern, preisgeben, verplaudern, ausplauschen *(östr.)*, ausplappern, ausquasseln *(ugs.)*, ausquatschen *(salopp)*, schwatzen *(ugs.)*, aus der Schule plaudern, nicht für sich behalten, den Mund nicht halten, weitererzählen, weitersagen, hinterbringen, zutragen, sich verreden/versprechen/ *(ugs.)* verschnappen/ *(ugs.)* verplappern, etwas rutscht jmdm. heraus *(salopp)*, nicht → schweigen; → antworten, → äußern, → bekunden, → erörtern, → flüstern, → reden, → sprechen, → stottern, → unterhalten (sich), → verbreiten, → verraten, → wissen; → gesprächig; → Besprechung, → Hinweis, → Mitteilung, → Nachricht.
mitteilsam: → gesprächig.
[1]**Mitteilung,** Bekanntmachung, Kundgabe, Kundmachung *(östr.)*, Information, Bulletin, Denkschrift, Memorandum, Kommuniqué; → Aufruf, → Gerücht, → Gesuch, → Nachruf, → Plakat, → Schreiben, → Veröffentlichung.
[2]**Mitteilung:** → Nachricht; M. machen → mitteilen.
mittel: → einigermaßen, → mäßig; mittlere Reife → Einjähriges.
Mittel: → Geld, → Grundlage, → Medikament; sich ins M. legen → vermitteln.
Mitteldeutschland: → Deutschland.
mittellos: → arm.
Mittellosigkeit: → Armut.
mittelmäßig: → mäßig.
mittelprächtig: → mäßig.
Mittelpunkt, Mitte, Kern, Herz, Zentrum, Center, Pol, Achse, Nabel der Welt, Brennpunkt, Knotenpunkt, Sammelpunkt, Zentrale, Haupt-; → Innenstadt, → Tummelplatz.

Mittelsmann: → Vermittler.
Mittelsperson: → Vermittler.
Mittler: → Mitglied.
mittlerweile: → inzwischen.
mittun: → teilnehmen.
mitunter: → manchmal.
mitwirken: → teilnehmen.
Mitwirkender: → Mitglied.
mitzählen: → mitrechnen.
mixen: → mischen.
Mixtum compositum: → Mischung.
Mixtur: → Mischung.
Mob: → Abschaum.
Möbel: → Mobiliar.
Möbelstück: → Mobiliar.
mobil: m. machen → einberufen; m. sein → gesund [sein].
Mobiliar, Möbel, Möbelstück, bewegliche Habe, Inventar, [Wohnungs]einrichtung, Hausrat.
mobilisieren, aktivieren, aktualisieren, in Tätigkeit setzen, lebendig machen, in Schwung bringen *(ugs.)*; → anstacheln, → erneuern.
Mode: in M. sein → modern [sein]; nicht der M. unterworfen → bleibend.
Modell: → Muster.
modeln: → ändern.
[1]**modern,** neutönerisch, neuartig, modisch, neumodisch, hypermodern, nicht → altmodisch, nicht → rückschrittlich; → aufgeklärt, → beliebt, → fortschrittlich; **m. sein,** up to date/in Mode/en vogue/im Schwange sein, das ist der letzte Schrei/der Dernier cri.
[2]**modern:** → faulen.
modernisieren: → erneuern.
modifizieren: → ändern.
modisch: → modern.
Modistin: → Putzmacherin.
Modus: M. vivendi → Abmachung.
Mogelei: → Betrug.
mogeln: → betrügen.
mögen: → lieben, → wünschen; nicht [leiden] m. → hassen; nicht mehr m. → satt [sein].
[1]**möglich,** ausführbar, durchführbar, gangbar, denkbar, erdenklich; **m. machen,** ermöglichen, Sorge tragen für, in den Stand setzen, befähigen, in die Lage versetzen, nicht → hindern; → verwirklichen.
[2]**möglich:** sein -stes tun → anstrengen (sich); wenn es m. ist → tunlichst.
möglicherweise: → vielleicht.
Möglichkeit: → Chance; nach M. → tunlichst.
möglichst: → tunlichst.
Mohr: → Neger.
Mokassin: → Schuh.
Mokka: → Kaffee.
Mole: → Damm.
mollig: → dick, → warm.
Moloch: → Ungeheuer.
Moment: → Weile; im M. → jetzt.
momentan: → jetzt.
Monarch: → Oberhaupt.

Monarchie: → Herrschaft.
Monatsblutung: → Menstruation; die M. haben → menstruieren.
Mond: in den M. gucken → versäumen.
mondän: → geschmackvoll.
Moneten: → Geld.
monieren: → beanstanden.
Monitum: → Vorwurf.
monochrom: → einfarbig.
Monogamie: → Ehe.
Monokel: → Einglas.
Monolog: → Gespräch.
Monopol: → Vorrecht.
Monosexualismus: → Selbstbefriedigung.
monoton: → langweilig.
Monstrum: → Ungeheuer.
Monsun: → Wind.
montieren: → anbringen.
Montur: → Kleidung.
Monument: → Denkmal.
monumental: → gewaltig.
Moor: → Sumpf.
Moos: → Geld.
Moped: → Motorrad.
mopsen: → wegnehmen; sich m. → langweilen.
Moral: → Sitte.
moralisch: → sittlich.
Morast: → Schlamm.
Moratorium: → Stundung.
morbid: → krank.
Mord: → Tötung; einen M. begehen/verüben → töten.
morden: → töten.
Mörder, Täter, Killer *(salopp)*, Meuchelmörder, Raubmörder, Bravo; → Dieb, → Verbrecher.
Mordsdurst: → Durst.
Mordshunger: → Hunger.
Mores: jmdn. M. lehren → schelten.
morganatisch: -e Ehe → Ehe.
Morgen: am M. → morgens; guten M.! → Gruß.
Morgengabe: → Aussteuer.
morgens, am Morgen, früh, in der Frühe *(östr.)*, vormittags · Ggs. → abends.
Morgenvorstellung: → Vormittagsveranstaltung.
Moritat: → Schlager.
Morpheus: in Morpheus' Armen liegen/ruhen → schlafen.
morsch: → mürbe.
Mörtel: → Zement.
Moschee: → Kirche.
Möse: → Vulva.
mosern: → aufbegehren.
Most: → Wein.
Motel: → Hotel.
Motion: → Gesuch.
Motiv: → Anlaß.
motivieren: → begründen.
Motor, Antrieb, Triebwerk, Kraftquelle; → Apparat.
Motorrad, Kraftrad, Krad, Maschine, Motorroller, Feuerstuhl *(ugs., scherzh.)* · *kleines:* Moped; → Auto, → Fahrrad.
Motorroller: → Motorrad.
Motte: → Schmetterling.
Motto: → Ausspruch.
moussieren: → perlen.
Mucke: → Fliege, → Laune.
[1]**Mücke,** Schnake *(südd.)*, Gelse *(südd.)*.
[2]**Mücke:** → Fliege; aus einer M. einen Elefanten machen → übertreiben.
Muckefuck: → Kaffee.
Mücken: → Geld.
Mückenseiher: → Pedant.
muckerhaft: → engherzig.
mucksmäuschenstill: → still.
[1]**müde,** schlafbedürftig, schläfrig, bettreif *(ugs.)*, hundemüde *(ugs.)*, saumüde *(salopp)*, übermüde, ermüdet, ruhebedürftig, todmüde, übermüdet, übernächtig[t], verschlafen, schlaftrunken, unausgeschlafen, halbwach · Ggs. → wach; **m. sein,** gegen/mit dem Schlaf kämpfen, Schlaf haben *(ugs.)*.
[2]**müde:** jmds./einer Sache m. sein → angeekelt [sein].
Muff: → Rückständigkeit.
muffig: → ärgerlich, → engherzig.
Mühe: → Anstrengung; ohne M. → mühelos; sich M. geben → anstrengen (sich).
mühelos, ohne Mühe, einfach, leicht, kinderleicht, bequem, unschwer, spielend, unproblematisch, nicht → schwierig · Ggs. → beschwerlich.
mühen: sich m. → anstrengen (sich).
mühevoll: → beschwerlich.
Mühle: → Auto, → Flugzeug.
Mühsal: → Anstrengung.
mühsam: → beschwerlich.
mühselig: → beschwerlich.
Muli: → Esel.
Müll: → Abfall.
mulmig: → unerfreulich.
Multipara: → Frau.
Mulus: → Esel.
mumifizieren: → konservieren.
Mumm: → Mut.
Mümmelmann: → Hase.
mümmeln: → kauen.
Mummenschanz: → Maskerade.
Münchhausen: → Angeber.
[1]**Mund,** Lippen, Schnute, Gosche *(salopp)*, Labbe *(abwertend)* · *beim Tier:* Maul, Rachen (Säugetiere, Fische, Reptilien), Schnauze (Hund, Katze u. a.), Schnabel (Vögel), Freßwerkzeuge (Insekten) · *im Hinblick auf das Sprechen:* Klappe *(salopp)*, Mundwerk *(abwertend)*, Rand *(salopp)*, Schandmaul *(derb, abwertend)*, Dreckschleuder *(salopp, abwertend)* · *im Hinblick auf das Essen:* Futterluke *(scherzh.)*; → reden.
[2]**Mund:** den M. halten → schweigen; jmdm. den M. verbieten/stopfen → verbieten.
Mundart, Dialekt, Idiom; → Ausdrucksweise, → Muttersprache · Ggs. → Hochsprache.

mundartlich: → regional.
munden: → schmecken.
mundfaul: → wortkarg.
Mundharmonika: → Blasinstrument.
mündig: → volljährig.
mundtot: m. machen → verbieten.
Mundus: → Welt.
Mundvorrat: → Nahrung.
Mundwerk: → Mund.
munkeln: → flüstern.
Münster: → Kirche.
munter: → lustig, → wach; m. werden → lustig [werden].
Munterkeit: → Temperament.
Münzkunde, Numismatik.
mürbe, morsch, brüchig, verfallen, zerfallen.
murklig: → karg.
murksen: → pfuschen.
Murmel, Marmel, Klicker *(westd.)*, Schusser *(schwäb., bayr., östr.)*, Schneller *(südwestd.)*, Bugger *(berlin.)*, Picker *(nordd.)*.
murmeln: → flüstern.
mürrisch: → ärgerlich.
Musical: → Operette.
Musik: → Kapelle; in M. setzen → vertonen.
Musikant: → Musizierender.
Musikdrama: → Oper.
Musiker: → Musizierender.
Musikinstrument, Instrument; → Blasinstrument, → Rassel, → Schlaginstrument, → Streichinstrument, → Tasteninstrument, → Zupfinstrument.
Musizierender, Musiker, Musikant, Spieler, Instrumentalist; → Sänger.
Muskete: → Schußwaffe.
muskulös: → athletisch.
Mußbestimmung: → Weisung.
Muße, Ruhe, Zeit, Freizeit; → Stille.
müssen: er muß [aufschließen]/hat [aufzuschließen]/ ist genötigt (oder:) gehalten [aufzuschließen]/sieht sich genötigt [aufzuschließen]/kann nicht umhin [aufzuschließen]/soll [aufschließen]; **muß ... werden**: etwas muß [gemacht] werden/ist zu [machen]; **nicht m.**: er muß nicht [bleiben], braucht nicht zu [bleiben]/darf [gehen]/kann [gehen]; → befugt [sein], → können, → wünschen.
müßig: → faul.
Mußvorschrift: → Weisung.
Mustang: → Pferd.
¹**Muster,** Vorbild, Ideal, Inbegriff, Inbild, Urbild, Archetyp, Typ, Modell, Bauart, Exemplar, Stück, Prototyp, Beispiel, Exempel, Schablone, Vorlage, Schema, Sample, Pattern, Paradigma; → Abgott, → Absicht, → Einbildung, → Redensart, → Regel; → berufen (sich) · Ggs. → Nachahmer.
²**Muster:** → Form.
mustergültig: → vorbildlich.
musterhaft: → vorbildlich.
mustern: → ansehen; → prüfen.
¹**Mut,** Tapferkeit, Kühnheit, Beherztheit, Furchtlosigkeit, Unerschrockenheit, Schneid *(ugs.)*, Courage *(ugs.)*, Zivilcourage, Mumm *(ugs.)*, Tollkühnheit, Wagemut, Bravour; → Kämpfer; **keinen M. haben,** keine Traute haben *(ugs.)*; → mutig · Ggs. → feige.
²**Mut:** M. machen → zuraten; den M. verlieren/sinken lassen → verzagen; guten -es sein → zuversichtlich [sein].
Mutation: → Veränderung.
mutig, tapfer, heldenhaft, todesmutig, heldenmütig, heroisch, mannhaft, beherzt, unerschrocken, furchtlos, couragiert, kühn, wagemutig, waghalsig, verwegen, draufgängerisch, tollkühn, vermessen, nicht → mutlos, nicht → feige; → frech, → zielstrebig; → Held, Kämpfer, → Mut.
mutlos, entmutigt, verzagt, kleinmütig, verzweifelt, niedergeschlagen, deprimiert, [nieder]gedrückt, resigniert, gebrochen, geknickt *(ugs.)*, niedergeschmettert *(ugs.)*; → ängstlich, → schwermütig, → unzufrieden · Ggs. → mutig.
Mutlosigkeit: → Trauer.
mutmaßen: → vermuten.
mutmaßlich: → anscheinend.
¹**Mutter,** Mama, Alte *(ugs.)*, alte Dame *schlechte:* Rabenmutter; → Eltern.
²**Mutter:** M. Gottes → Madonna; M. werden → gebären; Vater und M. → Eltern.
Mutterfreuden: M. entgegensehen → schwanger [sein].
Mutterschwein: → Schwein.
mutterseelenallein: → allein.
Muttersprache, Landessprache; → Hochsprache, → Mundart.
mutual: → wechselseitig.
Mütze: → Kopfbedeckung.
Myom: → Geschwür.
Myriade: → Anzahl.
Mysterienspiel: → Schauspiel.
mysteriös: → unfaßbar.
mystisch: → unfaßbar.
Mythos: → Erzählung.

N

Nabel: N. der Welt → Mittelpunkt.
nach: → gemäß; n. und n. → allmählich.
nachäffen: → nachahmen.
nachahmen, nachmachen, nachäffen *(abwertend)*, imitieren, kopieren, nacheifern, nachstreben, nachfolgen; → Nachahmung.
nachahmenswert: → vorbildlich.
Nachahmer, Nachfolger, Epigone; → Muster.
Nachahmung, Nachbildung, Reproduktion, Vervielfältigung, Abklatsch, Klischee, Wiedergabe, Faksimile, Kopie, Imitation, Attrappe · *ernster Dichtung in komisch-satirischer Weise: a) durch unpassende, lächerliche Form:* Travestie; *b) durch unpassenden Inhalt:* Parodie; → Abschrift, → Redensart, → Satire, → Zerrbild; → nachahmen.
Nachbar: → Anwohner.
nachbeten: → nachsprechen.
nachbezahlen: → zahlen.
Nachbildung: → Nachahmung.
nachdem: → als.
nachdenken: → denken.
Nachdenken: → Versenkung.
nachdenklich: → gedankenvoll.
nachdrücklich: → zielstrebig.
nacheifern: → nachahmen.
Nachen: → Boot.
Nachfahr[e]: → Angehöriger.
Nachfolger: → Nachahmer.
nachforschen: → prüfen.
nachfragen: → fragen.
nachgeben, sich beugen/fügen/unterwerfen/ergeben, unterliegen, zurückstecken, einen Rückzieher machen *(ugs.)*, klein beigeben *(ugs.)*, den Schwanz einziehen *(salopp)*, kapitulieren, die weiße Fahne hissen, resignieren, passen, die Flinte ins Korn werfen, die Waffen strecken, die Segel streichen, nicht → standhalten; → ertragen, → überreden, → verzeihen; → Widerruf.
nachgehen: einer Beschäftigung n. → arbeiten.
nachgerade: → ganz.
nachgiebig: → willensschwach.
Nachgiebigkeit: → Duldsamkeit.
nachgrübeln: → denken.
nachhaltig: → unaufhörlich.
nachhängen: einem Gedanken n. → denken.
nachher: → hinterher.
nachholen: → aufholen.
nachjagen: → verfolgen.
Nachkomme: → Angehöriger.
nachkommen: → gehorchen.
Nachlaß: → Erbe, → [Preis]nachlaß.
nachlassen: → abnehmen, → ermäßigen.
Nachlassen: → Rückgang.
nachlassend, rückläufig, stagnierend, rezessiv, regressiv, zurückgehend, schwindend.
[1]**nachlässig,** schlampig *(abwertend)*, schluderig *(abwertend)*, oberflächlich, flüchtig, unordentlich, huschelig.
[2]**nachlässig:** → ungezwungen.
nachlaufen: → verfolgen.
nachmachen: → nachahmen, → wiederholen.
Nachname: → Familienname.
nachplappern: → nachsprechen.
nachprüfen: → prüfen.
Nachrede: üble/böse N. → Beleidigung.
nachreden: → nachsprechen; jmdm. etwas n. → verleumden.
nachrennen: → verfolgen.
Nachricht, Neuigkeit, Mitteilung, Botschaft, Kunde, Meldung, Auskunft, Information, Bescheid, Äußerung; → Angabe, → Bericht, → Darlegung; → mitteilen.
Nachruf, Nekrolog, Totenrede, Gedächtnisrede; → Mitteilung, → Nachwort.
nachrühmen: jmdm. etwas n. → loben.
nachsagen: → nachsprechen; jmdm. etwas n. → verleumden.
Nachschlagewerk, [Konversations]lexikon, Enzyklopädie, Wörterbuch, Wortschatz, Diktionär, Thesaurus, Idiotikon.
nachsehen: → prüfen, → verzeihen.
Nachsehen: das N. haben → versäumen.
nachsetzen: → verfolgen.
Nachsicht: → Duldung.
nachsichtig: → tolerant.
nachsinnen: → denken.
Nachspeise: → Dessert.
nachsprechen, nachsagen, wiederholen, nachreden, nachplappern, echoen, nachbeten *(abwertend)*.
nächst: in -er Zeit → später.
Nächstenliebe, Agape, Karitas, Barmherzigkeit, Mildtätigkeit, Wohltätigkeit, Philanthropie, Menschlichkeit, Menschenliebe, Menschenfreundlichkeit, Humanität; → Achtung, → Geselligkeit, → Liebe; → menschlich.
nachsuchen: → bitten.
Nacht: zu N. essen → essen; gute N.! → Gruß.
Nachtanzug: → Nachtgewand.
Nachteil: → Mangel.
nachteilig: → hinderlich, → unerfreulich.
Nachtessen: → Essen.
Nachtfalter: → Schmetterling.
Nachtgewand, Nachthemd, Pyjama, Schlafanzug, Nachtanzug, Negligé.
Nachthemd: → Nachtgewand.
nächtigen: → übernachten.
Nachtisch: → Dessert.

Nachtmahl: → Essen.
nachtmahlen: → essen.
Nachtmahr: → Gespenst.
nachtragen: → übelnehmen, → vervollständigen.
nachtragend: → empfindlich.
nachträglich: → hinterher.
nachts: → abends.
nachvollziehen: → verstehen.
[1]**Nachweis,** Beweis, Rechtfertigung, Indiz, Beweisstück, Beweismittel, Corpus delicti, Alibi; → Anzeichen, → Merkmal, → Urkunde; → nachweisen.
[2]**Nachweis:** → Angabe.
[1]**nachweisen,** beweisen, untermauern, [den Beweis] erbringen/bringen; → Nachweis.
[2]**nachweisen:** → aufdecken.
Nachwort, Epilog, Schlußwort; → Ende, → Nachruf · Ggs. → Vorwort.
Nachwuchs: → Kind.
nachzahlen: → zahlen.
nachziehen: → aufholen.
Nacken, Genick, Anke *(landsch.)*; → Hals.
nackend: → nackt.
nackicht: → nackt.
nackt, bloß, entblößt, frei, unbekleidet, unbedeckt, hüllenlos, nackend *(ugs.)*, nackicht *(ugs.)*, splitter[faser]nackt; **n. sein,** im Adamskostüm sein.
Nacktheit: → Blöße.
Nacktkultur: → Freikörperkultur.
Nadelbaum, Konifere, Tanne, Fichte, Kiefer, Lärche, Eibe · Ggs. → Laubbaum.
[1]**Nagel,** Stift, Schraube.
[2]**Nagel:** an den N. hängen → abschreiben; sich etwas unter den N. reißen → nehmen.
nagelneu: → neu.
nagen: → kauen.
nah[e], dicht, benachbart, nahebei, in der Nähe, nicht → fern.
Nähe: in der N. → nah[e].
nahebei: → nah[e].
nahelegen: → vorschlagen.
nahen: sich jmdm. n. → nähern (sich).
nähen, schneidern, flicken, pfriemen *(salopp, abwertend, landsch.)*.
Näherin: → Schneiderin.
[1]**nähern** (sich jmdm.), sich jmdm. nahen, sich an jmdn. heranmachen *(ugs.)*, sich einschmeicheln/anbiedern/ *(ugs.)* anvettermicheln.
[2]**nähern:** sich n. → kommen.
nahezu: → beinah[e].
Nähmädchen: → Schneiderin.
nähren: → ernähren.
nährend: → nahrhaft.
nahrhaft, kalorienreich, kräftig, nährend, sättigend.
Nahrung, Verpflegung, Proviant, Mundvorrat, Wegzehrung, Futter, Kost; → Dessert, → Essen; → ernähren.
Nahrungsaufnahme: → Essen.
Nahrungsmittel: → Lebensmittel.
Nähterin: → Schneiderin.
naiv: → arglos.
Naive: → Schauspielerin.
Najade: → Wassergeist.
Name: guter N. → Ansehen; einen -n geben → taufen; seinen -n aufs Spiel setzen → bloßstellen.
Namenszeichen: → Unterschrift.
Namenszug: → Unterschrift.
namhaft: → bekannt.
Napf: → Schüssel.
narkotisieren: → betäuben.
[1]**Narr,** Tor, Einfaltspinsel *(ugs.)*, Trottel *(abwertend)*, Simpel *(ugs.)*.
[2]**Narr:** zum -en haben/halten → anführen.
narren: → anführen.
Narrheit: → Torheit.
närrisch: → überspannt.
Narzißmus: → Selbstverliebtheit.
narzißtisch: → selbstbezogen.
naschen: → essen.
[1]**Nase,** Geruchssinn, Geruchsorgan, Riechorgan, Gesichtserker *(scherzh.)*, Riechkolben *(derb, scherzh.)*, Zinken *(derb)*, Gurke *(derb)* · *bei Tieren:* Windfang (Rotwild), Winder (Rotwild u. a.).
[2]**Nase:** sich die N. putzen → schneuzen (sich); auf der N. liegen → krank [sein]; die N. voll haben → angeekelt [sein]; seine N. in alles stecken → neugierig [sein].
Nasenfahrrad: → Brille.
Nasenspitze: jmdm. etwas an der N. ansehen → bemerken.
naseweis: → frech.
[1]**naß,** feucht, klamm, beschlagen, [bis auf die Haut] durchnäßt, klatschnaß, patschnaß, tropfnaß, [vor Nässe] triefend, regennaß, pudelnaß, nicht → trocken.
[2]**naß:** sich n. machen → urinieren.
Naß: → Wasser.
Nates: → Gesäß.
Nation: → Volk.
national, staatlich, patriotisch, vaterländisch, nationalistisch *(abwertend)*, chauvinistisch *(abwertend)*, rechtsextremistisch *(abwertend)*; → Begeisterung, → Heimat, → Nationalismus, → Patriot, → Volk.
nationalisieren: → naturalisieren.
Nationalismus, Chauvinismus; → Begeisterung, → Heimat, → Patriot, → Volk; → national.
Nationalist: → Patriot.
nationalistisch: → national.
Nationalität: → Volk.
Nationalsozialist, Nazist *(abwertend)*, Nazi *(abwertend)*, Faschist, Falangist.
Natur: → Wesen.
naturalisieren, einbürgern, nationalisieren, jmdm. die Staatsangehörigkeit verleihen.
Naturell: → Wesen.
Naturismus: → Freikörperkultur.
Naturkunde, Biologie; → Pflanzenkunde, → Tierkunde.
natürlich: → echt, → erwartungsgemäß, → ja, → unehelich, → ungezwungen, → zweifellos.

Nazarener: → Heiland.
Nazi: → Nationalsozialist.
Nazist: → Nationalsozialist.
Nebel, Dunst, Dampf, Brodem, Wrasen *(niederd.)*; → Rauch; → dunstig.
nebelhaft: → unklar.
nebenbei, nebenher, beiläufig, am Rande.
Nebenbuhler: → Gegner.
nebeneinanderhalten: → vergleichen.
nebeneinanderstellen: → vergleichen.
nebenher: → nebenbei.
neblig: → dunstig.
nebst: → einschließlich.
necken: → aufziehen.
Necking: → Liebesspiel.
negativ: → unerfreulich.
Neger, Afrikaner, Schwarzer, Mohr, Nigger *(abwertend)*, Farbiger.
Negerschweiß: → Kaffee.
Negligé: → Nachtgewand.
Negus: → Oberhaupt.
[1]**nehmen,** aneignen, sich einer Sache bemächtigen, Besitz nehmen/ergreifen von, greifen, grapschen *(ugs.)*, angeln *(ugs.)*, sich etwas unter den Nagel reißen *(salopp)*; → ergreifen, → erobern, → kapern.
[2]**nehmen:** → auswählen, → erobern, → wegnehmen; auf sich n. → verwirklichen; n. als → beurteilen; [zu sich] n. → essen.
Neid, Mißgunst, Ressentiment, Lebensneid, Scheelsucht, Eifersucht, Mißvergnügen, Unbehagen; → Abneigung, → Bosheit; → neiden; → schadenfroh.
neiden, beneiden, mißgönnen, nicht gönnen; → schadenfroh; → Neid.
neidlos: → gütig.
Neige: zur N. gehen → abnehmen.
neigen: sich n. → beugen (sich); n. zu → anfällig [sein].
[1]**Neigung,** Tendenz, Trend, Strömung, Entwicklung, Zug, Vorliebe, Hang, Drang, Impetus, Gusto, Trieb, Sucht, Manie, Besessenheit; → Absicht, → Angst, → Ehrgeiz, → Impuls, → Leidenschaft, → Zwang.
[2]**Neigung:** → Anlage, → Zuneigung.
nein, mitnichten, keinesfalls, keineswegs, nie [und nimmer], niemals, durchaus/absolut/ganz und gar nicht, ausgeschlossen, unmöglich, undenkbar, auf keinen Fall, unter keinen Umständen, nicht im geringsten/mindestens, in keiner Weise, keine Spur, kein Gedanke [daran], daran ist nicht zu denken, weit entfernt, um keinen Preis; → aber · Ggs. → ja.
Nekrolog: → Nachruf.
Nekropole: → Friedhof.
nennen: → bezeichnen, → erwähnen, → schelten.
nennenswert: → außergewöhnlich.
Nennung: → Angabe.
Nennwort: → Wortart.
Nepotismus: → Vetternwirtschaft.
Nepp: → Betrug.
Neptun: → Wassergeist; N. opfern → übergeben (sich).
Nereide: → Wassergeist.
Nervenarzt: → Arzt.
Nervensäge: → Störenfried.
nervös: → aufgeregt.
Nervosität: → Unrast.
Nervtöter: → Störenfried.
Nest: → Dutt, → Ort; ins N. gehen → schlafen [gehen].
Nestwärme: → Pflege.
netig: → sparsam.
nett: → entgegenkommend, → lieb.
Netz: → Gewebe; ins N. gehen → hereinfallen.
netzen: → sprengen.
[1]**neu,** [funkel]nagelneu, brandneu *(ugs.)*, neugebacken, ungebraucht, frisch, nicht → alt; → Neuheit.
[2]**neu:** aufs -e, von -em → wieder; die Neue Welt → Amerika.
neuartig: → modern.
Neubelebung, Wiederbelebung, Aufleben, Wiedererweckung, Auferstehung, Auferstehen, Wiedererstehen, Wiedergeburt, Erneuerung, Renaissance.
Neuer: → Wein.
Neuerer: → Revolutionär.
neuerlich: → wieder.
Neuerscheinung: → Neuheit.
neugebacken: → neu.
Neugeborenes: → Kind.
Neugier, Neugierde, Wißbegier, Wißbegierde, Wissensdurst, Wissensdrang, Interesse.
neugierig, wißbegierig, schaulustig, sensationslüstern; **n. sein,** herumschnüffeln *(ugs.)*, sich um alles kümmern, die/seine Nase in alles stecken *(ugs.)*.
Neuheit, Novität, Neuerscheinung, Aktualität, Novum; → neu.
Neuigkeit: → Nachricht.
neulich: → kürzlich.
Neuling: → Anfänger.
neumodisch: → modern.
neunmalgescheit: → oberschlau.
neunmalklug: → oberschlau.
Neurologe: → Arzt.
neurotisch: → ängstlich.
neutönerisch: → modern.
neutral: → unparteiisch.
Neutralität: → Objektivität.
nicht: durchaus/absolut/ganz u. gar n. → nein.
Nichtachtung, Respektlosigkeit, Herabsetzung, Demütigung, Entwürdigung, Mißachtung, Verachtung; → bloßstellen · Ggs. → Achtung, → Ansehen; → billigen.
Nichtfachmann, Laie, Außenstehender, Exoteriker, Dilettant, Amateur, Ignorant, Nichtskönner *(abwertend)*, Stümper *(abwertend)*; → Außenseiter, → Dummkopf, → Unkenntnis; → dilettantisch · Ggs. → Fachmann.
nichtig: für [null und] n. erklären → abschaffen.
nichts: n. anderes als → ausschließlich.

nichtsahnend: → ahnungslos.
nichtsdestotrotz: → dennoch.
nichtsdestoweniger: → dennoch.
Nichtskönner: → Nichtfachmann.
Nichtsnutz: → Versager.
nichtssagend: → phrasenhaft.
nichtswürdig: → ehrlos.
Nickerchen: [ein] N. machen → schlafen.
Nidel: → Sahne.
nie: n. [und nimmer] → nein.
niederbeugen: sich n. → beugen (sich).
niederbrennen: → verbrennen.
niederfallen: → knien.
niedergedrückt: → mutlos.
niedergehen: → landen.
niedergeschlagen: → mutlos.
Niedergeschlagenheit: → Trauer.
niedergeschmettert: → mutlos.
niederknien: → knien.
niederkommen: → gebären.
Niederkunft: → Geburt.
Niederlage: → Debakel, → Warenlager.
[1]**niederlassen** (sich), sich selbständig machen/etablieren/ansiedeln/anbauen, siedeln, seßhaft werden, Aufenthalt nehmen.
[2]**niederlassen:** sich n. → setzen (sich).
Niederlassung: → Unternehmen.
niederlegen: sich n. → schlafen [gehen]; die Arbeit n. → kündigen, → streiken.
niedermachen: → töten.
niedermetzeln: → töten.
niederreißen, abreißen, einreißen, abbrechen, abtragen · *eine Festung:* schleifen · Ggs. → bauen.
niederschießen: → töten.
Niederschlag, Regen, Schauer, Wolkenbruch, Guß *(ugs.)*; → hageln, → regnen, → schneien.
niederschreiben: → aufschreiben.
Niederschrift: → Arbeit.
niedersetzen: sich n. → setzen (sich).
niederstechen: → töten.
niederstrecken: → töten.
Niedertracht: → Bosheit.
niederträchtig: → böse, → gemein.
niederwerfen: sich n. → knien.
niedlich: → hübsch.
[1]**niedrig,** flach, untief, seicht.
[2]**niedrig:** → gemein.
niemals: → nein.
nieseln: es nieselt → regnen.
niesen: jmdm. etwas n. → ablehnen.
Niete: → Pech, → Versager.
Nigger: → Neger.
Nihilist: → Pessimist.
nihilistisch: → schwermütig.
Nille: → Penis.
Nimbus: → Ansehen.
nimmermüde: → fleißig.
Nimrod: → Jäger.
nippen: → trinken.
Nischel: → Kopf.
Nissenhütte: → Haus.
Nisus: N. [sexualis] → Leidenschaft.
Niveau, Leistungsstufe, Rangstufe, Bildungsgrad; → Benehmen.
nivellieren, gleichmachen, einebnen.
Nixe: → Wassergeist.
nobel: → freigebig, → geschmackvoll.
Noblesse: → Vornehmheit.
nochmals: → wieder.
Nöck: → Wassergeist.
nölen: → langsam [arbeiten].
Nomen: → Wortart.
nonchalant: → ungezwungen.
Nonkonformist: → Außenseiter.
nonkonformistisch: → selbständig.
Nonplusultra: → Höhepunkt.
Nonsens: → Unsinn.
Nonvalenz: → Zahlungsunfähigkeit.
nörgeln: → beanstanden.
Norm: → Regel.
normativ: → maßgeblich.
normen, normieren, standardisieren, regeln, festsetzen, vereinheitlichen.
Not, Notlage, Übel, Zwangslage, Bedrängnis, Verlegenheit, Misere, Dilemma, Zwiespalt, Konflikt, Bredouille *(salopp)*, Schlamassel *(salopp)*; → Krankheit, → Lage, → Leid, → Mangel, → Schwierigkeit, → Unglück, → Verwirrung; **N. leiden,** sich in einer Zwangslage/Notlage/in Bedrängnis befinden, in der Klemme sein *(ugs.)*, im Dreck sitzen/stecken *(salopp)*, in der Patsche/Tinte sitzen *(ugs.)*, in der Klemme sein *(ugs.)*, zwischen Baum und Borke stecken *(ugs.)*; → verunglücken.
Notar: → Jurist.
Notbett: → Bett.
Notdurft: seine N. verrichten → austreten.
notdürftig, schlecht und recht, behelfsmäßig, provisorisch; → zweckmäßig.
Note: → Zensur.
notfalls: → vielleicht.
notieren: → aufschreiben.
[1]**nötig,** erforderlich, geboten, empfehlenswert, dringlich, unerläßlich, notwendig, unentbehrlich, integrierend, obligat, unumgänglich, unvermeidlich, unausbleiblich, unausweichlich, unabwendbar; → richtig; **n. sein,** es ist angezeigt/angebracht, es empfiehlt sich; → üblich, → unbedingt, → verbindlich.
[2]**nötig:** n. haben → brauchen.
nötigen, zwingen, erpressen; → überreden, → zuraten.
Nötigung: → Zwang.
Notlage: → Not.
notleidend: → arm.
notorisch: → anrüchig.
Notruf: → Hilferuf.
Notsignal: → Hilferuf.
notwendig: → nötig.
Notzucht: → Vergewaltigung.
notzüchtigen: → vergewaltigen.
Novelle: → Erzählung.
Novität: → Neuheit.
Novize: → Anfänger.

Novum: → Neuheit.
Nu: im N. → schnell.
Nuance, Abschattung, Schattierung, Abtönung, Abstufung, Spur, Hauch, Schatten, Anflug, Schimmer, Stich.
nüchtern: → ungewürzt, → unparteiisch.
Nuckel: → Schnuller.
nuckeln: → saugen.
Nuckelpinne: → Auto.
Nuddel: → Schnuller.
nuddeln: → drehen.
nudeln: → ernähren.
Nudismus: → Freikörperkultur.
Nudität: → Blöße.
Nuggel: → Busen.
Nuggi: → Schnuller.
null: für n. und nichtig erklären → abschaffen.
Null: Nummer N. → Toilette.
Nullipara: → Frau.
Numen: → Gottheit.
Numerale: → Wortart.
numerieren, beziffern, benummern, mit einer Zahl versehen.
Numismatik: Münzkunde.
Nummer: → Spaßvogel, → Zahl, → Zensur; N. schieben/machen → koitieren.
nunmehr: → jetzt.
Nuntius: → Diplomat.
Nuppel: → Schnuller.
nur: → ausschließlich.
Nutte: → Prostituierte.
nutzbringend: → nützlich.
nutzen: → anwenden.
Nutzen: → Vorteil; N. haben/ziehen → profitieren; von N. sein → nützlich [sein].
nützen: → nützlich [sein].
nützlich, nutzbringend, förderlich, konstruktiv, aufbauend, heilsam, lohnend, dankbar, fruchtbar, ersprießlich, gedeihlich, nicht → nutzlos; → bekömmlich, → erfreulich, → interessant, → zweckmäßig; **n. sein,** nützen, von Nutzen sein, helfen, zustatten kommen, gute Dienste leisten, frommen, dienlich sein; **nicht n. sein,** nicht fruchten, nicht ergiebig sein; → fördern; → Vorteil.
nutzlos, unnötig, überflüssig, entbehrlich, unnütz, nicht → nützlich; → grundlos, → üppig, → wirkungslos; **n. sein,** umsonst/vergeblich/vergebens/*(salopp)* für die Katz sein, das ist verlorene Liebesmüh[e] *(ugs.)*, keinen → Erfolg [haben].
Nymphe: → Wassergeist.
Nymphomanie: → Mannstollheit.

O

ob: → wegen; ob auch immer → obgleich.
Obacht: O. geben → achtgeben.
obdachlos: → Wohnung.
obduzieren: → öffnen.
oben: von o. bis unten → ganz.
obendrein: → auch.
obengenannt: → obig.
Ober: → Bedienung.
[1]**oberflächlich,** flach, seicht; → dilettantisch, → phrasenhaft, → unzulänglich.
[2]**oberflächlich:** → nachlässig.
Oberhaupt, Herrscher, Regent, Staatsmann, Machthaber, Staatsoberhaupt, Präsident, Kanzler, Souverän, Dynast, Fürst, König, Monarch, Kaiser, Zar *(slawisch)*, Tenno *(japanisch)*, Schah *(iranisch)*, Negus *(äthiopisch)*, Potentat *(abwertend)*, Diktator, Führer, Anführer, Häuptling, Caudillo *(spanisch)* · *im alten Rom:* Cäsar · *der kath. Kirche:* Papst, Oberhirte, Pontifex maximus · *der orthodoxen Kirche:* Patriarch; → Arbeitgeber, → Befehlshaber, → Geistlicher, → Herrschaft.
Oberhirte: → Oberhaupt.
Oberkellner: → Bedienung.
Obers: → Sahne.
Oberschicht, Gesellschaft, Elite, Hautevolee, die oberen Zehntausend, Creme, Crème de la crème, [High-]Society, Upper ten · *modisch elegante:* Schickeria; → Berühmtheit.
oberschlau, neunmalklug, neunmalgescheit, siebengescheit, überklug, übergescheit, superklug; → schlau.
Oberschule: → Schule.
Oberschüler: → Schüler.
Oberseite: → Vorderseite.
Oberstübchen: → Kopf.
obgleich, obwohl, obschon, wennschon, wenngleich, wenn auch, ungeachtet, wiewohl, obzwar, trotzdem *(ugs.)*, ob [auch immer] *(selten)*; → dennoch.
obig, vorerwähnt, vorstehend, [vor]genannt, obengenannt.
Objekt: → Gegenstand.
objektiv: → unparteiisch.
Objektivität, Sachlichkeit, Vorurteilslosigkeit, Unvoreingenommenheit, Unparteilichkeit, Neutralität; → unparteiisch Ggs. → Subjektivität.
Obliegenheit: → Aufgabe.
obligat: → nötig.
Obligation: → Schuld.
obligatorisch: → verbindlich.
Oboe: → Blasinstrument.
Obolus: → Beitrag.
obrigkeitlich: → totalitär.
obschon: → obgleich.
obskur: → anrüchig.
obsolet: → altmodisch.
Obst, Früchte.

obstinat: → unzugänglich.
Obstination: → Eigensinn.
Obstipation: → Stuhlverstopfung.
Obstructio alvi: → Stuhlverstopfung.
Obstruktion: → Widerstand.
obszön: → anstößig.
Obturation: → Gefäßverstopfung.
obwohl: → obgleich.
obzwar: → obgleich.
Ochlokratie: → Herrschaft.
Ochse: → Rind.
ochsen: → lernen.
Ochsenziemer: → Peitsche.
Ode: → Gedicht.
öde: → abgelegen, → langweilig.
Öde: → Einöde.
Odem: → Atem.
Odeur: → Geruch.
Odium: → Abneigung.
Ödland: → Einöde.
Œuvre: → Arbeit.
Ofen: → Auto.
[1]**offen,** auf, geöffnet.
[2]**offen:** → aufgeschlossen, → aufrichtig; etwas ist noch o. → bevorstehen.
offenbar, offensichtlich, augenscheinlich, offenkundig, erwiesen, eklatant; **o. werden,** sich herausstellen/enthüllen/zeigen; → außergewöhnlich.
offenbaren: → bekunden.
Offenbarung: → Voraussage.
offenherzig: → aufrichtig.
offenkundig: → offenbar.
Offenkundigkeit, Publizität, Öffentlichkeit.
offensichtlich: → offenbar.
offensiv: → streitbar.
Offensive: → Angriff.
öffentlich: → amtlich.
[1]**Öffentlichkeit,** Allgemeinheit, Gesellschaft; → Umwelt.
[2]**Öffentlichkeit:** → Offenkundigkeit; an die Ö. dringen → herumsprechen (sich).
Öffentlichkeitsarbeit: → Propaganda.
Offerte: → Angebot.
offiziell: → amtlich.
offiziös: → amtlich.
[1]**öffnen,** erbrechen, aufmachen, auftun, aufbekommen, aufkriegen *(ugs.)*, aufbringen, aufbrechen, aufsprengen, aufschließen, aufsperren, aufreißen, auffetzen, aufschlagen, sich Zugang verschaffen · *einen lebenden Körper:* operieren · *ein Tier:* vivisezieren · *einen toten Körper:* sezieren, obduzieren; → aufdecken, → zerlegen · Ggs. → schließen.
[2]**öffnen:** jmdm. ö. → einlassen.
oft, öfter[s], des öfteren, oftmals, häufig, wiederholt, immer wieder, meist, meistens, meistenteils, zumeist, in der Regel, zum größten Teil, teilweise, in der Mehrzahl, überwiegend, vorwiegend, mehrfach, verschiedentlich, mehrmals, mehrmalig, vielfach, vielfältig, nicht → selten; → überall, → unaufhörlich, → wieder.
öfter[s]: → oft.

[1]**ohne,** außer, ausgenommen, sonder, ausschließlich, mit Ausnahme, bis auf, abgesehen von; → ausschließlich · Ggs. → einschließlich.
[2]**ohne:** o. weiteres, o. Bedenken/Anstände → anstandslos.
ohnedies: → ohnehin.
ohnegleichen: → außergewöhnlich.
ohnehin, ohnedies, sowieso, ohne weiteres, eh *(landsch.)*, auf jeden Fall; → automatisch.
Ohnmacht: → Unfähigkeit; in O. fallen/sinken → ohnmächtig [werden].
[1]**ohnmächtig,** bewußtlos, besinnungslos; **o. werden,** schlappmachen *(ugs.)*, abbauen, zusammenbrechen, zusammenklappen *(ugs.)*, zusammensacken, kollabieren, in Ohnmacht fallen/sinken, umfallen, umsinken, zu Boden sinken, umkippen *(ugs.)*, aus den Latschen/Pantinen kippen *(salopp)*; → Unfähigkeit.
[2]**ohnmächtig:** → machtlos.
[1]**Ohr,** Gehör[sinn], Hörvermögen · *bei Tieren:* Löffel (Hase), Lauscher (Rotwild u.a.), Luser (Rotwild u.a.), Teller (Schwarzwild).
[2]**Ohr:** die -en aufsperren/spitzen, jmdm. sein O. leihen → hören; jmdn. übers O. hauen → betrügen.
ohrenbetäubend: → laut.
Ohrenbläser: → Hetzer.
Ohrfeige, Maulschelle, Backpfeife, Watsche *(bes. bayr.)*, Knallschote *(scherzh.)*, Backenstreich, Dachtel *(landsch.)*; → schlagen.
ohrfeigen: → schlagen.
Okarina: → Blasinstrument.
okay: → ja.
Okkasion: → Chance.
okkasionell: → unüblich.
okkupieren: → erobern.
Ökonom: → Bauer.
ökonomisch: → sparsam.
oktroyieren: → aufnötigen.
Okzident: → Abendland.
Öl: → Fett.
Oldtimer: → Auto.
ölen: → einreiben.
Oligarchie: → Herrschaft.
Olle: → Ehefrau.
Oller: → Ehemann.
Olymp: → Himmel.
Omelett, Eierkuchen *(bes. nordd.)*, Pfannkuchen *(bes. südd.)*, Plinse *(landsch.)*, Plinze *(landsch.)*, Flinse *(landsch.)*, Omelette *(österr.)*, Palatschinke *(bayr., östr.)*, Schmarren *(bayr., östr.)*; → Kartoffelpuffer, → Pfannkuchen.
ominös: → anrüchig.
Onanie: → Selbstbefriedigung.
onanieren: → masturbieren.
Ondit: → Gerücht.
Onkelehe: → Ehe.
Opanke: → Schuh.
Oper, Musikdrama, Opera seria, Opera semiseria · *komische:* Opera buffa; → Ope-

rette, → Puppentheater, → Schauspiel, → Theater.
Opera buffa: → Oper.
Opera semiseria: → Oper.
Opera seria: → Oper.
Operation: → Handhabung.
Operette, Singspiel, Musical; → Oper, → Puppentheater, → Schauspiel, → Theater.
operieren: → öffnen.
Opernglas: → Fernglas.
[1]**Opfer,** Märtyrer, Blutzeuge.
[2]**Opfer:** ein O. bringen für → einstehen (für).
Opfermut: → Demut.
[1]**opfern,** preisgeben, drangeben *(ugs.)*, verheizen *(salopp)*; → abgeben, → abnutzen, → spenden.
[2]**opfern:** → spenden; sich o. für → einstehen (für).
Ophthalmiatrie: → Augenheilkunde.
Ophthalmiatrik: → Augenheilkunde.
Opponent: → Gegner.
opportun: → zweckmäßig.
Opportunismus: → Anpassung.
Opportunist, Gesinnungslump *(abwertend)*, Konjunkturritter *(abwertend)*, Radfahrer *(salopp)*, Streber; → Mitläufer; **O. sein,** mit dem Strom/nicht gegen den Strom schwimmen.
Opportunität: → Chance.
Opposition: → Gegensatz.
oppositionell: → gegensätzlich.
optieren: → wählen.
Optimismus, Zuversichtlichkeit, Hoffnungsfreude, Lebensbejahung, Lebensmut, Zukunftsglaube; → Hoffnung, → Optimist; → zuversichtlich · Ggs. → Pessimist.
Optimist, Zukunftsgläubiger, Idealist, Schwärmer, Sanguiniker; → Außenseiter, → Optimismus; → zuversichtlich · Ggs. → Pessimist.
optimistisch: → zuversichtlich.
Optimum: → Höhepunkt.
Option: → Erlaubnis.
optisch, visuell; → sehen; → Augenlicht.
opulent: → üppig.
Opus: → Arbeit.
Orakel: → Voraussage.
Orange: → Apfelsine.
Orator: → Redner.
Orchester: → Kapelle.
Orchis: → Hoden.
Orden: → Kongregation.
ordentlich: → angemessen.
Order: → Bestellung, → Weisung.
Ordinalzahl: → Wortart.
ordinär: → gewöhnlich.
ordnen: → gliedern.
Ordnung: O. machen/in O. bringen → aufräumen; in O. bringen → bereinigen, → gesund [machen], → reparieren; in O. sein → heil [sein]; nicht in O. sein → defekt [sein], → krank [sein].
Ordnungshüter: → Polizist.
Ordnungszahl: → Wortart.
Ordonnanz: → Abgesandter.
Organ: → Gefühl, → Zeitung.
organisieren: → wegnehmen.
Orgasmus: → Höhepunkt.
Orgel: → Tasteninstrument.
Orgie: → Ausschweifung.
orientieren: sich o. → fragen.
Original: → Außenseiter, → Grundlage, → Spaßvogel.
originär: → echt.
originell: → echt.
Orkan: → Wind.
Orkus: → Hölle.
Ornat: → Kleidung.
Ornithologie: Vogelkunde.
[1]**Ort,** Ortschaft, Dorf, Nest, Kaff *(salopp, abwertend)*; → Innenstadt, → Stadt.
[2]**Ort:** → Stelle; gewisser O. → Toilette.
Örtchen: [stilles/verschwiegenes] Ö. → Toilette.
orten: → finden.
orthodox: → fromm, → unzugänglich.
Orthographie: Rechtschreibung.
Orthopäde: → Arzt.
Örtlichkeit: → Stelle.
Ortschaft: → Ort.
Ostdeutschland: → Deutschland.
ostentativ: → streitbar.
Osterhase: → Hase.
Östromanie: → Mannstollheit.
Ostzone: → Deutschland.
Ottomane: → Liege.
Outcast: → Außenseiter.
Outsider: → Außenseiter.
Ovariomanie: → Mannstollheit.
Ovation: → Beifall.
Overall: → Anzug.
Ovulation, Eisprung; → Menstruation.
Ovulationshemmer, Antibabypille; → Empfängnisverhütungsmittel, → Präservativ.
Ozean: → Meer.
Ozeanriese: → Schiff.

P

paar: ein p. → einige.
paaren: sich p. → koitieren.
Paarung: → Koitus.
pachten: → mieten.
Pachthof: → Gut.
Pack: → Abschaum, → Packen.
Päckchen: → Packen.
packen: → ergreifen (jmdn.); etwas packt jmdn. → überkommen.
Packen, Paket, Pack, Päckchen, Ballen, Bund, Bündel; → Schachtel.
packend: → interessant.
Packesel: → Arbeitstier.
Pädagoge: → Lehrer.
[1]**pädagogisch,** erzieherisch; → Benehmen.
[2]**pädagogisch:** → schlau.
Paddel: → Ruder.
paddeln: → Boot [fahren].
Päderast: → Homosexueller.
Pädiater: → Arzt.
paffen: → rauchen.
Page: → Diener.
Pagode: → Kirche.
Paket: → Packen.
Pakt: → Abmachung.
Palais: → Schloß.
Palast: → Schloß.
Palatschinke: → Omelett.
palavern: → sprechen.
Paletot: → Mantel.
Palme: auf die P. bringen → ärgern.
Pampelmuse, Grapefruit; → Apfelsine, → Mandarine, → Zitrone.
pampig: → frech.
Panegyrikus: → Lobrede.
Panik: → Angst.
Panjepferd: → Pferd.
Pankreas: Bauchspeicheldrüse.
Pantoffel: → Schuh.
Pantoffelheld: → Ehemann.
Pantoffelkino: → Fernsehen.
Pantolette: → Schuh.
Pantomime: → Gebärde, → Schauspiel.
Papa: → Vater.
Papel: → Hautausschlag.
Papier: → Urkunde; -e → Ausweis; zu P. bringen, aufs P. werfen → aufschreiben.
Papille: → Brustwarze.
pappen: → fest [sein].
paprizieren: → würzen.
Papst: → Oberhaupt.
Papula: → Hautausschlag.
Parabel: → Sinnbild.
Paradeiser: → Tomate.
Paradies, [Garten] Eden, Arkadien, Elysium, Gefilde der Seligen, Schlaraffenland; → Himmel, → Tummelplatz · Ggs. → Hölle.
Paradiesapfel: → Tomate.
Paradigma: → Muster.
paradox: → gegensätzlich.
Paragraph: → Abschnitt.
parallel: → übereinstimmend.
Parallele: -n ziehen → vergleichen.
Paraphe: → Unterschrift.
paraphieren: → unterschreiben.
Paraphonie: → Mißklang.
parat: p. haben → haben.
Pardon: → Begnadigung.
Parechese: → Wortspiel.
Parentel: → Familie, → Verwandter.
par excellence: → schlechthin.
Paria: → Außenseiter.
parieren: → gehorchen.
Paris: → Frauenheld.
Pariser: → Präservativ.
Park, [Grün]anlage, Garten, Grünfläche, grüne Lunge, Anpflanzung.
parken, halten, abstellen, parkieren *(schweiz.)*.
Parkett: eine kesse Sohle aufs P. legen → tanzen.
Parkhaus, Großgarage, Garage.
parkieren: → parken.
Parlamentär: → Abgesandter.
Parlamentarier: → Abgeordneter.
parlieren: → sprechen.
Parodie: → Nachahmung.
Parole: → Losung.
Parömie: → Ausspruch.
Paronomasie: → Wortspiel.
Paroxysmus: → Anfall, → Höhepunkt.
[1]**Partei,** Gruppe, Sekte, Sparte, Fraktion.
[2]**Partei:** P. ergreifen/nehmen für → eintreten (für).
Parteigänger: → Anhänger.
parteiisch, parteilich, voreingenommen, vorbelastet, befangen, subjektiv, einseitig, unsachlich, nicht → unparteiisch; → gefärbt; → Vorurteil.
parteilich: → parteiisch.
Parteilichkeit: → Vorurteil.
Partie: → Spiel.
partiell: → teilweise.
Partisan, Heckenschütze *(abwertend)*, Guerilla, Freischärler, Franktireur, Widerstandskämpfer.
Partner: → Teilhaber.
partout: → unbedingt.
Partus: → Geburt.
Party: → Fest.
Paspel: → Besatz.
Paß: → Ausweis.
passabel: → annehmbar.
Passage: → Abschnitt, → Straße.
passager: → vorübergehend.
Passagier, Fahrgast, Reisender; → Reise, → Urlaub, → Urlauber; → reisen.
Passat: → Wind.

passé: → überlebt.
[1]**passen,** gelegen/zupaß kommen, entsprechen, recht sein, etwas paßt wie die Faust aufs Auge *(ugs., ironisch)*.
[2]**passen:** → harmonieren, → nachgeben; p. auf → achtgeben; etwas paßt jmdm. nicht → entgegenstehen; etwas paßt wie die Faust aufs Auge → harmonieren.
passend: → richtig.
Passepartout: → [Bilder]rahmen.
Passeport: → Ausweis.
passieren: → geschehen, → sterben.
Passierschein: → Ausweis.
passim: → überall.
Passion: → Leidenschaft.
passiv: → unparteiisch.
Passus: → Abschnitt.
Pastille: → Medikament.
Pastor: → Geistlicher.
pastös: → aufgedunsen.
Pate: jmdm. die -n sagen → schelten.
patent: → tüchtig.
Paternoster: → Aufzug.
pathologisch: → krankhaft.
Patient, Kranker; → Kunde.
Patisserie: → Teegebäck.
Patriarch: → Oberhaupt.
patriarchalisch: → erhaben.
Patriot, Nationalist, Chauvinist; → Begeisterung, → Heimat, → Nationalismus; → national.
patriotisch: → national.
Patronage: → Vetternwirtschaft.
Patsche: → Gliedmaße; in der P. sitzen → Not[leiden].
Patschhand: → Gliedmaße.
patschnaß: → naß.
Pattern: → Muster.
patzen: → verspielen (sich).
Patzer: → Fehler.
patzig: → spöttisch.
Pauke: → Schlaginstrument.
pauken: → lernen.
Pauker: → Lehrer.
pauschal: → ungefähr.
[1]**Pause,** Ruhepause, Verschnaufpause, Atempause, Zigarettenpause *(ugs.)*, Rast, Unterbrechung; → Urlaub; → ruhen.
[2]**Pause:** ohne P. → unaufhörlich.
pausenlos: → unaufhörlich.
Pavillon: → Haus.
[1]**Pech,** Fehlschlag, Niete · Ggs. → Glück.
[2]**Pech:** → Unglück.
Pedal: → Tastatur.
Pedant, Umstandskrämer, Kleinigkeitskrämer, Haarspalter, Mückenseiher *(landsch., scherzh.)*; → Wortverdreher; → engherzig.
Pedanterie, Kleinlichkeit, Umständlichkeit, Pingeligkeit *(ugs., landsch.)* · *im Ausdruck:* Haarspalterei, Wortklauberei, Spitzfindigkeit, Rabulistik; → Pedant; → engherzig.
pedantisch: → engherzig.
Pedell: → Hausmeister.
Pegasus: → Pferd.
peilen: → blicken; über den Daumen p. → schätzen.
Pein: → Leid.
peinigen: → schikanieren.
peinlich: → gewissenhaft, → unerfreulich.
Peitsche, Geißel, Knute, Kantschu, Karbatsche, Reitpeitsche, Reitgerte, [Ochsen]ziemer, neunschwänzige Katze; → Stock; → schlagen.
peitschen: → schlagen.
Pelemele: → Mischung.
Pelle: → Schale.
pellen: → abziehen.
Pellkartoffeln: → Kartoffeln.
Pelz: → Haut.
Penaten: → Hausgötter.
Pendant: → Gegenstück.
pendeln: → schwingen.
penetrant: → aufdringlich, → durchdringend.
Penis, Phallus, [männliches] Glied, Linga[m], Geschlecht, Männlichkeit, Geschlechtsteil, Rute, Gemächt, Membrum virile, Nille *(vulgär)*, Pfeife *(vulgär)*, Schwanz *(vulgär)*, Riemen *(vulgär)*, Pimmel *(vulgär)* · *erigierter:* Ständer *(vulgär)*; → Blöße, → Genitalien, → Glans; → steif.
Pennal: → Schule.
Pennäler: → Schüler.
Pennbruder: → Vagabund.
Penne: → Schule, → Wohnung.
pennen: → schlafen.
Penner: → Vagabund.
Pension: → Gehalt, → Hotel.
pensionieren, berenten, auf Rente setzen.
Pensum, Lektion, Aufgabe, Lehrstoff, Lernstoff; → Abschnitt, → Unterricht.
Pentameter: → Vers.
Penunzen: → Geld.
per: → Stück.
perfekt: → meisterhaft.
perfektionieren: → vervollständigen.
perfide: → untreu.
Perfidie: → Untreue.
Perfidität: → Untreue.
perforieren: → durchlöchern.
Perienzephalitis: → Gehirnhautentzündung.
Periode: → Menstruation, → Zeitraum.
Periodikum: → Zeitschrift.
Peripetie: → Höhepunkt.
Peristase: → Umwelt.
Perle: → Hausangestellte.
perlen, sprudeln, schäumen, spritzen, springen · *stark:* strudeln, brodeln · *von Wein, Sekt:* moussieren; → fließen; → Schaum.
perlustrieren: → prüfen.
permanent: → unaufhörlich.
Permiß: → Erlaubnis.
perniziös: → böse.
per pedes: p. p. kommen → kommen.
perplex: p. sein → überrascht [sein].
Perseveration: → Beharrlichkeit.
Persiflage: → Satire.

Person: → Frau, → Mensch.
Personal, Gesinde, Dienerschaft; → Arbeitnehmer, → Knecht, → Magd.
Personenkraftwagen: → Auto.
Personifikation/Personifizierung: → Sinnbild.
Persönlichkeit: → Mensch.
Persönlichkeitsbild: → Ansehen.
Perspektive: → Gesichtspunkt; -n → Aussichten.
Perücke: → Haar.
pervers, widernatürlich, abartig, verkehrt, unnatürlich; → anstößig, → gleichgeschlechtlich; → Homosexueller, → Umkehrung, → Unzucht.
Perversion: → Abweichung.
pesen: → fortbewegen (sich).
Pessimist, Schwarzseher, Unke *(ugs.)*, Defätist, Nihilist, Unheilsprophet, Fatalist; → schwermütig · Ggs. → Optimismus, → Optimist; → zuversichtlich.
pessimistisch: → schwermütig.
Petition: → Gesuch.
Petrijünger: → Angler.
Petticoat: → Unterkleid.
Petting: → Liebesspiel.
Petz: → Bär.
petzen: → kneifen, → verraten.
Petzer: → Hetzer, → Verräter.
peu à peu: → allmählich.
Pfad: → Straße.
Pfaffe: → Geistlicher.
Pfahl, Pfosten, Pflock, Mast; → Block, → Brett, → Griff, → Span, → Stange, → Stock.
Pfahlbürger: → Bewohner.
Pfand: als P. geben → verpfänden.
pfänden: → beschlagnahmen.
Pfanne: in die P. hauen → besiegen.
[1]**Pfannkuchen** *(berlin.)*, Berliner [Pfannkuchen/Ballen] *(bes. südd.)*, Fastnachtsküchlein *(landsch.)* [Fastnachts]kräppel *(landsch.)*.
[2]**Pfannkuchen:** → Omelett.
Pfarrer: → Geistlicher.
Pfarrgeistlicher: → Geistlicher.
Pfarrherr: → Geistlicher.
pfeffern: → werfen, → würzen.
Pfeife: → Penis, → Tabakspfeife.
pfeifen: → singen; p. auf → mißachten.
Pfeifenmann: → Schiedsrichter.
Pfeil: P. [und Bogen] → Schußwaffe.
Pfeiler, Strebe, Pilaster, Säule, Ständer, Stütze.
Pfennig: den P. herumdrehen → sparsam.
Pferd, Roß, Gaul, Rennpferd, Hottehü *(Kinderspr.)*, Mähre *(abwertend)*, Klepper *(abwertend)* · *weißes:* Schimmel · *schwarzes:* Rappe · *gelbliches:* Falbe · *rötlich-braunes:* Fuchs · *scheckiges:* Schecke · *männliches:* Hengst · *weibliches:* Stute · *junges:* Füllen, Fohlen · *kleines:* Pony, Panjepferd · *verschnittenes:* Wallach: *auf Paßgang abgerichtetes Damenreitpferd:* Zelter · *der Steppe:* Mustang · *sagenhaftes geflügeltes der Dichter:* Pegasus.
pfiffig: → schlau.
Pfiffikus: → Schlaukopf.
pflanzen: → bebauen.
Pflanzenkunde, Botanik; → Naturkunde.
Pflanzer: → Bauer.
Pflanzung: → Gut.
pflaumenweich: → weich.
Pflege, Zuwendung, Nestwärme; → erziehen.
pflegen, warten, gut behandeln, betreuen, umhegen, umsorgen, versorgen, bemuttern, sorgen für, sich kümmern um, nach dem Rechten sehen; → behüten, → geben, → helfen, → verwöhnen; → Wächter · Ggs. → schikanieren.
Pfleger: → Wächter.
pfleglich: → behutsam.
Pflicht: → Aufgabe.
pflichtbewußt: → verantwortungsbewußt.
Pflichtbewußtsein, Pflichtgefühl, Verantwortung[sgefühl], Verantwortungsbewußtsein, Verantwortlichkeit, Ethos, Gewissenhaftigkeit; → Sitte.
Pflichtgefühl: → Pflichtbewußtsein.
Pflock: → Pfahl.
pflücken: → ernten.
Pforte: → Tür.
Pförtner: → Hausmeister.
Pfosten: → Pfahl.
Pfote: → Gliedmaße, → Handschrift.
pfriemen: → nähen.
propf[en]: → Stöpsel.
pfüeti: p. Gott → Gruß.
Pfuhl: → Dünger, → See.
[1]**pfuschen,** huscheln, schludern, murksen, hudeln, sudeln, fudeln; → aufgeregt.
[2]**pfuschen:** jmdm. ins Handwerk p. → Konkurrenz [machen].
Pfütze, Lache, Lacke *(östr.)*; → Fluß, → Gewässer, → Meer, → See.
Phallus: → Penis.
Phänomen: → Ereignis.
phänomenal: → außergewöhnlich.
Phantasie: → Einbildung.
phantasielos: → unoriginell.
phantasievoll: → schöpferisch.
Phantasmagorie: → Einbildung.
phantastisch: → überspannt, → unwirklich.
Phantom: → Einbildung, → Gespenst.
Pharisäer: → Schmeichler.
Pharmakon: → Medikament.
Phase: → Zeitraum.
Philanthropie: → Nächstenliebe.
philanthropisch: → menschlich.
Philatelist → Briefmarkensammler.
Philippika: → Rede.
Philister: → Spießer.
philiströs: → engherzig.
Philosophem: → Ausspruch.
philosophieren: → denken.
Phimose: → Vorhaut.
Phlebitis: → Venenentzündung.
phlegmatisch: → träge.
Phobie: → Angst.

phobisch: → ängstlich.
Photographie: → Fotografie.
photographieren: →fotografieren.
Phrase: → Redensart.
phrasenhaft, leer, hohl, nichtssagend, banal, trivial, abgedroschen *(ugs., abwertend)*, abgeleiert *(salopp, abwertend)*, abgeklappert *(ugs., abwertend)*; → oberflächlich, → üblich; → Plattheit.
Phthise: → Tuberkulose.
Physiognomie: → Gesicht.
Pianino: → Tasteninstrument.
Piano[forte]: → Tasteninstrument.
Picador: → Stierkämpfer.
picheln: → trinken.
Pickel: → Hautausschlag.
Picker: → Murmel.
Picknick: → Essen; P. halten/machen → essen.
picknicken: → essen.
picobello: → trefflich.
piepe: jmdm. ist etwas p. → unwichtig [sein].
piepen: → singen; bei jmdm. piept es → geistesgestört [sein].
Piepen: → Geld.
Piepmatz: → Vogel.
piepsen: → singen.
Piepvogel: → Vogel.
Pier: → Damm.
Pierrot: → Harlekin.
piesacken: → schikanieren.
Pietät: → Achtung.
pietschen: → trinken.
Pik: → Spielkarte.
pikant: → anstößig.
Pike: → Wurfwaffe.
piken: → stechen.
pikiert: → gekränkt.
Pikkolo: → Bedienung.
piksen: → stechen.
Pilaster: → Pfeiler.
Pille: → Fußball, → Medikament.
Pilot: → Flugzeugführer.
Pilz: → Hautausschlag.
Pimmel: → Penis.
Pimock: → Gast.
Pimperlinge: → Geld.
pimpern: → koitieren.
Pincenez: → Kneifer.
pingelig: → engherzig.
Pingeligkeit: → Pedanterie.
Pinke: → Geld.
Pinkelbude: → Toilette.
pinkeln: → urinieren.
Pinkepinke: → Geld.
pinseln: → malen, → schreiben.
pinsen: → weinen.
pinslig: → engherzig.
Pinte: → Gaststätte.
Pionier: → Vorkämpfer.
Pipeline: → Rohrleitung.
Pipi: → Urin; P. machen → urinieren.
Pirsch: auf P. gehen → jagen.
pirschen: → jagen.
pispeln: → flüstern.
pispern: → flüstern.
Pisse: → Urin.
pissen: → urinieren.
Pissoir: → Toilette.
Piste: → Rollbahn.
Pistole: → Schußwaffe.
Piston: → Blasinstrument.
Pkw: → Auto.
placken: sich p. → anstrengen (sich).
pladdern: es pladdert → regnen.
Plädoyer: → Rede.
Plagegeist: → Störenfried.
plagen: → schikanieren; sich p. → anstrengen (sich).
Plagiat: → Diebstahl.
plagiatorisch: → unoriginell.
Plakat, Anschlag, Aushang, Affiche; → Mitteilung.
Plan: → Absicht.
planen: → entwerfen, → vorhaben.
Planke: → Brett.
Plänkelei: → Kampf.
planmäßig, methodisch, gezielt, konsequent, überlegt, durchdacht, folgerichtig, systematisch, taxonomisch; → allmählich, → gefärbt, → ruhig, → zweckmäßig.
planschen: → baden.
Plantage: → Gut.
plappern: → sprechen.
Platane: → Laubbaum.
Platitüde: → Plattheit.
plätschern: → fließen.
platt: p. sein → überrascht [sein].
Platte: → Glatze.
plätten: → bügeln.
platterdings: → ganz.
Plattform: → Grundlage.
Plattheit, Platitüde, Albernheit; → Redensart; → phrasenhaft.
Platz: → Sportfeld, → Stelle; P. machen → ausweichen; P. nehmen → setzen (sich); den ersten P. einnehmen → Höchstleistung [erzielen].
Plätzchen: → Teegebäck.
[1]**platzen,** zerplatzen, bersten, zerbersten, zerspringen, explodieren, detonieren, krepieren, zerknallen, in die Luft fliegen *(ugs.)*, aufplatzen, aufbersten.
[2]**platzen:** → ärgerlich [werden], → scheitern.
Plauderei: → Gespräch.
plaudern: → unterhalten (sich); aus der Schule p. → mitteilen.
Plauderstündchen: ein P. halten → unterhalten (sich).
Plausch: einen P. halten → unterhalten (sich).
plauschen: → unterhalten (sich).
plausibel: → einleuchtend.
Playboy: → Frauenheld.
Plazet: → Erlaubnis.
Plebs: → Abschaum.
pleite: → zahlungsunfähig.

Pleite: → Bloßstellung, → Zahlungsunfähigkeit.
Plempe: → Getränk.
plemplem: p. sein → geistesgestört [sein].
Pleonexie: → Habgier.
Plinse: → Omelett.
plissieren: → falten.
Plörre: → Getränk.
plotzen: → rauchen.
plötzlich, jäh, jählings, abrupt, sprunghaft, auf einmal, mit einemmal, aus heiterem Himmel, aus heiler Haut *(ugs.)*, unvermittelt, unversehens, unvorhergesehen, unvermutet, unerwartet, unverhofft, überraschend, Knall und Fall *(ugs.)*, schlagartig, von heute auf morgen; → etwaig, → improvisiert, → schnell.
plump: → athletisch, → unhöflich.
plumpsen: → fallen.
Plumpsklo[sett]: → Toilette.
Plunder: → Schleuderware.
plündern: → wegnehmen.
Plural: → Anzahl.
plus: → einschließlich.
Plus: → Vorteil.
plüschen: → engherzig.
Plutokratie: → Herrschaft.
Po: → Gesäß.
Pöbel: → Abschaum.
pöbelhaft: → gewöhnlich.
Pocken: → Hautausschlag.
Podest: → Podium.
Podex: → Gesäß.
Podium, Podest, Tritt, Erhöhung, Kanzel, Rednerpult.
Poem: → Gedicht.
Poesie: → Dichtung.
poetisch: → ausdrucksvoll.
Pogrom: → Verschwörung.
Pointe, Schluß, Knalleffekt *(ugs.)*; → Ausspruch, → Einfall, → Ende.
pointiert: → zugespitzt.
Pokal: → Trinkgefäß.
Pöker: → Gesäß.
pokulieren: → trinken.
Pol: → Mittelpunkt.
polar: → gegensätzlich.
Polemik: → Streit.
polemisch: → geharnischt.
polemisieren: → erörtern.
Polente: → Polizist.
[1]**polieren,** blank reiben, wienern *(ugs.)*, glätten, feilen, schleifen, bohnern, blocken *(schweiz)*; → säubern.
[2]**polieren:** jmdm. die Fresse p. → schlagen.
Poliklinik: → Krankenhaus.
Politesse: → Polizist.
Polizei: → Polizist.
Polizist, [Polizei]beamter, Wachtmeister, Gesetzeshüter, Ordnungshüter, Schutzmann, Wachmann *(östr.)*, Auge des Gesetzes *(scherzh.)*, Gendarm, Konstabler, Landjäger, Schupo *(ugs.)*, Volkspolizist *(DDR)*, Vopo *(ugs.)*, Polizei, Volkspolizei *(DDR)*, weiße Maus *(ugs., scherzh.)*, Grüner *(salopp)*, Blauer *(salopp)*, Polente *(salopp)*, Polyp *(salopp)*, Bulle *(salopp)*, Bobby *(engl.)*, Flic *(franz.)* · *weiblicher:* Polizistin, Politesse.
Pölk: → Schwein.
Pollution: → Samenerguß.
Polsterer: → Raumausstatter.
Polyandrie: → Ehe
Polygamie: → Ehe.
Polyp: → Polzist.
Poet: → Schriftsteller.
Pomade: → Haarpflegemittel.
pomadig: → spöttisch.
Pomeranze: → Apfelsine.
Pommes frites: → Kartoffeln.
Pomp: → Prunk.
pompös: → hochtrabend.
Pontifex maximus: → Oberhaupt.
Pony: → Pferd.
Popo: → Gesäß.
populär: → beliebt.
Pornographie: → Literatur.
pornographisch: → anstößig.
Portal: → Tür.
Portativ: → Tasteninstrument.
Portemonnaie, [Geld]börse, Geldbeutel, *(südd.)*, Geldtasche, Geldkatze, Geldbörsel *(östr.)*, Portjuchhe *(ugs., scherzh.)*, Brustbeutel; → zahlen.
Portier: → Hausmeister.
Portierzwiebel: → Dutt.
portofrei: → kostenlos.
Porträt: → Bild.
Posaune: → Blasinstrument.
Pose: → Stellung.
Position: → Beruf.
positiv: → erfreulich.
Positiv: → Tasteninstrument.
positivistisch: → vordergründig.
Positur: → Stellung.
Posse: → Komödie.
Possen: → Scherz.
possierlich: → spaßig.
Postanweisung: → Zahlkarte.
Postbote: → Zusteller.
Posten: → Beruf; auf dem P. sein → gesund [sein]; nicht auf dem P. sein → krank.
postfrei: → kostenlos.
Posteriora: → Gesäß.
Postkarte: → Schreiben.
Postulant: → Anwärter.
postwendend: → gleich.
potent: → geschlechtsreif.
Potentat: → Oberhaupt.
Potential: → Vorrat.
Potenz: → Fähigkeit.
Potpourri: → Mischung.
Pott: → Schiff.
Poularde: → Huhn.
Poulet: → Huhn.
poussieren: → flirten, → schmeicheln.
Poussierstengel: → Frauenheld.
Prachtentfaltung: → Prunk.
prächtig: → meisterhaft.
Prachtstraße: → Straße.
Prädestination: → Schicksal.

Prädomination: → Vorherrschaft.
pragmatisch: → erfahrungsgemäß.
prahlen: → übertreiben.
Prahlerei: → Übertreibung.
Prahlhans: → Angeber.
praktikabel: → zweckmäßig.
praktisch: → anstellig, → zweckmäßig.
praktizieren: → handhaben.
Praline, Pralinee, Konfekt.
prallen: p. auf → zusammenstoßen.
Prämie: → Vergütung.
prämiiert: → preisgekrönt.
prangen: → leuchten.
Pranger: an den P. stellen → brandmarken.
Pranke: → Gliedmaße.
Präparat: → Medikament.
präpeln: → essen.
Präposition: → Wortart.
Präputium: → Vorhaut.
präsent: etwas ist jmdm. p. → Gedächtnis.
Präsent: → Gabe.
Präservativ, Kondom, Prophylaktikum, Verhütungsmittel, [Gummi]schutzmittel, Präser *(ugs.)*, Überzieher *(salopp)*, Pariser *(salopp)*; → Empfängnisverhütung, → Empfängnisverhütungsmittel, → Ovulationshemmer.
Präses: → Geistlicher.
Präsident: → Oberhaupt.
prasseln, klatschen, trommeln, knistern, rascheln; → krachen, → schallen.
prassen: → essen.
Präsumtion: → Ansicht.
Prätendent: → Anwärter.
Pratze: → Gliedmaße.
Prävalenz: → Vorherrschaft.
Präventivmittel: → Empfängnisverhütungsmittel.
Praxis: → Erfahrung.
präzise: → klar.
predigen: → sprechen.
Prediger: → Geistlicher.
Predigt: → Rede.
Preis: → Lobrede, → Unkosten; um jeden P. → unbedingt; um keinen P. → nein.
Preisanstieg, Teuerung; → Aufschwung, → Geldentwertung · Ggs. → [Preis]sturz.
Preisbindung: → Preisgrenze.
preisen: → loben.
preisgeben: → mitteilen, → opfern, → verraten.
preisgekrönt, prämiiert, ausgezeichnet; → trefflich.
Preisgericht: → Preisrichter.
Preisgrenze, Preisbindung, Limit.
preisgünstig: → billig.
[Preis]nachlaß, Ermäßigung, Prozente, Rabatt, Abzug, Abschlag *(schweiz.)*, Diskont, Eskompte, Rückvergütung · *bei sofortiger Zahlung:* Skonto · *bei schlechter Warenbeschaffenheit:* Dekort, Fusti, Refaktie; → [Preis]sturz, → [Preis]unterbietung, → Vergütung.
Preisrichter, Preisgericht, Jury, Punktrichter; → Schiedsrichter.
[Preis]sturz, Baisse, Slump; → [Preis]nachlaß, → [Preis]unterbietung · Ggs. → Preisanstieg.
[Preis]unterbietung, Dumping; → [Preis]nachlaß, → [Preis]sturz; → übertreffen.
preiswert: → billig.
prekär: → schwierig.
prellen: → betrügen.
Premiere: → Aufführung.
Presse: → Zeitung.
pressen: → quetschen.
pressieren: etwas pressiert → eilen.
Pression: → Zwang.
[Preß]kohle, Brikett, Preßling.
Preßling: → [Preß]kohle.
Prestige: → Ansehen.
Pretiosen: → Schmuck.
Priester: → Geistlicher.
prima: → trefflich.
primär: → echt.
Primareife: → Einjähriges.
primitiv: → einfach.
Prinzip: → Regel; heuristisches P. → Verfahren.
Pritsche: → Bett.
privat: → anonym.
Privatleben, Intimsphäre, Tabubezirk, intimer Bereich, Privatsphäre; → Verschwiegenheit · Ggs. → Taktlosigkeit; **im P.,** in seinen vier Wänden, in seiner Häuslichkeit, daheim, zu Hause, bei sich.
Privatsphäre: → Privatleben.
Privileg: → Vorrecht.
pro: → Stück.
Probe: auf die P. stellen: → prüfen.
probieren: → prüfen.
Problem: → Schwierigkeit.
problematisch: → schwierig.
Produkt: → Hervorbringung.
produktiv: → schöpferisch.
Produzent: → Unternehmer.
produzieren: → erzeugen.
profan: → weltlich.
professionell: → beruflich.
Profil: → Umriß.
Profit: → Vorteil.
profitieren, Nutzen haben/ziehen, Gewinn haben; → einträglich.
Prognose: → Voraussage.
[1]**Programm,** Manifest, [Grundsatz]erklärung; → Aufruf.
[2]**Programm:** auf das P. setzen → ansetzen.
Progression: → Steigerung.
progressiv: → fortschrittlich.
Projekt: → Absicht.
Proklamation: → Aufruf.
proletenhaft: → gewöhnlich.
Prolog: → Vorwort.
Promenade: → Straße.
Promenadenmischung: → Hund.
promenieren: → spazierengehen.
prominent: → bekannt.
Prominenz: → Berühmtheit.
Promiskuität: → Koitus.

promovieren, dissertieren, doktorieren, die Doktorwürde erlangen, an der Dissertation arbeiten, eine Doktorarbeit schreiben · sich habilitieren; → Doktorarbeit.
prompt: → gleich.
Pronomen: → Wortart.
Propaganda, Werbung, Reklame, Advertising, Publicity, Public Relations, Öffentlichkeitsarbeit, Werbekampagne, Werbefeldzug, Agitation, Agitprop, Hetze *(abwertend)*, Wühlarbeit *(abwertend)*, Stimmungsmache *(abwertend)*; → Anpreisung, → Gerücht, → Interessenvertretung, → Weisung.
proper: → sauber.
Prophet: → Wahrsager.
prophezeien: → voraussehen.
Prophezeiung: → Voraussage.
Prophylaktikum: → Präservativ.
prophylaktisch: → vorbeugend.
proppenvoll: → voll.
Propusk: → Ausweis.
Prosadichtung: → Dichtung.
Proselyt: → Abtrünniger.
Prospekt, Werbeschrift; → Verzeichnis.
Prostata, Vorsteherdrüse; → Genitalien.
prosten: → zutrinken.
Prostituierte, Dirne, leichtes Mädchen, Liebesdienerin, barmherzige Schwester, Kokotte, Gunstgewerblerin *(scherzh.)*, Freudenmädchen, Straßenmädchen, Hetäre, Strichmädchen, Rennpferd *(ugs., scherzh.)*, Kontrollmädchen *(ugs.)*, Hure *(abwertend)*, Metze, Horizontale *(ugs.)*, Schnepfe *(abwertend)*, Schneppe *(abwertend)*, Flittchen *(abwertend)*, Schickse *(derb)*, Nutte *(derb)*, Fose *(vulgär)*, Kalle *(derb)*, Schnecke *(landsch.)*, Schlitten *(derb)* · *auf Anruf zur Verfügung stehende:* Call-Girl, Rufmädchen; → Geliebte · *von männlichen Jugendlichen:* Strichjunge, Stricher, Lustknabe, Pupe *(derb)*; → Bordell, → Homosexueller.
Protagonist: → Vorkämpfer.
Protegé: → Günstling.
protegieren: → fördern.
Protektion: → Vetternwirtschaft.
Protektor: → Gönner.
Protest: → Demonstration, → Einspruch.
Protestaktion: → Demonstration.
protestieren: → aufbegehren, → demonstrieren.
Prothese: → Gliedmaße, → Zahnersatz.
Prototyp: → Muster.
protzen: → übertreiben.
protzig, angeberisch, großspurig, großkotzig *(salopp)*; → dünkelhaft; → übertreiben; → Übertreibung.
Provenienz: → Abkunft.
[1]**Proviant,** Marschverpflegung, eiserne Ration; → Essen.
[2]**Proviant:** → Nahrung.
Provinz: → Verwaltungsbezirk.
provinziell: → engherzig.
provisorisch: → notdürftig.
Provo: → Gammler.
provokant: → streitbar.
Provokation: → Herausforderung.
provokativ: → streitbar.
provokatorisch: → streitbar.
provozieren: → verursachen.
Prozedur: → Handhabung.
Prozente: → [Preis]nachlaß.
Prozeß: → Vorgang; einen P. anstrengen, → prozessieren; kurzen P. machen → eingreifen.
prozessieren, einen Prozeß anstrengen, vors Gericht gehen, vor den Kadi bringen, sein Recht suchen, jmdn. zur Rechenschaft ziehen, Klage erheben, eine Klage anstrengen.
prüde: → engherzig.
Prüderie: → Ziererei.
prüfen, examinieren, testen, einer Prüfung unterziehen, kontrollieren, nachprüfen, inspizieren, ausforschen, kritisieren, lustrieren, mustern, durchsehen, perlustrieren, durchmustern, durchgehen, probieren, revidieren, nachsehen, sich überzeugen/vergewissern, recherchieren, ermitteln, untersuchen, [he]rumfummeln *(salopp)*, nachforschen, ausprobieren, erproben, auf die Probe stellen, erkunden, feststellen, überprüfen, durchforsten, zensieren, abhören, abfragen, kosten, versuchen, eine Kostprobe nehmen, verkosten, schmecken; → beanstanden, → beobachten, → berichtigen, → beurteilen, → forschen, → fragen, → mitteilen, → vergleichen, → versagen, → würzen, → zergliedern.
Prüfstein: → Merkmal.
[1]**Prüfung,** Examen · *in der höheren Schule:* Reifeprüfung, Abitur, Abi *(ugs.)*, Matur[um], Matura *(östr., schweiz.)*, Maturität *(schweiz)* · *an der Universität:* Staatsexamen, Doktorprüfung, Rigorosum, Verteidigung *(DDR)*, Kolloquium *(DDR)*; → Doktorarbeit, → Einjähriges.
[2]**Prüfung:** einer P. unterziehen → prüfen.
Prügel: → Stock.
prügeln: → schlagen.
Prunk, Gepränge, Pomp, Pracht[entfaltung], Aufwand, Luxus.
prunken: → leuchten; p. mit → übertreiben.
prusten: → lachen.
psalmodieren: → singen.
Pseudonym: unter einem P. → anonym.
Psychiater: → Arzt.
psychisch, seelisch, psychologisch, seelenkundlich.
Psychologie: Seelenkunde.
psychologisch: → psychisch.
Psychopharmakon: → Medikament.
Pubertät, Entwicklungszeit, Reifezeit, Flegeljahre, Adoleszenz; → Entwicklung.
Publicity: → Propaganda.
Public Relations: → Propaganda.
Publikation: → Veröffentlichung.
Publikum, Besucher, Teilnehmer, Auditorium, Zuhörerschaft, Zuhörer, Hörerschaft; → Gast, → Zuschauer.
publizieren: → edieren.

Publizierung: → Veröffentlichung.
Publizist: → Berichter.
Publizität: → Offenkundigkeit.
puckeln: → anstrengen (sich).
Pudding: → Dessert.
pudelnaß: → naß.
pudelwarm: → warm.
[1]**pudern,** einpudern, bepudern.
[2]**pudern:** sich p. → schönmachen.
pueril: → kindisch.
Puff: → Bordell, → Stoß.
Pugilistik: → Boxen.
Pulk: → Abteilung.
Pulle: → Flasche.
pullen: → Boot [fahren], → urinieren.
pullern: → urinieren.
Pulli: → Pullover.
Pullover, Pulli *(ugs.)* · *mit Jacke*: Twinset.
Pullstengel: → Ruder.
Pulsader: sich die -[n] aufschneiden → entleiben.
Pulver: → Geld.
pulverisieren: → zermahlen.
pulvertrocken: → trocken.
pummelig: → dick.
Pump: auf P. → leihweise.
Pumpe: Herz.
pumpen: → leihen.
Pumps: → Schuh.
Punkt: → Satzzeichen, → Stelle.
Punktrichter: → Preisrichter.
Punsch: → Gewürzwein.
Pup: → Darmwind.
Pupe: → Prostituierte.
pupen: → Darmwind [entweichen lassen].
Pupille: → Auge.
Puppe: → Mädchen.
Puppenspiel: → Puppentheater.
Puppentheater, Puppenspiel, Marionettentheater, Kasper[le]theater; → Oper, → Operette, → Schauspiel, → Theater.
Pups: → Darmwind.
pupsen: → Darmwind [entweichen lassen].
Purgatorium: → Hölle.
purzeln: → fallen.
Puschel: → Franse.
puschen: → urinieren.
Puste: → Atem.
Pustel: → Hautausschlag.
pusten: → blasen.
Putsch: → Verschwörung.
putzen: → säubern, → schönmachen; sich die Nase p. → schneuzen (sich); den [Weihnachts]baum p. → Weihnachtsbaum.
Putzfrau, Reinemachefrau, Scheuerfrau, Raumpflegerin, Stundenfrau, Aufwartung, Aufwartefrau, Zugeherin *(landsch.)*, Zugehfrau *(landsch.)*, Hilfe.
Putzlappen, Putzlumpen, Aufwischlappen, Aufnehmer, Feudel *(nordd.)*; → Flicken; → säubern.
Putzlumpen: → Putzlappen.
Putzmacherin, Modistin, Midinette, Hutmacherin; → Schneiderin.
putzsüchtig: → eitel.
Pygmäe: → Zwerg.
Pyjama: → Nachtgewand.
pyknisch: → untersetzt.
pyramidal: → außergewöhnlich.
Pythia: → Wahrsager.

Q

quabbelig: → weich.
quackeln: → sprechen.
Quacksalber: → Arzt.
Quaddel: → [Haut]ausschlag.
Quadratlatschen: → Gliedmaße, → Schuh.
quakeln: → sprechen.
quäken: → sprechen.
Qual: → Leid.
quälen: → schikanieren; sich q. → anstrengen (sich).
Quälgeist → Störenfried.
Qualifikation: → Fähigkeit.
qualifiziert: → fachmännisch.
Qualität: → Beschaffenheit.
Qualm: → Rauch.
qualmen: → rauchen.
Qualster: → Auswurf.
Quanten: → Gliedmaße.
Quantität: → Anzahl.
Quantum: → Anzahl.
Quark: → Weißkäse.
Quartett: → Mannschaft.
Quartier: → Wohnung.
quasi: → gewissermaßen.
quasseln: → sprechen.
Quasselstrippe: → Fernsprecher.
Quaste: → Franse.
Quatsch: → Unsinn.
quatschen: → sprechen.
quatschig: → gesprächig.
quecksilbrig: → lebhaft.
[1]**Quelle,** Quell, Born *(dichter.)*; → Brunnen.
[2]**Quelle:** → Grundlage, → Literaturangabe, → Zitat.
quellen: → fließen.
Quellenangabe: → Literaturangabe.
quengeln: → bitten, → weinen.
Querflöte: → Blasinstrument.
Quertreiber: → Querulant.
Querulant, Widerspruchsgeist, Stänker *(ugs.)*, Streitmacher, Quertreiber *(ugs., abwertend)*, Streithammel *(ugs., abwertend)*, der Geist, der stets verneint; → Gegner, → Kämpfer.

quetschen, drücken, klemmen, pressen, zwängen; → zermalmen.
Quetschkartoffeln: → Kartoffelpüree.
Quidproquo: → Verwechslung.
quietistisch: → tolerant.
quinkelieren: → singen.
Quiproquo: → Verwechslung.
quirilieren: → singen.
Quisquilien: → Kleinigkeit.
quittieren: → unterschreiben.
Quodlibet: → Mischung.

R

Rabatt: → [Preis]nachlaß.
Rabatte, [Blumen]beet, Rondell; → Feld.
Rabatz: → Lärm.
Rabauke: → Mensch.
Rabeneltern: → Eltern.
Rabenmutter: → Mutter.
Rabenvater: → Vater.
rabiat: → ärgerlich, → unbarmherzig.
Rabulistik: → Pedanterie.
rabulistisch: → spitzfindig.
Rache: R. nehmen/üben → bestrafen.
Rachegöttin, Furie, Erinnye, Eumenide; → Mänade.
rächen: → bestrafen.
[1]**Rachen,** Schlund, Hals, Gurgel, Kehle; → Hals.
[2]**Rachen:** → Mund.
Rachsucht: → Bosheit.
Rad: → Fahrrad.
Radau: → Lärm.
radeln: → radfahren.
Rädelsführer: → Anführer.
[1]**radfahren,** radeln; → fahren.
[2]**radfahren:** → unterwürfig [sein].
[1]**Radfahrer,** Radler; → Fahrrad.
[2]**Radfahrer:** → Opportunist.
radikal: → unzugänglich.
Radikalismus: → Unduldsamkeit.
Radio, Rundfunk, Funk.
Radler: → Radfahrer.
Raffgier: → Habgier.
raffgierig: → habgierig.
Raffinesse: → Trick.
raffiniert: → schlau.
Raft: → Insel.
Rage: → Ärger; in R. kommen → ärgerlich [werden].
Rahm: → Sahne.
Rahmen: → [Bilder]rahmen.
Rain: → Wiese.
räkeln: sich r. → recken (sich).
rammeln: → koitieren.
rammen: → zusammenstoßen.
ramponieren: → beschädigen.
Ramsch: → Schleuderware.
Ranch: → Gut.
[1]**Rand,** Kante, Ecke; → Besatz.
[2]**Rand:** → Mund; am -e → nebenbei.
randalieren: → Lärm [machen].
Randbemerkung, Glosse, Marginalie, Anmerkung, Zusatz; → Auslegung; → auslegen.
Rang: → Ansehen; jmdm. den R. ablaufen → übertreffen.
Range: → Kind.
Rangstufe: → Niveau.
ranhalten: sich r. → beeilen (sich).
rank: → schlank.
Ränke: → Arglist; R. schmieden → intrigieren.
Ränkespiel: → Arglist.
Ranküne: → Bosheit.
Ränzel: → Schultasche.
ranzen: → koitieren.
Ranzen: → Schultasche.
Rapier: → Stichwaffe.
Rappe: → Pferd.
Rappel: → Anfall; einen R. haben → geistesgestört [sein].
rappeln: bei jmdm. rappelt es → geistesgestört [sein].
Rappen: auf Schusters R. kommen → kommen.
Raptus: → Anfall.
rar: → selten.
Rasanz: → Geschwindigkeit.
rasch: → schnell; r. machen → beeilen (sich).
rascheln: → prasseln.
rasen: → ärgerlich [sein], → fortbewegen.
[1]**Rasen,** Gras, Wasen *(landsch.)*; → Wiese.
[2]**Rasen:** → Sportfeld.
Raserei: → Ärger.
Räson: jmdn. zur R. bringen → Vernunft.
Rassel, Rumbakugel, Maraca, Ratsche, Klapper, Kastagnetten; → Musikinstrument.
Rast: → Pause.
rasten: → ruhen.
rastlos: → fleißig.
Raststätte: → Hotel.
Rat: → Vorschlag.
Rate: in -n zahlen → zahlen.
raten: → denken, → vorschlagen; r. zu → zuraten.
[1]**Ratgeber,** Wegweiser, Leitfaden, Taschenbuch, Lehrbuch, Handbuch, Vademekum, Kompendium, Einführung, Grundriß, Abriß, Zusammenfassung, Begleiter, Führer, Guide, Gebrauchsanweisung, Rezept; → Besprechung, → Buch.
[2]**Ratgeber:** → Berater.
Ratifikation: → Erlaubnis.
ratifizieren: → unterschreiben.
Ration: eiserne R. → Proviant.

rationell: → zweckmäßig.
rationieren: → einteilen.
Ratsche: → Rassel.
ratschen: → reden.
Ratschlag: → Hinweis, → Vorschlag.
Rätsel, Buchstabenrätsel, Kreuzworträtsel, Silbenrätsel, Bilderrätsel, Rebus, Rösselsprung, Scharade.
rätselhaft: → unfaßbar.
rätseln: → denken.
rattern: → holpern.
ratzen: → schlafen.
Raub, Beute, Fang, Diebesgut, Sore *(ugs.)*, heiße Ware *(ugs.)*; → wegnehmen.
rauben: → wegnehmen.
Räuber: → Dieb.
Räuberhauptmann: → Anführer.
räubern: → wegnehmen.
Raubmörder: → Mörder.
Rauch, Qualm, Schmauch, Dunst, Hecht *(salopp)*; → Nebel.
rauchen, schmauchen, schmoken, schmöken, qualmen *(ugs.)*, paffen *(ugs.)*, plotzen *(salopp)*; → Rauchwaren.
Rauchfang: → Schornstein.
Rauchwaren, Tabakwaren; → Zigarette, → Zigarre; → rauchen.
raufen: sich r. → schlagen.
raufsetzen: → steigern.
[1]**Raum,** Räumlichkeit, Zimmer, [gute] Stube, Wohnraum, Wohnzimmer, Salon, Kammer, Gemach, Gelaß, Kabinett, Bude *(salopp)*, Bruchbude *(salopp, abwertend)*, Loch *(ugs., abwertend)* · *großer:* Halle, Saal · *für die Dame:* Boudoir, Kemenate · *auf dem Schiff:* Kajüte, Kabine, Kammer, Logis · *zum Sitzen im Flugzeug, Motorboot:* Cockpit; → Wohnung.
[2]**Raum:** → Gebiet.
Raumausstatter, Polsterer, Tapezierer.
räumen: → verlagern, → wegnehmen.
Raumfahrer: → Astronaut.
Räumlichkeit: → Raum.
Raumpflegerin: → Putzfrau.
Räumungsverkauf: → Ausverkauf.
raunen: → flüstern.
raunzen: → beanstanden.
Rausch: → Lust.
rauschen, brausen, tosen; → schallen.
Rauscher: → Wein.
raushängen: die Fahne r. → flaggen.
rauskriegen: → finden.
rausrücken: → abgeben.
rausschmeißen: → entlassen, → hinauswerfen.
Rausschmiß: → Kündigung.
raussetzen: → hinauswerfen.
rauswerfen: → entlassen.
reaktionär: → rückschrittlich.
reaktionsschnell: → ruhig.
real: → wirklich.
realisieren: → verwirklichen, → vorstellen; etwas realisiert sich → eintreffen.
Realität: → Tatsache; -en → Immobilien.
Rebell: → Revolutionär.
rebellieren: → aufbegehren.
Rebellion: → Verschwörung.
Rebensaft: → Wein.
Rebus: → Rätsel.
Rechen: → Harke.
Rechenanlage: → Computer.
Rechenschaft: jmdn. zur R. ziehen → prozessieren.
recherchieren: → prüfen.
rechnen: → ausrechnen; r. mit → glauben, → vermuten; r. zu → angehören.
[1]**Rechnung,** Forderung, Zeche, Faktur, Liquidation, Kostenrechnung; → Unkosten.
[2]**Rechnung:** R. tragen, in R. stellen → berücksichtigen.
recht: → richtig, → sehr; r. sein → passen; -e Seite → Vorderseite.
Recht: → Anspruch, → Berechtigung; sein R. suchen → prozessieren.
rechtfertigen: sich r. → wehren (sich).
Rechtfertigung: → Nachweis.
Rechthaberei: → Eigensinn.
rechthaberisch: → unzugänglich.
rechtlich → rechtmäßig.
rechtmäßig, legitim, begründet, rechtlich, gesetzlich, legal, de jure, nicht → gesetzwidrig; → befugt, → statthaft; → Berechtigung · Ggs. → unehelich.
Rechtsanwalt: → Jurist.
Rechtsbeistand: → Jurist.
Rechtsbrecher: → Verbrecher.
rechtschaffen: → ehrenhaft.
Rechtschreibung, Orthographie.
rechtsextremistisch: → national.
Rechtsgelehrter: → Jurist.
Rechtspflege: → Justiz.
Rechtsprechung: → Justiz.
Rechtsverdreher: → Jurist.
Rechtsvertreter: → Jurist.
Rechtswesen: → Justiz.
rechtzeitig: → früh.
recken (sich), sich strecken/räkeln/[aus]dehnen/aalen/*(abwertend)* [hin]lümmeln/*(abwertend)* hinflegeln/*(abwertend)* [hin]fläzen; → erheben (sich).
Redakteur: → Schriftleiter.
[1]**Rede,** Ansprache, Speech, Vortrag, Referat · *an der Hochschule:* Kolleg, Vorlesung · *des Geistlichen in der Kirche:* Predigt · *leidenschaftliche, kämpferische:* Philippika · *zusammenfassende vor dem Gericht:* Plädoyer; → Gespräch, → Redekunst, → Trinkspruch.
[2]**Rede:** eine R. halten → sprechen.
Redefluß: → Redekunst.
redefreudig: → gesprächig.
Redegabe: → Redekunst.
redegewaltig: → beredt.
redegewandt: → beredt.
Redekunst, Redegabe, Beredsamkeit, Rhetorik, Redefluß, Wortschwall, Redeschwall, Tirade, Suada; → Rede, → Redner; → sprechen; → beredt.
redelustig: → gesprächig.
[1]**reden** (über jmdn., etwas), sich über jmdn. (oder:) etwas aufhalten/*(ugs.)* aufregen, über

jmdn. (oder:) etwas lästern/*(ugs.)* herziehen, sich über jmdn. (oder:) etwas das Maul verreißen/zerreißen *(salopp)*, [über jmdn. (oder:) etwas] klatschen/tratschen/ratschen *(ugs., abwertend)*; → verleumden; → Mund.
²reden: → mitteilen, → sprechen; **r.** mit → unterhalten (sich); Fraktur r. → schelten.
Redensart, Phrase, Floskel, Gemeinplatz, Formel, Wendung, Topos; → Muster, → Nachahmung, → Plattheit.
Redeschwall: → Redekunst.
Redingote: → Mantel.
redlich: → ehrenhaft.
Redlichkeit: → Treue.
Redner, Referent, Vortragender, Korreferent, Orator, Rhetor; → Redekunst.
rednerisch: → ausdrucksvoll.
Rednerpult: → Podium.
Redoute: → Maskerade.
redselig: → gesprächig.
redundant: → üppig.
reduzieren: → verringern.
Reduzierung: → Einschränkung.
reell: → gediegen.
Reep: → Schnur.
Refaktie: → [Preis]nachlaß.
Referat: → Besprechung, → Rede; ein R. halten → sprechen.
Referee: → Schiedsrichter.
¹Referent, [Sach]bearbeiter, Dezernent, Berichterstatter, Gutachter, Kustos.
²Referent: → Redner.
referieren: → mitteilen.
Reflektant: → Anwärter.
Reflexion: → Versenkung.
Reformator: → Revolutionär.
reformieren: → verbessern.
Refrain: → Kehrreim.
¹Regel, Norm, Standard, Gesetz, Gesetzmäßigkeit, Regelmäßigkeit, Regelhaftigkeit, Regularität, Prinzip, Faustregel, Grundsatz, Leitsatz, Richtschnur, Leitschnur, Leitlinie, Richtlinie; → Ausspruch, → Muster, → Weisung; → üblich · Ggs. → Abweichung.
²Regel: → Brauch, → Menstruation; in der R. → oft.
Regelblutung: → Menstruation.
Regelhaftigkeit: → Regel.
regelmäßig: → üblich.
Regelmäßigkeit: → Regel.
regeln: → normen.
Regelverstoß, Foul, Unsauberkeit · *beim Fußball:* gefährliches/ruppiges Spiel, Sperren, Aufstützen, Unterlaufen, Rempeln · *beim Handball und Boxen:* Klammern · *beim Boxen:* Tiefschlag, Kopfstoßen · *beim Eishockey:* Stockschlag, Ellbogencheck, Crosscheck, Stockcheck, Bodycheck an der Bande.
regen: sich r. → arbeiten, → bewegen (sich), → entstehen.
Regen: → Niederschlag.
Regeneration: → Wiederherstellung.
regenerieren: sich r. → erholen (sich).
regennaß: → naß.
Regent: → Oberhaupt.
Regentschaft: → Herrschaft.
Regie, Führung, Leitung, Verwaltung; → Weisung.
Regierung: → Herrschaft.
Regime: → Herrschaft.
Region: → Gebiet.
regional, gebietsweise, strichweise, landschaftlich, mundartlich, idiomatisch; → Gebiet, → Stelle.
Register: → Verzeichnis.
registrieren: → bemerken, → buchen.
Reglement: → Weisung.
Reglosigkeit: → Bewegungslosigkeit.
regnen: es regnet/sprüht/nieselt/tröpfelt/ *(ugs., landsch.)* drippelt/ *(ugs.)* pladdert/ *(ugs.)* gießt/ *(ugs.)* schüttet/ *(derb)* schifft; → hageln, → schneien; → Niederschlag.
regressiv: → nachlassend.
regulär: → üblich.
Regularität: → Regel.
Regulativ: → Weisung.
Regungslosigkeit: → Bewegungslosigkeit.
Rehabilitation: → Wiederherstellung.
Reibekuchen: → Kartoffelpuffer.
¹reiben, abreiben, frottieren, schrubben, scheuern, rubbeln *(ugs.)*; → kitzeln, → kratzen.
²reiben: sich die Hände r. → schadenfroh [sein]; blank r. → polieren.
Reibeplätzchen: → Kartoffelpuffer.
Reiberei: → Streit.
reibungslos: etwas verläuft r. → einspielen (sich).
¹reich, begütert, vermögend, vermöglich, wohlhabend, bemittelt, mit Glücksgütern gesegnet, steinreich *(ugs.)*, betucht *(ugs., landsch.)*, nicht → arm; **r. sein,** Geld haben, bei Kasse sein *(ugs.)*, Geld wie Heu/Dreck haben *(salopp)*, im Geld schwimmen *(ugs.)*, sich gut stehen.
²reich: → üppig.
Reich: R. Gottes → Himmel.
reichen: → ausreichen, → geben; etwas reicht jmdm. → angeekelt [sein].
reichhaltig: → inhaltsreich.
¹reichlich, viel, in Hülle und Fülle, [mehr als] genug, nicht wenig, unzählig, ungezählt, zahllos, massenhaft *(salopp)*, haufenweise *(salopp)*, scharenweise *(salopp)*; → einige, → üppig; → Anzahl.
²reichlich: sattsam.
Reichtum: → Vermögen.
reif, ausgereift, gereift, nicht → unreif; → geschlechtsreif, → volljährig.
Reife: → Entwicklung; mittlere R. → Einjähriges.
Reifeprüfung: → Prüfung.
Reifezeit: → Pubertät.
Reigen: → Tanz.
¹Reihe, Riege, Linie; **an die R. kommen,** an der Reihe sein, drankommen *(ugs.)*, dransein *(ugs.)*.
²Reihe: in die R. bringen → gesund [machen].

Reihenfolge, Folge, Abfolge, Aufeinanderfolge.
reihern: → übergeben (sich).
Reim, Binnenreim, Endreim · *mit Gleichklang der Vokale, nicht auch der Konsonanten der reimenden Silben:* Assonanz · *mit Gleichheit des Anlauts der betonten Silben:* Stabreim, Alliteration; → Strophe, → Vers, → Versmaß; → dichten.
reimen: → dichten.
Reimling: → Schriftsteller.
Reimschmied: → Schriftsteller.
rein: → echt, → sauber, → unverdächtig; r. machen → säubern; ins -e bringen → bereinigen.
Reineke: → Fuchs.
Reinemachefrau: → Putzfrau.
Reinfall: → Bloßstellung.
Reingewinn: → Gewinnanteil.
reinigen: → säubern.
Reinigung: → Läuterung.
reinlich: → sauber.
[1]**Reise,** Anreise, Fahrt, Ausflug, Exkursion, Rundreise, Abstecher, Tour, Spritztour, Trip · *zur See:* Seereise, Kreuzfahrt · *von Künstlern zu einer Reihe von Gastspielen:* Tournee, Gastspielreise; → Passagier.
[2]**Reise:** → Urlaub; auf -n → unterwegs; eine R. machen, auf -n gehen → reisen.
reisen, eine Reise machen/tun, auf Reisen gehen, verreisen, fahren, trampen; → spazierengehen, → weggehen; → Passagier, → Urlaub.
Reisender: → Passagier.
Reisezeit: → Saison.
Reißaus: R. nehmen → weggehen.
reißen: → ziehen; r. von → abmachen; aus dem Leben gerissen werden → sterben; in Stücke r. → zerlegen.
Reitbahn: → Rennplatz.
Reitgerte: → Peitsche.
Reitpeitsche: → Peitsche.
[1]**Reiz,** Interesse, Anreiz; → anstacheln.
[2]**Reiz:** → Anmut.
reizbar: → empfindlich.
reizen: → ärgern, → verleiten.
reizend: → hübsch.
reizsam: → empfindlich.
reizvoll: → interessant.
rekapitulieren: → wiederholen.
Reklamation: → Einspruch.
Reklame: → Propaganda.
reklamieren: → beanstanden.
rekognoszieren: → auskundschaften.
Rekonstruktion: → Wiederherstellung.
Rekonvaleszenz: → Wiederherstellung.
Rekord: → Höchstleistung.
rekrutieren: sich r. aus → zusammensetzen (sich aus).
rektal, anal; → After, → Gesäß.
Rektor: → Schulleiter.
Rekurs: → Einspruch.
Relaps: → Rückfall.
Relation: → Verhältnis.
relegieren: → ausschließen.
relevant: → wichtig.
Religion: → Glaube.
religiös: → fromm.
remen: → Boot [fahren].
Remen: → Ruder.
Reminiszenz: → Erinnerung.
Remise: → Haus.
Remission: → Rückgang.
Rempeln: → Regelverstoß.
Renaissance: → Neubelebung.
Rendezvous: → Verabredung.
Rendite: → Gehalt.
Renegat: → Abtrünniger.
renitent: → unzugänglich.
rennen: → fortbewegen (sich).
[1]**Rennen,** Derby, Tunier; → Spiel, → Sport.
[2]**Rennen:** das R. machen → siegen.
Rennpferd: → Pferd, → Prostituierte.
Rennplatz, Reitbahn, Turf, Korso.
Rennschlitten: → Schlitten.
Renommee: → Ansehen.
renommieren: → übertreiben.
renommiert: → angesehen.
Renommist: → Angeber.
renovieren: → erneuern.
Renovierung: → Wiederherstellung.
rentabel: → einträglich.
Rente: → Gehalt; auf R. setzen → pensionieren.
rentieren: sich r. → einträglich [sein].
Reorganisation: → Wiederherstellung.
Reparationen: → Ersatz.
Reparatur: → Wiederherstellung.
reparieren, [einen Schaden] beseitigen/beheben, in Ordnung bringen, ausbessern, flicken, ausflicken, stopfen, instand setzen, instaurieren, erneuern; → einstehen (für), → entfernen, → erneuern.
Repertoire: → Vorrat.
repetieren: → wiederholen.
replizieren: → antworten.
Report: → Bericht.
Reportage: → Bericht.
Reporter: → Berichter.
Repräsentant: → Abgeordneter.
repräsentativ: → interessant.
Repräsentativerhebung: → Umfrage.
repräsentieren: → bedeuten.
Repressalien: → Vergeltungsmaßnahmen.
Repristination: → Wiederherstellung.
Reproduktion: → Nachahmung.
Reputation: → Ansehen.
Reserve: → Vorrat.
reservieren: → zurücklegen.
reserviert: → unzugänglich.
Reservoir: → Brunnen.
Resignation: → Entsagung.
resignieren: → nachgeben.
resigniert: → mutlos.
resistent: → widerstandsfähig.
Reskript: → Weisung.
resolut: → zielstrebig.
Resonanz: → Widerhall.
Respekt: → Achtung.
respektieren: → achten, → billigen.

Respektlosigkeit: → Nichtachtung.
Ressentiment: → Neid.
Ressort: → Gebiet.
Restaurant: → Gaststätte.
Restauration: → Wiederherstellung.
restaurativ: → rückschrittlich.
restaurieren: → erneuern.
Reste: → Trümmer.
Restitution: → Wiederherstellung.
restlos: → ganz.
Restriktion: → Einschränkung.
Resultat: → Erfolg.
resultieren: → entstammen.
Retirade: → Toilette.
retirieren: → austreten, → fliehen.
retrospektiv: → hinterher.
¹retten, befreien, erlösen, lösen aus/vom, erretten, in Sicherheit bringen, bergen; → länden, → sichern.
²retten: → gesund [machen]; sich r. → fliehen.
Rettung: → Unfallwagen.
Rettungsauto: → Unfallwagen.
Rettungswagen: → Unfallwagen.
Reue: R. empfinden → bedauern.
reuen: etwas reut jmdn. → bedauern.
reüssieren: → Erfolg [haben].
revanchieren: → belohnen; sich r. → bestrafen.
Revenuen: → Gehalt.
Reverenz: R. erweisen → begrüßen.
Revers: → Rückseite.
revidieren: → prüfen.
Revier: → Gebiet.
Revision: → Korrektur.
Revolte: → Verschwörung.
revoltieren: → aufbegehren.
Revolution: → Verschwörung.
revolutionär: → umstürzlerisch.
Revolutionär, Revoluzzer *(abwertend)*, Reformator, Umstürzler, Neuerer, Bilderstürmer, Aufrührer, Verschwörer, Empörer, Rebell, Aufständischer, Insurgent, Anarchist; → Abtrünniger, → Kämpfer.
Revoluzzer: → Revolutionär.
Revolver: → Schußwaffe.
Revolverblatt: → Zeitung.
revozieren: → widerrufen.
Revue, Show, Schau, Varieté; → Ansager, → Komödie, → Zirkus.
Rezensent: → Kritiker.
Rezension: → Besprechung.
Rezept: → Ratgeber.
Rezession: → Rückgang.
rezessiv: → nachlassend.
Rezidiv: → Rückfall.
reziprok: → wechselseitig.
Rezitativ: → Lied.
rezitieren: → sprechen.
Rhapsodie: → Gedicht.
Rhetor: → Redner.
Rhetorik: → Redekunst.
rhetorisch: → ausdrucksvoll.
Rhythmus: → Versmaß; freie Rhythmen → Vers.
Ribisel: → Johannisbeere.
richten: → aufräumen; sich selbst r. → entleiben (sich).
Richter: → Jurist.
¹richtig, wahr, passend, treffend, korrekt, fehlerfrei, fehlerlos, einwandfrei, untadelig, untadelhaft, tadellos, comme il faut, tipptopp, makellos, recht, goldrichtig *(ugs.)*, ideal, wie geschaffen, berufen, nicht → falsch; → angemessen, → auserwählt, → erprobt, → höflich, → nötig, → zweckmäßig.
²richtig: r. sein → stimmen.
richtigstellen: → berichtigen.
Richtlinie: → Regel.
Richtschnur: → Regel.
richtunggebend: → maßgeblich.
richtungweisend: → maßgeblich.
¹riechen, wittern, schnuppern, schnobern, schnüffeln; → Geruch.
²riechen: → duften, → vermuten; nicht r. können → hassen.
Riecher: → Gefühl.
Riechkolben: → Nase.
Riechorgan: → Nase.
Ried: → Sumpf.
Riege: → Reihe.
Riegel: den R. vorschieben/vorlegen → abschließen; einen R. vorschieben → hindern.
Riemen: → Brett, → Penis, → Ruder; den R. enger schnallen → sparen.
Riese: → Mann.
rieseln: → fließen.
Riesendurst: → Durst.
riesenhaft: → groß.
Riesenhunger: → Hunger.
riesig: → groß.
Riff: → Insel.
rigoros: → streng.
Rigorosum: → Prüfung.
Rind · *weibliches:* Kuh, Starke · *männliches:* Bulle, Stier · *verschnittenes:* Ochse.
Rinde: → Schale.
Ring: die -e tauschen/wechseln → heiraten.
Ringelpietz: → Fest.
ringen: → kämpfen.
¹Ringen, Ringkampf, Catch-as-catch-can; → Boxen, → Judo.
²Ringen: → Kampf.
ringförmig: → rund.
Ringkampf: → Ringen.
Ringrichter: → Schiedsrichter.
ringsum: → überall.
rinnen: → fließen.
Rinnsal: → Fluß.
Risiko: → Wagnis.
riskant: → gefährlich.
riskieren: → wagen; ein Auge r. → blicken.
Riß, Sprung, Spalt, Spalte, Ritze, Fuge, Schlitz, Loch, Lücke, Leck.
Rittergut: → Gut.
ritterlich: → höflich.
Ritterlichkeit: → Höflichkeit.
Ritz: → Schramme.
Ritze: → Riß.
ritzen: → kratzen.

Rivale: → Gegner.
Rivalität: → Konkurrenz.
Roadster: → Auto.
robben: → kriechen.
Robe: → Kleidung.
Roboter: → Arbeitstier.
robust: → stark.
röcheln: → atmen.
Rock: → Jacke; bunter R. → Kleidung.
Rodel: → Schlitten.
Rodelschlitten: → Schlitten.
roden: → abholzen.
Rodomontade: → Übertreibung.
roh: → unbarmherzig.
Rohling, Unmensch, Kannibale, Wüterich, Scheusal; → Ungeheuer, → Verbrecher.
[1]**Rohr,** Röhre; → Rohrleitung.
[2]**Rohr:** → Stamm.
Röhre: → Rohr; in die R. gucken → versäumen.
Rohrleitung, Erdölleitung, Pipeline; → Rohr.
Rohrstock: → Stock.
rojen: → Boot [fahren].
Rolladen: → Fensterladen.
Rollbahn, Piste, Startbahn, Landebahn; → Flugplatz.
Rolle: eine R. spielen → wichtig [sein]; aus der R. fallen → benehmen (sich).
[1]**rollen,** kullern, kugeln, laufen, sich wälzen.
[2]**rollen:** → bügeln, → koitieren; ins Rollen bringen → verursachen.
Roman: → Erzählung.
romantisch: → empfindsam.
Romanze: → Gedicht.
Rondell: → Rabatte.
röntgen: durchleuchten.
Roß: → Pferd.
Rösselsprung: → Rätsel.
rösten: → braten.
Röstkartoffeln: → Kartoffeln.
rot: r. werden → schämen (sich); den -en Hahn aufs Dach setzen → anzünden.
Rotkohl *(nordd.)*, Rotkraut *(südd.)*, Blaukraut *(südd.)*; → Blumenkohl, → Kohl.
Rotkraut: → Rotkohl.
rotsehen: → ärgerlich [sein].
Rotte: → Bande, → Herde.
Rotunde: → Toilette.
Rotwelsch: → Ausdrucksweise.
Rotz: → Auswurf.
rotzen: → schneuzen (sich), → spucken.
Rotzkocher: → Tabakspfeife.
Roué: → Frauenheld.
Routine: → Kunstfertigkeit.
Rowdy: → Mensch.
rubbeln: → reiben.
Rübe: → Kopf.
Rubrik, Spalte, Kolumne; → Seite.
ruchbar: r. werden → herumsprechen (sich).
ruchlos: → anstößig.
Ruck: → Stoß; sich einen R. geben → entschließen (sich).
Rückblick: → Erinnerung.
rückblickend: → hinterher.
Rücken: → Rückseite; den R. kehren/wenden → abwenden (sich).
Rückfall, Rückschlag, Wiederkehr · *bei einer Krankheit:* Rezidiv, Relaps.
Rückgang, Stockung, Stauung, Stillstand, Nachlassen, Stagnation, Rezession · *vorübergehender bei Krankheit:* Remission; → Behinderung.
rückgängig: r. machen → absagen.
Rückgrat: ohne R. sein → willensschwach [sein].
Rückkehr, Heimkehr, Heimreise, Wiederkehr, Rückreise.
Rücklage: → Vorrat.
rückläufig: → nachlassend.
Rückreise: → Rückkehr.
Rückschau: → Erinnerung; R. halten → erinnern (sich).
rückschauend: → hinterher.
Rückschlag: → Rückfall.
rückschrittlich, reaktionär, fortschrittsfeindlich, restaurativ, konservativ, beharrend, verharrend, unzeitgemäß, nicht → fortschrittlich, nicht → modern; → altmodisch, → überlebt.
Rückseite, Kehrseite, Revers · *beim Stoff:* Abseite, linke Seite, Rücken, Unterseite · Ggs. → Vorderseite.
rucksen: → krächzen.
Rücksicht: → Achtung; -en → Anlaß.
rücksichtslos: → streng.
Rückständigkeit, Zurückgebliebenheit, Überlebtheit, Vergreisung, Überalterung, Verkalkung *(abwertend)*, Muff *(abwertend)*, Mief *(salopp, abwertend)*; → altmodisch, → stumpfsinnig, → überlebt.
Rücktritt: → Kündigung.
Rückvergütung: → [Preis]nachlaß.
rückwärts: r. zählen → übergeben (sich).
Rückzieher: einen R. machen → nachgeben.
rüde: → unhöflich.
Rüde: → Hund.
Rudel: → Herde.
[1]**Ruder,** Riemen, Remen, Pullstengel *(scherzh.)*, Paddel; → Boot.
[2]**Ruder:** ans R. kommen → Herrschaft.
rudern: → Boot [fahren].
Ruf: → Ansehen; R. [nach] → Aufruf; seinen R. aufs Spiel setzen → bloßstellen.
rufen: → beordern, → schreien, → singen.
Rüffel: → Vorwurf.
rüffeln: → schelten.
Rufmädchen: → Prostituierte.
Rufmord: → Beleidigung.
Rufname: → Vorname.
Rüge: → Vorwurf.
rügen: → schelten.
Ruhe: → Gelassenheit, → Muße, → Schlaf, → Stille; keine R. geben → bitten; sich zur R. begeben → schlafen [gehen].
ruhebedürftig: → müde.
ruhelos: → aufgeregt.
Ruhelosigkeit: → Unrast.

ruhen, ausruhen, still liegen, rasten, entspannen, eine Ruhepause/Erholungspause/ *(ugs.)* Zigarettenpause einlegen; → erholen (sich), → faulenzen, → schlafen; → Pause, → Urlaub.
Ruhepause: → Pause; eine R. einlegen → ruhen.
Ruhestatt: → Grab.
Ruhestätte: → Grab.
Ruhestörer: → Störenfried.
ruhevoll: → ruhig.
[1]**ruhig,** geruhsam, ruhevoll, geruhig, bedächtig, still, gemessen, würdevoll, bedachtsam, mit Bedacht, besonnen, sicher, überlegen, abgeklärt, beherrscht, gesetzt, ausgeglichen, bedacht, gelassen, gleichmütig, stoisch, gefaßt, kaltblütig, geistesgegenwärtig, reaktionsschnell, in [aller] Ruhe, seelenruhig, in aller Seelenruhe/Gemütsruhe, nicht → aufgeregt, nicht → lebhaft, nicht → unbesonnen; → behutsam, → beschaulich, → klug, → planmäßig, → schwermütig, → tolerant, → unbesorgt, → ungeschickt; **r. bleiben,** an sich halten, sich zusammennehmen/beherrschen/bändigen/mäßigen/zurückhalten/bezähmen, sich in der Gewalt haben, Herr sein über sich, ein Mann sein; **r. sein,** über den Dingen stehen; → beruhigen, → schweigen; → Bewegungslosigkeit, → Gelassenheit, → Heiterkeit, → Stille.
[2]**ruhig:** → still.
Ruhm: jmds. R. verbreiten → loben.
rühmen: → loben.
rühmenswert: → ehrenhaft.
rühmlich: → anerkennenswert.
ruhmreich: → anerkennenswert.
Ruhr: → Durchfall.
rühren: sich r. → arbeiten, → bewegen (sich); etwas rührt jmdn. → erschüttern.
rührig: → fleißig.
rührselig: → empfindsam.
Rührung: → Ergriffenheit.
Ruin: → Zahlungsunfähigkeit.
Ruine: → Trümmer.
ruinieren: → beanspruchen, → beschädigen, → besiegen.
ruiniert: → abgewirtschaftet.
ruinös: → verderblich.
rülpsen: → eruktieren.
Rülpsen: → Eruktation.
Rumbakugel: → Rassel.
rumfummeln: → prüfen.
Rummel: → Jahrmarkt.
rumpeln: → holpern.
rumsen: → zusammenstoßen.
[1]**rund,** kreisförmig, gerundet, ringförmig; → gebogen.
[2]**rund:** → ungefähr.
Rundfrage: → Umfrage.
Rundfunk: → Radio.
rundheraus, geradewegs, ohne Umschweife, geradezu, frisch/frei von der Leber weg *(ugs.)*, freiweg, geradeheraus, freiheraus, direkt, unumwunden, glattweg *(ugs.)*, schlankweg *(ugs.)*, ohne Zögern/Zaudern; → anstandslos, → aufrichtig, → klar.
rundlich: → dick.
Rundreise: → Reise.
Rundstück: → Brötchen.
runzlig: → faltig.
Rüpel: → Junge, → Mensch.
rüpelhaft: → unhöflich.
rüpelig: → unhöflich.
rupfen: → ablisten, → ziehen.
ruppig: → unhöflich.
Rüsche: → Besatz.
rußen, blaken *(landsch.)*; → brennen.
Rüste: zur R. gehen → abnehmen.
rüstig: → stark.
Rüstigkeit: → Gesundheit.
Rüstzeug, Ausrüstung, Handwerkszeug; → Apparat.
Rute: → Penis, → Schwanz, → Stock.
rutschen: → gleiten.
rutschig: → glatt.
rütteln: → schütteln.

S

Saal: → Raum.
Saaltochter: → Bedienung.
sabbeln: → sprechen.
Sabber: → Speichel.
sabbern: → sprechen, → spucken.
Säbel: → Hiebwaffe.
Saboteur: → Spion.
Sachbearbeiter: → Referent.
Sache: → Angelegenheit, → Gegenstand; -n → Kleidung; mit -zig/achtzig -n → schnell.
Sachkundiger: → Fachmann.
Sachlage: → Tatsache.
sachlich: → unparteiisch.
Sachlichkeit: → Objektivität.
sacht: → behutsam.
Sachverhalt: → Tatsache.
Sachverständiger: → Fachmann.
[1]**Sack,** Säckel, Beutel.
[2]**Sack:** → Skrotum.
Säckel: → Sack.
Sackpfeife: → Blasinstrument.
säen: → bebauen.
Sage: → Erzählung, → Gerücht.
sagen: → bedeuten, → mitteilen; s. wir → ungefähr.
sägen: → schlafen, → schneiden.
sagenhaft: → außergewöhnlich.

Sahne, Rahm *(landsch.)*, Obers *(östr.)*, Schmant *(landsch.)*, Flott *(nordd.)*, Creme *(schweiz.)*, Nidel *(schweiz.)*.
Saison, Hauptzeit, Reisezeit, Hauptsaison, Hochsaison.
Sakko: → Jacke.
sakral, heilig, kirchlich, geistlich, gottesdienstlich, liturgisch, geweiht, nicht → weltlich.
Sakramenter: → Abschaum.
Sakrileg: → Verstoß.
säkular: → weltlich.
säkularisieren: → enteignen.
Salär: → Gehalt.
salarieren: → zahlen.
salbadern: → sprechen.
salben: → einreiben.
Saliva: → Speichel.
Salivation: → Speichel.
Salon: → Raum.
Salonlöwe: → Frauenheld.
salopp: → ungezwungen.
salut: → Gruß.
Salut, [Salut]schuß, Ehrensalut, Salve, Ehrenschuß, Ehrengruß, Begrüßung[sschuß].
salutieren: → begrüßen.
Salutschuß: → Salut.
Salve: → Salut.
salzen: → würzen.
salzig: → sauer.
Salzkatoffeln: → Kartoffeln.
Samen: → Sperma.
Samenentleerung: → Samenerguß.
Samenerguß, Ejakulation, Samenentleerung · *unwillkürlicher:* Pollution; → Höhepunkt, → Menstruation, → Sperma; **S. haben,** jmdm. geht einer ab *(vulgär)*; → koitieren, → masturbieren.
sämig: → flüssig.
Sammelbecken: → Tummelplatz.
sammeln: → aufbewahren, → buchen; sich s. → tagen, → versenken (sich).
Sammelpunkt: → Mittelpunkt.
[1]**Sammlung,** Erfassung, Dokumentation, Kodifizierung; → Auswahl, → Verarbeitung, → Verzeichnis.
[2]**Sammlung:** → Kollekte, → Konzentration.
Sample: → Muster.
Samstag: Sonnabend.
samt: s. und sonders → alle.
samten: → weich.
sämtliche: → alle.
samtweich: → weich.
Samum: → Wind.
Sanatorium: → Krankenhaus.
Sand: → Erde, → Insel; im -e verlaufen → wirkungslos [bleiben].
Sandale: → Schuh.
Sandalette: → Schuh.
Sandbank: → Insel.
sanft: → behutsam.
sanftmütig: → gütig.
Sänger, Vokalist · *in hoher Stimmlage:* Tenor · *in mittlerer Stimmlage:* Bariton · *in tiefer Stimmlage:* Baß, Bassist; → Lied, → Musizierender, → Sängerin, → Schlager; → singen.
Sängerin · *in hoher Stimmlage:* Sopran, Sopranistin · *von heiteren Sopranpartien in Oper, Operette, Kabarett:* Soubrette · *in mittlerer Stimmlage:* Mezzosopran · *in tiefer Stimmlage:* Alt, Altistin · *von Chansons:* Chansonette; → Lied, → Sänger, → Schlager; → singen.
Sanguiniker: → Optimist.
sanieren: sich s. → verdienen.
sanitär: -e Anlagen → Toilette.
Sanität: → Unfallwagen.
Sanitätswesen: → Unfallwagen.
Sanktion: → Erlaubnis; -en → Vergeltungsmaßnahmen.
sanktionieren: → billigen.
sapphisch: → gleichgeschlechtlich.
Sarg, [Toten]schrein · *aus Stein:* Sarkophag · *bei Feuerbestattung:* Urne.
Sargnagel: → Zigarette.
Sarkasmus: → Humor.
sarkastisch: → spöttisch.
Sarkophag: → Sarg.
Satan[as]: → Teufel.
Satire, Karikatur, Persiflage; → Nachahmung, → Zerrbild.
Satsuma: → Mandarine.
[1]**satt,** gesättigt, [bis oben hin] voll *(ugs.)*; s. sein, genug haben, nicht mehr können *(ugs.)*, nicht mehr mögen; → ernähren; → Hunger.
[2]**satt:** → bunt; s. machen → ernähren; s. haben, eine Sache s. sein → angeekelt [sein].
sattelfest: → firm.
sättigen: → ernähren.
sättigend: → nahrhaft.
sattsam, zur Genüge, reichlich; → ausreichend.
Satzbruch, Anakoluth.
Satzung: → Weisung.
Satzzeichen, Zeichensetzung, Interpunktion, Punkt, Ausrufezeichen, Fragezeichen, Gedankenstrich, Klammer · Beistrich, Komma · Strichpunkt, Semikolon · Schrägstrich, Virgel · Anführungszeichen, Anführungsstriche, Gänsefüßchen *(ugs.)*.
Sau: → Schwein; zur S. machen → schelten.
[1]**sauber,** rein, reinlich, blitzblank, proper; → hübsch; → säubern, → waschen · Ggs. → beschmutzen.
[2]**sauber:** → ehrenhaft, → unverdächtig.
saubermachen: → säubern.
säubern, reinigen, saubermachen, waschen, putzen, rein[e]/[gründlich] machen *(ugs.)*, schummeln *(ugs., landsch.)*, fudeln *(ugs., landsch.)*, aufwischen, aufwaschen, aufnehmen, wischen von, abwischen, wegwischen, tilgen, [aus]löschen, ablöschen, schrubben *(ugs.)*, scheuern, feudeln *(nordd.)*, fegen, kehren, ausfegen, auffegen, auskehren, aufkehren, spülen, ausspülen, auswaschen, abwaschen, abspülen, abschwenken *(landsch.)*, abbürsten, bürsten, ausbürsten; → aufräu-

men, → polieren, → waschen; → sauber; → Putzlappen · Ggs. → beschmutzen.
saublöd: → dumm.
Sauce: → Soße.
saudumm: → dumm.
[1]**sauer,** säuerlich, herb, bitter, gallebitter, streng, salzig, versalzen, nicht → süß.
[2]**sauer:** s. sein → ärgerlich [sein].
säuerlich: → sauer.
sauertöpfisch: → ärgerlich.
saufen: → trinken, → trunksüchtig [sein].
saugen, lutschen, lecken, nuckeln *(ugs.)*, suckeln *(ugs., landsch.)*; → Schnuller.
Sauger: → Schnuller.
Säugling: → Kind.
saukalt: → kalt.
Saukälte: → Kälte.
Säule: → Pfeiler.
saumüde: → müde.
sausen: → fallen, → fortbewegen (sich).
Saxophon: → Blasinstrument.
SBZ: → Deutschland.
schaben: → kratzen.
Schabernack: → Scherz.
schäbig: → gemein, → sparsam.
Schablone: → Muster.
schachern: → handeln.
schachmatt: s. sein → erschöpft [sein].
[1]**Schachtel,** Karton, Kasten, Kassette, Kiste, Truhe, Lade, Schrein; → Packen.
[2]**Schachtel:** alte S. → Frau.
schächten: → töten.
schade, jammerschade, ein Jammer, bedauerlich, bedauerlicherweise, leider, zu meinem Bedauern/Leidwesen, so leid es mir tut.
Schädel: → Kopf.
[1]**schaden,** Schaden zufügen, schädigen, jmdm. etwas antun/beibringen.
[2]**schaden:** etwas schadet nichts → unwichtig [sein].
Schaden: → Mangel; S. zufügen → schaden; einen S. beseitigen → reparieren; S. nehmen, zu S. kommen, → verunglücken.
Schadenersatz: S. leisten → einstehen.
schadenersatzpflichtig: → haftbar.
Schadenfreude: → Bosheit.
schadenfroh, hämisch, gehässig, mißgünstig; → böse, → gemein, → spöttisch; s. sein, [aus]lachen, [ver]spotten, verlachen, verhöhnen, sich lustig machen/amüsieren über, frohlocken, triumphieren, sich ins Fäustchen lachen, sich die Hände reiben; → lachen, → neiden; → Neid.
schadhaft: → defekt.
schädigen: → schaden.
schädlich: → verderblich.
Schaf, Schnucke · *männliches:* Hammel, Widder · *junges:* Lamm.
Schäferspiel: → Schauspiel.
Schäferstündchen: → Koitus.
schaffen: → arbeiten, → bewältigen, → erschaffen.
Schäffler: → Böttcher.
Schaffner, Kondukteur *(östr., schweiz.)*; → Bedienung, → Fahrer, → Fahrkarte; → bedienen.
Schafkäse, Brimsen *(östr.)*; → Weißkäse.
Schaft: → Griff, → Stamm.
Schah: → Oberhaupt.
schäkern: → anbandeln.
schal: → abgestanden.
[1]**Schale,** Hülle, Hülse, Pelle *(ugs. landsch.)*, Rinde, Borke, Kruste; → Haut, → Schorf.
[2]**Schale:** → Schüssel; in S. sein → anziehen; sich in S. werfen → schönmachen.
schälen: → abziehen.
Schalk: → Spaßvogel.
Schall: → Geräusch.
schallen, erschallen, hallen, tönen, ertönen, dröhnen, erdröhnen, klingen, erklingen, gellen; → krachen, → läuten, → prasseln, → rauschen; → Geräusch, → Widerhall.
Schallplattenjockei: → Ansager.
Schalmei: Blasinstrument.
schalten: → verstehen.
Schaluppe: → Boot.
Scham: → Vulva; S. empfinden, vor S. erröten → schämen (sich).
schämen (sich), Scham empfinden, [scham]rot werden, [vor Scham] erröten, [vor Scham] die Augen niederschlagen/in die Erde versinken, vor Scham vergehen, genant/genierlich sein, sich genieren/zieren/ *(ugs.)* anstellen/*(ugs.)* haben; → Angst; → verlegen.
schamhaft: → verlegen.
schamlos: → frech.
Schampus: → Wein.
schamrot: s. werden → schämen (sich).
Schamteile: → Genitalien.
Schande: → Bloßstellung; keine S. machen → anständig [bleiben].
schänden: → entweihen, → vergewaltigen.
schändlich: → gemein.
Schandmaul: → Mund.
Schändung: → Vergewaltigung.
Schanktisch: → Ladentisch.
Schar: → Abteilung, → Herde.
Scharade: → Rätsel.
Schäre: → Insel.
scharenweise: → reichlich.
scharf: → begierig, → durchdringend, → geharnischt, → spöttisch, → streng; s. sein auf → begierig [sein].
scharfmachen: → aufwiegeln.
Scharfsinn: → Vernunft.
scharfsinnig: → klug.
Scharlatan: → Betrüger.
Scharmützel: → Kampf.
scharren: → kratzen.
Scharteke: → Buch.
schassen: → entlassen.
Schatten: → Dämmerung, → Nuance; in den S. stellen → übertreffen.
schattenhaft: → unklar.
schattenreich: → schattig.
Schattenreich: → Hölle.
Schattenriß: → Umriß.
Schattenspiel: → Schauspiel.

Schattierung: → Nuance.
schattig, schattenreich, beschattet.
Schatz: → Liebling.
[1]**schätzen,** veranschlagen, taxieren, überschlagen, über den Daumen peilen *(salopp)*; → ausrechnen, → beurteilen.
[2]**schätzen:** → achten, → lieben, → vermuten.
schätzungsweise: → ungefähr.
Schau: → Revue; eine S. abziehen → übertreiben.
Schaubude: → Theater.
Schaubühne: → Theater.
Schauder: → Entsetzen.
schaudererregend: → makaber.
schaudern: → frieren.
schauen: → blicken, → sehen.
Schauer: → Niederschlag.
schauern: → frieren.
schaukeln: → hängen, → schwingen.
schaulustig: → neugierig.
Schaulustiger: → Zuschauer.
Schaum: → Brandung.
schäumen: → perlen.
Schaumschläger: → Angeber.
Schaumwein: → Wein.
Schauplatz: vom S. abtreten → sterben.
Schauspiel, Bühnenstück, Bühnenwerk, Spiel, [Theater]stück, Drama, Festspiel, Mysterienspiel, Haupt- und Staatsaktion, Schäferspiel · *durch Gebärdensprache:* Pantomime · *mit Schattenfiguren:* Schattenspiel; → Aufführung, → Komödie, → Oper, → Operette, → Puppentheater, → Theater, → Tragödie.
Schauspieler, Darsteller, Mime, Akteur, Komödiant, Tragöde · *mit stummer Rolle:* Statist, Komparse, Figurant; → Berühmtheit, → Schauspielerin; → darstellen.
Schauspielerin, Darstellerin, Aktrice, Diva, Star, Heroine, Naive, Starlet; → Schauspieler.
Schecke: → Pferd.
Scheelsucht: → Neid.
Scheibe: → Schnitte.
Scheich: → Geliebter.
Scheide: → Vagina.
scheiden: → trennen (sich); s. von → ausschließen; aus dem Leben s. → entleiben (sich); von hinnen s. → sterben.
[1]**Schein,** Lichtschein, Glanz, Schimmer, Lichtstrahl; → leuchten.
[2]**Schein:** → Anschein, → Bescheinigung; zum S. → erfunden.
scheinbar: → angeblich.
scheinen: → leuchten; etwas scheint jmdm. → vermuten.
scheinheilig: → unredlich.
Scheiße: → Exkrement.
scheißegal: → unwichtig.
scheißen: → defäkieren, → Darmwind [entweichen lassen].
Scheißhaus: → Toilette.
Scheit: → Brett.
scheitern, Schiffbruch erleiden, stranden, zerbrechen an, mißlingen, mißglücken, mißraten, fehlschlagen, schiefgehen *(ugs.)*, danebengehen *(ugs.)*, verunglücken, platzen, auffliegen, etwas hat sich zerschlagen.
Schelle: → Glocke.
schellen: → läuten.
Schellen: → Spielkarte.
Schellenbaum: → Schlaginstrument.
Schellentrommel: → Schlaginstrument.
Schelm: → Junge, → Spaßvogel.
Schelte: → Spitzname.
schelten, schimpfen, Fraktur reden, beschimpfen, [jmdn. einen Dummkopf] nennen/heißen, schmälen, zanken, auszanken, zetern, keifen, fluchen, wettern, jmdm. etwas vorwerfen/vorhalten, Vorwürfe machen, jmdm. den Kopf waschen/auf den Kopf kommen *(ugs.)*, eine Gardinenpredigt/Strafpredigt / Standpauke halten *(ugs.)*, jmdm. den Standpunkt klarmachen *(ugs.)*, jmdm. Bescheid / die Meinung / *(landsch.)* die Paten sagen *(ugs.)*, jmdm. die Leviten lesen *(ugs.)*, jmdm. aufs Dach steigen/Bescheid stoßen/die Meinung geigen/den Marsch blasen *(salopp)*, ausschimpfen, ausschelten, zurechtweisen, tadeln, einen Tadel/Verweis/eine Rüge erteilen, rügen, rüffeln, einen Rüffel erteilen, ins Gewissen reden, jmdm. eine Zigarre/einen Rüffel verpassen *(salopp)*, abkapiteln, abkanzeln *(ugs.)*, herunterkanzeln *(ugs.)*, [zusammen]stauchen *(salopp)*, heruntermachen *(salopp)*, ausschmieren *(salopp)*, herunterputzen *(salopp)*, [moralisch] fertigmachen *(salopp)* jmdn. zur Minna machen *(salopp)*, jmdn. zur Sau machen *(derb)*, anfahren, anherrschen, anzischen, anknurren *(ugs.)*, anschreien *(ugs.)*, anbrüllen *(ugs.)*, andonnern *(ugs.)*, anfauchen *(ugs.)*, anschnauben *(ugs.)*, jmdn. ins Gebet nehmen *(ugs.)*, sich jmdn. vornehmen *(ugs.)*, sich jmdn. vorknöpfen *(salopp)*, jmdn. Mores lehren, anschnauzen *(salopp)*, anpfeifen *(salopp)*, anhauchen *(salopp)*, anhusten *(salopp)*, anblasen *(salopp)*, anblaffen *(salopp)*, anranzen *(salopp)*, anlappen *(salopp, landsch.)*, anscheißen *(derb)*, jmdm. einen Anschiß verpassen *(derb)*, nicht → loben; → beanstanden, → verdächtigen; → Vorwurf · Ggs. → vertragen (sich).
Schema: → Muster.
Schemel: → Sitzgelegenheit.
schemenhaft: → unklar.
Schenke: → Gaststätte.
[1]**schenken,** ein Geschenk/Präsent machen, jmdm. etwas verehren *(ugs.)*, vermachen, [her]geben, weggeben, verschenken, herschenken *(ugs.)*, wegschenken *(ugs.)*; → abgeben, → hinterlassen, → spenden, → teilen, → widmen; → Gabe.
[2]**schenken:** jmdm. etwas s. → befreien (von).
Schenkung: → Erbe.
scherbeln: → tanzen.
scheren: → beschneiden; über einen Kamm s. → verallgemeinern.

Schererei: → Schwierigkeit.
Scherflein: → Beitrag.
Scherge: → Verfolger.
Scherz, Spaß, Ulk, Schabernack, Possen, Streich, Jux, Jokus; → Witz, → Wortspiel; → aufziehen (jmdn.).
scherzen: → aufziehen (jmdn.).
Scherzgedicht, Gelegenheitsgedicht, Stegreifdichtung, Limerick, Schüttelreim; → Epigramm, → Erzählung, → Dichtung, → Gedicht, → Versmaß; → dichten.
Scherzname: → Spitzname.
scheu: → ängstlich.
Scheu: → Angst; die S. verlieren → lustig [werden].
scheuchen: → vertreiben.
scheuen: → Angst [haben].
Scheuer: → Scheune.
Scheuerfrau: → Putzfrau.
Scheuerleiste: → Fußleiste.
scheuern: → reiben, → säubern; jmdm. eine s. → schlagen.
Scheune, Scheuer, Stadel *(oberd.)*; → Haus.
Scheusal: → Rohling.
scheußlich: → abscheulich.
Schi, Ski, Schneeschuh, Bretter; → Schlitten.
Schibboleth: → Losung.
schick: → geschmackvoll.
¹**schicken,** abschicken, verschicken, zuschicken, [ab]senden, versenden, zusenden, übermitteln, zugehen/hinausgehen lassen, weiterleiten, weitergeben, weiterreichen, überweisen, übertragen; → abgeben, → einliefern, → liefern · Ggs. → erwerben.
²**schicken:** → abordnen; ein Telegramm s. → telegrafieren; sich in etwas s. → ertragen.
Schickeria: → Oberschicht.
schicklich: → angemessen.
¹**Schicksal,** Geschick, Los, Zukunft, Vorsehung, Fügung, Bestimmung, Schickung, Vorherbestimmung, Fatum. Prädestination, Gott; → Abgott.
²**Schicksal:** jmdn. seinem S. überlassen → allein [lassen].
Schickse: → Prostituierte.
Schickung: → Schicksal.
Schieber: → Betrüger.
Schiebung: → Betrug.
Schiedsrichter, Kampfrichter, Unparteiischer, Schiri, Pfeifenmann, Referee · *beim Boxen:* Ringrichter · *beim Ringen:* Mattenrichter; → Preisrichter.
schief: → schräg, → verwachsen.
schiefgehen: → scheitern.
schielen: → blicken.
schier: → beinah[e].
Schießeisen: → Schußwaffe.
schießen: → kämpfen, → töten; ein Tor/Goal s. → Tor [schießen].
schießenlassen: → abschreiben.
Schießprügel: → Schußwaffe.
Schiet: → Exkrement.
Schiff, Dampfer, Trawler, Ozeanriese, Pott *(Seemannsspr., scherzh.)*; → Boot.
Schiffbruch: S. erleiden → scheitern.
schiffen: → urinieren; es schifft → regnen.
Schifferklavier: → Tasteninstrument.
Schikane: mit allen -n → Zubehör.
schikanieren, schinden, plagen, piesacken *(ugs.)*, malträtieren, schlecht behandeln, schurigeln *(ugs.)*, kujonieren *(ugs.)*, triezen *(ugs.)*, zwiebeln *(ugs.)*, quälen, traktieren, mißhandeln, peinigen, foltern, martern; → behelligen, → jagen · Ggs. → pflegen.
Schild: auf den S. erheben → loben; im -e führen → vorhaben.
schildern: → mitteilen.
schillern: → leuchten.
schilpen: → singen.
Schimäre: → Einbildung.
schimärisch: → unwirklich.
Schimmel: → Pferd.
schimmeln: → faulen.
Schimmer: → Nuance, → Schein.
schimmern: → leuchten.
Schimpf: → Bloßstellung.
schimpfen: → schelten.
schimpflich: → gemein.
Schimpfname: → Spitzname.
schinden: → schikanieren; sich s. → anstrengen (sich).
Schinken: → Buch.
Schinne: → Schorf.
Schippe: → Spielkarte; auf die S. nehmen → aufziehen.
Schiri: → Schiedsrichter.
Schirmherr: → Gönner.
Schirokko: → Wind.
Schismatiker: → Ketzer.
Schiß: S. haben → Angst [haben].
Schlacht: → Kampf.
schlachten: → töten.
Schlachtenbummler: → Weltreisender.
Schlachter: → Fleischer.
Schlächter: → Fleischer.
Schlächterei: → Blutbad.
Schlachtfeld, Kampfplatz, Walstatt; → Blutbad, → Kampf, → Strategie; → kämpfen.
¹**Schlaf,** Schlummer, Siesta, Ruhe; → schlafen.
²**Schlaf:** der S. hat jmdn. übermannt/überkommen → schlafen; keinen S. finden → wach [sein]; S. haben → müde [sein]; gegen/mit dem S. kämpfen → müde [sein]; in S. sinken → einschlafen.
Schlafanzug: → Nachtgewand.
schlafbedürftig: → müde.
Schläfchen: ein S. machen → schlafen.
¹**schlafen,** schlummern, in Morpheus' Armen liegen/ruhen, der Schlaf hat jmdn. übermannt/überkommen, [ein] Nickerchen/ein Schläfchen/Augenpflege machen *(ugs.)*, duseln *(ugs., nordd.)*, die Matratze belauschen *(ugs.)*, sich von innen begucken *(ugs.)*, wie ein Toter/ein Murmeltier/*(salopp)* ein Sack schlafen, dösen *(ugs.)*, koksen *(salopp)*, filzen *(salopp)*, pennen *(derb)*, ratzen *(ugs., landsch.)*, dachsen *(ugs., landsch.)* · *geräuschvoll, mit offenem Mund:* schnarchen,

sägen *(ugs., scherzh.)*; nicht → wach [sein]; → einschlafen, → ruhen, → übernachten; s. gehen, ins/zu Bett gehen, sich zurückziehen/zur Ruhe begeben, sich hinlegen/niederlegen/*(ugs.)* aufs Ohr legen, sich schlafen legen, ins Nest (oder:) in die Klappe/Falle/Heia/Federn gehen *(salopp)* · Ggs. → erheben (sich); → Bett, → Liege, → Schlaf.

[2]**schlafen:** → übernachten; s. mit jmdm. → koitieren.

schlaff, lose, entspannt, nicht → fest, nicht → steif; → biegsam, → kraftlos, → weich.

Schlafgelegenheit: → Bett.

schläfrig: → müde.

Schlaftablette: -n nehmen → entleiben (sich).

schlaftrunken: → müde.

Schlag: → Art, → Stoß, → Unglück.

Schlagader: → Ader.

schlagartig: → plötzlich.

[1]**schlagen,** prügeln, verprügeln, durchprügeln, hauen, verhauen, durchhauen, jmdm. die Hosen/den Hosenboden strammziehen *(ugs.)*, jmdm. [den Hintern] versohlen *(salopp)*, jmdm. das Fell/Leder gerben *(salopp)*, [ver]dreschen *(salopp)*, vermöbeln *(salopp)*, verkloppen *(salopp)*, verschlagen *(ugs.)*, verwichsen *(salopp)*, verwamsen *(salopp)*, verbimsen *(salopp)*, vertrimmen *(salopp)*, vertobaken *(salopp)*, verkamisolen *(salopp)*, durchbleuen *(salopp)*, durchwalken *(salopp)*, durchwichsen *(salopp)*, abschwarten *(salopp)*, abstrafen, sich keilen/kloppen *(salopp)*, sich balgen/raufen *(ugs.)*, handgemein werden, ohrfeigen, jmdm. eine herunterhauen/*(landsch.)* dachteln *(salopp)*, jmdm. eine [in die Schnauze] geben *(salopp)*, jmdm. eine kleben/langen/schmieren/scheuern/käsen/knallen/wienern/verpassen *(salopp)*, jmdm. die Fresse/die Eier polieren *(vulgär)*, jmdm. eins aufbrennen, [aus]peitschen, jmdm. in den Hintern treten *(derb)*; → bestrafen; → Ohrfeige, → Peitsche.

[2]**schlagen:** → abholzen, → besiegen, → fallen, → singen.

schlagend: → stichhaltig.

[1]**Schlager,** Hit, Song, Couplet, Chanson, Moritat, Gassenhauer, Schnulze *(abwertend)* · *längere Zeit beliebter:* Evergreen; → Lied, → Sänger.

[2]**Schlager:** → Glanzpunkt.

schlägern: → abholzen.

schlagfertig: → geistreich.

Schlaginstrument: Trommel, Pauke, Schellentrommel, Tamburin, Tamtam, Tomtom, Conga, Tumba, Timbales, Bongos · Vibraphon, Xylophon, Schellenbaum, Triangel, Becken · Schlagzeug; → Musikinstrument.

Schlagwort: → Anpreisung, → Stichwort.

Schlagzeile, Überschrift, Headline, Titel; → Zeitung.

Schlagzeilen: S. machen → auffallen.

Schlagzeug: → Schlaginstrument.

Schlamassel: → Not.

Schlamm, Morast, Matsch *(ugs.)*, Schlick; → Sumpf.

schlampig: → nachlässig.

Schlange: S. stehen → warten.

Schlangenfraß: → Essen.

schlank, gertenschlank, rank, grazil, schmal, schmächtig, schmalbrüstig, dünn, mager, hager, zaundürr *(südbayr.)*, [spindel]dürr, knochig, spillerig *(ugs.)*, leptosom, asthenisch, nicht → dick; → abgezehrt; s. werden, abmagern, abnehmen, mager werden, an Gewicht verlieren, vom Fleische fallen *(ugs.)*, nicht → zunehmen.

schlankweg: → rundheraus.

schlapp: → kraftlos.

Schlappe: → Debakel.

schlappmachen: → ohnmächtig [werden].

Schlaraffenland: → Paradies.

schlau, findig, diplomatisch, taktisch, geschickt, pädagogisch, pfiffig, listig, clever, verschmitzt, bauernschlau, gewitzt, alert, smart, raffiniert, jesuitisch, durchtrieben, gerissen *(ugs.)*, verschlagen *(ugs.)*, ausgefuchst *(ugs.)*, gerieben *(salopp)*, ausgekocht *(salopp, abwertend)*, abgefeimt, ausgepicht *(ugs.)*, ausgebufft *(salopp)*, gewiegt *(ugs.)*, gewieft *(ugs.)*, vigilant *(landsch.)*, helle *(ugs., landsch.)*, nicht → dumm, nicht → unklug; → böse, → gewandt, → klug, → oberschlau, → tüchtig; → Erfahrung, → Schlaukopf; s. sein, mit allen Wassern gewaschen sein *(ugs.)*, mit allen Hunden gehetzt sein *(ugs.)*.

Schlauberger: → Schlaukopf.

Schlauch: einen S. benutzen → absehen.

schlauchen: → ablisten, → angreifen.

Schlaukopf, Schlauberger *(ugs.)*, Schlaumeier *(ugs.)*, Pfiffikus *(ugs.)*, Schlitzohr *(ugs.)*, Fuchs, Filou; → Betrug; → betrügen; → schlau, → unredlich.

Schlaumeier: → Schlaukopf.

schlecht: → anstößig, → minderwertig, → unerfreulich; s. werden → faulen; s. und recht → notdürftig; jmdm. ist s. → krank [sein].

schlechterdings: → ganz

schlechthin, par excellence, in höchster Vollendung, im eigentlichen Sinne, im wahrsten Sinne des Wortes; → ganz, → gewissermaßen.

schlechtmachen: → verleumden.

schlechtweg: → ganz.

Schlechtwetter, Tief[druckgebiet]; → veränderlich · Ggs. → Schönwetter.

schlecken: → essen.

schleckig: → wählerisch.

schleichen: → fortbewegen (sich).

schleierhaft: → unfaßbar.

Schleif: → Löffel.

Schleife: → Krawatte.

schleifen: → niederreißen, → polieren, → ziehen.

Schleim: → Auswurf.

schleimig: → flüssig.

schlemmen: → essen.

Schlemmer: → Feinschmecker.
schlendern: → spazierengehen.
Schlendrian: → Lebensweise.
schleppen: → tragen.
schleppend: → hinhaltend.
Schlepper: → Traktor.
schleudern: → werfen.
Schleuderware, Ausschuß, Ramsch, Tinnef *(abwertend)*, Plunder *(abwertend)*, Ladenhüter; → Kitsch.
schleunig[st]: → schnell.
Schlick: → Schlamm.
schlicht: → einfach.
schlichten: → bereinigen.
[1]**schließen,** zumachen, einklinken, zuklinken, zuschlagen, zuknallen, zuwerfen, zuschmettern, zuschmeißen *(salopp)*, die Tür [hinter sich] ins Schloß fallen lassen/werfen/schmettern · Ggs. → öffnen.
[2]**schließen:** → abschließen, → aufgeben (Geschäft), → aufhören, → folgern.
schließlich: → letztlich, → spät.
Schliff: → Benehmen.
schlimm: → böse.
Schlingel: → Junge.
schlingen: → essen.
Schlips: → Krawatte; jmdm. auf den S. treten → kränken.
[1]**Schlitten,** Rodelschlitten, Rodel *(bayr., östr.)*, Rennschlitten, Bob, Bobsleigh, Skeleton; → Schi.
[2]**Schlitten:** → Auto, → Prostituierte.
schlittern: → gleiten.
Schlitz: → Riß.
Schlitzohr: → Schlaukopf.
schlohweiß: → grau.
Schloß, Palast, Palais, Burg; → Haus.
schloßen: → hageln.
Schlot: → Schornstein.
schlottern: → frieren.
schluchzen: → weinen.
schlucken: → ertragen, → essen.
schluderig: → nachlässig.
schludern: → pfuschen.
Schlummer: → Schlaf.
schlummern: → schlafen.
Schlund: → Rachen.
Schlüpfer, Slip, Unterhöschen; → Unterwäsche.
schlüpfrig: → anstößig, → glatt.
schlurfen: → fortbewegen (sich).
schlürfen: → trinken.
Schluß: → Ende, → Pointe; S. machen → entleiben (sich); den S. ziehen → folgern; am S. → spät.
Schlüssel: → Angabe, → Sinnbild.
schlüssig: → stichhaltig; sich s. werden → entschließen (sich).
Schlußmann: → Torwart.
Schlußverkauf: → Ausverkauf.
Schlußwort: → Nachwort.
Schmach: → Bloßstellung.
schmachten: → Hunger [leiden], → streben.
schmächtig: → schlank.
schmachvoll: → gemein.
schmähen: → kränken.
schmählich: → gemein.
Schmähung: → Beleidigung.
schmal: → eng, → karg, → schlank.
schmalbrüstig: → schlank.
schmälen: → schelten.
schmälern: → verringern.
Schmalz: → Fett.
Schmant: → Sahne.
Schmarren: → Kitsch, → Omelett.
Schmauch: → Rauch.
schmauchen: → rauchen.
Schmaus: → Essen.
schmausen: → essen.
[1]**schmecken,** munden; **nicht** s: etwas schmeckt nicht, etwas widersteht jmdm./ist jmdm. zuwider/ekelt jmdn. an; → essen; → gefallen; → Essen.
[2]**schmecken:** → prüfen.
Schmeichelei: → Unterwürfigkeit.
[1]**schmeicheln,** schöntun, flattieren, Komplimente machen, Süßholz raspeln *(ugs.)*, hofieren, poussieren, die Cour machen, zu Gefallen/nach dem Munde reden, jmdm. um den Bart gehen *(ugs.)*, jmdm. Brei/Honig um den Mund (oder:) ums Maul schmieren *(salopp)*; → flirten, → loben, → unterwürfig [sein]; → Schmeichler.
[2]**schmeicheln:** etwas schmeichelt jmdm. → kleiden.
Schmeichler, Liebediener, Heuchler, Pharisäer, Kriecher *(abwertend)*, Speichellecker *(abwertend)*, Duckmäuser, Arschkriecher *(derb)*, Arschlecker *(derb)*; → Unterwürfigkeit; → schmeicheln.
schmeißen: → werfen.
[1]**schmelzen,** zerschmelzen, zergehen, zerlaufen, sich auflösen; → fließen.
[2]**schmelzen:** → zerlassen.
Schmer: → Fett.
Schmerz: → Leid.
Schmerzensmann: → Heiland.
schmerzunempfindlich: s. machen → betäuben.
Schmetterling, [Nacht]falter, Motte.
schmettern: → singen.
Schmiere: → Schmutz, → Theater.
schmieren: → bestechen, → einreiben, → schreiben; jmdm. eine s. → schlagen.
schmierig: → schmutzig.
schminken: → schönmachen.
schmissig: → schwungvoll.
Schmock: → Berichter.
schmöken: → rauchen.
Schmöker: → Buch.
schmökern: → lesen.
schmollen: → gekränkt [sein].
Schmonzes: → Gewäsch.
schmoren: → braten, → brennen.
schmotzen: → schreiben.
schmuck: → geschmackvoll.
Schmuck, Geschmeide, Juwelen, Schmucksachen, Pretiosen, Kleinod, Kostbarkeit.
[1]**schmücken,** ausschmücken, zieren, verzieren, verschönern; → schönmachen.

²schmücken: den Weihnachtsbaum s. → Weihnachtsbaum.
schmucklos: → einfach.
Schmucksachen: → Schmuck.
schmuddelig: → schmutzig.
schmunzeln: → lachen.
schmurgeln: → braten.
Schmus: → Gewäsch.
schmusen: → küssen.
Schmutz: in den S. ziehen, mit S. bewerfen → verleumden.
Schmutz, Dreck, Kot, Unreinigkeit, Schmiere *(ugs.)*; → beschmutzen; → schmutzig.
¹schmutzig, unsauber, unrein, verschmutzt, trübe, schmierig, speckig, schmuddelig, dreckig *(salopp)*, verdreckt *(salopp)*, versaut *(derb)*, mistig *(derb)*; → beschmutzen; → Schmutz.
²schmutzig: → anstößig, → gemein; s. machen → beschmutzen.
Schmutzliteratur: → Literatur.
Schnabel: → Mund.
schnäbeln: → küssen.
schnabulieren: → essen.
Schnake: → Mücke.
schnäkisch: → wählerisch.
schnappen: → ergreifen, → hinken; etwas s. → krank [werden].
Schnaps: → Alkohol.
schnapsen: → trinken.
Schnapsidee: → Einfall.
schnarchen: → schlafen.
schnarren: → krächzen.
schnattern: → krächzen, → sprechen.
schnauben: → atmen, → schneuzen (sich).
schnäubig: → wählerisch.
schnaufen: → atmen.
Schnauferl: → Auto.
schnaukig: → wählerisch.
Schnauze: → Mund; die S. voll haben → angeekelt [sein].
Schnecke: → Prostituierte.
Schneckenhaus: sich in sein S. zurückziehen → abkapseln (sich).
schneearm: → schneefrei.
schneefrei, aper, schneearm.
Schneeschuh: → Schi.
Schneid: → Mut.
¹schneiden, schnitzen, schroten, sägen; → zerlegen; → Sense.
²schneiden: → beschneiden, → ernten, → ignorieren; in Scheiben/Stücke s. → zerlegen.
Schneiderin, Näherin, Nähterin, Nähmädchen *(landsch.)*; → Putzmacherin.
schneidern: → nähen.
schneidig: → schwungvoll.
schneien · *dicht, heftig:* stiemen *(landsch.)*; → einschneien, → hageln, → regnen; → Niederschlag.
Schneise, Lichtung; → Wald.
¹schnell, eilig, hastig, eilends, flink, forsch, behende, fix, hurtig, geschwind, rasch, schleunig[st], in größter/höchster/fliegender/rasender Eile, übereilt, überstürzt, voreilig, vorschnell, ohne Überlegung, kopflos, kopfüber, Hals über Kopf, mit fliegender Hast, auf dem schnellsten Wege, im Flug/Nu, blitzschnell, pfeilschnell, wie der Blitz, a tempo *(ugs.)*, im Handumdrehen *(ugs.)*, mit einem Affenzahn *(salopp)*, mit -zig/achtzig Sachen *(salopp)*, auf die schnelle [Tour] *(ugs.)*, nicht → langsam; → gleich, → kurzerhand, → plötzlich, → schwungvoll; → eilen; → Geschwindigkeit.
²schnell: s. machen → beeilen (sich).
Schnellbüffet: → Gaststätte.
schnellen: → springen.
Schneller: → Murmel.
Schnellgaststätte: → Gaststätte.
Schnelligkeit: → Geschwindigkeit.
Schnellstraße: → Straße.
Schnepfe: → Prostituierte.
Schneppe: → Prostituierte.
schneuzen (sich), sich die Nase putzen, [aus]schnauben, rotzen *(derb)* · *laut:* trompeten · *ohne Taschentuch;* einen Charlottenburger machen *(salopp)*; → spucken.
schnieben: → atmen.
schnieke: → hübsch.
schnippisch: → spöttisch.
Schnipsel: → Flicken.
Schnitt: → Einschnitt, → Form.
Schnitte, Brot, Scheibe, Stulle *(berlin.)*, Bemme *(ostmitteldt.)*; → Brötchen.
Schnitter: S. Tod → Tod.
schnittig: → schwungvoll.
schnitzeln: → zerlegen.
schnitzen: → schneiden.
Schnitzel: → Kotelett, → Span.
Schnitzer: → Fehler.
schnobern: → riechen.
schnodderig: → spöttisch.
Schnösel: → Mensch.
schnöselig: → unhöflich.
Schnucke: → Schaf.
schnuddelig: → appetitlich.
schnüffeln: → riechen.
Schnuller, Sauger, Nuckel *(ugs.)*, Nuddel *(landsch.)*, Lutscher *(landsch.)*, Nuppel *(landsch.)*, Nuggi *(schweiz.)*; → saugen.
Schnulze: → Schlager.
Schnupfen: → Erkältung.
schnuppe: jmdm. ist etwas s. → unwichtig [sein].
schnuppern: → riechen.
Schnur, Bindfaden, Kordel *(südwestd.)*, Strippe *(ugs.)*, Spagat *(südd., östr.)*, Strupfe *(südd., östr.)* · *dicke:* Leine, Seil, Strang, Tau, Reep *(Seemannsspr.)*, Bändsel *(Seemannsspr.)*, Trosse *(Seemannsspr.)*.
Schnürband: → Schnürsenkel.
Schnürbändel: → Schnürsenkel.
schnüren: → binden.
Schnürleib: → Mieder.
Schnürriemen: → Schnürsenkel.
schnurrig: → spaßig.
Schnürsenkel: Schnürband, Schnürbändel, Schnürriemen, Schuhriemen, Senkel *(ugs.)*.
schnurstracks: → geradewegs.

schnurz: jmdm. ist etwas s. → unwichtig [sein].
Schnute: → Mund.
Schocker: → Kriminalstück.
schockiert: → ärgerlich.
schofel: → sparsam.
Schofför: → Fahrer.
Scholle: → Erde.
schon: → bereits.
schön: → hübsch, → ja; -ere Hälfte → Ehefrau.
schonen, [be]hüten, in acht nehmen.
schonend: → behutsam.
Schoner: → Boot.
schönfärben: → beschönigen.
schönmachen, feinmachen, herausputzen, aufputzen, putzen, schminken, zurechtmachen, sich aufmachen/pudern/*(ugs.)* anmalen/ *(abwertend)* auftakeln/ *(abwertend)* aufdonnern, sich in Gala/Schale/Wichs werfen (oder:) schmeißen *(ugs.)*, Toilette machen; → anziehen, → schmücken; → Anzug, → Kleidung, → Schmuck.
schönschreiben: → schreiben.
schöntun: → schmeicheln.
Schonung: → Wald.
schonungslos: → unbarmherzig.
schonungsvoll: → behutsam.
Schönwetter, Hoch[druckgebiet] · Ggs. → Schlechtwetter.
Schopf: → Haar.
schöpfen: → erschaffen.
Schöpfer: → Gott, → Löffel.
schöpferisch, gestaltend, erfinderisch, ingeniös, ideenreich, einfallsreich, phantasievoll, produktiv; → selbständig; → Außenseiter · Ggs. → unselbständig.
Schorf, Grind, [Kopf]schuppe, Schinne *(ugs., nordd.)*; → Hautausschlag, → Schale.
Schorle[morle]: → Wein.
Schornstein, Kamin *(südd., westd.)*, Esse *(mitteld.)*, Schlot *(mitteld.)*, Rauchfang *(östr.)*.
Schoß: → Hüften.
Schotten: → Weißkäse.
schräg, [wind]schief, geneigt; → steil.
Schrägstrich: → Satzzeichen.
Schramme, Kratzer, Ritz.
schrammen: → kratzen.
Schranke: → Hürde.
schrap[p]en: → kratzen.
Schraube: → Nagel; bei jmdm. ist eine S. locker → geistesgestört [sein].
schrauben: s. an/auf → anbringen.
Schreck: → Entsetzen; einen S. einjagen → Angst [machen].
Schrecken: → Entsetzen.
schreckhaft: → ängstlich.
schrecklich, furchtbar, fürchterlich, entsetzlich, gräßlich; → Abneigung, → Angst, → Entsetzen.
Schrecknis: → Unglück.
Schrei: → Hilferuf; das ist der letzte S. → modern [sein].
[1]**schreiben,** schönschreiben · *sorgfältig:* malen, pinseln *(ugs.)*. · *schlecht:* kritzeln, krakeln, schmieren *(abwertend)*, klieren *(abwertend)*, sudeln *(abwertend)*, schmotzen *(landsch., abwertend)*; → malen.
[2]**schreiben:** → dichten; Schreibmaschine s. → maschineschreiben; ins unreine s. → aufschreiben.
Schreiben, Brief, Schrieb *(ugs., abwertend)*, Wisch *(abwertend)*, Zuschrift, Zeilen, Billett, Epistel *(ironisch)*, Liebesbrief, Billetdoux, Karte, Postkarte, Ansichtskarte · *heimliches von Gefangenen:* Kassiber; → Gesuch, → Mitteilung, → Schriftwechsel, → Urkunde.
Schreiber: → Schriftsteller.
Schreiberling: → Schriftsteller.
Schreibmaschine: S. schreiben → maschineschreiben.
schreien, rufen, brüllen, kreischen, johlen, grölen, blöken, aufschreien, aufbrüllen · *vor Freude:* [auf]jauchzen, [auf]jubeln, jubilieren, einen Freudenschrei/Freudenruf ausstoßen, [auf]juchzen *(ugs.)*; → singen, → weinen.
schreiend: → bunt.
Schrein: → Sarg, → Schachtel.
Schreiner: → Tischler.
schreiten: → fortbewegen (sich).
Schrieb: → Schreiben.
Schrift: → Buch, → Handschrift; [Heilige] S. → Bibel.
Schriftleiter, Redakteur, Lektor; → Berichter, → Schriftsteller.
Schriftsprache: → Hochsprache.
Schriftsteller, Dichter, Autor, Verfasser, Schreiber, Literat, Poet, Dichtersmann, Barde, Reimschmied, Verseschmied, Schreiberling *(abwertend)*, Skribent, Dichterling *(abwertend)*, Reimling *(abwertend)*, Versemacher *(abwertend)*; → Berichter, → Dichtung, → Schriftleiter; → aufschreiben, → dichten.
schriftstellern: → dichten.
Schriftstück: → Urkunde.
Schrifttum[snachweis]: → Literaturangabe.
Schriftverkehr: → Schriftwechsel.
Schriftwechsel, Schriftverkehr, Briefwechsel, Korrespondenz; → Schreiben.
Schriftzeichen: → Buchstabe.
schrill: → laut.
Schrippe: → Brötchen, → Frau.
Schritt: S. fahren → fahren.
schrittweise: → allmählich.
schroff: → steil, → unhöflich.
schröpfen: → ablisten.
schroten: → schneiden.
schrubben: → reiben, → säubern.
Schrubber, Leuwagen *(nordd.)*, Schrubbbesen.
Schrubbesen: → Schrubber.
Schrulle: → Frau, → Spleen.
schrullig: → seltsam.
schrumpeln: → welken.
schrumpfen: → welken.

Schubs: → Stoß; jmdm./einer Sache einen S. geben → stoßen.
schubsen: → stoßen.
schüchtern: → ängstlich.
Schüchternheit: → Bescheidenheit.
schuckeln: → schwingen.
Schuft, Lump, Halunke, Schurke, Bösewicht, Tunichtgut; → Dieb, → Verbrecher.
schuften: → anstrengen (sich).
Schuh, Stiefel, Knobelbecher *(ugs.)*, Sandale, Pumps, Slipper, Sandalette, Pantolette, Opanke, Mokassin, Hausschuh, Pantoffel, Galoschen *(ugs.)*, Treter *(ugs.)*, Latschen *(salopp)* · *großer:* Äppelkahn *(salopp, scherzh.)*, Quadratlatschen *(salopp)*.
Schuhriemen: → Schnürsenkel.
[1]**Schuld,** Verpflichtung, Verbindlichkeit.
[2]**Schuld:** [die] S. tragen, schuld sein/haben → schuldig [sein]; -en machen → leihen; jmdm. schuld/die S. geben, jmdm. die S. in die Schuhe schieben → verdächtigen.
schuldbeladen: → schuldig.
Schuldbewußtsein: → Schuldgefühl.
Schuldgefühl, Schuldbewußtsein, Gewissensbisse, Gewissensnot; → Verdacht · Ggs. → Gewissenlosigkeit.
schuldhaft: → schuldig.
[1]**schuldig,** schuldbeladen, schuldhaft, schuldvoll, belastet; s. **sein,** schuld sein/ haben, [die] Schuld tragen.
[2]**schuldig:** → angemessen; [für] s. befinden, für s. erklären, s. sprechen → verurteilen.
Schuldigkeit: → Aufgabe.
Schuldverschreibung: → Schuld.
schuldvoll: → schuldig.
Schule, Lehranstalt, Penne *(salopp)*, Volksschule, Hauptschule, Oberschule, Pennal *(salopp)*, höhere Schule, Gymnasium, Internat, Hilfsschule, Klippschule *(abwertend)*, Fachschule, Gewerbeschule, Berufsschule · *für Mädchen:* Lyzeum; → Hochschule, → Schüler.
schulen: → erziehen.
[1]**Schüler,** Schulkind, Zögling, Gymnasiast, Oberschüler, Pennäler *(salopp)*, Eleve · *der ersten Klasse:* Abc-Schütze, Erstkläßler; → Anfänger, → Kind, → Schule, → Student.
[2]**Schüler:** S. [von] → Anhänger.
Schulkamerad: → Freund.
Schulkind: → Schüler.
Schullehrer: → Lehrer.
Schulleiter, Direktor, Rektor, Konrektor.
Schulmann: → Lehrer.
Schulmappe: → Schultasche.
Schulmediziner: → Arzt.
Schulmeister: → Lehrer.
schulmeisterlich: → engherzig.
Schultasche, Ranzen, Ränzel *(nordd.)*, [Schul]mappe, Aktentasche.
Schulter: jmdm. die kalte S. zeigen → ablehnen; auf die leichte S. nehmen → mißachten.
Schulung: → Ausbildung.
schummeln: → betrügen, → säubern.
schummerig: → dunkel.
Schund: → Kitsch.
Schundliteratur: → Literatur.
Schupo: → Polizist.
Schuppe: → Schorf.
Schuppen: → Haus, → Gaststätte.
schürfen: → kratzen.
schurigeln: → schikanieren.
Schurke: → Schuft.
schurren: → gleiten.
Schürzenjäger: → Frauenheld.
Schuß: → Salut; in S. sein → heil [sein].
Schüssel, Schale, Teller, Kumme *(landsch.)*, Napf, Becken, Terrine.
Schusser: → Murmel.
schußlig: → aufgeregt.
Schußwaffe, Armbrust, Pfeil [und Bogen], Flitzbogen · *mit Zündung:* Gewehr, Waffe, Karabiner, Muskete, Flinte, Büchse, Stutzen, Knarre *(ugs.)*, Kracheisen *(ugs.)*, Schießeisen *(ugs.)*, Schießprügel *(ugs.)*, Tesching, Pistole, Revolver, Terzerol, Browning, Colt; → Hiebwaffe, → Stichwaffe, → Wurfwaffe.
Schuster: auf -s Rappen kommen → kommen.
Schute: → Boot.
Schutt: → Trümmer; in S. und Asche legen → verbrennen.
schütteln, rütteln, beuteln, wackeln.
Schüttelreim: → Scherzgedicht.
[1]**schütten,** ausschütten, einschütten, [aus]gießen, eingießen.
[2]**schütten:** → gebären; es schüttet → regnen.
schütter: → spärlich.
Schutz: jmdn. in S. nehmen → eintreten (für).
schützen: → behüten; s. vor → abhalten.
Schützenhilfe: S. leisten → helfen.
Schützer: → Gönner.
Schutzherr: → Gönner.
Schützling: → Günstling.
Schutzmann: → Polizist.
Schutzmittel: → Präservativ.
schwabbelig: → weich.
schwach: → anfällig.
Schwäche: → Mangel, → Unfähigkeit; S. für → Zuneigung.
schwächen: → vergewaltigen.
schwächlich: → anfällig.
Schwächling: ein S. sein → willensschwach [sein].
schwachsinnig: → geistesgestört.
schwadronieren: → sprechen.
schwafeln: → sprechen.
schwammig: → aufgedunsen.
schwanen: etwas schwant jmdm. → vermuten.
Schwang: im -e sein → modern [sein], → üblich [sein]; in S. kommen → entstehen.
[1]**schwanger,** gravid; s. **sein,** schwanger gehen, mit einem Kind gehen, ein Kind/Zuwachs erwarten/bekommen/ *(ugs.)* kriegen, in anderen (oder:) besonderen Umständen/ in guter Hoffnung/ *(landsch.)* in [der] Hoffnung/gesegneten (oder:) schweren Leibes/

(derb) dick sein, Mutterfreuden entgegensehen, ein Kind unter dem Herzen tragen, es ist etwas unterwegs *(ugs.)*; → gebären, → koitieren, → schwängern, → vergewaltigen; → Koitus.

[2]schwanger: s. gehen mit → befassen (sich).

schwängern, zeugen, ein Kind in die Welt setzen, Vater werden, Vaterfreuden entgegensehen, jmdm. ein Kind machen *(derb)*, jmdn. dick machen *(derb)*, anbuffen *(derb)*; → deflorieren, → erzeugen, → gebären, → koitieren, → vergewaltigen; → schwanger.

Schwank: → Komödie.

[1]schwanken, wanken, taumeln, torkeln; → fallen, → gleiten, → hängen, → schwingen, → stolpern.

[2]schwanken: → zögern.

schwankend: → veränderlich.

[1]Schwanz, Schweif, Zagel *(selten)*, Rute (Wolf), Lunte (Luchs, Fuchs), Fahne (Fuchs), Standarte (Fuchs, Wolf), Wedel (Rotwild), Krickel (Schwarzwild), Blume (Hase, Gamswild), Bürzel (Schwarzwild, Ente), Stoß (Raubvogel), Spiel (Fasan), Steiß (Rebhuhn).

[2]Schwanz: → Penis; den S. einziehen → nachgeben.

schwänzen: → abwesend [sein].

Schwarm: → Herde, → Liebling.

schwärmen: s. für → anschwärmen; s. von → loben.

Schwärmer: → Eiferer, → Optimist.

Schwärmerei: → Begeisterung.

schwärmerisch: → empfindsam.

Schwarmgeist: → Eiferer.

Schwarte: → Buch.

schwarz: -er Freitag → Unglückstag; -e Kunst → Zauberei.

Schwarzbeere: → Blaubeere.

Schwarzer: → Neger.

Schwarzrock: → Geistlicher.

schwarzsehen: → voraussehen.

Schwarzseher: → Pessimist.

schwarzseherisch: → schwermütig.

Schwatz: einen S. halten → unterhalten.

schwatzen: → mitteilen, → sprechen.

schwätzen: → sprechen.

schwatzhaft: → gesprächig.

schweben: → fliegen.

Schwefelholz: → Streichholz.

Schweif: → Schwanz.

[1]schweigen, stillschweigen, still/ruhig sein, den Mund halten *(ugs.)*, verstummen, verschweigen, geheimhalten, verheimlichen, verhehlen, verbergen, übergehen, totschweigen, für sich behalten, Stillschweigen bewahren, sich ausschweigen/in Schweigen hüllen, verschwiegen sein, [eine Mitteilung, Nachricht] unterschlagen *(ugs.)*, dichthalten *(salopp)*, nicht → mitteilen; → verbieten, → vertuschen; → ruhig, → wortkarg.

[2]schweigen: jmdn. zum Schweigen bringen → verbieten.

Schweigen: → Stille.

schweigend: → wortlos.

schweigsam: → wortkarg.

[1]Schwein, Sau, Borstentier *(scherzh.)*, Borstenvieh *(scherzh.)*, Wutz *(landsch.)*, Wildschwein, Wildsau · *weibliches:* Mutterschwein, Bache · *männliches:* Eber, Keiler, Hauer · *männliches kastriertes:* Pölk · *junges:* Frischling, Ferkel, Läufer.

[2]Schwein: S. haben → Glück [haben].

schweinisch: → anstößig.

Schweiß: S. vergießen → schwitzen.

Schweizer: → Homosexueller, → Knecht.

schwelen: → brennen.

schwelgen: → essen.

schwelgerisch: → genießerisch.

Schwemme: → Gaststätte.

[1]schwer, bleischwer, schwer wie Blei, wuchtig, massig, drückend, lastend, bleiern; → hinderlich · Ggs. → federleicht; s. sein, viel wiegen, Gewicht haben.

[2]schwer: → gewaltig, → schwierig.

Schwerenöter: → Frauenheld.

schwerfällig: → träge.

Schwermut: → Trauer.

schwermütig, trübsinnig, hypochondrisch, depressiv, melancholisch, pessimistisch, schwarzseherisch, nihilistisch, defätistisch, bregenklüterig *(ugs., landsch.)*, trübselig, wehmütig, elegisch, trist, traurig, freudlos, elend, unglücklich, todunglücklich, kreuzunglücklich, desolat, betrübt, trübe, bedrückt, bekümmert, unfroh, nicht → lustig; → ernsthaft, → kläglich, → mutlos, → ruhig; → befremden, → Pessimist, → Trauer · Ggs. → zuversichtlich.

schwerverständlich: → verworren.

Schwert: → Hiebwaffe.

[1]schwierig, schwer, diffizil, heikel, kitzlig *(ugs.)*, kompliziert, subtil, problematisch, verwickelt, langwierig, verzwickt *(ugs.)*, vertrackt *(ugs.)*, prekär, nicht → leicht, nicht → mühelos; → beschwerlich, → sprengend; → Schwierigkeit.

[2]schwierig: → empfindlich.

Schwierigkeit, Frage, Problem, Streitfrage, Schererei *(ugs.)*; → Aufgabe, → Not; → schwierig.

Schwimmbecken: → Bassin.

schwimmen: → baden, → fließen; mit dem Strom s. → Opportunist [sein].

Schwindel: → Lüge.

schwindeln: → lügen.

schwinden: → abnehmen.

schwindend: → nachlassend.

Schwindler: → Betrüger.

schwindlig: → benommen.

Schwindsucht: → Tuberkulose.

schwingen, pendeln, schaukeln, wackeln, schuckeln *(ugs.)*, eiern *(ugs.)*; → hängen, → schwanken.

schwirren: → fliegen.

schwitzen, transpirieren, Schweiß vergießen *(ugs.)*; → Wärme.

Schwof: → Tanzvergnügen.

schwofen: → tanzen.

schwören: → versprechen.

Schwuchtel: → Homosexueller.

schwul: → gleichgeschlechtlich.
schwül, drückend, feuchtwarm, tropisch, föhnig, gewittrig.
Schwüle: → Wärme.
Schwuler: → Homosexueller.
schwülstig: → hochtrabend.
Schwung: → Temperament; in S. bringen → mobilisieren.
schwungvoll, flott, schneidig, schnittig, schmissig, zackig; → lebhaft, → lustig, → schnell.
Schwur: → Zusicherung.
Sechsflächner: → Würfel.
sechste: -r Sinn → Ahnung.
1**See** (der), Teich, Weiher, Woog *(landsch.)*, Tümpel, Pfuhl; → Fluß, → Gewässer, → Meer, → Pfütze.
2**See** (die): → Meer; auf S. bleiben → sterben.
Seejungfrau: → Wassergeist.
seekrank: s. sein → übergeben (sich).
1**Seele,** Inneres, Herz, Gemüt, Brust; → Gefühl.
2**Seele:** sich etwas von der S. reden → mitteilen.
seelengut: → gütig.
Seelenhirt[**e**]**:** → Geistlicher.
Seelenkunde, Psychologie.
seelenkundlich: → psychisch.
Seelenruhe: in aller S. → ruhig.
seelenruhig: → ruhig.
seelisch: → psychisch.
Seelsorger: → Geistlicher.
Seemannsgarn: → Lüge.
Seemannstod: den S. sterben → sterben.
Seereise: → Reise.
Segel: die S. streichen → nachgeben.
segeln: → Boot [fahren], → fallen, → fliegen.
Segen: → Glück.
Segenswunsch: Segenswünsche → Glückwünsche.
segmentieren: → gliedern.
segnen: das Zeitliche s. → sterben.
1**sehen** (jmdn., etwas), beobachten, schauen, erkennen, unterscheiden, erblicken, erspähen, ausmachen, sichten; → ansehen, → blicken, → blinzeln, → merken, → wahrnehmen; → optisch; → Augenlicht.
2**sehen:** → blicken, → erkennen, → finden; nicht gern gesehen → unerfreulich.
sehenswert: → interessant.
Seher: → Auge, → Wahrsager.
Sehkraft: → Augenlicht.
sehnen: sich s. [nach] → streben.
Sehnen: → Sehnsucht.
Sehnsucht, Sehnen, Heimweh, Fernweh; → Leidenschaft.
sehr, recht, arg, über die/alle Maßen, überaus, äußerst, höchst, aufs höchste, hochgradig, zutiefst, gar, höchlichst, unendlich, unermeßlich; → angemessen, → außergewöhnlich, → einigermaßen, → gewaltig, → groß, → hübsch, → unsagbar.
Sehschärfe: → Augenlicht.
Sehvermögen: → Augenlicht.
Seiche: → Urin.
seichen: → urinieren.
seicht: → niedrig, → oberflächlich; s. machen → verdünnen.
Seidel: → Trinkgefäß.
seidenweich: → weich.
Seil: → Schnur.
seimig: → flüssig.
sein: → bedeuten, → existieren, → haben, → innehaben, → weilen; ist zu [erklären] → lassen; am Lebens. → leben.
Sein: → Lage.
seinerzeit: → damals.
seitdem: → seither.
1**Seite,** Blatt, Bogen · *leere*: Vakat; → Rubrik.
2**Seite:** -n → Hüften; auf die S. legen → sparen; zur S. gehen → ausweichen; zur S. stehen → helfen.
seither, seitdem; → bisher.
sekkieren: → behelligen.
Sekt: → Wein.
Sekte: → Partei.
Sektfrühstück: → Essen.
Sektierer: → Ketzer.
Sektor: → Gebiet.
Sekundant: → Helfer.
sekundär: → unselbständig.
Sekundärliteratur: → Literatur.
sekundieren: → helfen.
selbst: → auch; von s. → freiwillig.
1**selbständig,** eigenständig, frei, ungebunden, unbehindert, unabhängig, absolut, souverän, unumschränkt, übergeordnet, autonom, autark, emanzipiert, nonkonformistisch, eigenwillig; s. sein, freie Bahn/Hand haben, nicht → unselbständig; → aufgeklärt, → unbedingt, → unzugänglich, → schöpferisch; → Außenseiter.
2**selbständig:** sich s. machen → niederlassen (sich).
Selbstbedienungsladen: → Laden.
Selbstbefleckung: → Selbstbefriedigung.
Selbstbefriedigung, Masturbation, Onanie, Ersatzbefriedigung, Selbstbefleckung, Ipsation, Ipsismus, Manustupration, Monosexualismus; → masturbieren.
Selbstbeherrschung: → Gelassenheit.
selbstbewußt: → dünkelhaft.
Selbstbewußtsein, Selbstgefühl, Selbstvertrauen, Sicherheit.
selbstbezogen, autistisch, introvertiert, narzißtisch, zentrovertiert, autoerotisch; → dünkelhaft, → selbstsüchtig, → unzugänglich; → Selbstverliebtheit.
Selbstbinder: → Krawatte.
Selbstentleibung: → Selbstmord.
selbstgefällig: → dünkelhaft.
Selbstgefühl: → Selbstbewußtsein.
selbstgerecht: → dünkelhaft.
Selbstgespräch: → Gespräch.
selbstherrlich: → totalitär.
selbstisch: → selbstsüchtig.
selbstlos: → gütig.

Selbstlosigkeit, Altruismus, Uneigennützigkeit, Selbstverleugnung; → Demut, → Entsagung.
[1]**Selbstmord,** Suizid, Selbsttötung, Freitod, Selbstentleibung; → Lebensunlust, → Selbstmörder, → Tötung.
[2]**Selbstmord:** S. begehen/verüben → entleiben (sich).
Selbstmörder, Lebensmüder; → Selbstmord; → entleiben (sich).
selbstredend: → ja.
selbstsicher: → dünkelhaft.
selbstsüchtig, eigennützig, selbstisch, ichsüchtig, ichbezogen, egoistisch, egozentrisch; → dünkelhaft, → selbstbezogen; → Selbstverliebtheit · Ggs. → gütig.
selbsttätig: → automatisch.
Selbsttötung: → Selbstmord.
selbstüberzeugt: → dünkelhaft.
selbstüberzogen: → dünkelhaft.
Selbstverleugnung: → Selbstlosigkeit.
Selbstverliebtheit, Narzißmus, Autoerotismus; → selbstbezogen, → selbstsüchtig.
selbstverständlich: → ja.
Selbstvertrauen: → Selbstbewußtsein.
selbstzufrieden: → dünkelhaft.
Selcher: → Fleischer.
selektieren: → auswählen.
selig: → glücklich.
Seligkeit: → Lust; ewige S. → Himmel.
selten, rar, verstreut, vereinzelt, sporadisch; → beinah[e], → karg, → manchmal, → überall; s. sein, etwas wird großgeschrieben.
Selters[wasser], Sprudel[wasser], Wasser, Soda, Brause, Limonade.
seltsam, sonderbar, wunderbar, komisch, befremdend, befremdlich, merkwürdig, eigenartig, absonderlich, verschroben, schrullig, wunderlich, kauzig, eigenbrötlerisch; s. sein: etwas ist seltsam/kommt jmdm. verdächtig/*(ugs.)* spanisch vor; → Außenseiter.
Semester: → Student, → Zeitraum.
Semikolon: → Satzzeichen.
Seminar: → Institution, → Unterricht.
Semmel: → Brötchen.
Senat: → Amt.
Sendbote: → Abgesandter.
senden: → schicken.
Sendung: → Beruf.
sengen: → brennen.
senil: → alt.
Senkel: → Krawatte, → Schnürsenkel.
Sensation: → Ereignis.
sensationell: → außergewöhnlich.
sensationslüstern: → neugierig.
[1]**Sense,** Sichel; → schneiden.
[2]**Sense:** → Ende.
Sensenmann: → Tod.
sensibel: → empfindlich.
sensitiv: → empfindlich.
Sentenz: → Ausspruch.
sentimental: → empfindsam.
separat: → einzeln.
separieren: → ausschließen; sich s. → abkapseln (sich).
Seraph: → Engel.
seriös: → ernsthaft.
Service: → Kundendienst.
servieren: → auftischen.
Serviererin: → Bedienung.
Servierfräulein: → Bedienung.
Serviertochter: → Bedienung.
servil: → unterwürfig.
Servilismus: → Unterwürfigkeit.
Servilität: → Unterwürfigkeit.
Servus: → Gruß.
Sessel: → Sitzgelegenheit.
seßhaft: s. werden → niederlassen (sich).
[1]**setzen** (sich), Platz nehmen, sich hinsetzen, sich niederlassen, sich niedersetzen, sich auf seine vier Buchstaben setzen *(ugs.)*, nicht stehen.
[2]**setzen:** → bebauen, → gebären; den Ball in die Maschen/ein Ding in den Kasten s. → Tor [schießen].
Seuche: → Krankheit.
seufzen: → stöhnen.
Sex: → Liebe.
Sex-Appeal: → Anmut.
Sexualität: → Liebe.
sexuell, geschlechtlich; → gleichgeschlechtlich.
Sexus: → Liebe.
sexy: → anziehend.
sezieren: → öffnen.
Shorts: → Hose.
Short story: → Erzählung.
Show: → Revue.
Showmaster: → Ansager.
Sibylle: → Wahrsager.
Sichel: → Sense.
[1]**sicher,** geborgen, geschützt, behütet, beschirmt; → behüten.
[2]**sicher:** → firm, → ja, → ruhig, → zweifellos.
Sicherheit: → Selbstbewußtsein; in S. bringen → retten; sich in S. bringen → fliehen.
Sicherheitsmaßnahme: -n treffen → sichern.
Sicherheitsvorkehrung: -en treffen → sichern.
sicherlich: → zweifellos.
[1]**sichern,** absichern, sicherstellen, [Sicherheits]maßnahmen / [Sicherheits] vorkehrungen treffen; → retten.
[2]**sichern:** → beschlagnahmen.
sicherstellen: → beschlagnahmen, → sichern.
Sicherungsverwahrung: → Freiheitsentzug.
Sicht: → Ausblick.
sichtbar: s. werden → abzeichnen (sich).
sichten: → sehen.
Sichtvermerk: → Visum.
sickern: → fließen.
siebengescheit: → oberschlau.
siebzehnte: am Siebzehnten Fünften/siebzehnten Mai geboren → gleichgeschlechtlich.
siech: → krank.
Siechenhaus: → Krankenhaus.

Siechtum: → Krankheit.
siedeln: → niederlassen (sich).
sieden: → braten.
Siedler: → Einwanderer.
Sieg, Triumph; → Erfolg; → siegen.
Siegel: unter dem S. der Verschwiegenheit → Verschwiegenheit.
siegen, gewinnen, Sieger sein/bleiben, als Sieger hervorgehen aus, den Sieg erringen/davontragen, das Rennen machen; → besiegen, → durchsetzen (sich); → standhalten, → übertreffen, → unterwerfen; → Sieg.
Sieger: → Held.
Siesta: → Schlaf.
Sigel: → Abkürzung.
signalisieren: → mitteilen.
Signatur: → Unterschrift.
signieren: → beschriften, → unterschreiben.
signifikant: → wichtig.
Signum: → Unterschrift.
Silbenrätsel: → Rätsel.
Silberblick: einen S. haben → blicken.
Silhouette: → Umriß.
simpel: → kindisch.
Simpel: → Narr.
simulieren: → vortäuschen.
simultan: → gleichzeitig.
singen, summen, brummen, trällern, schmettern, grölen *(abwertend)*, jodeln, tremolieren, knödeln *(abwertend)*, psalmodieren · *von Singvögeln:* tirilieren, quirilieren, quinkelieren, trillern, flöten, pfeifen, schlagen, rufen, zwitschern, piep[s]en · *vom Sperling:* [t]schilpen · *von Grillen u. a.:* zirpen; → schreien; → Sänger.
Single: → Spiel.
Singspiel: → Operette.
Singuhr: → Störenfried.
Singular: → Einzahl.
sinken: → abnehmen, → fallen, → untergehen.
Sinn: → Bedeutung; sechster S. → Ahnung; im -e haben → vorhaben; im eigentlichen -e → schlechthin.
sinnähnlich: → synonym.
Sinnbild, Symbol, Zeichen, Geheimzeichen, Chiffre, Code, Schlüssel, Allegorie, Gleichnis, Vergleich, Bild, Metapher, Tropus, Metonymie, Parabel, Personifikation, Personifizierung; → Abzeichen, → Bedeutung, → Begriff, → Fahne, → Merkmal; → vergleichen.
sinnen: → denken; auf etwas s. → vorhaben.
Sinnesart: → Denkweise.
Sinnestäuschung: → Einbildung.
Sinneswandel: → Widerruf.
Sinneswechsel: → Widerruf.
Sinngedicht: → Epigramm.
sinngleich: → synonym.
sinnieren: → denken.
Sinnspruch: → Epigramm.
sinnverwandt: → synonym.
sinnvoll: → zweckmäßig.
Sippe: → Familie.
Sippschaft: → Abschaum, → Familie.
sistieren: → ergreifen.
[1]Sitte, Gesittung, Lebensform, Sittlichkeit, Ethik, Moral; → Benehmen, → Pflichtbewußtsein; → anständig, → sittlich.
[2]Sitte: → Brauch, → Polizist; S. werden → üblich [werden].
sittenlos: → anstößig.
Sittenpolizei: → Polizist.
Sittenstrolch: → Verbrecher.
sittlich, moralisch, ethisch; → anständig; → Sitte.
Sittlichkeit: → Sitte.
sittsam: → anständig.
Situation: → Lage.
[1]sitzen, hocken, kauern, nicht → stehen; → knien.
[2]sitzen: → abbüßen, → befinden (sich), → brüten, → harmonieren, → weilen; einen s. haben → betrunken [sein].
sitzenbleiben: → wiederholen.
sitzenlassen: → allein [lassen].
Sitzgelegenheit, Sitz, Stuhl, Hocker, Taburett, Schemel, Sessel, Fauteuil; → Bett, → Liege.
Sitzung: → Tagung.
Skandal: → Ereignis.
Skeleton: → Schlitten.
Skepsis: → Verdacht.
skeptisch: → argwöhnisch.
Sketch: → Komödie.
Ski: → Schi.
Skizze: → Entwurf.
skizzieren: → entwerfen.
Sklaverei: → Unfreiheit.
sklavisch: → unselbständig, → unterwürfig.
Skonto: → [Preis]nachlaß.
Skribent: → Schriftsteller.
Skript, Ausarbeitung, Manuskript, Typoskript, Handschrift; → Arbeit, → Urkunde.
Skrotum, Hodensack, Sack *(vulgär)*; → Genitalien.
Skrupel: → Verdacht.
Skrupellosigkeit: → Gewissenlosigkeit.
Slacks: → Hose.
Slang: → Ausdrucksweise.
Slip: → Schlüpfer.
Slipper: → Schuh.
Slogan: → Anpreisung.
Slump: → [Preis]sturz.
smart: → schlau.
Snack: → Essen.
Snob: → Geck.
snobistisch: → dünkelhaft.
[1]so, auf diese Weise/Art; derart, daß; dergestalt, daß; folgendermaßen, solchermaßen, dermaßen.
[2]so: so lala → mäßig.
Söckchen: → Strumpf.
Socke: → Strumpf; sich auf die -n machen → weggehen.
Society: → Oberschicht.
Soda: → Selters[wasser].
soeben: → jetzt.

Sofa: → Liege.
sofern: → wenn.
sofort: → gleich.
sogar: → auch.
sogleich: → gleich.
sohlen: → lügen.
[1]**Sohn,** Filius, Sprößling *(scherzh.)*, Ableger *(scherzh.)*; → Verwandter.
[2]**Sohn:** S. Davids → Heiland; Vater, S. und Heiliger Geist → Trinität.
Soiree: → Abendgesellschaft.
solchermaßen: → so.
Sold: → Gehalt.
Soldat, Krieger, Söldner, Landser *(ugs.)*; → Held, → Kämpfer; **S. werden,** einrücken, zu den Fahnen/Waffen eilen, den bunten Rock anziehen, zum Kommiß gehen *(salopp)*; **S. sein,** den Heeresdienst leisten, den Wehrdienst [ab]leisten, Soldat spielen *(ugs.)*, dem Vaterland dienen, beim Militär/ *(salopp)* Kommiß/ *(salopp)* Barras sein, bei der Armee sein; → einberufen.
Soldatenfriedhof: → Friedhof.
Söldner: → Soldat.
solenn: → erhaben.
solide: → gediegen.
Soll: → Fehlbetrag.
Sollbestimmung: → Weisung.
sollen: → müssen.
Söller: → Veranda.
solvent: → zahlungsfähig.
Solvenz: → Zahlungsfähigkeit.
somit: → also.
Sommerfrische: → Urlaub.
Sommerfrischler: → Urlauber.
Sommergast: → Urlauber.
sonder: → ohne.
sonderbar: → seltsam.
Sonderfall: → Abweichung.
Sondergenehmigung: → Erlaubnis.
sonderlich: nicht s. → unerfreulich.
Sonderling: → Außenseiter.
sondern: → unterscheiden; s. von → ausschließen.
sondieren: → forschen.
Sonett: → Gedicht.
Song: → Schlager.
Sonnabend *(nordd., mitteld.)*, Samstag *(südd., westd.)*; → Wochenende.
sonnig: → heiter, → lustig.
sonst: → auch.
sonstwo: → anderwärts.
sophistisch: → spitzfindig.
Sopran[istin]: → Sängerin.
Sore: → Raub.
Sorge: → Leid; S. tragen für → möglich [machen].
[1]**sorgen** (sich), sich kümmern um, etwas beunruhigt jmdn.; **sich nicht s. um,** etwas geht jmdn. nichts an, das ist nicht mein Bier *(ugs.)*; → ärgern.
[2]**sorgen:** für jmdn. s. → ernähren, → pflegen.
sorgenfrei: → unbesorgt.
Sorgfalt, Akribie, Genauigkeit, Akkuratesse, Werksittlichkeit, Arbeitsethik; → Pflichtbewußtsein.
sorgfältig: → behutsam.
sorglos: → unbesorgt.
sorgsam: → behutsam.
Sorte: → Art.
sortieren: → teilen.
Sosein: → Tatsache.
SOS-Ruf: → Hilferuf.
Soße, Sauce, Tunke, Stippe *(landsch.)*; → Suppe.
Soubrette: → Sängerin.
Souper: → Essen.
soupieren: → essen.
Souterrain: → Geschoß.
Souvenir: → Andenken.
souverän: → selbständig.
Souverän: → Oberhaupt.
Sowchos[e]: → Gut.
sowie: → und.
sowieso: → ohnehin.
sowjetisch: -e Besatzungszone → Deutschland.
Sowjetzone: → Deutschland.
soziabel: → gesellig.
Soziabilität: → Geselligkeit.
sozial: → menschlich.
Sozius: → Teilhaber.
sozusagen: → gewissermaßen.
spachteln: → essen; leer s. → aufessen.
Spagat: → Schnur.
spähen: → blicken.
Späher: → Auskundschafter.
Spalt: → Riß.
Spalte: → Riß, → Rubrik.
Span, Schnitzel, Splitter; → Brett, → Pfahl.
spanisch: etwas kommt jmdm. s. vor → seltsam [sein].
spannen: → merken, → steif [werden].
spannend: → interessant.
Spanner: → Zuschauer.
Spannkraft: → Temperament.
sparen, ansparen, Ersparnisse machen, zurücklegen, beiseite legen, auf die Seite legen, auf die hohe Kante legen *(ugs.)*, sich einrichten/einschränken/nach der Decke strecken [müssen], haushalten, maßhalten, sich zurückhalten, einsparen, das Geld zusammenhalten, bescheiden leben, geizen, kargen, knausern *(ugs.)*, den Gürtel/Riemen enger schnallen *(ugs.)*, sich krumm legen *(salopp)*, krummliegen *(salopp)*, knickern *(ugs.)*, knorzen *(schweiz.)*, nicht → verschwenden; → aussparen, → verringern; → sparsam; → Einsparung, → Vermögen.
Sparkasse: → Geldinstitut.
[1]**spärlich,** dünn, licht, schütter.
[2]**spärlich:** → karg.
Sparren: → Brett.
sparsam, haushälterisch, wirtschaftlich, ökonomisch, geizig, filzig *(ugs.)*, knauserig *(ugs.)*, knickrig *(ugs.)*, knickig *(ugs., landsch.)*, knickstieblig *(salopp)*, kniepig *(ugs., landsch.)*, schäbig *(abwertend)*, schofel *(ugs., abwertend)*, netig *(ugs., landsch.)*, gnietschig *(ugs.,*

landsch.), hartleibig, nicht → freigebig; s. sein, den Pfennig dreimal/zehnmal [her]-umdrehen *(ugs.)*, die Hand auf die Tasche/den Beutel halten *(ugs.)*, am Geld hängen *(ugs.)*, am Geld kleben *(salopp, abwertend)*, auf dem Geld sitzen *(salopp, abwertend)*, ein Knickstiebel sein *(salopp, abwertend)*, der ist krumm [wenn er sich bückt] *(ugs., berlin.)*; → engherzig, → habgierig; → sparen; → Einsparung, → Vermögen.
Sparsamkeit: → Einsparung.
spartanisch: → bescheiden.
Sparte: → Gebiet, → Partei.
Spaß: → Lust, → Scherz; S. machen → aufziehen; etwas macht jmdm. S. → erfreuen.
spaßen: → aufziehen.
spaßhaft: → spaßig.
spaßig, spaßhaft, ulkig, schnurrig, possierlich, drollig.
Spaßmacher: → Spaßvogel.
Spaßvogel, Spaßmacher, Schalk, Schelm, Witzbold, Nummer *(ugs.)*, Marke *(ugs.)*, Original.
[1]**spät,** verspätet, endlich, schließlich, zuletzt, am Schluß, am Ende, nicht → früh; → hinterher, → letztlich; s. **kommen,** in letzter Minute/ *(ugs.)* kurz vor Toresschluß, gerade noch zur rechten Zeit kommen, es ist s., es ist höchste Zeit/ *(salopp)* höchste Eisenbahn.
[2]**spät:** → abends; zu s. kommen → verspäten (sich).
[1]**später,** einst, einmal, dereinst, dermaleinst, künftig, zukünftig, in Zukunft, kommend, fortan, fortab, hinfort, fürder[hin], weiterhin, späterhin, in spe, demnächst, in kurzer/nächster Zeit, in Bälde, bald, über kurz oder lang, nicht → damals, nicht → jetzt.
[2]**später:** → hinterher.
späterhin: → später.
Spätlese: → Wein.
Spatz: → Kind, → Sperling.
spazierenfahren: → fahren.
spazierengehen, spazieren, sich ergehen, lustwandeln, schlendern, bummeln, flanieren, promenieren, sich die Beine/Füße vertreten, wandern, eine Wanderung machen; → fortbewegen (sich).
Speck: → Fett.
speckig: → schmutzig.
Speech: → Rede.
Speer: → Wurfwaffe.
Speichel, Saliva, Salivation, Spucke *(salopp)*, Geifer, Sabber *(salopp)*; → Auswurf; → spucken.
Speichellecker: → Schmeichler.
Speichelleckerei: → Unterwürfigkeit.
speichelleckerisch: → unterwürfig.
speicheln: → spucken.
Speicher: → Boden.
speichern: → aufbewahren.
speien: → spucken, → übergeben (sich).
Speis: → Zement.
Speise: → Dessert, → Essen.
Speisehaus: → Gaststätte.
Speisekarte, Speisezettel, Menükarte; **nach der S.,** à la carte.
speisen: → essen.
Speisenfolge: → Essen.
Speisewagen: → Gaststätte.
Speisezettel: → Speisekarte.
speiübel: jmdm. ist s. → krank [sein].
Spektakel: → Lärm.
spektakulär: → außergewöhnlich.
Spektakulum: → Wunder.
Spekulation: → Einbildung.
Spekuliereisen: → Brille.
spekulieren: → vermuten.
Spelunke: → Gaststätte.
spendabel: → freigebig.
Spende: → Beitrag.
spenden, stiften, geben, opfern; → abgeben, → beitragen, → hinterlassen, → opfern, → schenken, → teilen, → widmen.
Spendenaktion: → Kollekte.
Spengler: → Klempner.
Sperenzchen: → Ausflucht.
Sperling, Spatz; → Vogel.
Sperma, Samen; → Samenerguß.
sperren: → abschließen; in etwas s. → festsetzen; sich s. gegen → unzugänglich [sein].
Sperren: → Regelverstoß.
Spesen, Tagegeld, Diäten; → Gehalt.
Spezialist: → Arzt, → Fachmann.
speziell: → besonders.
Spezies: → Art.
Sphäre: → Gebiet.
Sphinx: → Meduse.
spicken: → absehen.
Spickzettel: einen S. benutzen → absehen.
Spider: → Auto.
[1]**Spiel,** Partie, Match, Wettkampf, Turnier, Wettspiel, Einzelspiel, Einzel, Single (Tennis), Zweierspiel (Golf); → Rennen, → Sport.
[2]**Spiel:** → Glücksspiel, → Schauspiel, → Schwanz; etwas aufs S. setzen → wagen.
spielen: → darstellen.
spielend: → mühelos.
Spieler: → Musizierender.
Spielfeld: → Sportfeld.
Spielfilm, Film, Streifen, Lichtspiel, Leinwand; → Kino.
Spielkarte, Karte · Karo, Eckstein, Schellen · Cœur, Herz · Pik, Schippe · Treff, Kreuz.
Spielplan: auf den S. setzen → ansetzen.
Spielwiese: → Glatze.
Spieß: → Wurfwaffe.
Spießbürger: → Spießer.
spießbürgerlich: → engherzig.
Spießer, Spießbürger, Philister, Banause; → Vorurteil; → engherzig.
Spießgeselle: → Komplice.
spießig: → engherzig.
spillerig: → schlank.
Spinatstecher: → Homosexueller.
spindeldürr: → schlank.
Spinett: → Tasteninstrument.
spinnen: → geistesgestört [sein].
Spion, Agent, Diversant, Saboteur; → Auskundschafter, → Vermittler, → Verschwö-

rung; → auskundschaften, → infiltrieren; → umstürzlerisch.
Spiritus: → Alkohol.
Spital: → Krankenhaus.
spitz: → spöttisch; s. bekommen/kriegen → merken.
Spitzbube: → Dieb, → Kind.
[1]**Spitze,** Anzüglichkeit, Zweideutigkeit; → Beleidigung; → spöttisch.
[2]**Spitze:** die S. halten → Höchstleistung [erzielen]; -n verteilen → spöttisch [sein].
Spitzel: → Auskundschafter.
spitzen: sich s. auf → begierig [sein].
Spitzenklasse: → Höchstleistung.
Spitzenleistung: → Höchstleistung.
spitzfindig, kasuistisch, sophistisch, rabulistisch, haarspalterisch, wortklauberisch; → engherzig.
Spitzfindigkeit: → Pedanterie.
Spitzname, Spottname, Scherzname, Schimpfname, Schelte; → Familienname, → Vorname.
Spleen, fixe Idee, Marotte, Schrulle, Tick, Fimmel *(salopp)*; → dumm, → geistesgestört, → überspannt.
spleenig: → dünkelhaft.
splendid: → freigebig.
Splitter: → Span.
splitter[faser]nackt: → nackt.
Spondeus: → Versfuß.
Spondylose: → Bandscheibenschaden.
spontan: → freiwillig.
sporadisch: → selten.
spornstreichs: → gleich.
Sport, Turnen, Leibesübungen, Körperertüchtigung, Gymnastik, Freiübungen; → Rennen, → Spiel.
Sportfeld, Spielfeld, [Sport]platz, Stadion, Aschenbahn, Rasen.
Sportlehrer: → Betreuer.
Sportler, Athlet, [Wett]kämpfer, Sportsmann · *bedeutender, hervorragender:* Crack, Champion, As *(ugs.)*, Kanone *(salopp)*; → Fachmann.
Sportplatz: → Sportfeld.
Sportsmann: → Sportler.
Sportwagen: → Auto.
Spott: → Humor.
Spottbild: → Zerrbild.
spottbillig: → billig.
spotten: → schadenfroh [sein].
Spottgeburt: → Hervorbringung.
spöttisch, spitz, beißend, bissig, scharf, schnippisch, pomadig *(ugs.)*, patzig *(ugs., abwertend)*, schnodderig *(ugs., abwertend)*, anzüglich, höhnisch, ironisch, bitter, kalt, sarkastisch, zynisch, humorvoll, humorig; → böse, → frech, → geharnischt, → schadenfroh, → streitbar, → unhöflich; s. sein, Spitzen verteilen; → Spitze.
Spottname: → Spitzname.
Sprache: → Ausdrucksweise; jmdm. bleibt die S. weg → überrascht [sein]; zur S. bringen → mitteilen.
sprachgewaltig: → beredt.
sprachlos: → überrascht.
[1]**sprechen,** reden, predigen, eine Rede/einen Vortrag / eine Ansprache / ein Referat / die Predigt halten, das Wort nehmen, rezitieren, vortragen, deklamieren, lesen, vorlesen, verlesen, aufsagen, hersagen, herunterleiern *(abwertend)*, ableiern *(abwertend)*, abhaspeln, herunterschnurren *(ugs.)*, schwatzen, schwätzen *(landsch.)*, daherreden *(ugs.)*, drauflosreden *(ugs.)*, schwadronieren, plappern, babbeln *(ugs., landsch.)*, schnattern, palavern *(ugs.)*, parlieren, tönen *(ugs.)*, schwafeln *(abwertend)* faseln *(abwertend)*, quakeln, quackeln, quäken, quatschen *(salopp)*, quasseln *(salopp)*, sabbern *(salopp, abwertend)*, sabbeln *(salopp)*, salbadern *(abwertend)*; → äußern (sich), bemerken, → flüstern, → mitteilen, → vortragen; → Rede, → Redekunst.
[2]**sprechen:** s. mit → unterhalten (sich).
Sprechweise: → Ausdrucksweise.
Sprengel: → [Verwaltungs]bezirk.
[1]**sprengen,** gießen, begießen, besprengen, einsprengen, anfeuchten, netzen, benetzen, spritzen, bespritzen, besprühen, bewässern, wässern, berieseln, beregnen.
[2]**sprengen:** → zerstören.
sprengend, [hoch]explosiv, brisant, heiß, hochaktuell, Zündstoff/Brisanz/Sprengkraft enthaltend, drängend; → schwierig.
Sprengkraft: S. enthaltend → sprengend.
Sprichwort: → Ausspruch.
[1]**springen,** schnellen, hopsen, hechten, hüpfen, hoppeln; → holpern.
[2]**springen:** → fortbewegen (sich), → perlen; s. lassen → freilassen, → zahlen.
sprinten: → fortbewegen (sich).
Sprit: → Alkohol, → Benzin.
spritzen: → fortbewegen (sich), → perlen, → sprengen.
spritzig: → geistreich.
Spritztour: → Reise.
Sproß: → Angehöriger, → Zweig.
Sprößling: → Sohn.
Spruch: → Epigramm; Sprüche [her]machen → übertreiben.
spruchreif: → aktuell.
Sprudel: → Selters[wasser].
sprudeln: → perlen.
Sprudelwasser: → Selters[wasser].
sprühen: es sprüht → regnen.
sprühend: → geistreich.
Sprung: → Herde, → Riß.
sprunghaft: → plötzlich.
Spucke: → Speichel; jmdm. bleibt die S. weg → überrascht [sein].
[1]**spucken,** speien, rotzen *(derb)*, speicheln, geifern, sabbern; → schneuzen (sich); → Auswurf, → Speichel.
[2]**spucken:** → übergeben (sich).
Spuk: → Gespenst.
spülen: → säubern.
Spülstein: → Ausguß.
Spund: → Stöpsel.
Spur: → Nuance; keine S. → nein.
spuren: → gehorchen.

spüren: → fühlen, → merken.
Spürsinn: → Gefühl.
spurten: → fortbewegen (sich).
sputen: sich s. → beeilen (sich).
Sputum: → Auswurf.
Staat: → Volk; die [Vereinigten] -en → Amerika.
Staatenbund: → Bund.
Staatenloser: → Gast.
staatlich: → national.
Staatsangehörigkeit: jmdm. die S. verleihen → naturalisieren.
Staatsanwalt: → Jurist.
Staatsexamen: → Prüfung.
Staatsgut: → Gut.
Staatsmann: → Oberhaupt.
Staatsoberhaupt: → Oberhaupt.
Staatsstreich: → Verschwörung.
Stab: → Stange; den S. führen → dirigieren; den S. brechen über → brandmarken.
Stäbchen: → Zigarette.
stabil: → widerstandsfähig.
Stabreim: → Reim.
Stachel: wider/gegen den S. löcken → aufbegehren.
Stadel: → Scheune.
Stadion: → Sportfeld.
Stadium: → Lage.
Städter: → Bewohner.
Stadt, Kleinstadt, Großstadt, Hauptstadt, Weltstadt, Metropole, Kapitale; → Innenstadt, → Ort.
Stadtkern: → Innenstadt.
Stadtmitte: → Innenstadt.
Stadtrand: → Vorort.
Stadtstreicher: → Vagabund.
Stadtzentrum: → Innenstadt.
staffeln: → gliedern.
Stagnation: → Rückgang.
stagnieren: → aufhören.
stagnierend: → nachlassend.
stählen: → erziehen.
Stahlroß: → Fahrrad.
staken: → Boot [fahren], fortbewegen (sich).
Staketenzaun: → Zaun.
staksen: → fortbewegen (sich).
Stallhase: → Kaninchen.
Stallknecht: → Knecht.
Stallmagd: → Magd.
[1]**Stamm,** Schaft, Stiel, Stengel, Halm, Rohr, Strunk, Stumpf, Stumpen, Stummel, Stubben; → Zweig.
[2]**Stamm:** → Abkunft, → Volk.
Stammbaum: → Abkunft.
stammeln: → stottern.
stammen: → entstammen.
stämmig: → untersetzt.
Stammkunde: → Kunde.
Stammzahn: → Geliebte.
Stampe: → Gaststätte.
stampfen: → treten.
Stampfkartoffeln: → Kartoffelpüree.
Stand: → Ansehen, → Lage; in den S. setzen → möglich [machen].
Standard: → Regel.
standardisieren: → normen.
Standarte: → Fahne, → Schwanz.
Stander: → Fahne.
Ständer: → Penis, → Pfeiler.
standhaft, unerschütterlich, unbeugsam.
standhalten, durchhalten, nicht wanken und weichen, das Feld behaupten, nicht von der Stelle weichen, nicht → nachgeben; → durchsetzen (sich), → ertragen, → siegen.
ständig: → unaufhörlich; -er Begleiter → Geliebter.
Standort: den S. bestimmen → finden.
Standpauke: eine S. halten → schelten.
Standpunkt: jmdm. den S. klarmachen → schelten.
Stange, Stab, Stock, Krücke, Stecken; → Griff, → Pfahl, → Stock.
Stänker: → Querulant.
stänkern: → aufwiegeln.
Stapel: auf S. legen → anfertigen.
stapeln: → aufhäufen.
stapfen: → fortbewegen (sich).
Star: → Schauspielerin.
[1]**stark,** kräftig, kraftvoll, sthenisch, bärenstark, robust, rüstig, nicht → anfällig, nicht → kraftlos, nicht → willensschwach; → athletisch.
[2]**stark:** → dick, → durchdringend, → gewaltig.
Starke: → Rind.
Stärke: → Ausmaß, → Fähigkeit.
stärken: → festigen; sich s. → essen.
Starlet: → Schauspielerin.
starr: → betroffen, → steif, → stier.
starren: → blicken.
starrköpfig: → unzugänglich.
Starrköpfigkeit: → Eigensinn.
Starrsinn: → Eigensinn.
starrsinnig: → unzugänglich.
[1]**Start,** Ablauf, Abfahrt, Abflug; → Anfang.
[2]**Start:** → Auftreten.
Startbahn: → Rollbahn.
starten: → anfangen.
Statist: → Schauspieler.
Stätte: → Stelle.
stattfinden: → geschehen.
stattgeben: → billigen.
statthaft, zulässig, erlaubt, gestattet, nicht → gesetzwidrig; → rechtmäßig; → billigen; → Erlaubnis.
stattlich: → groß.
Statur: → Gestalt.
Status: → Lage.
Statussymbol: → Merkmal.
Statut: → Weisung.
Staub: sich aus dem -e machen → weggehen.
stauchen: → schelten.
Staude: → Busch.
staunen: → überrascht [sein].
Staunen: S. erregen → befremden; in S. geraten → überrascht [sein].
Stauung: → Rückgang.
stechen, piken *(ugs.)*, piksen *(ugs.)*; → kneifen.
stechend: → durchdringend.

stecken: → bebauen; [Geld] in etwas s. → zahlen; unter einer Decke s. → konspirieren.
Stecken: → Stange.
steckenbleiben: → aufhören.
Steckenpferd: → Liebhaberei.
Steg: → Brücke.
Stegreif: aus dem S. → improvisiert.
Stegreifdichtung: → Scherzgedicht.
Stehbierhalle: → Gaststätte.
stehen: → befinden (sich), → sitzen, → steif [werden]; etwas steht jmdm. → kleiden; Schlange s. → warten; an erster Stelle s. → Höchstleistung [erzielen]; etwas steht bei jmdm. → abhängen; im Wege s. → hindern; nicht s. → setzen (sich); zum Stehen bringen → anhalten.
stehenbleiben: → halten.
stehlen: → wegnehmen; jmd. / etwas kann jmdm. gestohlen bleiben → ablehnen.
[1]**steif,** starr, nicht → schlaff, nicht → weich; → fest; s. **werden,** sich versteifen, erstarren, gerinnen · *vom Penis:* erigieren, anschwellen; s. **sein** · *vom Penis:* eine Erektion / *(vulgär)* einen Steifen haben, stehen *(vulgär)*, spannen *(vulgär)*; → erheben (sich).
[2]**steif:** → formell, → ungeschickt.
steifen: → festigen.
steifnackig: → unzugänglich.
Steig: → Straße.
[1]**steigen** (auf), ersteigen, erklimmen, erklettern.
[2]**steigen:** → avancieren.
Steiger: → Bergmann.
[1]**steigern,** erhöhen, heben · *bei der Anwendung eines Medikamentes:* einschleichen · *von Preisen:* in die Höhe treiben, raufsetzen *(ugs.)*; → fördern, → vermehren; → Steigerung · Ggs. → verringern.
[2]**steigern:** → übertreffen.
Steigerung, Gradation, Eskalation, Klimax, Progression, Übertreibung, Hyperbel, Exaggeration; → Ausschweifung, → Höhepunkt, → Übertreibung; → fördern, → steigern.
steil, abschüssig, jäh, schroff; → schräg.
steinalt: → alt.
steinhart: → fest.
steinreich: → reich.
Steiß: → Schwanz.
Steißtrommler: → Lehrer.
Stelldichein: → Verabredung.
[1]**Stelle,** Stätte, Platz, Ort, Örtlichkeit, Gegend, Landstrich, Landschaft, Punkt, Winkel, Kante, Ecke *(ugs.)*; → Gebiet, → Ort; → regional.
[2]**Stelle:** → Amt, → Beruf, → Grab, → Zitat; die erste S. einnehmen, an erster S. stehen → Höchstleistung [erzielen]; auf der S. → gleich; nicht von der S. weichen → standhalten; zur S. sein → kommen
stellen: sich s. als ob → vortäuschen; sich vor jmdn. s. → eintreten (für).
stellenlos: → arbeitslos.
Stellmacher: → Wagner.
[1]**Stellung,** Haltung, Pose, Attitüde, Positur; → Ansehen.
[2]**Stellung:** → Beruf, → Lage; S. nehmen → äußern (sich).
stellungslos: → arbeitslos.
Stellvertreter, Vertreter, Ersatzmann, Substitut, Vize *(ugs.)*; → Arbeitgeber, → Helfer.
Stelze: → Gliedmaße.
stelzen: → fortbewegen (sich).
Stemma: → Abkunft.
Stengel: → Stamm.
Stenographie: → Kurzschrift.
Stenz: → Geck, → Zuhälter.
stenzen: → wegnehmen.
Steppe: → Einöde.
Steppke: → Kind.
Sterbchen: S. machen → sterben.
[1]**sterben,** versterben, ableben, einschlafen, entschlafen, hinüberschlummern, der Tod holt jmdn. heim, vom Tode ereilt werden, den Geist aufgeben/aushauchen, heimgehen, [da]hinscheiden, aus dem Leben scheiden, die Augen zumachen/ [für immer] schließen, das Auge bricht *(dichter.)*, vom Schauplatz/von der Bühne abtreten, sein Leben/Dasein vollenden, die sterbliche Hülle ablegen, die Feder aus der Hand legen, enden, das Zeitliche segnen, abfahren *(salopp)*, in die/zur Grube fahren, zugrunde gehen, [für immer] von jmdm. gehen, [in die Ewigkeit] abgerufen werden, verscheiden, dahingerafft werden, das letzte Stündlein ist gekommen/hat geschlagen, von hinnen scheiden, erlöst werden, nicht mehr aufstehen, zu seinen Vätern versammelt werden, sich zu den Vätern versammeln, zur großen Armee abberufen werden, jmdm. passiert etwas/stößt etwas zu, seine letzte Reise/ seinen letzten Weg antreten, in die ewigen Jagdgründe eingehen, aus unserer/ihrer Mitte gerissen werden, aus dem Leben gerissen werden, umkommen, ums Leben/zu Tode kommen, den Tod finden, jmdn. hergeben müssen, jmdn. verlieren, mit jmdm. ist es aus *(ugs.)*, abkratzen *(salopp)*, abschnappen *(salopp)*, abnibbeln *(salopp)*, hopsgehen *(salopp)*, draufgehen *(salopp)*, ins Gras beißen *(salopp)*, den Löffel wegschmeißen *(salopp)*, Sterbchen machen *(salopp)*, den Arsch zukneifen *(vulgär)* · *im Wasser:* auf See bleiben, absaufen *(salopp)* · *durch Feuer:* verbrennen, in den Flammen umkommen · *als Soldat:* den Heldentod sterben, fallen, im Krieg bleiben, nicht [aus dem Krieg] heimkehren, einen kalten Arsch kriegen *(vulgär)* · *beim Tier:* eingehen, verenden, krepieren, verrecken; → entleiben, → ertrinken, → geschehen, → töten; → tot; → Exitus, → Friedhof, → Toter, → Tötung.
[2]**sterben:** vor Angst s. → Angst [haben].
Sterben: → Exitus.
sterbenskrank: → krank.
sterblich: → vergänglich; -e Hülle/Überreste → Toter.

Sterblicher: → Mensch.
steril: → impotent, → keimfrei.
Sterilisation: → Kastration.
Sterndeuter: → Wahrsager.
Sterndeutung: → Astrologie.
Sternenzelt: → Firmament.
sternhagelvoll: → betrunken.
Sternkunde: → Astronomie.
Stert: → Gesäß.
Sterz: → Gesäß.
stet: → unaufhörlich.
stetig: → unaufhörlich.
Stetigkeit: → Beharrlichkeit.
stets: → unaufhörlich.
Steuer: → Abgabe.
steuern: → abhelfen, → fahren.
Steward[eß]: → Bedienung.
sthenisch: → stark.
stibitzen: → wegnehmen.
Stich: → Nuance; einen S. haben → geistesgestört [sein]; im S. lassen → allein.
Stichflamme: → Flamme.
stichhaltig, beweiskräftig, unwiderlegbar, unwiderleglich, zwingend, bündig, schlüssig, stringent, schlagend, triftig; → einleuchtend, → klug. → wichtig.
Stichwaffe, Dolch, Stilett, Florett, Rapier; → Hiebwaffe, → Schußwaffe, → Wurfwaffe.
Stichwort, Leitwort, Schlagwort, Kennwort, Merkwort, Lemma.
stieben: → fortbewegen (sich).
Stiefel: → Schuh.
stiefeln: → fortbewegen (sich).
Stiege: → Treppe.
Stiel: → Griff, → Stamm.
stiemen: → schneien.
stier, starr, glasig, verglast, gläsern; → blikken.
Stier: → Rind.
stieren: → blicken.
Stierkämpfer, Matador, Toreador, Espada · *zu Fuß:* Torero · *berittener mit Lanze:* Picador.
Stiesel: → Mensch.
stieselig: → unhöflich.
[1]**Stift** (das): → Kloster.
[2]**Stift** (der): → [Handels]gehilfe, → Nagel.
stiften: → gründen, → spenden.
stiftengehen: → weggehen.
Stil: → Ausdrucksweise, → Manier.
Stilblüte · *von Lehrern:* Kathederblüte; → Ausdrucksweise.
Stilett: → Stichwaffe.
[1]**still,** ruhig, [mucks]mäuschenstill, totenstill, nicht → laut; → ruhig, → wortkarg; → Stille.
[2]**still:** → ruhig; im -en → heimlich.
Stille, Ruhe, Friede[n], Schweigen, Stillschweigen, Lautlosigkeit, Totenstille, Grabesstille; → Muße; → ruhig, → still.
[1]**stillen,** an die Brust nehmen, die Brust geben; → ernähren.
[2]**stillen:** → befriedigen.
stillos: → geschmacklos.
stillschweigen: → schweigen.
Stillschweigen: → Stille; S. bewahren → schweigen.
stillschweigend: → wortlos.
Stillstand: → Rückgang; zum S. bringen → anhalten.
stilwidrig: → geschmacklos.
Stimme: → Urteil; seine S. [ab]geben → auswählen; innere S. → Ahnung.
[1]**stimmen,** zutreffen, richtig/zutreffend/wahr sein; → richtig.
[2]**stimmen:** → harmonisieren; s. für → auswählen, → wählen.
Stimmungsmache: → Propaganda.
Stimmvieh: → Mitläufer.
stimulieren: → anregen.
Stimulierung: → Erregung.
stinken: → duften.
Stinker: → Gesäß.
stinkfaul: → faul.
Stippe: → Soße.
Stipulation: → Abmachung.
Stirnseite: → Vorderseite.
stöbern: → suchen.
[1]**Stock,** Prügel, Knüppel, Knüttel, Bengel, Rohrstock, Gerte, Rute; → Griff, → Peitsche, → Pfahl.
[2]**Stock:** → Stange, → Vorrat.
stockbetrunken: → betrunken.
Stockcheck: → Regelverstoß.
stockdunkel: → dunkel.
stöckeln: → fortbewegen (sich).
stocken: → aufhören.
stockfinster: → dunkel.
Stockschlag: → Regelverstoß.
Stockung: → Rückgang.
Stockwerk: → Geschoß.
Stoff: → Gegenstand, → Gewebe, → Material.
stöhnen, ächzen, seufzen; → atmen, → klagen.
stoisch: → ruhig.
Stollen: → Bergwerk.
stolpern, straucheln; → fallen, → gleiten, → schwanken.
stolz: → dünkelhaft.
Stolz: → Ansehen, → Vornehmheit.
stolzieren: → fortbewegen (sich).
stopfen: → essen, → reparieren; jmdm. den Mund/das Maul s. → verbieten.
Stopfen: → Stöpsel.
stoppen: → anhalten, → halten.
[1]**Stöpsel,** Pfropf[en], Kork[en], Stopfen, Zapf[en], Spund.
[2]**Stöpsel:** → Zwerg.
Store: → Gardine, → Vorrat.
[1]**stören** (jmdn.), ungelegen/zur Unzeit kommen.
[2]**stören:** → hindern.
störend: → unerfreulich.
Störenfried: Eindringling, Ruhestörer, Unruhestifter, Quälgeist, Plagegeist, Landplage, Nervtöter *(abwertend)*, Singuhr *(abwertend, landsch.)*, Nervensäge *(salopp, abwertend)*; → Gegner.

störrisch: → unzugänglich.
[1]**Stoß,** Schlag, Ruck, Puff *(ugs.)*, Schubs *(ugs., landsch.)*, Tritt, Knuff *(ugs.)*, Stups *(ugs.)*; → Zusammenstoß.
[2]**Stoß:** → Schwanz.
[1]**stoßen,** anstoßen, strampeln, schubsen *(ugs., landsch.)*, jmdm./einer Sache einen Schubs geben *(ugs., landsch.)*, stumpen *(ugs., südd.)*.
[2]**stoßen:** → koitieren, → treten; s. auf → finden; sich s. an → beanstanden.
stottern, lispeln, stammeln, lallen, sich versprechen/verhaspeln/verheddern; → flüstern, → mitteilen.
Strafanstalt, Vollzugsanstalt, Gefängnis, Kerker, Zuchthaus, Arbeitshaus, Karzer, Verlies, Zelle, Arrestlokal, Loch *(salopp)*, Kittchen *(salopp)*, Knast *(salopp)*, Bau *(salopp)*, Bunker *(salopp)*; → Freiheitsentzug, → Gefangener; → abbüßen, → festsetzen (jmdn.).
Strafanzeige: S. erstatten → verraten.
[1]**Strafe,** Bestrafung, Geldstrafe, Buße *(schweiz.)*.
[2]**Strafe:** S. absitzen/verbüßen → abbüßen; eine S. auferlegen/aufbrummen, mit einer Strafe belegen → bestrafen.
strafen: → bestrafen.
Straferlaß: → Begnadigung.
Straffälliger: → Verbrecher.
Strafpredigt: eine S. halten → schelten.
Straftat: → Verstoß.
strahlen: → lachen, → leuchten.
Strähnen: → Haare.
strammziehen: jmdm. die Hosen/den Hosenboden s. → schlagen.
strampeln: → stoßen; zu s. haben → anstrengen (sich).
Strand: → Ufer.
stranden: → scheitern.
Strang: → Schnur.
strangulieren: → töten.
strapazieren: sich s. → anstrengen (sich).
strapazierfähig: → bleibend.
strapaziös: → beschwerlich.
[1]**Straße,** Promenade, Allee, Prachtstraße, Avenue, Avenida, Boulevard, Gasse, Fahrstraße, Fahrweg, Autostraße, Autobahn, Schnellstraße, Damm, Landstraße, Chaussee, Durchgang, Passage, Weg, Pfad, Steig; → Brücke, → Gehsteig, → Unterführung.
[2]**Straße:** auf die S. gehen → demonstrieren.
Straßenbahn, Elektrische, Tram *(landsch.)*.
Straßenfloh: → Auto.
Straßenkreuzer: → Auto.
Straßenmädchen: → Prostituierte.
Strategie, Taktik, Kriegskunst, Kampfplanung, Vorgehen; → Kunstfertigkeit, → Handhabung, → Schlachtfeld, → Verfahren.
sträuben: sich s. → aufbegehren.
Strauch: → Busch.
straucheln: → stolpern.
Strauß: → Streit.
Straußwirtschaft: → Gaststätte.
Strebe: → Pfeiler.
streben, erstreben, anstreben, zustreben, verlangen/trachten/gieren/lechzen/dürsten/schmachten/ *(ugs.)* sich zerreißen [nach], zu erreichen suchen, sich sehnen [nach], es gelüstet jmdn. nach; → anstrengen, → erwirken, → verlangen; → begierig.
Streben: → Ehrgeiz.
Streber: → Opportunist.
strebsam: → fleißig.
Strebung: → Zuneigung.
[1]**strecken,** ziehen, dehnen.
[2]**strecken:** → verdünnen; sich s. → recken (sich).
Streich: → Scherz.
streicheln: → liebkosen.
[1]**streichen,** anstreichen, tünchen; → anmalen, → malen; → Maler.
[2]**streichen:** → verringern; einen s. lassen → Darmwind [entweichen lassen].
Streichholz, Zündholz, Schwefelholz *(veraltet)*.
Streichinstrument · Geige, Violine, Fiedel · Bratsche, Viola · [Violon]cello, Kniegeige, Gambe, Viola da gamba · Baß[geige], Kontrabaß, Violone; → Musikinstrument.
streifen: → berühren.
Streifen: → Spielfilm.
Streik: in den S. treten → streiken.
streiken, bestreiken, in den Ausstand/in [den] Streik treten, die Arbeit niederlegen; → kämpfen, → kündigen; → Tätigkeit · Ggs. → Aussperrung.
Streit, Unzuträglichkeit, Reiberei, Unfriede, Zwietracht, Zwist, Zerwürfnis, Entzweiung, Tätlichkeit, Handgreiflichkeit, Handgemenge, Auseinandersetzung, Disput, Wortstreit, Kontroverse, Zwistigkeit, Streitigkeit, Differenzen, Polemik, Zusammenstoß, Krawall, Strauß, Zank, Händel, Gezänk, Gezanke, Zankerei *(abwertend)*, Krach, Stunk *(salopp)*, Explosion; → Aufsehen, → Blutbad, → Gespräch, → Kampf, → Lärm; **S. anfangen** mit jmdm., mit jmdm. anbinden/ *(östr.)* anbandeln, sich mit jmdm. anlegen; → erörtern, → kämpfen; → streitbar.
Streitaxt: → Hiebwaffe.
streitbar, angriffslustig, kriegerisch, militant, aggressiv, herausfordernd, ostentativ, provokant, provokatorisch, provokativ, martialisch, grimmig, furios, hitzig, leidenschaftlich, offensiv; → spöttisch; → kämpfen; → Streit · Ggs. → menschlich.
streiten: → kämpfen.
Streitfrage: → Schwierigkeit.
Streitgespräch: → Gespräch.
Streithammel: → Querulant.
streitig: jmdm. etwas s. machen → übertreffen.
Streitigkeiten: → Streit.
Streitmacher: → Querulant.
[1]**streng,** gestreng, strikt, rigoros, hart, scharf, unnachsichtig, rücksichtslos; → unbarmherzig, → unzugänglich; → eingreifen.
[2]**streng:** → sauer.

strenggläubig: → fromm.
strenzen: → wegnehmen.
Streß: → Anstrengung.
Strich: auf den S. gehen → anbandeln; einen S. durch die Rechnung machen → hindern; etwas geht jmdm. gegen den Strich → entgegenstehen.
Stricher: → Prostituierte.
Strichjunge: → Prostituierte.
Strichmädchen: → Prostituierte.
Strichpunkt: → Satzzeichen.
strichweise: → regional.
Strick: → Kind, → Schnur.
striezen: → wegnehmen.
strikt: → streng.
stringent: → stichhaltig.
Strippe: → Schnur; an der S. sein → Fernsprecher.
stripsen: → wegnehmen.
Striptease: S. machen → ausziehen.
strittig: → ungewiß.
Strizzi: → Zuhälter.
Stroh: leeres S. → Gewäsch.
strohdumm: → dumm.
Strohfeuer: → Begeisterung.
Strohwitwe: → Ehefrau; S. sein → allein [sein].
Strohwitwer: → Ehemann; S. sein → allein [sein],
Strolch: → Mensch, → Verbrecher.
Strom: → Fluß; nicht gegen den S. schwimmen → Opportunist [sein].
strömen: → fließen.
Stromer: → Vagabund.
Strömung: → Neigung.
Strophe, Vers; → Kehrreim, → Vers, → Versmaß.
strudeln: → perlen.
Struktur, Gefüge, Einheit, [Auf]bau; → Beschaffenheit.
1**Strumpf,** Socke, Söckchen, Wadenstrumpf, Kniestrumpf · *fußloser:* Stutzen.
2**Strumpf:** sich auf die Strümpfe machen → weggehen.
Strunk: → Stamm.
Strupfe: → Schnur.
Stubben: → Stamm.
Stube: [gute] S. → Raum.
Stubengelehrter: → Gelehrter.
1**Stück,** zu, je, pro, per, à.
2**Stück:** → Abschnitt, → Flicken, → Muster, → Schauspiel.
stuckern: → holpern.
Student, Studierender, Hochschüler, Studiosus, Studio, Studiker *(ugs.)*, Hörer · *nach längerer Studienzeit:* höheres/ *(ugs.)* älteres Semester; → Schüler, → Hochschule.
Studie: → Arbeit.
studieren: → ansehen, → forschen, → lesen.
Studierender: → Student.
studiert: → gebildet.
Studierter: → Gelehrter.
Studiker: → Student.
Studio: → Werkstatt.
Studiosus: → Student.
Stuhl: → Exkrement, → Sitzgelegenheit; S. haben → defäkieren; keinen S. haben → Stuhlverstopfung haben.
Stuhlgang: → Exkrement; S. haben → defäkieren.
[Stuhl]verstopfung, Konstipation, Obstipation, Darmträgheit, Koprostase, Obstructio alvi, Verdauungsstörung · Ggs. → Durchfall; **S. haben,** keinen Stuhl haben; → defäkieren.
Stulle: → Schnitte.
stumm: → überrascht; s. machen → töten.
Stummel: → Stamm, → Zigarette.
stumpen: → stoßen.
Stumpen: → Stamm, → Zigarre.
Stümper: → Nichtfachmann.
stümperhaft: → dilettantisch.
stumpf: → matt.
Stumpf: → Stamm.
1**stumpfsinnig,** beschränkt, borniert, engstirnig, vernagelt *(ugs.)*, stupid, [geistig] zurückgeblieben/ *(salopp)* minderbemittelt; → dumm; → Rückständigkeit.
2**stumpfsinnig:** → träge.
Stumpfsinnigkeit: → Teilnahmslosigkeit.
Stunde: → Unterricht; zur S. → jetzt.
stunden, verlängern, Aufschub gewähren; → verschieben; → Stundung.
Stundenfrau: → Putzfrau.
Stündlein: das letzte S. ist gekommen/ hat geschlagen → sterben.
Stundung, Aufschub, Verlängerung, Moratorium; → stunden, → verschieben.
Stunk: → Streit.
stupend: → außergewöhnlich.
stupid: → stumpfsinnig.
stuprieren: → vergewaltigen.
Stuprum: → Vergewaltigung.
Stups: → Stoß.
stur: → unzugänglich.
Sturm: → Wind.
stürmen: → erobern, → fortbewegen (sich).
stürmisch: → lebhaft, → luftig.
Sturmwind: → Wind.
Sturz: → Preissturz.
stürzen: → entlassen, → fallen, → fortbewegen (sich).
Sturzwelle: → Woge.
Stuß: → Unsinn.
Stute: → Pferd.
Stütze: → Hausangestellte, → Pfeiler.
stutzen: → argwöhnisch [werden], → beschneiden.
Stutzen: → Schußwaffe, → Strumpf.
stützen: → anlehnen, → festigen; sich s. auf → berufen (sich auf).
Stutzer: → Geck.
stutzerhaft: → eitel.
stutzig: s. machen → befremden; s. werden → argwöhnisch [werden].
Suada: → Redekunst.
subaltern: → unselbständig.
Subjekt: → Mensch.
subjektiv: → parteiisch.

Subjektivismus: → Subjektivität.
Subjektivist: → Außenseiter.
Subjektivität, Subjektivismus, Unsachlichkeit, Willkür · Ggs. → Objektivität.
sublim: → erhaben.
sublimieren: → verfeinern.
submiß: → unterwürfig.
sub rosa: → Verschwiegenheit.
sub sigillo [confessionis]: → Verschwiegenheit.
subskribieren: → bestellen.
Subskription: → Bestellung.
substantiell: → wichtig.
Substantiv: → Wortart.
Substanz: → Bedeutung, → Material.
Substitut: → Stellvertreter.
Substrat: → Grundlage.
subsumieren, unterordnen, einordnen, zusammenfassen.
subtil: → schwierig.
Subvention: → Zuschuß.
Subversion: → Verschwörung.
subversiv: → umstürzlerisch.
Subway: → Unterführung.
Suche: auf der S. sein → suchen.
¹suchen, fahnden, auf der Suche sein, ausschauen / ausblicken / ausspähen / auslugen nach, sich umschauen/umsehen/umgucken/umtun nach, Ausschau halten, stöbern, kramen, wühlen · Ggs. → finden.
²suchen: → anstrengen.
Sucht: → Neigung.
suckeln: → saugen.
Sud: → Flüssigkeit.
sudeln: → pfuschen, → schreiben.
Suff: dem S. ergeben/verfallen sein → trunksüchtig [sein].
Süffisance: → Überheblichkeit.
süffisant: → dünkelhaft.
suggerieren: → beeinflussen, → zuraten.
sühnen: → einstehen.
Suite: → Wohnung.
Suitier: → Frauenheld.
Suizid: → Selbstmord.
Sujet: → Gegenstand.
sukzessive: → allmählich.
summarisch: → kurz.
Summe: → Beitrag.
summen: → singen.
Sumpf, Moor, Ried, Bruch, Fenn *(niederd.)*; → Schlamm.
Sünde: → Verstoß; eine S. begehen/tun → sündigen.
sündigen, sich versündigen/vergehen, freveln, fehlen, einen Fehltritt/eine Sünde begehen (oder:) tun; → Verstoß.
Superintendent: → Dekan.
superklug: → oberschlau.
Supermarkt: → Laden.
Suppe, [Fleisch]brühe, Kraftbrühe, Fleischsuppe, Bouillon; → Soße.
Supplik: → Gesuch.
Supply: → Vorrat.
Supposition: → Ansicht.
Surrogat: → Ersatz.
suspekt: → anrüchig.
¹süß, süßlich, gesüßt, nicht → sauer.
²süß: → hübsch.
süßen: → zuckern.
Süßholz: S. raspeln → schmeicheln.
süßlich: → süß.
Süßspeise: → Dessert.
suszeptibel: → empfindlich.
Swimming-pool: → Bassin.
Syllabus: → Verzeichnis.
Symbol: → Sinnbild.
Sympathie: → Zuneigung.
sympathisch: → lieb; jmdm. s. sein → gefallen.
Symposion: → Tagung.
Symptom: → Anzeichen.
Synagoge: → Kirche.
synchron[isch]: → gleichzeitig.
Syndrom: → Merkmal.
Synode: → Tagung.
synonym, gleichbedeutend, sinngleich, sinnverwandt, bedeutungsähnlich, sinnähnlich, bedeutungsverwandt, ähnlichbedeutend; → übereinstimmend; → Homonym · Ggs. → Gegensatz.
Synthese, Kombination, Zusammenfügung, Verknüpfung, Verbindung, Verschmelzung, Verflechtung; → Bund.
System: → Verfahren.
systematisch: → planmäßig.
Szene: → Auftritt.

T

Tabakspfeife, Pfeife, Rotzkocher, *(derb)* · *lange, türkische:* Tschibuk; → Rauchwaren.
Tabakwaren: → Rauchwaren.
Tabelle: → Verzeichnis.
Tablette: → Medikament; -n nehmen → entleiben (sich).
Tabu: → Verbot.
Tabubezirk: → Privatleben.
Taburett: → Sitzgelegenheit.
Tadel: → Vorwurf
tadellos: → richtig.
tadeln: → schelten.
Tafel: T. halten → essen.
tafeln: → essen.
Tag: guten T.! → Gruß; die -e haben → menstruieren.
Tagegeld: → Spesen.

tagen, konferieren, zusammentreten, zusammenkommen, sich zusammenfinden, zusammentreffen, sich treffen, sich [ver]sammeln; → erörtern, → zusammenlaufen; → Tagung, → Verabredung.
Tagung, Konferenz, Gipfeltreffen, Kongreß, Symposion, Besprechung, Beratung, Versammlung, Sitzung, Konvent, Konventikel · *von geistlichen Würdenträgern:* Konzil, Synode, Konklave, Konsistorium; → Gespräch, → Verabredung, → Versammlungsort.
Tagungsort: → Versammlungsort.
Taifun: → Wirbelwind.
Taille: per T. → Mantel.
Takt: → Höflichkeit, → Verschwiegenheit, → Versmaß.
taktieren: → vermitteln.
Taktik: → Strategie.
taktisch: → schlau.
taktlos: → unhöflich.
Taktlosigkeit, Indiskretion, Aufdeckung; → Fehler; → aufdringlich, → unhöflich.
taktvoll: → höflich.
Talent: → Begabung.
talentiert: → begabt.
Talg: → Fett.
Talisman: → Amulett.
Tamburin: → Schlaginstrument.
Tamtam: → Lärm, → Schlaginstrument.
tändeln: → anbandeln.
Tandem: → Fahrrad.
tangieren: etwas tangiert jmdn. → betreffen.
¹tanken, nachfüllen, auffüllen, vollschütten, ergänzen.
²tanken: → trinken.
Tann: → Wald.
Tanne: → Nadelbaum.
Tannenbaum: → Weihnachtsbaum.
Tante: T. Meyer → Toilette.
Tantieme: → Gewinnanteil.
¹Tanz, Kunsttanz, Ausdruckstanz, Ballett, Volkstanz, Reigen, Kontertanz; → Tanzvergnügen; → tanzen.
²Tanz: → Tanzvergnügen, → Unannehmlichkeit.
Tanzbar: → Gaststätte.
Tanzbein: das T. schwingen → tanzen.
tänzeln: → fortbewegen (sich).
tanzen, scherbeln *(salopp)*, schwofen *(ugs.)*, das Tanzbein schwingen, ein Tänzchen wagen, eine kesse Sohle aufs Parkett legen *(ugs.)*; → Tanz, → Tanzvergnügen.
Tanzerei: → Tanzvergnügen.
Tanzlokal: → Gaststätte.
Tanztee: → Tanzvergnügen.
Tanzvergnügen, Tanz, Tanzerei *(ugs.)*, Schwof *(ugs.)*, Tanztee; → Tanz; → tanzen.
Tapezierer: → Raumausstatter.
tapfer: → mutig.
Tapferkeit: → Mut.
tappeln: → fortbewegen (sich).
tappen: → fortbewegen (sich).
täppisch: → ungeschickt.
tapsig: → ungeschickt.
tarnen: sich t. → verkleiden (sich).
Tartarus: → Hölle.
Tasche: in die T. greifen → zahlen.
Taschenbuch: → Ratgeber.
Tasse: → Trinkgefäß.
Tastatur, Manual, Pedal, Klaviatur.
Tasteninstrument, Klavier, Piano[forte], Pianino, Flügel, Klavichord, Cembalo, Spinett · Orgel, Positiv, Portativ, Harmonium · Akkordeon, Ziehharmonika, Handharmonika, Schifferklavier, Konzertina, Bandoneon, Ziehamriemen *(scherzh.)*; → Musikinstrument.
¹Tat, Handlung, Akt; → Angelegenheit.
²Tat: in der T. → ja, → wirklich; in die T. umsetzen → verwirklichen.
Tatbestand: → Tatsache.
tatenlos: → faul.
Täter: → Mörder.
tätig: → fleißig; t. sein → arbeiten.
tätigen: → verwirklichen; einen Kauf t. → kaufen.
¹Tätigkeit, Arbeit, Beschäftigung, Betätigung, Wirksamkeit, Fron · *einer Gruppe:* Zusammenarbeit, Gruppenarbeit, Teamwork, Kollektivarbeit; → Anstrengung, → Aufgabe, → Beruf, → Last, → Liebhaberei; → streiken; → arbeitslos.
²Tätigkeit: in T. setzen → mobilisieren.
Tätigkeitswort: → Wortart.
Tatkraft, Energie, Willenskraft.
tatkräftig: → zielstrebig.
Tätlichkeit: → Streit.
Tatsache, Gegebenheit, Tatbestand, Faktor, Sachlage, Sachverhalt, Faktizität, Faktum, Realität, Wirklichkeit, Sosein; → Ereignis.
tatsächlich: → erwartungsgemäß, → wirklich.
tätscheln: → liebkosen.
Tatze: → Gliedmaße.
Tau: → Schnur.
¹taufen, benennen, einen Namen geben; → Konfirmation.
²taufen: → verdünnen.
Taufname: → Vorname.
Taugenichts: → Versager.
tauglich: → zweckmäßig.
Tauglichkeit: → Fähigkeit.
taumeln: → schwanken.
taumlig: → benommen.
tauschen, wechseln, eintauschen, umtauschen, vertauschen, verwechseln, durcheinanderbringen, austauschen, auswechseln, ersetzen; → ausziehen, → erneuern.
täuschen: → betrügen; sich t. → irren (sich).
täuschend: → unwirklich.
Täuschung: → Betrug, → Einbildung.
Taverne: → Gaststätte.
Taxe, Taxi, [Kraft]droschke, Mietwagen · *kleine:* Minicar; → Kutsche.
taxieren: → schätzen.
taxonomisch: → planmäßig.

Tb[c]: → Tuberkulose.
Team: → Mannschaft.
Teamwork: → Tätigkeit.
Tearoom: → Café.
Technik: → Handhabung.
Techtelmechtel: ein T. haben → lieben.
Teddy[bär]: → Bär.
Teegebäck, Konfekt *(oberd.)*, Patisserie *(schweiz.)*, Plätzchen.
Teenager: → Mädchen.
Teestube: → Café.
Teich: → See; großer T. → Meer.
Teichoskopie, Mauerschau.
teigig: → weich.
Teil: → Abschnitt; zum T. → teilweise.
[1]**teilen,** aufteilen, sortieren, austeilen, ausgeben, einteilen, verteilen, halbpart machen *(ugs.)*, Kippe machen mit jmdm. *(salopp)*; → abgeben, → spenden, → teilnehmen.
[2]**teilen:** [den Schmerz] t. → mitfühlen.
teilhaben: → teilnehmen.
Teilhaber, Mitinhaber, Partner, Gesellschafter, Sozius, Kompagnon; → Kollege.
Teilnahme: → Mitgefühl; T. zeigen/bezeigen → mitfühlen; seine T. ausdrücken → kondolieren.
teilnahmslos: → träge.
Teilnahmslosigkeit, Unempfindlichkeit, Trägheit, Gleichgültigkeit, Stumpfsinnigkeit, Lethargie, Apathie; → träge.
[1]**teilnehmen,** sich beteiligen, teilhaben, mitwirken, mitarbeiten, mitspielen, mitmachen, mittun, mithalten *(ugs.)*, mit von der Partie sein *(ugs.)*, beiwohnen, mitmischen *(salopp)*; → kommen; **nicht t.,** sich heraushalten, nichts zu tun haben wollen mit, die Finger lassen von, sich die Finger nicht schmutzig machen; → teilen · Ggs. → ausweichen.
[2]**teilnehmen:** → mitfühlen.
Teilnehmer: → Publikum.
teils: → teilweise.
[1]**teilweise,** teils [... teils], zum Teil, partiell, nicht uneingeschränkt.
[2]**teilweise:** → oft.
Telefon: → Fernsprecher.
telefonieren: → anrufen.
telegrafieren, telegrafisch übermitteln, ein Telegramm schicken, kabeln, drahten; → Telegramm.
telegrafisch: t. übermitteln → telegrafieren.
[1]**Telegramm,** Depesche, Funkspruch, Fernschreiben.
[2]**Telegramm:** ein T. schicken → telegrafieren.
telegraphieren: → telegrafieren.
telegraphisch: t. übermitteln → telegrafieren.
Telephon: → Fernsprecher.
telephonieren: → anrufen.
Telestichon: → Gedicht.
Television: → Fernsehen.
Teller: → Ohr, → Schüssel.
Tempel: → Kirche.
[1]**Temperament,** Munterkeit, Lebhaftigkeit, Vitalität, Spannkraft, Schwung, Feuer, Elan, Verve; → Begeisterung.
[2]**Temperament:** → Wesen.
temperamentvoll: → lebhaft.
Temperenzler: → Antialkoholiker.
Tempo: → Geschwindigkeit.
temporär: → vorübergehend.
Tendenz: → Neigung.
tendenziös: → gefärbt.
Tenno: → Oberhaupt.
Tenor: → Bedeutung, → Sänger.
Teppich · *langer, schmaler:* Läufer · *kleiner, schmaler:* Brücke, Vorleger.
Termin: → Frist.
Terminus: → Begriff.
Terrain: → Gebiet.
Terrasse: → Veranda.
Terrine: → Schüssel.
Territorium: → Gebiet.
Terror: → Unfreiheit.
Terzerol: → Schußwaffe.
Tesching: → Schußwaffe.
Testament, [letztwillige] Verfügung, Letzter Wille; → Abmachung, → Erbe, → Weisung.
Testat: → Bescheinigung.
testen: → prüfen.
Testikel: → Hoden.
Testis: → Hoden.
[1]**teuer,** kostspielig, aufwendig, unerschwinglich, nicht → billig; **t. sein,** ins Geld gehen/laufen *(ugs.)*, viel kosten.
[2]**teuer:** → erlesen, → lieb.
Teuerung: → Preisanstieg.
[1]**Teufel,** Satan[as], Diabolus, Mephisto[pheles], Luzifer, Beelzebub, Versucher, Höllenfürst, Fürst dieser Welt, der Böse/Leibhaftige, Gottseibeiuns; → Hölle, → Teufelsbeschwörer.
[2]**Teufel:** den T. an die Wand malen → voraussehen.
Teufelsaustreiber: → Teufelsbeschwörer.
Teufelsbanner: → Teufelsbeschwörer.
Teufelsbeschwörer, Teufelsbanner, Teufelsaustreiber, Hexenaustreiber, Exorzist; → Teufel.
Teufelskreis, Circulus vitiosus, da beißt sich die Katze in den Schwanz *(ugs.)*.
[1]**Text,** Korpus, Kontext, Zusammenhang.
[2]**Text:** → Wortlaut; aus dem T. bringen → verwirren.
[1]**Theater,** [Schau]bühne, Schaubude; Bretter, die die Welt bedeuten; Schmiere *(ugs., abwertend)*; → Aufführung, → Oper, → Operette, → Puppentheater, → Schauspiel.
[2]**Theater:** → Unannehmlichkeit.
Theaterstück: → Schauspiel.
theatralisch: → geziert.
Theke: → Ladentisch.
Thema: → Gegenstand.
Theokratie: → Herrschaft.
Theologe: → Geistlicher.
Theorie: → Lehre.
Therapeut: → Arzt.

Therapie, Behandlung; → Arzt, → Diagnose.
Thesaurus: → Nachschlagewerk.
These: → Lehre.
Thorax: → Brust.
Thriller: → Kriminalstück.
Thrombose: → Gefäßverstopfung.
Tick: → Spleen.
Ticket: → Fahrkarte.
Tief[druckgebiet]: → Schlechtwetter.
Tiefe: → Ausmaß, → Hintergrund.
tiefgründig: → hintergründig.
Tiefschlag: → Regelverstoß.
tiefsinnig: → hintergründig.
Tierarzt: → Veterinär.
Tiergarten, Tierpark, Zoologischer Garten, Zoo, Menagerie.
tierisch: → anstößig, → triebhaft.
Tierkunde, Zoologie; → Naturkunde.
Tierpark: → Tiergarten.
tilgen: → ausrotten, → säubern.
Timbales: → Schlaginstrument.
Tinktur: → Flüssigkeit.
Tinnef: → Schleuderware.
Tinte: in der T. sitzen → Not [leiden].
Tip: → Hinweis.
Tippelbruder: → Vagabund.
tippeln: → fortbewegen (sich).
tippen: → maschineschreiben, → vermuten.
tipptopp: → richtig.
Tirade: → Redekunst.
tirilieren: → singen.
Tischler, Schreiner *(südd., westd.)*.
titanisch: → gewaltig.
Titel: → Buch, → Schlagzeile.
Titte: → Busen.
Toast: → Trinkspruch; einen T. auf jmdn. ausbringen → zutrinken.
toasten: → braten.
toben: → ärgerlich [sein].
[1]**Tod,** Sensenmann, Freund Hein, Gevatter/ Schnitter Tod *(dichter.)*, Knochenmann.
[2]**Tod:** → Exitus; den T. finden → sterben; vom Leben zum -e bringen/befördern → töten; zu -e kommen → sterben.
todernst: → ernsthaft.
Todesfall: → Exitus.
todesmutig: → mutig.
todkrank: → krank.
todmüde: → müde.
Todsünde: → Verstoß.
todunglücklich: → schwermütig.
Tohuwabohu: → Verwirrung.
[1]**Toilette,** WC, sanitäre Anlagen, Abort *(ugs.)*, Klosett *(ugs.)*, Retirade, Klo *(salopp)*, [stilles/verschwiegenes] Örtchen, gewisser Ort, Lokus *(ugs.)*, Abe *(ugs.)*, Häuschen *(ugs.)*, Töpfchen, Brille *(ugs.)*, Tante Meyer *(ugs.)*, Kloster *(ugs.)*, Nummer Null *(ugs.)*, Plumpsklo[sett] *(salopp)*, Abtritt *(ugs.)*, Latrine *(ugs.)*, Donnerbalken *(salopp)*, Scheißhaus *(vulgär)*, Bedürfnisanstalt, Pissoir, Rotunde, Pinkelbude *(derb)*.
[2]**Toilette:** T. machen → schönmachen.
Tokus: → Gesäß.
Töle: → Hund.
tolerant, duldsam, verständnisvoll, einsichtig, weitherzig, nachsichtig, versöhnlich, geduldig, gottergeben, quietistisch, nicht → engherzig; → entgegenkommend, → gütig, → ruhig, → unterwürfig; → Beharrlichkeit, → Duldung · Ggs. → Unduldsamkeit.
Toleranz: → Duldsamkeit.
tolerieren: → billigen.
toll: → anziehend.
tollkühn: → mutig.
Tollkühnheit: → Mut.
tolpatschig: → ungeschickt.
tölpelhaft: → ungeschickt.
Tomahawk: → Hiebwaffe.
Tomate, Paradeiser *(östr.)*, Paradiesapfel *(landsch.)*.
Tombola: → Glücksspiel.
Tomtom: → Schlaginstrument.
Ton: → Geräusch; den T. angeben → anfangen; große Töne spucken → übertreiben; in Töne setzen → vertonen.
[1]**tönen,** färben, aufhellen, blondieren; → Haar, → Haarpflegemittel.
[2]**tönen:** → schallen, → sprechen.
Tonfall, Akzent, Betonung, Aussprache.
Tonne: → Behälter.
Tonschöpfer: → Komponist.
Tonsetzer: → Komponist.
Tonsur: → Glatze.
Topf: → Vorrat.
Töpfchen: → Toilette.
Topfen: → Weißkäse.
Töpfer: → Keramiker.
Topos: → Redensart.
[1]**Tor** (das), Fußballtor, Kasten, Gehäuse; **ein T. schießen,** ein Tor/einen Treffer erzielen, ein Tor/einen Treffer markieren *(ugs.)*, den Ball in die Maschen setzen *(ugs.)*, ein Ding in den Kasten setzen/hängen *(salopp)*, ein Goal schießen *(schweiz., östr.)*.
[2]**Tor** (das): → Tür.
[3]**Tor** (der): → Narr.
Toreador: → Stierkämpfer.
Torero: → Stierkämpfer.
Torheit, Narrheit, Unverstand, Unvernunft; → Unkenntnis.
Torhüter: → Torwart.
torkeln: → schwanken.
Tormann: → Torwart.
Tornado: → Wirbelwind.
torpid: → träge.
Torschlußpanik: → Angst.
Torso: → Trümmer.
Torsteher: → Torwart.
Torwächter: → Torwart.
Torwart, Torsteher, Torhüter, Torwächter, Keeper, Goalkeeper, Goaler *(landsch.)*, Schlußmann, Tormann, Mann zwischen den Pfosten *(ugs.)*, elfter Mann *(ugs.)*, Nummer Eins *(ugs.)*.
tosen: → rauschen.
tot, gestorben, mausetot; **t. sein,** ausgelitten/ *(ugs.)* ausgeschnauft haben, es ist aus mit jmdm. *(ugs.)*, hin/hinüber sein

(salopp); → sterben, → töten; → Exitus, → Toter, → Tötung.

total: → ganz.

totalitär, autoritär, obrigkeitlich, autokratisch, diktatorisch, selbstherrlich; → maßgeblich, → zielstrebig; → Machtgier.

töten, beseitigen, liquidieren, morden, ermorden, einen Mord begehen/verüben, umbringen, ums Leben bringen, ins Jenseits befördern, stumm machen, um die Ecke bringen *(salopp)*, beiseite schaffen *(salopp)*, das Lebenslicht ausblasen/ *(ugs.)* auspusten, erledigen *(salopp)*, kaltmachen *(salopp)*, killen *(derb)*, abmurksen *(salopp)*, den Garaus machen *(ugs.)*, meucheln, ertränken, ersticken, erdrosseln, erwürgen, strangulieren, hinrichten, erstechen, erdolchen, niederstechen, enthaupten, köpfen, guillotinieren, jmdm. den Kopf abschlagen, jmdn. einen Kopf kürzer machen *(salopp)*, jmdm. die Rübe abhacken *(derb)*, exekutieren, einschläfern, vom Leben zum Tode bringen/befördern, niedermachen *(abwertend)*, hinmorden *(abwertend)*, massakrieren *(abwertend)*, niedermetzeln *(abwertend)*, hinmetzeln *(abwertend)* · *durch Spritzen:* abspritzen · *durch Gift:* vergiften · *durch Schießen:* [standrechtlich] erschießen, füsilieren, jmdn. an die Wand stellen, über den Haufen schießen *(salopp)*, totschießen, niederschießen, niederstrecken, abknallen *(salopp)*, umlegen *(salopp)* · *durch Hängen:* hängen, erhängen, aufhängen, aufbaumeln *(salopp)*, aufbammeln *(salopp)*, aufknüpfen, abkrageln · *durch Schlagen:* erschlagen, totschlagen · *beim Tier:* schlachten, abschlachten, abstechen, schächten, totmachen, den Gnadenstoß geben/versetzen, den Gnadenschuß/Fangschuß geben, abfangen, den Fang geben, schießen, erlegen, zur Strecke bringen; → ausrotten, → besiegen, → betäuben, → entfernen, → entleiben (sich), → sterben; → tot; → Hinrichtung, → Exitus, → Toter, → Tötung.

Totenacker: → Friedhof.

totenblaß: → blaß.

totenbleich: → blaß.

Totenfeier: → Trauerfeier.

Totenmesse: → Trauerfeier.

Totenrede: → Nachruf.

Totenreich: → Hölle.

Totenschrein: → Sarg.

totenstill: → still.

Totenstille: → Stille.

Toter, Verstorbener, Verblichener, Heimgegangener, Entschlafener, Abgeschiedener, Hingeschiedener, Verewigter, Leiche, Leichnam, sterbliche Hülle/Überreste, Gebeine · *im Kriege:* Gefallener; → Aas, → Exitus, → Tötung; → sterben, → töten, → entleiben (sich); → tot.

totlachen: sich t. → lachen.

totmachen: → töten.

Toto: → Glücksspiel.

totschießen: → töten.

Totschlag: → Tötung.

totschlagen: → töten.

totschweigen: → schweigen.

Tötung, Totschlag, Mord, Ermordung, Meuchelmord; → Exitus, → Hinrichtung, → Toter, → Verstoß; → entleiben (sich), → sterben, → töten; → tot.

Toupet: → Haar.

Tour: → Reise; auf -en bringen → anstacheln; auf die schnelle T. → schnell.

Tourist: → Urlauber.

Tournee: → Reise.

Trab: auf T. bringen → anstacheln.

Trabantenstadt: → Vorort.

Tracht: → Kleidung.

trachten: → streben.

tradieren: → überliefern.

Tradition, Überlieferung, Geschichte, Historie; → Abkunft, → Brauch; → herkömmlich.

traditionell: → herkömmlich.

tragbar: t. sein → annehmbar [sein].

träge, phlegmatisch, schwerfällig, viskös, zähflüssig, indolent, gleichgültig, lethargisch, teilnahmslos, desinteressiert, unbeteiligt, leidenschaftslos, apathisch, unempfindlich, stumpfsinnig, torpid; → faul, → unempfindlich, → ungeschickt; → Teilnahmslosigkeit.

[1]**tragen,** schleppen *(ugs.)*, buckeln *(salopp)*, auf die Hucke/Huckepack nehmen *(ugs.)*, aufhucken *(ugs.)*; → Last.

[2]**tragen:** → anhaben, → ertragen; ein Kind unter dem Herzen t. → schwanger [sein]; in sich t. → aufweisen; sich t. mit → befassen (sich).

Träger: → Brett.

Trägheit: → Teilnahmslosigkeit.

Tragöde: → Schauspieler.

Tragödie, Trauerspiel; → Schauspiel · Ggs. → Komödie.

Trainer: → Betreuer.

trainieren: → erziehen, → lernen.

Traité: → Abmachung.

Traktat: → Arbeit.

traktieren: → schikanieren.

Traktor, Trecker, Zugmaschine, Schlepper, Bulldozer.

trällern: → singen.

Tram: → Straßenbahn.

Tramontana: → Wind.

Trampel: → Hausangestellte.

trampeln: → treten.

trampen: → reisen.

Tramper: → Vagabund.

tranchieren: → zerlegen.

Träne: -n vergießen, in -n zerfließen, sich in -n auflösen → weinen.

tränenselig: → empfindsam.

Trank: → Getränk.

Tranquilizer: → Medikament.

Transaktion: → Geschäft.

transformieren: → ändern.

Transitgeschäft: → Geschäft.

Transkription: → Umschrift.

Transliteration: → Umschrift.
Transparent, Spruchband; → Propaganda.
transpirieren: → schwitzen.
Transplantation, Verpflanzung, Übertragung.
Transport: → Umzug.
[1]**transportieren,** befördern, expedieren, überführen; → abgehen.
[2]**transportieren:** → entfernen.
Transvestit: → Homosexueller.
Tratsch: → Klatsch.
tratschen: → reden.
tratschsüchtig: → gesprächig.
trauen: → glauben; sich t. → wagen; sich t. lassen → heiraten.
Trauer, Traurigkeit, Wehmut, Melancholie, Schwermut, Trübsal, Betrübnis, Niedergeschlagenheit, Mutlosigkeit, Verzagtheit, Depression; → Leid; → ernsthaft, → schwermütig.
Trauerfeier, Totenfeier, Totenmesse, Abdankung *(schweiz.)*.
Trauerspiel: → Tragödie.
träufeln, tropfen, tröpfeln; → fließen.
traulich: → gemütlich.
Traum, Alpdruck; → Gespenst.
Trauma: → Wunde.
träumen: → hoffen.
träumerisch: → gedankenvoll.
traurig: → schwermütig.
Traurigkeit: → Trauer.
traut: → gemütlich.
Traute: keine T. haben → Mut.
Trauung: → Vermählung.
Travestie: → Nachahmung.
Trawler: → Schiff.
Trecker: → Traktor.
Treff: → Spielkarte.
treffen: → finden, → kränken; sich t. → tagen; etwas trifft jmdn. → betreffen.
Treffen: → Kampf, → Wiedersehen; ins T. führen → erwähnen.
treffend: → richtig.
Treffer: einen T. erzielen/markieren → Tor [schießen]; einen T. haben → Glück [haben].
trefflich, vortrefflich, gut, bestens *(ugs.)*, vorzüglich, ausgezeichnet, hervorragend, ideal, hundertprozentig, prima *(ugs.)*, Ia (eins a), exzellent, picobello *(ugs.)*; → außergewöhnlich, → ehrenhaft, → meisterhaft, → preisgekrönt.
Treffpunkt: → Versammlungsort.
treiben: → arbeiten, → fließen, → verfolgen, → vertreiben; es mit jmdm. treiben → koitieren.
Treiben: → Ungeduld.
Treibenlassen: → Duldung.
tremolieren: → singen.
Trenchcoat: → Mantel.
Trend: → Neigung.
[1]**trennen** (sich), scheiden, sich empfehlen, auseinandergehen, verlassen, Abschied nehmen, sich verabschieden, auf Wiedersehen sagen, sich losreißen, sich reißen von; → allein [lassen], → kündigen, → weggehen.
[2]**trennen:** → abmachen, → ausschließen; sich t. von → abschreiben.
Treppe, Stiege, Aufgang, Freitreppe · *beim Schiff:* Fallreep · *bei Schiff und Flugzeug:* Laufsteg, Gangway; → Treppenhaus.
Treppenhaus, [Haus]flur, Ern *(landsch.)*, Eren *(landsch.)*; → Treppe.
Tresen: → Ladentisch.
[1]**treten,** stampfen, trampeln, stoßen.
[2]**treten:** → koitieren; jmdm. in den Hindern t. → schlagen.
Treter: → Schuh.
treu, getreu, getreulich, treu und brav, ergeben, anhänglich, beständig, nicht → unbeständig; → übereifrig, → unselbständig; → Treue.
Treue, Loyalität, Ehrlichkeit, Anständigkeit, Redlichkeit, Fairneß; → ehrenhaft, → treu · Ggs. → Arglist, → Untreue.
Treuhänderschaft, Treuhandverwaltung, Kommission.
Treuhandverwaltung: → Treuhänderschaft.
treuherzig: → arglos.
treulos: → untreu.
Treulosigkeit: → Untreue.
Triangel: → Schlaginstrument.
Tribade: → Homosexueller.
Trick, Rafinesse, Finesse, Kniff, Praktik, Schliche *(abwertend)*, Kunstgriff; → Absicht, → Arglist, → Manier.
Trieb: → Leidenschaft, → Neigung.
triebhaft, animalisch, tierisch; → hemmungslos.
triebmäßig: → gefühlsmäßig.
Triebwerk: → Motor.
triefen: → fließen.
triefend: [vor Nässe] t. → naß.
triezen: → schikanieren.
Trift: → Wiese.
triftig: → stichhaltig.
Trikotage: → Unterwäsche.
trillern: → singen.
Trimester: → Zeitraum.
trimmen: → beschneiden.
Trinität, Dreieinigkeit, Dreifaltigkeit; Vater, Sohn und Heiliger Geist; → Gott, → Gottheit, → Heiland, → Madonna.
Trinkbares: → Getränk.
[1]**trinken,** picheln *(ugs.)*, zechen, pokulieren, bechern, kneipen, sich einen genehmigen *(ugs.)*, in die Kanne steigen *(ugs.)*, pietschen *(ugs.)*, tanken *(salopp)*, kümmeln *(salopp)*, schnapsen *(ugs.)*, einen verlöten/heben/abbeißen/zwitschern/zur Brust nehmen *(salopp)* · *in kleineren Mengen*: schlürfen, nippen · *hastig:* hinunterstürzen, hinuntergießen *(ugs.)*, hintergießen *(ugs.)*, hinunterspülen *(ugs.)* · *vom Tier:* saufen; → austrinken; → trunksüchtig; → Durst, → Getränk, → Trinkgefäß.
[2]**trinken:** → trunksüchtig [sein]; auf jmds. Wohl t. → zutrinken.
Trinkgefäß, Glas, Becher, Kelch, Pokal, Humpen, Seidel, Tasse; → trinken.

[1]**Trinkspruch,** Toast; → Rede.
[2]**Trinkspruch:** einen T. auf jmdn. ausbringen → zutrinken.
Trio: → Mannschaft.
Trip: → Reise.
trippeln: → fortbewegen (sich).
Tripper, Gonorrhö; → Krankheit.
trist: → langweilig, → schwermütig.
Triton: → Wassergeist.
Tritt: → Podium, → Stoß.
Triumph: → Sieg.
triumphieren: → schadenfroh [sein].
trivial: → phrasenhaft.
Trochäus: → Versfuß.
[1]**trocken,** vertrocknet, ausgetrocknet, dürr, verdorrt, ausgedörrt, abgestorben, welk, verwelkt, pulvertrocken, knochentrocken, rappeltrocken *(landsch.)*, furztrocken *(derb)*, nicht → naß; → faltig, → unfruchtbar.
[2]**trocken:** → lebensfremd.
Trockenbeerenauslese: → Wein.
Troddel: → Franse.
trödeln: → langsam [arbeiten].
trollen: sich t. → weggehen.
Trombe: → Wirbelwind.
Trombone: → Blasinstrument.
Trommel: → Schlaginstrument.
trommeln: → prasseln.
Trompete: → Blasinstrument.
trompeten: → schneuzen (sich).
tröpfeln: → fließen, → träufeln; es tröpfelt → regnen.
tropfen: → fließen, → träufeln.
tropfnaß: → naß.
tropisch: → schwül.
Tropus: → Sinnbild.
Trosse: → Schnur.
[1]**Trost,** Tröstung, Zuspruch, Aufrichtung, Linderung, Balsam, Labsal, Erquickung; → Mitgefühl; → tröstlich.
[2]**Trost:** T. spenden/zusprechen → trösten.
trösten, Trost spenden/zusprechen/bieten/gewähren/verleihen, jmdn. aufrichten; → bedauern, → mitfühlen; → tröstlich; → Trost.
tröstend: → tröstlich.
tröstlich, tröstend, trostreich, beruhigend, ermutigend; → trösten; → Trost.
trostlos: → langweilig.
trostreich: → tröstlich.
Tröstung: → Trost.
Trott: → Lebensweise.
Trottel: → Narr.
trotten: → fortbewegen (sich).
Trottoir: → Gehsteig.
Trotz: → Eigensinn.
trotzdem: → dennoch, → obgleich.
trotzig: → unzugänglich.
trübe: → dunkel, → schmutzig, → schwermütig.
Trübsal: → Trauer.
trübselig: → schwermütig.
trübsinnig: → schwermütig.
Trug: Lug und T. → Lüge.
Trugbild: → Einbildung.
trügerisch: → unwirklich.
Truhe: → Schachtel.
Trümmer, Schutt, Überbleibsel, Ruine, Wrack, Torso, Reste, Überreste; → unvollständig.
Trunk: → Getränk; dem T. ergeben/verfallen sein → trunksüchtig [sein].
trunken: → betrunken; t. machen → begeistern.
trunksüchtig, versoffen *(derb)*; **t. sein,** trinken, saufen *(derb)*, dem Trunk/ *(derb)* Suff ergeben (oder:) verfallen sein; → trinken; → Getränk.
Trupp: → Abteilung.
Truppe: → Abteilung.
Trust: → Unternehmen.
tschau: → Gruß.
Tschibuk: → Tabakspeife.
tschilpen: → singen.
tschüs: → Gruß.
Tuba: → Blasinstrument.
Tuberkulose, Tbc, Tb, Schwindsucht, Auszehrung, Phthise; → Krankheit.
[1]**tüchtig,** patent *(ugs.)*; **t. sein,** seinen Mann stehen; → schlau; → anstrengen (sich).
[2]**tüchtig:** → fleißig.
Tüchtigkeit: → Fähigkeit.
Tucke: → Homosexueller.
Tücke: → Arglist.
tückisch: → unaufrichtig.
tücksch: → ärgerlich.
tüfteln: → denken.
tugendhaft: → anständig.
Tumba: → Schlaginstrument.
tummeln: sich t. → beeilen (sich).
Tummelplatz, Sammelbecken, Auffangbecken, Eldorado, Dorado; → Mittelpunkt, → Paradies.
Tumor: → Geschwür.
Tümpel: → See.
Tumult: → Verschwörung.
tumultuarisch: → aufgeregt.
tun: → arbeiten, → vollführen; etwas tut es noch/wieder/nicht mehr → funktionieren; etwas tut nichts → unwichtig [sein].
tünchen: → streichen.
Tüncher: → Maler.
Tundra: → Einöde.
Tunichtgut: → Schuft.
Tunke: → Soße.
tunlichst, lieber, gefälligst, möglichst, nach Möglichkeit, wenn [es] möglich [ist]; → vielleicht, → zweckmäßig.
Tunnel: → Unterführung.
Tunte: → Homosexueller.
Tür, Tor, Pforte, Portal.
turbulent: → aufgeregt.
Turf: → Rennplatz.
Türkischer: → Kaffee.
türmen: → aufhäufen, → fliehen.
Turmhaus: → Haus.
Turnen: → Sport.
Turnier: → Rennen, → Spiel.
tuscheln: → flüstern.
Tutor: → Berater.

Tuwort: → Wortart.
Twen: → Jüngling.
Twinset: → Pullover.
Tympanie: → Blähsucht.
Tympanites: → Blähsucht.
Typ: → Muster.
Typhon: → Wirbelwind.
typisch: → kennzeichnend.
Typoskript: → Skript.
Tyrann: → Ehemann.

U

übel: → böse; jmdm. ist ü. → krank [sein].
Übel: → Krankheit, → Not.
übelgesinnt: → böse.
Übelkeit: → Erbrechen.
übellaunig: → ärgerlich.
übelnehmen, verübeln, nachtragen, verargen, ankreiden, aufmutzen, krummnehmen *(ugs.)*; → anlasten.
übelnehmerisch: → empfindlich.
Übeltäter: → Verbrecher.
übelwollend: → böse.
üben: → lernen.
über: ü. und ü. → ganz.
überall, allenthalben, passim, an allen Orten, da und dort, allerorts, allerorten, ringsum; → oft, → selten.
Überalterung: → Rückständigkeit.
Überangebot: → Höhepunkt.
überanstrengen: sich ü. → übernehmen (sich).
überanstrengt, überarbeitet, überlastet, überfordert; → übernehmen (sich).
überarbeitet: → überanstrengt.
überaus: → sehr.
überbieten: → übertreffen.
überbinden: → anordnen.
Überbleibsel: → Trümmer.
Überblick: → Erfahrung.
überbringen: → abgeben.
Überbringer: → Bote.
Überbrückungszeit: → Wartezeit.
Überdenken: → erwägen.
überdies: → auch.
Überdosis: eine Ü. [Schlaf]tabletten nehmen → entleiben (sich).
überdrüssig: jmds. / einer Sache ü. sein → angeekelt [sein].
Übereifer: → Begeisterung.
übereifrig, hundertfünfzigprozentig *(ugs.)*, linientreu, überzeugt; → fleißig, → treu, → unterwürfig.
übereilt: → schnell.
übereinkommen, sich abstimmen/besprechen/arrangieren/einig werden, verabreden, vereinbaren, ausmachen, absprechen, abmachen, zurechtkommen mit, klarkommen *(salopp)*; → Abmachung, → Verabredung.
Übereinkommen: → Abmachung.
Übereinkunft: → Abmachung; nach Ü. mit → Erlaubnis.
übereinstimmen: → gleichen; ü. mit → billigen.
übereinstimmend, zusammenfallend, konvergierend, konvergent, gleich, gleichartig, homogen, identisch, analog, homolog, konform, parallel, einheitlich, einhellig, äquipollent; → geistesverwandt, → gemäß, → synonym; → gleichen; → Übereinstimmung.
[1]**Übereinstimmung,** Eintracht, Harmonie, Einigkeit, Einmütigkeit, Einstimmigkeit, Frieden; → Gelassenheit; → billigen; → friedfertig, → übereinstimmend · Ggs. → Unausgeglichenheit.
[2]**Übereinstimmung:** → Identität; in Ü. mit → Erlaubnis.
Überempfindlichkeit: → Unzuträglichkeit.
überfahren: → mißachten.
Überfall, Anschlag, Attentat; → Kampf, → Verschwörung.
überfallen: → attackieren; etwas überfällt jmdn. → überkommen.
überfällig: → verschollen.
überfliegen: → lesen.
überflügeln: → übertreffen.
überflüssig → nutzlos.
überfordert: → überanstrengt.
überführen: → transportieren.
Überführung: → Brücke.
überfüllt: ü. sein → voll [sein].
überfuttern: sich ü. → essen.
überfüttern: → ernähren.
Übergang: → Brücke.
Übergangszeit: → Wartezeit.
Übergardine: → Gardine.
[1]**übergeben** (sich), erbrechen, vomieren, etwas von sich geben, brechen *(ugs.)*, speien [wie ein Reiher], reihern *(derb)*, spucken *(landsch.)*, kotzen *(derb)*, keuzen *(salopp)*, rückwärts zählen *(salopp, scherzh.)* · *auf See:* seekrank sein, die Fische füttern *(scherzh.)*, Neptun opfern *(scherzh.)*; → Erbrechen.
[2]**übergeben:** → abgeben.
übergehen: → mißachten, → schweigen.
übergeordnet: → selbständig.
übergescheit: → oberschlau.
Übergewicht: → Vorherrschaft.
Übergriff: → Verschwörung.
überhaben: jmd. hat etwas über → angeekelt [sein].
überhandnehmen, sich ausweiten/häufen, üppig/zuviel werden, [über]wuchern, ins Kraut schießen, es wimmelt von, um sich

greifen, grassieren, wüten; → ausdehnen, → zunehmen.
überhaupt: → ganz.
überheblich: → dünkelhaft.
Überheblichkeit, Hochmut, Arroganz, Anmaßung, Süffisanz, Hybris, Hoffart; → dünkelhaft.
überholen: → übertreffen.
überholt: → überlebt.
überklug: → oberschlau.
[1]**überkommen,** etwas überkommt/überfällt / befällt / übermannt / packt / [er]faßt jmdn., etwas kommt/rührt jmdn. an; → erschüttern, → fühlen.
[2]**überkommen:** → herkömmlich.
überlassen: → abgeben; jmdm. etwas ü. → billigen; jmdn. sich selbst ü. → allein [lassen].
überlastet: → überanstrengt.
Überläufer: → Deserteur.
überlaut: → laut.
überleben: → ertragen.
überlebt, überholt, passé *(ugs.)*, vorbei, vergangen, verstaubt, abgetan, anachronistisch; → altmodisch, → vorig, → herkömmlich, → rückschrittlich; → Rückständigkeit · Ggs. → vorwegnehmen.
Überlebtheit: → Rückständigkeit.
[1]**überlegen:** → denken.
[2]**überlegen:** → ruhig.
Überlegenheit: → Vorherrschaft.
überlegt: → planmäßig.
Überlegung: → Darlegung; ohne Ü. → schnell.
überlesen: → lesen.
überliefern, tradieren, weitergeben, weiterführen.
überliefert: → herkömmlich.
Überlieferung: → Tradition.
überlisten: → betrügen.
übermannen: etwas übermannt jmdn. → überkommen.
übermitteln: → schicken; telegrafisch ü. → telegrafieren.
übermüde: → müde.
übermüdet: → müde.
übermütig: → lebhaft.
übernachten, nächtigen, absteigen, schlafen, logieren, kampieren *(salopp)*; → beherbergen, → schlafen, → übersiedeln, → weilen.
übernächtig[t]: → müde.
[1]**übernehmen** (sich), sich überanstrengen/überschätzen/zuviel zumuten; → anstrengen (sich); → überanstrengt.
[2]**übernehmen:** → kaufen, → verwirklichen.
überprüfen: → prüfen.
überragend: → außergewöhnlich.
überraschen: → attackieren.
überraschend: → außergewöhnlich, → plötzlich.
überrascht, verwundert, erstaunt, verblüfft, sprachlos, stumm, verdutzt *(ugs.)*, wie vom Donner gerührt *(ugs.)*; → ahnungslos; ü. sein, baff/platt/geplättet sein *(salopp)*, perplex sein *(ugs.)*, staunen, sich wundern, befremdet sein, in Staunen geraten, aufhorchen, jmdm. bleibt die Sprache/ *(salopp)* Spucke weg; → befremden.
Überraschung, Erstaunen, Befremden; → Enttäuschung; → ärgerlich.
überreden, bereden, bearbeiten, beschwatzen *(ugs.)*, becircen *(ugs.)*, erweichen, aufweichen, jmdn. weichmachen *(salopp)*, zermürben, umstimmen, überzeugen, bekehren, abwerben, abspenstig machen, jmdn. losbekommen *(ugs.)*, jmdn. loseisen *(salopp)*, jmdn. ausspannen *(ugs.)*, herumkriegen *(salopp)*, breitschlagen *(salopp)*, belatschern *(salopp)*, jmdm. etwas aufreden/ *(ugs.)* aufschwatzen/ *(ugs.)* aufhängen/ *(salopp, abwertend)* andrehen; → anstacheln, → bestechen, → bezaubern, → bitten, → nachgeben, → nötigen, → verkaufen, → verleiten, → zuraten; → Abtrünniger.
überreich: → üppig.
überreichen: → abgeben.
überreichlich: → üppig.
Überreste: → Trümmer; sterbliche Ü. → Toter.
Überrock: → Mantel.
überrumpeln: → attackieren.
überrunden: → übertreffen.
überschätzen: sich ü. → übernehmen (sich).
[1]**überschlagen:** → schätzen.
[2]**überschlagen:** → warm.
überschnappen: → geistesgestört [sein].
überschnell: -e Verdauung → Durchfall.
Überschrift: → Schlagzeile.
Überschuß: → Höhepunkt.
Überschwang: → Begeisterung.
überschwenglich: → empfindsam.
Überschwenglichkeit: → Begeisterung.
übersehen: → ignorieren.
übersein: etwas ist jmdm. über → angekelt [sein].
übersetzen, übertragen, verdeutschen, [ver]dolmetschen; → auslegen; → Dolmetscher.
Übersetzer: → Dolmetscher.
übersiedeln, seinen Wohnsitz verlegen, ziehen, umziehen, zügeln *(schweiz.)*, Wohnung nehmen, logieren, sich einmieten; → beherbergen, → übernachten, → weilen.
Übersiedlung: → Umzug.
überspannt, verstiegen, phantastisch, übertrieben, extravagant, närrisch, verdreht *(ugs.)*, verrückt *(ugs.)*; → dumm, → geistesgestört; → Spleen.
Überspanntheit: → Erregung.
überstehen: → ertragen.
übersteigen: → übertreffen.
übersteigern: sich ü. → übertreffen.
überstreifen: → anziehen.
überstürzt: → schnell.
übertölpeln: → betrügen.
übertragen: → schicken, → übersetzen.
Übertragung: → Ansteckung, → Transplantation.

übertreffen, übersteigen, überbieten, übertrumpfen, ausstechen, überflügeln, überholen, überrunden, hinter sich lassen, in den Schatten stellen, steigern, sich übersteigern, über etwas hinausgehen, jmdm. den Rang ablaufen, aus dem Felde schlagen, jmdm. etwas streitig machen, konkurrieren/wetteifern mit; → besiegen, → siegen; → Konkurrenz, → [Preis]unterbietung.

übertreiben, aufbauschen *(abwertend)*, zu weit gehen, übers Ziel hinausschießen, kokettieren/prunken mit etwas, Wesen[s] machen von/aus, Aufheben[s] machen von, dick auftragen *(salopp, abwertend)*, prahlen, protzen, renommieren, aufschneiden, bramarbasieren, angeben *(ugs.)*, den Mund voll nehmen *(ugs.)*, Sprüche [her]machen *(ugs.)*, Wind machen *(ugs.)*, sich aufspielen/brüsten/wichtig machen, groß tun *(ugs.)*, aus einer Mücke einen Elefanten machen *(ugs., abwertend)*, dramatisieren, hochspielen, sich dicketun *(salopp)*, große Töne spucken *(salopp)*, eine Schau abziehen *(ugs.)*; → anführen, → lügen; → protzig, → unredlich; → Lüge, → Übertreibung · Ggs. → bagatellisieren.

[1]**Übertreibung,** Prahlerei, Angeberei *(ugs.)*, Aufschneiderei *(ugs.)*, Großsprecherei, Großmäuligkeit *(salopp)*, Großmannssucht, Rodomontade, Hypertrophie; → übertreiben; → protzig · Ggs. → Untertreibung.

[2]**Übertreibung:** → Steigerung.

übertreten: → konvertieren.

Übertretung: → Verstoß.

übertrieben: → überspannt.

übertrumpfen: → übertreffen.

übervorteilen: → betrügen.

überwachen: → beobachten.

Überwachung, Aufsicht, Kontrolle, Inspektion.

überwältigend: → außergewöhnlich.

Überweg: → Brücke.

überweisen: → schicken.

überwerfen: → anziehen; sich ü. → entzweien (sich).

überwiegend: → oft.

überwinden: → besiegen, → ertragen; sich ü. → entschließen (sich).

überwuchern: → überhandnehmen.

überzeugen: → überreden; sich ü. → prüfen.

überzeugend: → einleuchtend.

überzeugt: → eingefleischt, → übereifrig.

Überzieher: → Mantel, → Präservativ.

überzuckern: → zuckern.

üblich, gewöhnlich, gebräuchlich, alltäglich, gewohnt, landläufig, usuell, regulär, regelmäßig, gängig, nicht → unüblich, nicht → außergewöhnlich; → herkömmlich, → nötig, → phrasenhaft, → verbindlich; **ü. werden,** sich einbürgern, Sitte werden; → entstehen; **ü. sein,** gang und gäbe / im Schwunge sein; → Regel.

übrig: etwas / viel ü. haben für jmdn. → achten, → lieben; im -en → auch.

übrigens: → auch.

Übung: → Kunstfertigkeit, → Unterricht.

Ufer, Küste, Gestade, Kliff, Strand; → Fluß, → Meer.

Ukas: → Weisung.

Ulk: → Scherz.

ulken: → aufziehen.

ulkig: → spaßig.

Ulkus: → Geschwür.

Ulster: → Mantel.

Ultimatum: → Aufruf.

um: um... willen → wegen.

umändern: → ändern.

umarbeiten: → ändern.

umarmen: → umfassen.

umbinden: → anziehen.

umbringen: → töten; sich u. → entleiben.

umdisponieren: → verschieben.

umdrehen: sich auf dem Absatz u. → umkehren.

[1]**umfallen,** umstürzen, umschlagen, umkippen *(ugs.)*, umfliegen *(salopp)*, umsausen *(salopp)*; → fallen.

[2]**umfallen:** → ohnmächtig [werden].

Umfang: → Ausmaß.

umfangen: → umfassen.

umfassen, umschließen, umarmen, umfangen, umschlingen, umklammern; → küssen, → liebkosen.

umfassend: → allgemein.

umfliegen: → umfallen.

umformen: → ändern.

Umfrage, Befragung, Rundfrage, Volksbefragung, demoskopische Untersuchung, Repräsentativerhebung; → Gespräch, → Verhör; → fragen.

umfragen: → fragen.

umgänglich: → gesellig.

Umgänglichkeit: → Geselligkeit.

Umgangsformen: → Benehmen.

Umgangssprache: → Ausdrucksweise.

umgarnen: → bezaubern.

Umgebung: → Umwelt.

[1]**umgehen** (mit jmdm.), behandeln, verfahren mit, umspringen mit *(ugs.)*.

[2]**umgehen:** → ausweichen; u. mit → befassen (sich).

umgehend: → gleich.

umgekehrt: → gegensätzlich.

umgestalten: → verbessern.

umgucken: sich u. nach → suchen.

umhängen: → anziehen.

umhegen: → pflegen.

umherstreifen: → herumtreiben (sich).

umherstreuen: → verstreuen.

umhinkönnen: nicht u. → müssen.

umhören: sich u. → fragen.

[1]**umkehren,** kehrtmachen, sich wenden/ *(ugs.)* auf dem Absatz umdrehen; → zurückkommen.

[2]**umkehren:** → bessern (sich).

Umkehrung, Verirrung, Verkehrtheit, Perversion · *des Geschlechtsempfindens:* Metatropismus; → Homosexueller, → Unzucht; → pervers.

umkippen: → kentern, → ohnmächtig [werden], → umfallen.
umklammern: → umfassen.
umkommen: → faulen, → sterben.
umkrempeln: → ändern.
Umlauf: in U. bringen/setzen → verbreiten.
umlegen: → töten, → verschieben.
ummodeln: → ändern.
umnachtet: → geistesgestört.
Umriß, Kontur, Silhouette, Schattenriß, Profil.
umsausen: → umfallen.
umschauen: sich u. nach → suchen.
umschlagen: → kentern, → umfallen; etwas schlägt um → ändern.
umschließen: → umfassen.
umschlingen: → umfassen.
Umschrift, Lautschrift, Transkription, Transliteration.
Umschweife: ohne U. → rundheraus.
umsehen: sich u. nach → suchen.
umsetzen: → ändern; in die Tat u. → verwirklichen.
umsichtig: → klug.
umsinken: → ohnmächtig [werden].
umsonst: → kostenlos; u. sein → nutzlos [sein].
umsorgen: → pflegen.
umspringen: u. mit → umgehen.
Umstand: → Ziererei; in anderen/besonderen Umständen sein → schwanger [sein]; unter allen Umständen → unbedingt; unter keinen Umständen → nein.
umständlich: → ausführlich, → ungeschickt.
Umständlichkeit: → Pedanterie.
Umstandskrämer: → Pedant.
Umstandswort: → Wortart.
umstimmen: → überreden.
Umsturz: → Verschwörung.
umstürzen: → umfallen.
Umstürzler: → Revolutionär.
umstürzlerisch, subversiv, revolutionär, zersetzend, zerstörerisch, destruktiv; → Spion, → Verschwörung.
umtauschen: → täuschen.
umtreiben: → verwirren.
Umtriebe: → Verschwörung.
Umtrunk: → Getränk.
umtun: sich u. → fragen; sich u. nach → suchen.
umwandeln: → ändern.
Umwelt, Umgebung, Wirkungskreis, Lebensumstände, Ambiente, Lebensbereich, Milieu, Elternhaus, Atmosphäre, Klima, Peristase; → Öffentlichkeit.
umwerben: → flirten.
Umzäunung: → Zaun.
umziehen: → übersiedeln.
Umzug, Übersiedlung, Transport.
unabhängig: → selbständig.
unabsichtlich, unbeabsichtigt, unbewußt, nicht → absichtlich.
unabwendbar: → nötig.
unangebracht: → unerfreulich.
unangenehm: → unerfreulich.
Unannehmlichkeit, Ärger, Widerwärtigkeit, Tanz *(salopp)*, Theater *(salopp)*; → ärgerlich.
unanständig: → anstößig; sich u. aufführen → Darmwind [entweichen lassen].
Unantastbarkeit: → Vornehmheit.
Unart: → Brauch.
unartig: → frech.
unaufdringlich: → zurückhaltend.
unauffällig: → einfach.
unauffindbar: → verschollen.
unaufgefordert: → freiwillig.
unaufgeschlossen: → unzugänglich.
unaufhörlich, immer[zu], seit je/jeher, von je/jeher, seit eh und je, seit alters, von alters [her], schon immer, beständig, stets, stetig, stet, [an]dauernd, auf die Dauer, fortdauernd, fortgesetzt, anhaltend, nachhaltig, kontinuierlich, konstant, permanent, gleichbleibend, ununterbrochen, pausenlos, fortwährend, ständig, allerwege, endlos, ohne Unterlaß/Ende/Pause/Unterbrechung, ad infinitum, egal *(ugs., landsch.)*; → beharrlich, → bleibend, → fleißig, → oft.
unaufmerksam, zerstreut, abgelenkt, geistesabwesend, unkonzentriert; → aufgeregt · Ggs. → aufmerksam.
[1]**unaufrichtig,** hinterlistig, hinterhältig, arglistig, tückisch, heimtückisch, hinterrücks, nicht → aufrichtig; → böse, → heimlich, → unredlich; → betrügen; → Arglist.
[2]**unaufrichtig:** → unredlich; u. sein → lügen.
unausbleiblich: → nötig.
unausgeführt: → unerledigt.
Unausgeglichenheit, Disharmonie, Mißklang, Uneinigkeit; → Abweichung · Ggs. → Gelassenheit, → Übereinstimmung.
unausgereift: → unreif.
unausgeschlafen: → müde.
unaussprechlich: → unsagbar.
Unaussprechliche: die -n → Hose.
unausstehlich: → unbeliebt.
unausweichlich: → nötig.
unbändig: → lebhaft.
unbarmherzig, mitleidslos, erbarmungslos, schonungslos, gnadenlos, brutal, roh, herzlos, gefühllos, barbarisch, grausam, inhuman, unmenschlich, gewalttätig, rabiat; → böse, → gemein, → streng, → unhöflich.
unbeabsichtigt: → unabsichtlich.
unbedacht: → unbesonnen.
unbedarft: → dumm.
unbedeckt: → nackt.
unbedeutend: → dumm, → klein.
unbedingt, auf jeden Fall, unter allen Umständen, um jeden Preis, durchaus, partout *(ugs.)*, absolut; → ganz, → nötig, → selbständig.
unbefangen: → ungezwungen, → unparteiisch.
unbefriedigend: → unzulänglich.
unbefriedigt: → unzufrieden.

unbegreiflich: → unfaßbar.
unbegrenzt, grenzenlos, unbeschränkt.
unbegründet: → grundlos.
Unbehagen: → Neid.
unbeherrscht: → aufgeregt.
unbehindert: → selbständig.
unbeholfen: → ungeschickt.
unbeirrbar: → beharrlich.
unbekannt: → fremd[ländisch].
unbekleidet: → nackt.
unbekümmert: → unbesorgt.
unbeliebt, unausstehlich, verhaßt, mißliebig, unsympathisch, nicht → lieb; **u. sein,** jmdm. zuwider/ein Dorn im Auge sein, es mit jmdm. verdorben haben, bei jmdm. unten durch sein *(salopp)*, es bei jmdm. verschissen haben *(derb)*, nicht → gefallen.
unbemerkt: → heimlich.
unbemittelt: → arm.
unbequem: → unerfreulich.
unberechenbar: → launisch.
unberührt: → anständig.
Unberührtheit: → Virginität.
unbeschädigt: → heil.
unbeschäftigt: → arbeitslos.
unbescholten: → anständig.
Unbescholtenheit: → Ansehen.
unbeschreiblich: → unsagbar.
unbeschwert: → unbesorgt.
unbesehen: → anstandslos.
unbesonnen, unüberlegt, unbedacht, unvorsichtig, impulsiv, gedankenlos, leichtsinnig, leichtfertig, nicht → ruhig; → unbesorgt, → unverzeihlich; → Erregung.
unbesorgt, beruhigt, sorglos, unbekümmert, unbeschwert, sorgenfrei; → arglos, → beschaulich, → lebhaft, → lustig, → ruhig, → schwungvoll, → unbesonnen.
unbeständig: → untreu, → veränderlich.
unbestechlich: → ehrenhaft.
unbestimmt: → ungewiß, → unklar.
unbestreitbar: → zweifellos.
unbestritten: → zweifellos.
unbeteiligt: → träge.
unbeträchtlich: → klein.
unbeugsam: → standhaft.
Unbewegtheit: → Bewegungslosigkeit.
unbewußt: → unabsichtlich.
unbezwingbar: → unüberwindbar.
unbezwinglich: → unüberwindbar.
unbotmäßig: → unzugänglich.
unbrauchbar: → ungeeignet.
und, sowie, wie, auch, zusätzlich, zugleich; → auch, → gemeinsam, → gleichzeitig.
undenkbar: → nein.
Understatement: → Untertreibung.
Undine: → Wassergeist.
undiplomatisch: → unklug.
unduldsam: → engherzig.
Unduldsamkeit, Intoleranz, Unversöhnlichkeit, Intransigenz, Radikalismus; → Abneigung, → Eigensinn, → Vorurteil · Ggs. → Duldsamkeit; → tolerant.
undurchschaubar: → unfaßbar.
undurchsichtig: → anrüchig.
[1]unecht, künstlich, falsch, gefälscht, nicht → echt.
[2]unecht: → geziert.
unehelich, außerehelich, vorehelich, natürlich; → gesetzwidrig · Ggs. → rechtmäßig.
Unehre: → Bloßstellung.
unehrlich: → unredlich.
Unehrlichkeit: → Untreue.
uneigennützig: → gütig.
Uneigennützigkeit: → Selbstlosigkeit.
uneingeschränkt: → ausschließlich; nicht u. → teilweise.
Uneinigkeit: → Unausgeglichenheit.
uneins: u. werden → entzweien (sich).
Uneinsichtigkeit: → Eigensinn.
unempfänglich: → unzugänglich, → widerstandsfähig.
[1]unempfindlich, abgestumpft, abgebrüht *(salopp, abwertend)*.
[2]unempfindlich: → träge.
Unempfindlichkeit: → Teilnahmslosigkeit.
unendlich: → sehr.
unentbehrlich: → nötig.
unentgeltlich: → kostenlos.
unentschieden: → ungewiß, → unparteiisch; etwas ist noch u. → bevorstehen.
unentschlossen: u. sein → zögern.
unentschuldbar: → unverzeihlich.
unentwegt: → beharrlich.
unerbittlich: → unzugänglich.
unerfahren: → dumm, → jung.
unerfreulich, ärgerlich, unerquicklich, verdrießlich, bemühend *(schweiz.)*, negativ, verneinend, leidig, lästig, unbequem, störend, unpassend, unangebracht, deplaciert, fehl am Platze, verpönt, unwillkommen, unerwünscht, nicht gern gesehen, mißlich, unangenehm, ungut, fatal, peinlich, nachteilig, ungünstig, abträglich, schlecht, beschissen *(vulgär)*, mulmig, ungemütlich, dumm, nicht besonders/ sonderlich, belemmert *(salopp)*, blöd *(salopp)*, nicht → erfreulich; → ärgerlich, → böse, → hinderlich, → verlegen · Ggs. → bekömmlich.
unergründlich: → unfaßbar.
unerheblich: → klein, → unwichtig.
unerklärlich: → unfaßbar.
unerläßlich: → nötig.
unerledigt, unausgeführt, hängig *(schweiz.)*.
unerlaubt: → gesetzwidrig.
unermeßlich: → sehr.
unermüdlich: → fleißig.
unerquicklich: → unerfreulich.
unersättlich, eßlustig, gefräßig *(abwertend)*, verfressen *(salopp)*; → essen.
Unersättlichkeit: → Habgier.
unerschrocken: → mutig.
Unerschrockenheit: → Mut.
unerschütterlich: → standhaft.
unerschwinglich: → teuer.
unersetzbar: → erlesen.
unersetzlich: → erlesen.
unerwartet: → plötzlich.
unerwünscht: → unerfreulich.

Unfähigkeit, Unvermögen, Ohnmacht, Schwäche, Willensschwäche, Hypobulie · *sexuelle:* Zeugungsunfähigkeit, Impotenz; → Mangel, → Ungenügen; → impotent, → ohnmächtig, → willensschwach · Ggs. → Fähigkeit.
unfair: → unkameradschaftlich.
Unfall: → Unglück; einen U. haben → verunglücken.
Unfallwagen, Rettungswagen, Rettungsauto, Rettung *(östr.)*, Sanität *(schweiz.)*, Krankendienst, Sanitätswesen; → helfen; → krank.
unfaßbar, unfaßlich, unergründlich, unbegreiflich, unerklärlich, rätselhaft, unverständlich, undurchschaubar, geheimnisvoll, mysteriös, mystisch, schleierhaft *(ugs.)*; → hintergründig, → mehrdeutig, → unklar.
unfaßlich: → unfaßbar.
unfertig: → jung.
unfest: → weich.
unflätig: → gewöhnlich.
unfolgsam: → unzugänglich.
Unfreiheit, Unterdrückung, Sklaverei, Versklavung, Unterjochung, Joch, Bedrückung, Terror, Terrorismus; → Herrschaft.
unfreundlich: → unhöflich.
Unfriede: → Streit.
unfroh: → schwermütig.
[1]**unfruchtbar,** mager, karg, ertragsarm; → trocken.
[2]**unfruchtbar:** → impotent.
Unfug: → Unsinn.
ungattlich: → grob.
ungeachtet: → obgleich.
ungebärdig: → lebhaft.
ungebräuchlich: → unüblich.
ungebraucht: → neu.
ungebührlich: → anstößig.
ungebunden: → selbständig.
Ungeduld, Voreiligkeit, Heftigkeit, Treiben; → Unrast; → warten · Ggs. → Beharrlichkeit.
ungeeignet, unbrauchbar, unpassend, unmöglich.
[1]**ungefähr,** etwa, schätzungsweise, rund, pauschal, in Bausch und Bogen, en bloc, vielleicht, zirka, ca., sagen wir, gegen, an die; → beinah[e], → anstandslos.
[2]**ungefähr:** → einigermaßen, → gemeinsam.
ungefährlich, gefahrlos, harmlos, unverfänglich, unschädlich, nicht → gefährlich; → arglos.
ungefüge: → athletisch, → grob.
ungehalten: → ärgerlich.
ungeheißen: → freiwillig.
ungehemmt: → ungezwungen.
ungeheuer: → gewaltig.
Ungeheuer, Monstrum, Ungetüm, Moloch, Untier, Drache, Lindwurm; → Meduse, → Rohling.
ungehobelt: → unhöflich.
ungehörig: → anstößig.
ungehorsam: → unzugänglich.
Ungehorsam: → Eigensinn.
ungelegen: etwas kommt jdmn. u. → entgegenstehen; u. kommen → stören.
ungelenk[ig]: → ungeschickt.
Ungemach: → Unglück.
ungemütlich: → unerfreulich.
ungenau: → unklar.
ungeniert: → ungezwungen.
Ungenügen, Unzufriedenheit mit, Insuffizienz, Untüchtigkeit; → Unfähigkeit.
ungenügend: → unzulänglich.
ungeprüft: → anstandslos.
ungern: → widerwillig.
ungerührt, kalt, kaltherzig, kaltschnäuzig.
ungesalzen: → ungewürzt.
[1]**ungeschickt,** unpraktisch, umständlich, tölpelhaft, ungelenk[ig], steif, lahm, eingerostet *(ugs., scherzh.)*, unbeholfen, linkisch *(abwertend)*, tapsig *(ugs.)*, täppisch, tolpatschig *(ugs.)*; → langsam, → ruhig, → träge, → unklug.
[2]**ungeschickt:** → unklug.
ungeschlacht: → athletisch.
ungeschliffen: → unhöflich.
ungeschminkt: → klar.
ungesellig: → unzugänglich.
ungesetzlich: → gesetzwidrig.
ungesittet: → frech.
ungestüm: → lebhaft.
ungesund: → verderblich.
ungetreu: → untreu.
Ungetüm: → Ungeheuer.
ungewiß, unsicher, unbestimmt, unentschieden, fraglich, zweifelhaft, strittig; → anscheinend, → vielleicht; → vermuten, → zweifeln · Ggs. → zweifellos.
ungewöhnlich: → außergewöhnlich, → unüblich.
ungewohnt: → unüblich.
ungewürzt, ungesalzen, nüchtern; → abgestanden; → Essen.
ungezählt: → reichlich.
ungezogen: → frech.
ungezügelt: → hemmungslos.
ungezwungen, zwanglos, natürlich, leger, lässig, ungehemmt, unbefangen, gelöst, nonchalant, ungeniert, unzeremoniell, hemdsärmelig *(ugs., abwertend)*, frei, nachlässig, salopp, formlos; → hemmungslos; → lustig, → nachlässig · Ggs. → ängstlich.
ungläubig: → argwöhnisch.
unglaublich: → außergewöhnlich.
ungleich: → außergewöhnlich.
ungleichartig: → gegensätzlich.
Ungleichmäßigkeit: → Abweichung.
Unglück, Unglücksfall, Unfall, Unheil, Unstern, Verhängnis, Ungemach, Schrecknis, Schlag, Mißgeschick, Katastrophe, Desaster, Pech, Malheur; → Debakel, → Ereignis, → Leid, → Not, → Unglückstag; → verunglücken.
unglücklich: → schwermütig.
Unglücksfall: → Unglück.
Unglückstag, schwarzer Freitag; → Unglück.

ungültig: u. werden → ablaufen; für u. erklären → abschaffen.
ungünstig: → unerfreulich.
ungut: → unerfreulich.
unhaltbar: → aussichtlos.
Unheil: → Unglück.
unheilbar: → lange.
unheilig: → weltlich.
Unheilsprophet: → Pessimist.
unheimlich: → anrüchig.
unhöflich, rüde, unfreundlich, abweisend, barsch, schroff, brüsk, grob, grobschlächtig *(abwertend)*, kurz [angebunden], unliebenswürdig, taktlos, plump, ungeschliffen, ungehobelt *(abwertend)*, bäurisch *(abwertend)*, unkultiviert, flegelig *(abwertend)*, flegelhaft *(abwertend)*, fläzig *(abwertend)*, rüpelig *(abwertend)*, rüpelhaft *(abwertend)*, lümmelhaft *(abwertend)*, ruppig, schnöselig *(abwertend)*, stieselig *(salopp, abwertend)*, nicht → höflich; → anstößig, → aufdringlich, → frech, → gewöhnlich, → spöttisch, → unbarmherzig; → Mensch, → Taktlosigkeit.
Unhold: → Verbrecher.
uni: → einfarbig.
Uni: → Hochschule.
Uniform: → Kleidung.
unintelligent: → dumm.
Union: → Bund.
universell: → allgemein.
Universität: → Hochschule.
Universum: → Weltall.
unkameradschaftlich, unfair, unsportlich, unritterlich, nicht → ehrenhaft; → ehrlos, → gemein, → unredlich.
¹**Unke,** Kröte, Frosch, Laubfrosch.
²**Unke:** → Pessimist.
unken: → voraussehen.
Unkenntnis, Unwissenheit, Ignoranz, Dummheit; → Nichtfachmann.
unkeusch: → anstößig.
unklar, unscharf, unbestimmt, ungenau, vage, dunkel, verschwommen, schemenhaft, nebelhaft, schattenhaft, nicht → einleuchtend, nicht → klar; → unfaßbar, → verworren.
unklug, ungeschickt, undiplomatisch, nicht → schlau; → dumm, → ungeschickt.
unkontrolliert: → hemmungslos.
unkonzentriert: → unaufmerksam.
Unkosten, Kosten, Preis, Ausgaben, Aufwendung; → Rechnung; → zahlen.
unkultiviert: → unhöflich.
unlängst: → kürzlich.
unlauter: → unredlich.
unliebenswürdig: → unhöflich.
unlogisch: → gegensätzlich.
Unlust: → Ärger; mit U. → widerwillig.
unlustig: → widerwillig.
unmanierlich: → frech.
unmännlich, weibisch *(abwertend)*, feminin, halbseiden *(abwertend)*, nicht → männlich; → Homosexueller.
Unmasse: → Anzahl.
Unmäßigkeit: → Ausschweifung.
Unmensch: → Rohling.
unmenschlich: → unbarmherzig.
unmerklich: → latent.
unmißverständlich: → klar.
unmittelbar: → gleich.
unmodern: → altmodisch.
unmöglich: → nein, → ungeeignet; u. machen → hindern.
unmoralisch: → anstößig.
unmotiviert: → grundlos.
Unmut: → Ärger.
unnachahmlich: → vorbildlich.
unnachgiebig: → unzugänglich.
Unnachgiebigkeit: → Eigensinn.
unnachsichtig: → streng.
unnahbar: → unzugänglich.
unnatürlich: → geziert, → pervers.
unnötig: → nutzlos.
unnütz: → nutzlos.
unordentlich: → nachlässig.
unoriginell, einfallslos, phantasielos, unschöpferisch, eklektisch, plagiatorisch; → Diebstahl.
unparteiisch, unbefangen, indifferent, passiv, neutral, wertfrei, wertneutral, objektiv, nüchtern, sachlich, unentschieden, nicht → parteiisch; → aufgeklärt; → Objektivität. Ggs. → Vorurteil.
Unparteiischer: → Schiedsrichter.
Unparteilichkeit: → Objektivität.
unpassend: → unerfreulich, → ungeeignet.
unpäßlich: → krank.
Unpäßlichkeit: → Krankheit.
unpraktisch: → ungeschickt.
unproblematisch: → mühelos.
Unrast, Unruhe, Ruhelosigkeit, Nervosität; → Erregung, → Ungeduld; → verwirren; → aufgeregt.
Unrat: → Abfall.
unrealistisch, wirklichkeitsfremd, versponnen, weltfremd, verträumt; → arglos, → gedankenvoll.
Unrecht: → Verstoß.
unredlich, unlauter, unreell, unehrlich, illoyal, betrügerisch, unaufrichtig, unwahrhaftig, lügnerisch, verlogen, scheinheilig, heuchlerisch, gleisnerisch, falsch, katzenfreundlich, lügenhaft, erlogen, nicht → ehrenhaft; → ehrlos, → unaufrichtig, → unkameradschaftlich; → lügen, → übertreiben; → Lüge, → Schlaukopf.
Unredlichkeit: → Untreue.
unreell: → unredlich.
unregelmäßig: → unüblich.
Unregelmäßigkeit: → Betrug.
¹**unreif,** unausgereift, grün, nicht → reif.
²**unreif:** → jung.
unrein: → schmutzig; ins -e schreiben → aufschreiben.
Unreinigkeit: → Schmutz.
unrichtig: → falsch; als u. bezeichnen → abstreiten.
unritterlich: → unkameradschaftlich.
Unruhe: → Unrast; in U. versetzen → verwirren; -n → Verschwörung.

Unruhestifter: → Störenfried.
unruhig: → aufgeregt, → lebhaft.
unsachlich: → parteiisch.
Unsachlichkeit: → Subjektivität.
unsagbar, unaussprechlich, unbeschreiblich; → außergewöhnlich, → sehr.
unsauber: → schmutzig.
Unsauberkeit: → Regelverstoß.
unschädlich: → ungefährlich; u. machen → ergreifen.
unscharf: → unklar.
unscheinbar: → einfach.
unschicklich: → anstößig.
unschlüssig: u. sein → zögern.
unschön: → abscheulich.
unschöpferisch: → unoriginell.
Unschuld: → Virginität.
unschuldig: → anständig.
unschwer: → mühelos.
unselbständig, heteronom, abhängig, subaltern, untergeordnet, sekundär, sklavisch, versklavt, hörig, leibeigen, nicht → selbständig; → treu, → unterwürfig, → willensschwach · Ggs. → schöpferisch; **u. sein,** abhängig sein/abhängen von, angewiesen sein auf, jmdm. verfallen sein.
unsicher: → ungewiß; u. machen → verwirren.
Unsicherheit: → Angst.
Unsinn, Unfug, Allotria, Quatsch, Humbug, Kokolores, Blech *(salopp)*, Stuß *(salopp)*, Galimathias, Nonsens, [Bock]mist *(derb)*; → Kitsch.
unsittlich: → anstößig.
unsolide: → anstößig.
unsportlich: → unkameradschaftlich.
unstatthaft: → gesetzwidrig.
Unstern: → Unglück.
unstet: → aufgeregt, → untreu.
Unstimmigkeit: → Abweichung.
unstreitig: → zweifellos.
unsympathisch: → unbeliebt.
untadelig: → richtig.
untadelhaft: → richtig.
Untat: → Verstoß.
untätig: → faul.
unten: bei jmdm. u. durch sein → unbeliebt [sein].
Unterbau: → Grundlage.
Unterbietung: → [Preis]unterbietung.
unterbinden: → hindern.
[1]**unterbrechen** (jmdn.), jmdm. ins Wort fallen/das Wort abschneiden/über den Mund fahren, jmdn. nicht ausreden lassen.
[2]**unterbrechen:** → aufhören.
Unterbrechung: → Pause; ohne U. → unaufhörlich.
[1]**unterbringen,** verstauen *(ugs.)*, verfrachten *(ugs.)*; → aufbewahren, → verstecken.
[2]**unterbringen:** → beherbergen.
unterdessen: → inzwischen.
unterdrücken, knechten, knebeln, bedrängen, bedrücken, drangsalieren, nicht hochkommen lassen · *von Gefühlen:* verdrängen, nicht zeigen, sich nichts anmerken lassen, sich etwas verbeißen/ *(ugs.)* verkneifen; → abschreiben, → bemerken, → besiegen.
Unterdrückung: → Unfreiheit.
untereinander, miteinander; → wechselseitig.
Unterführung, Tunnel, Subway; → Straße · Ggs. → Brücke.
untergehen, [ab]sinken, [in den Wellen/ Fluten] versinken, absaufen *(salopp)*, wegsacken, absacken, versacken, → kentern.
untergeordnet: → unselbständig.
untergliedern: → gliedern.
Untergrenze: → Minimum.
[1]**unterhalten** (sich), reden/sprechen mit, Konversation machen, plaudern, plauschen, klönen *(ugs., nordd.)*, ein Plauderstündchen/ einen Plausch/einen Schwatz/ein Schwätzchen halten; → aussprechen, → mitteilen, → sprechen, → vergnügen; → Gespräch.
[2]**unterhalten:** → ernähren; sich u. → vergnügen (sich).
unterhaltend: → kurzweilig.
unterhaltsam: → kurzweilig.
[1]**Unterhaltung,** Zerstreuung, Vergnügen, Belustigung, Amüsement, Kurzweil, Zeitvertreib; → Lust; → kurzweilig.
[2]**Unterhaltung:** → Gespräch.
Unterhändler: → Abgesandter.
Unterholz: → Dickicht.
Unterhöschen: → Schlüpfer.
unterjochen: → besiegen.
Unterjochung: → Unfreiheit.
Unterkleid, Unterrock, Petticoat, Halbrock; → Unterwäsche.
unterkühlt: → unzugänglich.
Unterkunft: → Wohnung.
Unterlage: → Grundlage, → Urkunde.
Unterlaß: ohne U. → unaufhörlich.
unterlassen: → versäumen.
Unterlassung: → Versäumnis.
Unterlassungssünde: → Fehler.
unterlaufen: → geschehen.
Unterlaufen: → Regelverstoß.
Unterleib: → Leib.
unterliegen: → nachgeben.
untermauern: → nachweisen.
unternehmen: → veranstalten.
Unternehmen, Firma, Handelsgesellschaft, Gesellschaft, Konzern, Dachorganisation, Trust, Niederlassung, Etablissement, Filiale, Zweigstelle; → Büro, → Laden.
unternehmend: → fleißig.
Unternehmer, Industrieller, Produzent, Hersteller, Erzeuger, Fabrikant, Fabrikbesitzer; → Geschäftsmann.
Unternehmung: → Versuch.
unternehmungslustig: → fleißig.
unterordnen: → subsumieren.
Unterredung: → Gespräch.
[1]**Unterricht,** Unterweisung, Anleitung, [Unterrichts]stunde, Lektion, Kurs, Kursus, Lehrgang · *an der Hochschule:* Vorlesung, Kolleg · Übung, Seminar; → Ausbildung, → Pensum, → Weisung.
[2]**Unterricht:** U. geben → lehren.

unterrichten: → lehren, → mitteilen; sich u. → fragen.
Unterrichtsstunde: → Unterricht.
Unterrichtung: → Weisung.
Unterrock: → Unterkleid.
untersagen: → verbieten.
Untersagung: → Verbot.
unterschätzen: → mißachten.
[1]**unterscheiden,** auseinanderhalten, auseinanderkennen, einen Unterschied machen, sondern; → ausschließen; → Abweichung.
[2]**unterscheiden:** → sehen.
unterschieben: jmdm. etwas u. → verdächtigen.
Unterschied: → Abweichung; einen U. machen → unterscheiden.
unterschiedlich: → verschieden.
unterschlagen: → wegnehmen; [eine Nachricht, Mitteilung] u. → schweigen.
Unterschlagung: → Diebstahl.
Unterschleif: → Diebstahl.
Unterschlupf: → Zuflucht.
[1]**unterschreiben,** unterzeichnen, seine Unterschrift geben, ratifizieren, paraphieren, quittieren, signieren; → beschriften; → Unterschrift.
[2]**unterschreiben:** → billigen.
Unterschrift, Namenszug, Autogramm, [Friedrich]Wilhelm *(scherzh.)*, Namenszeichen, Signum, Paraphe, Signatur, Handzeichen; → unterschreiben.
Unterseite: → Rückseite.
untersetzt, gedrungen, stämmig, kompakt, bullig, pyknisch; → athletisch, → dick.
unterstehen: sich u. → wagen.
unterstellen: jmdm. etwas u. → verdächtigen.
unterstreichen: → betonen.
unterstützen: → helfen, → zahlen.
Unterstützung: → Zuschuß.
untersuchen: → erörtern, → prüfen.
Untersuchung: → Verhör; demoskopische U. → Umfrage.
untertan: sich jmdn. u. machen → besiegen.
untertänig: → unterwürfig.
Untertänigkeit: → Unterwürfigkeit.
unterteilen: → gliedern.
Untertreibung, Understatement, Litotes; → Bescheidenheit; → bescheiden · Ggs. → Übertreibung.
unterwandern: → infiltrieren.
Unterwanderung: → Verschwörung.
Unterwäsche, Trikotage, Wirkware · *für Damen:* Dessous; → Schlüpfer, → Unterkleid.
unterwegs, auf dem Wege, auf Reisen, verreist, fort, weg, auf Achse *(salopp)*.
unterweisen: → lehren.
Unterweisung: → Unterricht.
Unterwelt: → Hölle.
unterwerfen: → besiegen; sich u. → nachgeben.
unterwürfig, devot, demütig, ehrerbietig, submiß, untertänig, servil, sklavisch, knechtisch, kriechend *(abwertend)*, kriecherisch *(abwertend)*, hündisch *(abwertend)*, speichelleckerisch *(abwertend)*, byzantinistisch; → tolerant, → übereifrig, → unselbständig; **u. sein,** kriechen, katzbuckeln, [liebe]dienern, antichambrieren, herumschwänzeln/herumscharwenzeln um *(abwertend)*, radfahren *(ugs., abwertend)*, jmdm. in den Hintern/Arsch kriechen *(derb)*; → schmeicheln; → Unterwürfigkeit.
Unterwürfigkeit, Untertänigkeit, Demütigkeit, Gottergebenheit, Gottergebung, Devotion, Kriecherei *(abwertend)*, Liebedienerei, Speichelleckerei *(abwertend)*, Schmeichelei, Byzantinismus, Servilität, Servilismus; → Demut, → Schmeichler; → unterwürfig.
unterzeichnen: → unterschreiben.
untief: → niedrig.
Untier: → Ungeheuer.
untreu, ungetreu, treulos, perfide, wortbrüchig, abtrünnig, unbeständig, unstet, flatterhaft, wankelmütig, nicht → treu; **u. werden,** abfallen, abspringen; → lösen (sich); **u. sein** · *in sexueller Hinsicht:* fremdgehen *(ugs.)*, [seine Frau, seinen Mann] betrügen, [dem Mann] Hörner aufsetzen/ihn zum Hahnrei machen; → allein [lassen], → betrügen; → Untreue.
Untreue, [Ehe]bruch, Treulosigkeit, Illoyalität, Unehrlichkeit, Unredlichkeit, Ehrlosigkeit, Perfidie, Perfidität; → Arglist, → Bosheit; → ehrlos, → untreu · Ggs. → Treue.
Untüchtigkeit: → Ungenügen.
unüberlegt: → unbesonnen.
unüberwindbar, unüberwindlich, unbezwingbar, unbezwinglich.
unüberwindlich: → unüberwindbar.
unüblich, ungewöhnlich, ungebräuchlich, ungewohnt, okkasionell, irregulär, unregelmäßig, nicht → üblich; → außergewöhnlich; → Abweichung.
unumgänglich: → nötig.
unumschränkt: → selbständig.
unumwunden: → rundheraus.
ununterbrochen: → unaufhörlich.
unverantwortlich: → unverzeihlich.
unverbesserlich: → eingefleischt.
unverblümt: → klar.
unverdächtig, koscher *(ugs.)*, sauber, rein, astrein *(ugs.)*, nicht → anrüchig; → ehrenhaft.
unverdrossen: → beharrlich.
unvereinbar: → gegensätzlich.
unverfälscht: → echt.
unverfänglich: → ungefährlich.
unverfroren: → frech.
unvergänglich: → bleibend.
unvergessen: → bleibend.
unvergeßlich: → bleibend.
unvergleichlich: außergewöhnlich.
unverhofft: → plötzlich.
unverhohlen: → aufrichtig.
unverhüllt: → aufrichtig.
unverkennbar: → kennzeichnend.

unverletzt: → heil.
unvermeidlich: → nötig.
unvermittelt: → plötzlich.
Unvermögen: → Unfähigkeit.
unvermögend: → arm.
unvermutet: → plötzlich.
Unvernunft: → Torheit.
unverrichteterdinge: u. weggehen → Erfolg.
unverschämt: → frech.
Unverschämtheit: → Bosheit.
unversehens: → plötzlich.
unversehrt: → heil.
unversöhnlich: → unzugänglich.
Unversöhnlichkeit: → Unduldsamkeit.
Unverstand: → Torheit.
unverständlich: → unfaßbar, → verworren.
unvertretbar: → unverzeihlich.
unverwüstlich: → bleibend.
unverzagt: → zuversichtlich.
unverzeihlich, unentschuldbar, unverantwortlich, unvertretbar, verantwortungslos; → unbesonnen.
unverzüglich: → gleich.
unvollendet: → unvollständig.
unvollkommen: → unvollständig.
unvollständig, unvollkommen, lückenhaft, bruchstückhaft, fragmentarisch, unvollendet, nicht → ganz; → unzulänglich; → Trümmer.
unvorbereitet: → ahnungslos, → improvisiert.
Unvoreingenommenheit: → Objektivität.
unvorhergesehen: → plötzlich.
unvorsichtig: → unbesonnen.
unwahr: → falsch; als u. bezeichnen → abstreiten.
unwahrhaftig: → unredlich.
Unwahrheit: → Lüge; die U. sagen → lügen.
unwandelbar: → bleibend.
unwesentlich: → unwichtig.
unwichtig, belanglos, ohne Belang, unerheblich, unwesentlich, bedeutungslos, akzidentell, zufällig, irrelevant, nicht → wichtig; → grundlos, → klein; **u. sein,** etwas macht/tut/schadet nichts/ *(salopp)* ist Jacke wie Hose, jmdm. ist etwas gleichgültig/gleich/egal/einerlei/ *(salopp)* Wurst/ *(salopp)* wurschtegal/ *(salopp)* schnuppe/ *(salopp)* piepe/ *(salopp)* schnurz/ *(vulgär)* scheißegal; → bagatellisieren.
unwiderlegbar: → stichhaltig.
unwiderleglich: → stichhaltig.
unwiderruflich: → verbindlich.
Unwille: → Ärger; -n hervorrufen → anstoßen.
unwillig: → ärgerlich.
unwillkommen: → unerfreulich.
unwirklich, irreal, eingebildet, imaginär, abstrakt, phantastisch, schimärisch, trügerisch, irreführend, täuschend, illusorisch, nicht → wirklich; → grundlos; → Einbildung.
Unwirklichkeit: → Einbildung.
unwirsch: → ärgerlich.
unwissend: → ahnungslos.
Unwissenheit: → Unkenntnis.
unwohl: → krank.
Unwohlsein: → Krankheit.
Unzahl: → Anzahl.
unzählig: → reichlich.
Unzeit: zur U. kommen → stören.
unzeitgemäß: → rückschrittlich.
unzeremoniell: → ungezwungen.
unzerstörbar: → bleibend.
unziemlich: → anstößig.
Unzucht, Unsittlichkeit · *mit Kindern:* Pädophilie; → Homosexueller, → Inzest, → Umkehrung; → anstößig, → pervers.
unzüchtig: → anstößig.
unzufrieden, unbefriedigt, enttäuscht, verbittert, verhärmt, abgehärmt, vergrämt, versorgt; → ärgerlich, → gekränkt, → mutlos, → schwermütig; → Enttäuschung.
Unzufriedenheit: U. mit → Ungenügen.
unzugänglich, verschlossen, finster, trotzig, aufsässig, widersetzlich, unbotmäßig, aufmüpfig, widerspenstig, widerborstig, störrisch, renitent, fest, unnachgiebig, unversöhnlich, radikal, kompromißlos, unerbittlich, eigensinnig, starrsinnig, starrköpfig, halsstarrig, rechthaberisch, verbohrt, orthodox, obstinat, steifnackig, dickköpfig, dickschädelig, ungehorsam, unfolgsam, bockbeinig, bockig, eisern, verstockt, stur *(ugs., abwertend)*, zurückhaltend, distanziert, verhalten, reserviert, kühl, unterkühlt, frostig, unnahbar, zurückgezogen, eingezogen, kontaktarm, kontaktschwach, kontaktscheu, menschenscheu, ungesellig, menschenfeindlich, misanthropisch, unempfänglich, zugeknöpft, unaufgeschlossen, verständnislos, nicht → gesellig; → selbständig, → streng · Ggs. → artig, → aufgeschlossen, → menschlich; **u. sein,** sich einer Sache/gegen etwas verschließen, sich gegen etwas sperren, einer Sache widerstreben; → ängstlich; → beharrlich; → abkapseln, → aufbegehren, → entgegenstehen.
unzulänglich, unzureichend, unbefriedigend, mangelhaft, ungenügend, nicht → ausreichend; → dilettantisch, → mäßig.
unzulässig: → gesetzwidrig.
unzumutbar: → beleidigend.
unzureichend: → unzulänglich.
unzusammenhängend, zusammenhanglos, beziehungslos, abgehackt, brockenweise *(ugs.)*.
1**Unzuträglichkeit,** Idiosynkrasie, Allergie, [Über]empfindlichkeit, Intoleranz, Irritabilität, Hyperästhesie; → empfindlich.
2**Unzuträglichkeit:** → Streit.
unzutreffend: → falsch; als u. bezeichnen → abstreiten.
unzweideutig: → klar.
Upper ten: → Oberschicht.
1**üppig,** luxuriös, [über]reich, überreichlich, redundant, verschwenderisch · *von Speisen:*

opulent, lukullisch; → freigebig, → nützlich, → reichlich · Ggs. → einfach.
[2]**üppig:** → dick; ü. werden → überhandnehmen.
up to date: → modern.
uralt: → alt.
Uranist: → Homosexueller.
urban: → gewandt.
Urbild: → Muster.
urchig: → echt.
Urin, Harn, Wasser, Pipi *(ugs.)*, Seiche *(vulgär)*, Pisse *(vulgär)*; → Exkrement; → austreten, → urinieren.
urinieren, harnen, Wasser lassen, sein Wasser abschlagen *(ugs.)*, Pipi machen *(ugs.)*, klein machen *(ugs.)*, puschen *(ugs.)*, ein Bächlein machen *(ugs.)*, pinkeln *(salopp)*, pullen *(salopp)*, pullern *(salopp)*, lullern *(salopp)*, seichen *(vulgär)*, pissen *(vulgär)*, schiffen *(vulgär)*, brunzen *(vulgär)* · *unfreiwillig:* sich einnässen/ *(ugs.)* naß machen; austreten; → Urin.
Urkunde, Schriftstück, Dokument, Unterlage, Papier; → Aktenbündel, → Ausweis, → Bescheinigung, → Nachweis, → Schreiben, → Zensur.
[1]**Urlaub,** Ferien, Reise, Sommerfrische; → Passagier, → Pause, → Reise; → reisen, → ruhen.
[2]**Urlaub:** U. machen → erholen (sich).
Urlauber, [Ferien]gast, Erholungssuchender, Sommergast, Sommerfrischler, Kurgast, Tourist; → Passagier.
Urlinde: → Homosexueller.
Urne: → Sarg.
Urninde: → Homosexueller.
Urning: → Homosexueller.
Urologe: → Arzt.
Ursache: → Anlaß.
ursächlich, begründend, kausal · *im Hinblick auf eine Krankheit:* ätiologisch; → wechselseitig; → begründen.
Ursprung: → Abkunft, → Grundlage.
ursprünglich: → echt.
Ursprungsland: → Heimat.
[1]**Urteil,** Stimme, Votum, Entscheidung, Entscheid.
[2]**Urteil:** → Bann; ein U. aussprechen, ergehen lassen, das U. fällen → verurteilen.
urteilen: → beurteilen, → folgern.
Urteilsspruch: → Bann.
Urtika: → Hautausschlag.
Urvater: → Angehöriger.
Urwald, Dschungel, Busch, Wildnis; → Dickicht, → Wald.
urwüchsig: → echt.
USA: → Amerika.
usuell: → üblich.
Usus: → Brauch.
Utensilien: → Zubehör.
Utopie: → Einbildung.
uzen: → aufziehen.

V

Vademekum: → Ratgeber.
Vagabund, Tramper, Landstreicher, Stadtstreicher, Tippelbruder *(ugs.)*, Penner *(salopp, abwertend)*, Pennbruder *(salopp, abwertend)*, Stromer *(ugs.)*; → Gammler.
vagabundieren: → herumtreiben (sich).
vage: → unklar.
Vagina, Scheide, Fotze *(vulgär)*; → Genitalien, → Vulva.
Vakat: → Seite.
Valuta: → Zahlungsmittel.
Variante: → Abweichung.
Variation: → Abweichung.
Varieté: → Revue, → Zirkus.
variieren: → ändern.
Variola: → Hautausschlag.
[1]**Vater,** Papa, Erzeuger, Alter *(ugs.)*, alter Herr · *schlechter:* Rabenvater, → Eltern.
[2]**Vater:** → Angehöriger, → Trinität; [himmlischer] V. → Gott; V. und Mutter → Eltern; zu seinen Vätern versammelt werden, sich zu den Vätern versammeln → sterben; V. werden → schwängern.
Vaterfreuden: V. entgegensehen → schwängern.
Vaterland: → Heimat; dem V. dienen → Soldat [sein].
vaterländisch: → national.
vegetieren: → leben.
vehement: → lebhaft.
Vehikel: → Auto.
Velo: → Fahrrad.
Vene: → Ader.
Venenentzündung, Phlebitis; → Ader, → Gefäßverstopfung.
Venia legendi: → Erlaubnis.
ventilieren: → erwägen.
verabreden: → übereinkommen.
[1]**Verabredung,** Stelldichein, Rendezvous, Dating, Date, Zusammenkunft, Zusammentreffen; → Tagung, → Verschwörung, → Wiedersehen; → übereinkommen.
[2]**Verabredung:** → Abmachung.
verabsäumen: → versäumen.
verabscheuenswert: → abscheulich.
verabscheuenswürdig: → abscheulich.
verabschieden: sich v. → trennen (sich); [ein Gesetz] v. → erwirken.
verabsolutieren: → verallgemeinern.
verachten: → ablehnen.
verächtlich: → abschätzig, → ehrlos; v. machen → verleumden.
Verachtung: → Nichtachtung.
veralbern: → aufziehen.

verallgemeinern, generalisieren, verabsolutieren, über einen Kamm scheren *(ugs.)*, das Kind mit dem Bade ausschütten.
veraltet: → altmodisch.
Veranda, Balkon, Erker, Loggia, Altan, Söller, Wintergarten, Terrasse, Dachgarten.
veränderlich, wechselhaft, unbeständig, labil, beeinflußbar, schwankend, wandelbar; → Schlechtwetter · Ggs. → widerstandsfähig.
verändern: → ändern.
Veränderung, Wandel, Wandlung, Wechsel · *sprunghafte erbliche:* Mutation; → ändern.
verängstigt: → ängstlich.
Veranlagung: → Wesen.
veranlassen: → anordnen.
Veranlassung: → Anlaß.
veranschaulichen, verlebendigen, konkretisieren, illustrieren; → bebildern.
veranschlagen: → schätzen.
veranstalten, abhalten, durchführen, halten, geben, unternehmen, machen; → verwirklichen.
Veranstalter: → Beauftragter.
verantworten: → einstehen; sich v. → wehren (sich).
verantwortlich: → haftbar; jmdn. für etwas v. machen → verdächtigen.
Verantwortlichkeit: → Pflichtbewußtsein.
Verantwortung: → Pflichtbewußtsein; V. übernehmen → einstehen.
verantwortungsbewußt, pflichtbewußt, verantwortungsvoll · Ggs. → unbesonnen.
Verantwortungsbewußtsein: → Pflichtbewußtsein.
Verantwortungsgefühl: → Pflichtbewußtsein.
verantwortungslos: → unverzeihlich.
verantwortungsvoll: → verantwortungsbewußt.
veräppeln: → anführen.
verarbeiten: → ertragen.
Verarbeitung, Auswertung, Gestaltung, Aufbereitung; → Auslegung, → Darlegung, → Sammlung.
verargen: → übelnehmen.
verärgern: → ärgern.
verärgert: → ärgerlich.
Verärgerung: → Ärger.
verarmt: → arm.
verarschen: → anführen.
verarzten: → behandeln.
verausgaben: → zahlen.
verauslagen: → zahlen.
veräußern: → verkaufen.
Verb: → Wortart.
Verband: → Bund.
verbannen: → ausweisen.
Verbannter: → Auswanderer.
Verbannung, Exil, Ausweisung; → Ausland; → ausweisen.
verbarrikadieren, verrammeln, versperren, verschanzen, zumauern, vermauern; → abschließen.
verbaut: → aussichtslos.
verbeißen: sich etwas v. → unterdrücken.
verbergen: → verstecken; jmdm. etwas v. → schweigen.
[1]**verbessern,** reformieren, umgestalten, neu gestalten · *von Ackerland:* meliorieren; → erneuern, → formen, → vervollständigen.
[2]**verbessern:** → berichtigen, → erfinden.
Verbesserung: → Korrektur.
verbiestern: sich v. → verirren (sich).
verbieten, untersagen, verwehren, nicht → billigen; → ablehnen; **das Wort v.,** jmdm. den Mund v./das Wort entziehen, jmdn. zum Schweigen bringen, jmdm. den Mund stopfen *(ugs.)*, jmdm. das Maul stopfen *(derb)*, jmdn. mundtot machen; → schweigen; → Verbot.
verbimsen: → schlagen.
verbinden: → behandeln, → verknüpfen; sich v. → verbünden (sich).
[1]**verbindlich,** bindend, endgültig, definitiv, feststehend, unwiderruflich, verpflichtend, obligatorisch, gezwungenermaßen, nicht → freiwillig; → nötig, → üblich.
[2]**verbindlich:** → entgegenkommend.
Verbindlichkeit: → Schuld.
Verbindung: → Bund, → Kontakt, → Synthese, → Vermählung.
Verbindungsmann: → Vermittler.
verbissen: → beharrlich.
verbittert: → unzufrieden.
Verbitterung: → Ärger.
verblaßt: → blaß.
Verblichener: → Toter.
verblödet: → geistesgestört.
verblüffen: → erstaunen.
verblüffend: → außergewöhnlich.
verblüfft: → überrascht.
verblühen: → welken.
verbocken: → verderben.
verbogen: → gebogen.
verbohrt: → unzugänglich.
[1]**verborgen:** → leihen.
[2]**verborgen:** → latent.
Verbot, Untersagung, Tabu, Interdikt; → Bann, → Einspruch; → verbieten.
verboten: → gesetzwidrig.
verbraten: → zahlen.
verbrauchen: → abnutzen, → durchbringen.
verbraucht: → abgestanden, → verlebt.
verbrechen: → anrichten.
Verbrechen: → Verstoß.
Verbrecher, Rechtsbrecher, Straffälliger, Missetäter, Übeltäter, Delinquent, Krimineller, [Sitten]strolch *(abwertend)*, Unhold, Apache, Ganove *(abwertend)*, Gangster *(abwertend)*; → Betrüger, → Dieb, → Gefangener, → Mörder, → Rohling, → Schuft, → Verstoß.
[1]**verbreiten,** ausstreuen, aussprengen, herumerzählen, herumtragen, unter die Leute bringen, in Umlauf bringen/setzen, ausposaunen *(abwertend)*, an die große Glocke hängen; → mitteilen.

[2]**verbreiten:** → ausdehnen; sich v. → äußern (sich), → herumsprechen (sich).
verbreitern: → ausdehnen.
[1]**verbrennen,** abbrennen, niederbrennen, einäschern, in [Schutt und] Asche legen, in Flammen aufgehen lassen; → anzünden.
[2]**verbrennen:** → brennen, → einäschern, → sterben.
verbringen: → durchbringen, → weilen.
verbrüdern (sich), fraternisieren, sich mit jmdm. gemein machen; → erniedrigen, → verbünden (sich).
verbuchen: → buchen.
verbummeln: → verlieren.
verbunden: jmdm. v. sein → danken.
verbünden (sich), sich zusammentun/zusammenschließen/alliieren/assoziieren/vereinigen/verbinden, integrieren, zusammengehen, koalieren, eine Koalition eingehen; → verbrüdern (sich), → verknüpfen, → vervollständigen; → Bund.
verbürgen: → gewährleisten; sich v. → einstehen.
verbürgt, authentisch, echt, zuverlässig, glaubwürdig; → amtlich, → erprobt.
verbüßen: eine Strafe v. → abbüßen.
[1]**Verdacht,** Argwohn, Mißtrauen, Skepsis, Skrupel, Bedenken, Zweifel; → Ahnung, → Hoffnung, → Schuldgefühl; → verdächtigen; → argwöhnisch.
[2]**Verdacht:** V. hegen/haben/fassen/schöpfen → argwöhnisch [werden]; [jmdn. in/im] V. haben → verdächtigen; auf V. → vorbeugend.
verdächtig: → anrüchig; etwas kommt jmdm. v. vor → seltsam [sein].
verdächtigen, mißtrauen, beargwöhnen, beschuldigen, anklagen, anschuldigen, bezichtigen, jmdm. etwas unterstellen/unterschieben/ *(salopp)* unterjubeln, jmdm. schuld/die Schuld geben/etwas zur Last legen/ *(ugs.)* die Schuld in die Schuhe schieben, jmdn. für etwas verantwortlich machen, [jmdn. in/im] Verdacht haben, Verdacht werfen auf, Verdacht fällt auf/richtet sich auf/gegen; → schelten; → argwöhnisch; → Verdacht · Ggs. → glauben.
verdammen: → brandmarken.
verdammt, verflucht, verteufelt, verflixt *(ugs.)*.
Verdammung: → Bann.
verdampfen: → vergehen.
verdanken, jmdm. etwas danken, jmdm. etwas zu verdanken/danken haben, Dank schulden, zu Dank verpflichtet sein, sich zu Dank verpflichtet fühlen; → danken.
verdattert: → betroffen.
verdauen: → ertragen.
Verdauung: überschnelle V. → Durchfall.
Verdauungsstörung: → Stuhlverstopfung.
verdecken: → verstecken.
[1]**verderben,** verpfuschen, verpatzen, vermasseln *(ugs.)*, vermurksen *(ugs.)*, verkorksen *(ugs.)*, verbocken *(ugs.)*, versauen *(derb)*; → verleiden, → verseuchen.
[2]**verderben:** → faulen, → verleiden; es mit jmdm. verdorben haben → unbeliebt [sein].
verderbenbringend: → verderblich.
verderblich, verderbenbringend, ruinös, schädlich, ungesund.
verderbt: → anstößig.
verdeutlichen: → begründen.
verdeutschen: → übersetzen.
verdienen, sich sanieren/ *(salopp)* gesundstoßen, auf seine Kosten kommen; → erwerben.
Verdienst: → Gehalt.
verdienstvoll: → anerkennenswert.
Verdikt: → Bann.
verdolmetschen: → übersetzen.
verdonnern: → verurteilen.
verdoppeln, doppeln, duplizieren, duplieren, dualisieren, dublieren; → Abschrift.
verdorben: → anstößig.
verdorren: → welken.
verdorrt: → trocken.
verdrängen: → unterdrücken.
verdreckt: → schmutzig.
verdreht: → überspannt.
verdreschen: → schlagen.
verdrießlich: → ärgerlich, → unerfreulich.
verdrossen: → ärgerlich.
Verdrossenheit: → Ärger.
verdrücken: → aufessen, → weggehen.
Verdruß: → Ärger.
verduften: → weggehen.
verdünnen, verwässern, taufen *(ugs., scherzh.)*, verlängern *(ugs.)*, strecken *(ugs.)*, seicht machen.
verdünnisieren: sich v. → weggehen.
verdunsten: → vergehen.
verdutzen: → erstaunen.
verdutzt: → überrascht.
verebben: → abnehmen.
veredeln: → verfeinern, → züchten.
verehelichen: sich v. → heiraten.
verehren: → achten; jmdm. etwas v. → schenken.
Verehrer: → Geliebter.
Verein: → Bund.
vereinbaren: → übereinkommen.
Vereinbarung: → Abmachung.
vereinheitlichen: → normen.
vereinigen: sich v. → verbünden (sich).
Vereinigung: → Bund.
vereinsamt: → allein.
Vereinsamung: → Einsamkeit.
vereint: → gemeinsam.
vereinzelt: → selten.
vereiteln: → hindern.
verekeln: → verleiden.
verenden: → sterben.
vererbbar: → angeboren.
vererben: → hinterlassen.
Verewigter: → Toter.
[1]**verfahren,** vorgehen · *behutsam:* lavieren; vorsichtig/auf der Hut sein.
[2]**verfahren:** v. mit → umgehen; sich v. → verirren (sich).
[3]**verfahren:** → aussichtslos.

Verfahren, Methode, System, Arbeitsweise, Heuristik, heuristisches Prinzip; → Kunstfertigkeit, → Handhabung, → Strategie.
[1]**verfallen** (in), geraten/sich verlieren in.
[2]**verfallen:** → ablaufen, → verwahrlosen; jmdm. v. sein → unselbständig [sein].
[3]**verfallen:** → hinfällig, → mürbe.
Verfälschung: → Zerrbild.
verfassen: → aufschreiben.
Verfasser: → Schriftsteller.
verfaulen: → faulen.
verfehlen: → versäumen; den Weg v. → verirren (sich).
verfehlt: → falsch.
Verfehlung: → Verstoß.
verfeinden: sich v. → entzweien (sich).
verfeinern, sublimieren, veredeln, kultivieren, zivilisieren; → erhaben.
verfeinert: → erhaben.
verfemen: → brandmarken.
verfertigen: → anfertigen.
Verflechtung: → Synthese.
verfliegen: → vergehen; sich v. → verirren (sich).
verfließen: → vergehen.
verflixt: → verdammt.
verflochten: → komplex.
verflossen: → gewesen.
verfluchen: → brandmarken.
verflucht: → verdammt.
Verfluchung: → Bann.
verflüssigt: → flüssig.
[1]**verfolgen,** jagen, hetzen, nachsetzen, nachlaufen, nachrennen, nachjagen, hinter jmdm. her sein, treiben, nachsteigen; → jagen, → schikanieren; → Jäger.
[2]**verfolgen:** → beobachten.
Verfolger, Häscher *(dichter.)*, Scherge *(dichter.)*.
verfrachten: → unterbringen.
verfranzen: sich v. → verirren (sich).
verfressen: → unersättlich.
verfrüht: → vorzeitig.
verfügbar, bereit, fertig, angezogen, abmarschbereit, gestiefelt und gespornt; → fertig; → bereitstellen.
verfügen: → anordnen; v. über → haben.
Verfügung: → Testament; → Weisung; zur V. stellen → einräumen; zur V. haben, etwas steht jmdm. zur V. → haben.
verführbar: → bestechlich.
verführen: → verleiten.
Verführer: → Frauenheld.
Verführung: → Anfechtung.
vergackeiern: → anführen.
Vergabung: → Erbe.
vergaffen: sich v. → verlieben (sich).
vergällen: → verleiden.
vergammeln: → faulen.
vergangen: → gewesen, → überlebt, → vorig.
vergänglich, zeitlich, endlich, sterblich; → kurz, → vorübergehend.
vergeben: → verzeihen; sich nichts v. → erniedrigen.
vergebens: v. sein → nutzlos [sein].
vergeblich: v. sein → nutzlos [sein].
Vergebung: → Begnadigung.
vergegenwärtigen: sich etwas v. → vorstellen (sich etwas).
[1]**vergehen,** vorbeigehen, vorübergehen, verrauchen, verrauschen, verrinnen, verfließen, verstreichen, verfliegen, verdampfen, verdunsten.
[2]**vergehen:** sich v. → sündigen; sich v. an → vergewaltigen.
Vergehen: → Verstoß.
vergelten: → belohnen, → bestrafen.
Vergeltung: V. üben → bestrafen.
Vergeltungsmaßnahmen, Druckmittel, Repressalien, Sanktionen, Zwangsmaßnahmen.
vergessen: → versäumen.
vergeuden: → verschwenden.
vergewaltigen, schänden, notzüchtigen, sich vergehen an, jmdm. Gewalt antun, mißbrauchen, entehren *(dichter.)*, schwächen, stuprieren; → schwängern, → verleiten.
Vergewaltigung, Schändung, Notzucht, Stuprum; → Koitus.
vergewissern: sich v. → prüfen.
vergießen: sein Blut v. für → einstehen (für).
vergiften: → töten, → verseuchen; sich v. → entleiben (sich).
verglast: → stier.
Vergleich: → Abmachung, → Sinnbild; -e ziehen, einen V. anstellen → vergleichen.
vergleichen, Vergleiche/Parallelen ziehen, einen Vergleich anstellen, nebeneinanderstellen, nebeneinanderhalten, gegenüberstellen, konfrontieren, abwägen; → prüfen, → verknüpfen; → Sinnbild.
vergnügen (sich), sich unterhalten/amüsieren/verlustieren; → freuen (sich), → unterhalten (sich).
Vergnügen: → Fest, → Lust, → Unterhaltung.
vergnüglich: → lustig.
vergnügt: → lustig.
Vergnügtheit: → Lust.
vergnügungssüchtig: → lustig.
vergönnen: jmdm. ist etwas vergönnt → billigen.
vergöttern: → achten.
Vergötterung: → Verherrlichung.
Vergottung: → Verherrlichung.
vergrämt: → unzufrieden.
vergreisen: → altern.
Vergreisung: → Rückständigkeit.
vergriffen, verkauft, ausverkauft, ausgebucht; v. sein, nicht am Lager sein.
vergrößern: → ausdehnen, → zunehmen.
Vergrößerung: → Ausdehnung.
vergucken: sich v. → verlieben (sich).
vergüten: → zahlen.
[1]**Vergütung,** Gutschrift, Bonifikation, Bonus, Bon, Gutschein, Prämie; → [Preis]nachlaß.
[2]**Vergütung:** → Gehalt.

Verhaft: in V. nehmen → ergreifen.
verhaften: → ergreifen.
verhallen, verklingen; → abnehmen.
[1]**verhalten**: sich v. → benehmen (sich).
[2]**verhalten**: → unzugänglich.
Verhaltensmaßregel: → Weisung.
[1]**Verhältnis**, Relation, Beziehung.
[2]**Verhältnis**: → Geliebte, → Geliebter, → Liebelei; ein V. haben → lieben.
Verhältniswort: → Wortart.
verhandeln: → erörtern, → vermitteln.
Verhandlung: → Gespräch.
verhangen: → bewölkt.
verhängen: eine Strafe v. → bestrafen.
Verhängnis: → Unglück.
verharmlosen: → bagatellisieren.
verhärmt: → unzufrieden.
verharren: → weilen; v. bei → bestehen auf.
verharrend: → rückschrittlich.
verhärtet: → gefühlskalt.
verhaspeln: sich v. → stottern.
verhaßt: → unbeliebt.
verhätscheln: → verwöhnen.
verhauen: → schlagen.
verheddern: sich v. → stottern.
verheeren: → zerstören.
verhehlen: → schweigen.
verheimlichen: → schweigen.
verheiraten: sich v. → heiraten.
verheißen: → versprechen.
verheizen: → opfern.
verherrlichen: → loben.
Verherrlichung, Glorifizierung, Verklärung, Vergötterung, Vergottung, Idolatrie, Apotheose; → Heiligenschein.
verhetzen: → aufwiegeln.
verhimmeln: → anschwärmen.
verhindern: → hindern.
verhöhnen: → schadenfroh [sein].
verhohnepipeln: → anführen.
Verhöhnung: → Zerrbild.
verhökern: → verkaufen.
Verhör, Kreuzverhör, Untersuchung, Ermittlung, Anhörung, Hearing, Vernehmung, Einvernahme *(schweiz.)*, Inquisition; → Umfrage.
verhören: → fragen.
verhüllen: → verstecken.
verhunzen: → verunstalten.
verhüten: → hindern.
Verhütungsmittel: → Präservativ.
verhutzelt: → verschrumpelt.
verirren (sich), irregehen, in die Irre gehen, den Weg verfehlen, vom Wege abkommen/abirren, fehlgehen, sich verlaufen/verfahren/verfliegen/ *(ugs.)* verfranzen/ *(ugs.)* verbiestern; → irren (sich).
verjagen: → vertreiben.
verjubeln: → durchbringen.
verjuxen: → durchbringen.
verkalken: → altern.
verkalkt: → alt.
Verkalkung: → Rückständigkeit.
verkamisolen: → schlagen.
verkaufen, veräußern, verscheuern *(salopp)*, verschachern *(salopp)*, versilbern *(ugs.)*, zu Geld machen, verkitschen *(schwäb.)*, verklitschen *(sächs.)*, verkümmeln *(salopp)*, verkloppen *(salopp)*, verscherbeln *(salopp)*, verhökern *(ugs.)*, versetzen, [zum Kauf] anbieten, anpreisen, auf den Markt werfen, absetzen, feilhalten, feilbieten, ausbieten, ausschreien, anbringen, an den Mann bringen, loswerden *(ugs.)*, losschlagen *(ugs.)*, ausverkaufen, handeln mit, vertreiben, Handel treiben, Geschäfte machen, in Handelsbeziehung stehen, Handelsbeziehungen unterhalten, machen in *(salopp)* · *billig:* verschleudern, abstoßen, verramschen *(abwertend)* · *heimlich:* verschieben; →aufgeben, →handeln, →überreden, →verpfänden, →verschwenden, →zahlen; →Kauf, → Kunde, → Vermögen · Ggs. → kaufen.
Verkäufer: → [Handels]gehilfe.
Verkaufsstätte: → Laden.
verkauft: → vergriffen.
Verkehr: → Koitus; V. haben → koitieren.
verkehrt: → falsch, → pervers.
Verkehrtheit: → Umkehrung.
verkehrtherum: → gleichgeschlechtlich.
verkeilen: sich ineinander v. → zusammenstoßen.
verketzern: → verleumden.
verkitschen: → verkaufen.
verklagen: → verraten.
verklären: → loben.
Verklärung: → Verherrlichung.
verkleben: → antrocknen.
[1]**verkleiden** (sich), sich maskieren/kostümieren/vermummen/tarnen.
[2]**verkleiden**: → bespannen.
verkleinern: → verringern; sich v. → abnehmen.
verklemmt: → ängstlich.
verklingen: → verhallen.
verklitschen: → verkaufen.
verkloppen: → schlagen, → verkaufen.
verknacken: → verurteilen.
verknacksen: sich etwas v. → verstauchen.
verknallt: v. sein → verliebt [sein].
verkneifen: → unterdrücken.
verknöchert: → alt.
verknüpfen, verbinden, verzahnen, beiordnen, koordinieren, assoziieren; → verbünden, → vergleichen, → verursachen, → vervollständigen.
Verknüpfung: → Synthese.
verknusen: nicht v. können → hassen.
verkohlen: → anführen.
verkommen: → verwahrlosen.
verkonsumieren: → aufessen.
verkorksen: → verderben.
verkörpern: → darstellen.
verkosten: → prüfen.
verköstigen: → ernähren.
verkraften: → ertragen.
verkriechen: → abkapseln.
verkrümeln: sich v. → weggehen.
verkrümmt: → gebogen.

verkrüppelt: → verwachsen.
verkrusten: → antrocknen.
verkümmeln: → verkaufen.
verkümmern: → welken.
verkümmert: → karg.
verkünden: → mitteilen.
Verkünder: → Abgesandter.
verkündigen: → mitteilen.
verkürzen: → verringern.
verlachen: → schadenfroh [sein].
verladen: → laden.
verlagern, verlegen, auslagern, aussiedeln, räumen, evakuieren; → entfernen, → lagern.
¹**verlangen,** fordern, begehren, heischen *(dichter.)*, jmdm. etwas zumuten/ ansinnen; → wünschen.
²**verlangen:** → streben.
Verlangen: → Leidenschaft.
verlängern: → stunden, → verdünnen.
Verlängerung: → Stundung.
verlangt: → begehrt.
verläppern: → durchbringen.
¹**verlassen:** → kündigen, → trennen (sich); jmdn. v. → allein [lassen]; sich auf jmdn. v. → glauben.
²**verlassen:** → abgelegen, → allein.
verläßlich: → erprobt.
verlästern: → verleumden.
Verlauf: → Vorgang; im V. von → binnen, → während.
verlaufen: sich v. → verirren (sich); etwas verläuft reibungslos → einspielen (sich); im Sande v. → wirkungslos [bleiben].
verlautbaren: → mitteilen.
verlauten: v. lassen → mitteilen.
verleben: → weilen.
verlebendigen: → veranschaulichen.
verlebt, verbraucht, abgelebt; → abgezehrt, → hinfällig.
¹**verlegen,** betreten, schamhaft, beschämt, bedripst *(salopp)*, bedeppert *(salopp)*, wie ein begossener Pudel *(ugs.)*; → unerfreulich; → schämen (sich).
²**verlegen:** → anbringen, → edieren, → verlagern, → verlieren, → verschieben; seinen Wohnsitz v. → übersiedeln.
Verlegenheit: → Not; in V. bringen → verwirren.
verleiden, verderben, vergällen, vermiesen *(ugs.)*, miesmachen *(ugs.)*, madig machen *(ugs.)*, verekeln *(ugs.)*, die Lust nehmen an; → verderben, → verleumden.
verleihen: → leihen.
verleiten, verführen, versuchen, in Versuchung führen, verlocken, locken, anlocken, reizen, anziehen, jmdn. gewinnen/interesieren für, ködern *(ugs.)*; → anordnen, → anstacheln, → aufwiegeln, → bezaubern, → bitten, → überreden, → vergewaltigen, → verkaufen, → verursachen, → zuraten.
verlesen: → sprechen.
verletzbar: → empfindlich.
¹**verletzen,** verwunden, versehren.
²**verletzen:** → kränken.
verletzend: → beleidigend.
verletzlich: → empfindlich.
verletzt: → gekränkt.
Verletzung: → Wunde.
verleumden, verlästern, verteufeln, verketzern, verunglimpfen, jmdm. die Ehre abschneiden, diskriminieren, in Verruf/Mißkredit bringen, in ein schlechtes Licht setzen/stellen/rücken, diffamieren, diskreditieren, abwerten, herabsetzen, abqualifizieren, herabwürdigen, entwürdigen, jmdm. etwas nachsagen/nachreden/ *(abwertend)* andichten/anhängen, jmdm. ein Maul anhängen *(landsch., abwertend)*, verächtlich machen, bereden, nichts Gutes über jmdn. sagen/sprechen, hinter jmdm. herreden *(ugs.)*, schlechtmachen, ausmachen *(südd.)*, anschwärzen, an jmdm. kein gutes Haar lassen, madig machen *(ugs.)*, in den Schmutz/ *(salopp)* Dreck ziehen, jmdn. mit Schmutz/ *(salopp)* Dreck bewerfen, durch den Kakao ziehen *(ugs.)*; → bloßstellen, → kränken, → reden, → verleiden.
Verleumder: → Hetzer.
Verleumdung: → Beleidigung.
verlieben (sich), sein Herz verlieren, sich vergucken/vergaffen; → anbandeln, → lieben; → verliebt; → Liebelei, → Zuneigung.
verliebt, entflammt, vernarrt; **v. sein,** verknallt/verschossen sein *(ugs.)*; → anbandeln, → lieben, → verlieben (sich); → Liebelei, → Zuneigung.
Verliebtheit: → Zuneigung.
¹**verlieren,** verlegen, verlustig gehen, verwirken, kommen um etwas, verbummeln *(ugs.)*, verschlampen *(salopp)*; → einbüßen, → verlorengehen, → versäumen; → verschollen.
²**verlieren:** jmdn. v. → sterben; sich v. in → verfallen (in); die Scheu v. → lustig [werden].
Verlies: → Strafanstalt.
Verlobter: → Bräutigam.
verlocken: → verleiten.
Verlockung: → Anfechtung.
verlogen: → unredlich.
verloren: v. sein → abgewirtschaftet [haben].
verlorengehen, abhanden kommen, wegkommen, verschüttgehen *(ugs.)*; → verlieren, → weg.
verlosen: → losen.
Verlosung: → Ziehung.
verlöten: einen v. → trinken.
verlottern: → verwahrlosen.
verlumpen: → verwahrlosen.
Verlust: → Mangel.
verlustieren: sich v. → vergnügen (sich).
verlustig: v. gehen → verlieren.
vermachen: → hinterlassen, → schenken.
Vermächtnis: → Erbe.
vermählen: sich v. → heiraten.
Vermählung, Verbindung, Trauung, Kopulation; → Ehe; → heiraten.
vermasseln: → verderben.
vermauern: → verbarrikadieren.

[1]**vermehren,** mehren, äufnen *(schweiz.)*, aufblähen, aufblasen, aufstocken, anheben, verstärken; → ausdehnen, → fördern, → steigern, → verschärfen · Ggs. → abnehmen, → verringern.
[2]**vermehren:** sich v. → zunehmen.
vermeiden: → ausweichen.
vermeintlich: → anscheinend.
vermelden: → mitteilen.
vermengen: → mischen.
vermerken: → aufschreiben.
[1]**vermessen:** → messen; sich v. → erdreisten (sich).
[2]**vermessen:** → mutig.
vermickert: → karg.
vermiesen: → verleiden.
vermieten, verpachten, abvermieten.
Vermieter: → Hauswirt.
vermindern: → verringern; sich v. → abnehmen.
Verminderung: → Einschränkung.
vermischen: → mischen.
vermissen: → mangeln.
vermißt: → verschollen; v. werden → abwesend [sein].
vermitteln, sich einschalten, verhandeln, taktieren, intervenieren, sich ins Mittel legen, ein Wort einlegen für; → eingreifen; → Vermittler.
Vermittler, Mittler, Mittelsmann, Mittelsperson, Verbindungsmann, Makler; → Spion; → vermitteln.
vermöbeln: → schlagen.
vermodern: → faulen.
vermöge: → wegen.
vermögen: → erwirken, → können.
[1]**Vermögen,** Geld, Kapital, Reichtum, Mammon, Millionen, Finanzen, Groschen *(ugs.)*; → Zahlungsmittel; → sparen, → sparsam [sein], → verkaufen.
[2]**Vermögen:** → Besitz.
vermögend: → reich.
vermöglich: → reich.
vermummen: sich v. → verkleiden (sich).
vermurksen: → verderben.
vermuten, mutmaßen, wähnen, spekulieren, ahnen, etwas schwant jmdm. *(ugs.)*, annehmen, schätzen, sich etwas einbilden/zusammenreimen, tippen *(ugs.)*, [Lunte/den Braten] riechen *(salopp)*, etwas dünkt/[er]scheint jmdm./kommt jmdm. vor/mutet jmdn. an [wie], etwas wirkt [wie], rechnen mit, erwarten, [ein]kalkulieren, gefaßt sein/sich gefaßt machen auf, fürchten, befürchten; → Angst [haben], → ausrechnen, → beurteilen, → gewärtigen, → meinen, → merken, → voraussehen; → ungewiß, → vielleicht.
vermutlich: → anscheinend.
Vermutung: → Ahnung.
vernachlässigen: → versäumen.
Vernachlässigung: → Versäumnis.
vernadern: → verraten.
vernagelt: → stumpfsinnig.
vernarrt: → verliebt.
vernaschen: → koitieren.
vernehmbar: → laut.
vernehmen: → hören.
vernehmlich: → laut.
Vernehmung: → Verhör.
verneinen: → abstreiten.
verneinend: → unerfreulich.
vernichten: → besiegen, → zerstören.
verniedlichen: → bagatellisieren.
Vernunft, Verstand, Denkvermögen, Auffassungsgabe, Geist, Intellekt, Klugheit, Scharfsinn, Witz, Köpfchen *(ugs.)*, Grütze *(salopp)*, Grips *(salopp)*; → Erfahrung; **jmdn. zur V. bringen,** jmdn. zur Räson bringen; → denken · Ggs. → geistesgestört.
vernünftig: → zweckmäßig.
veröffentlichen: → edieren.
Veröffentlichung, Publikation, Publizierung; → Arbeit, → Mitteilung.
Verordnung: → Weisung.
verpaaren: sich v. → koitieren.
verpachten: → vermieten.
verpacken: → einpacken.
verpassen: → geben, → versäumen; jmdm. eine v. → schlagen.
verpatzen: → verderben.
verpesten: → verseuchen.
verpetzen: → verraten.
verpfeifen: → verraten.
verpfänden, als Pfand geben, ins Leihhaus bringen; → verkaufen.
Verpflanzung: → Transplantation.
verpflegen: → ernähren.
Verpflegung: → Nahrung.
verpflichten: → einstellen; sich v. → versprechen.
verpflichtend: → verbindlich.
verpflichtet: jmdm. v. sein → danken.
Verpflichtung: → Aufgabe, → Schuld.
verpfuschen: → verderben.
verpimpeln: → verwöhnen.
verpissen: sich v. → weggehen.
verplappern: sich v. → mitteilen.
verplaudern: → mitteilen.
verplempern: → durchbringen.
verpönen: → brandmarken.
verpönt: → unerfreulich.
verprassen: → durchbringen.
verprügeln: → schlagen.
verpulvern: → durchbringen.
verpusten: → Atem[schöpfen].
verputzen: → aufessen; nicht v. können → hassen.
verquasen: → verschwenden.
verquer: etwas kommt jmdm. v. → entgegenstehen.
verquickt: → komplex.
verquisten: → verschwenden.
verquollen: → aufgedunsen.
verrammeln: → verbarrikadieren.
verramschen: → verkaufen.
verraten, petzen *(ugs., abwertend)*, verpetzen *(ugs., abwertend)*, verpfeifen *(salopp)*, anbringen *(landsch.)*, verklagen *(landsch.)*, verschwatzen *(landsch.)*, verzinken *(salopp)*, anzeigen, denunzieren, preisgeben, [Straf]-

anzeige erstatten, angeben *(ugs.)*, vernadern *(östr.)*, verzeigen *(schweiz.)*; → mitteilen, → prozessieren.
Verräter, Zuträger, Petzer *(ugs., abwertend)*.
verrauchen: → vergehen.
verrauschen: → vergehen.
verrechnen: sich v. → irren (sich).
verrecken: → sterben.
verreden: sich v. → mitteilen.
verreisen: → reisen.
verreist: → unterwegs.
verrenken: sich etwas v. → verstauchen (sich etwas).
verrichten: → vollführen.
verriegeln: → abschließen.
[1]**verringern,** vermindern, herabmindern, schmälern, abmindern, verkleinern, gesundschrumpfen, dezimieren [ver]kürzen, reduzieren, herabsetzen, einschränken, streichen · *die Anwendung eines Medikamentes:* ausschleichen; → abnehmen, → hindern, → sparen · Ggs. → steigern, → vermehren, → zunehmen.
[2]**verringern:** → ermäßigen; sich v. → abnehmen.
verrinnen: → vergehen.
Verriß: → Besprechung.
verrohen: → verwahrlosen.
verrotten: → faulen.
verrucht: → anstößig.
verrückt: → geistesgestört, → überspannt; v. sein auf/nach → begierig [sein].
Verruf: in V. bringen → verleumden.
verrufen: → anrüchig.
[1]**Vers,** Blankvers, Knittelvers, Vierheber, Pentameter, Hexameter, Alexandriner, Zehnsilbler, Elfsilbler, Zwölfsilbler, freie Rhythmen; → Reim, → Versmaß; → dichten.
[2]**Vers:** → Gedicht, → Strophe.
versacken: → untergehen, → verwahrlosen.
[1]**versagen,** durchfallen *(ugs.)*, durchsausen *(salopp)*, durchrasseln *(salopp)*, nichts → können, nicht → bewältigen; → prüfen; → Enttäuschung.
[2]**versagen:** → ablehnen; sich etwas v. → abschreiben.
Versager, Taugenichts, Nichtsnutz, Niete *(abwertend)*, Flasche *(salopp, abwertend)*, Blindgänger *(abwertend)*.
Versagung: → Enttäuschung.
Versal: → Buchstabe.
versalzen: → sauer.
versammeln: sich v. → tagen.
Versammlung: → Tagung.
Versammlungsort, Tagungsort, Treffpunkt; → Tagung.
versanden: → wirkungslos [bleiben].
versauen: → beschmutzen, → verderben.
versaufen: → ertrinken, → verschwenden.
versäumen, vernachlässigen, verpassen, sich etwas entgehen lassen, leer ausgehen, das Nachsehen haben, in den Mond/in die Röhre gucken *(ugs.)*, verabsäumen, unterlassen, verfehlen, [sein] lassen, vergessen, nicht [im Kopf/Gedächtnis] behalten, jmdm. entfällt etwas, verschwitzen *(ugs.)*, versieben *(ugs.)*, verschusseln *(ugs.)*; → abschreiben, → ausweichen, → verlieren, → verspäten (sich); → Versäumnis.
Versäumnis, Unterlassung, Vernachlässigung; → versäumen.
versaut: → schmutzig.
verschachern: → verkaufen.
verschaffen: → beschaffen.
verschalen: → bespannen.
verschämt: → verlegen.
verschandeln: → verunstalten.
verschanzen: → verbarrikadieren.
verschärfen, verstärken, verschlechtern, verschlimmern; → vermehren.
verscharren: → bestatten.
verschaukeln: → betrügen.
verscheiden: → sterben.
Verschen: → Gedicht.
verschenken: → schenken.
verscherbeln: → verkaufen.
verscheuchen: → vertreiben.
verscheuern: → verkaufen.
verschicken: → schicken.
[1]**verschieben,** aufschieben, zurückstellen, hinausschieben, vertagen, verlegen, umlegen, umdisponieren, hinausziehen, verzögern, hinauszögern, verschleppen, in die Länge ziehen, auf die lange Bank schieben; → vertrösten; → hinhaltend; → Stundung.
[2]**verschieben:** → verkaufen.
verschieden, grundverschieden, unterschiedlich, anders; → gegensätzlich; → aber, → allerlei.
verschiedene: → einige.
verschiedenerlei: → allerlei.
verschiedentlich: → oft.
verschimmeln: → faulen.
verschissen: v. haben → unbeliebt [sein].
[1]**verschlafen:** → verspäten (sich).
[2]**verschlafen:** → müde.
Verschlag: → Haus.
[1]**verschlagen:** → schlagen.
[2]**verschlagen:** → schlau, → warm.
verschlampen: → verlieren, → verwahrlosen.
verschlechtern: → verschärfen.
verschleiern: → vertuschen.
verschleißen: → abnutzen.
verschleppen: → verschieben.
verschleudern: → verkaufen, → verschwenden.
verschließen: sich v. → abkapseln (sich); etwas v. → abschließen; sich einer Sache/gegen etwas v. → unzugänglich [sein].
verschlimmern: → verschärfen.
verschlingen: → aufessen, → lesen.
verschlossen: → aussichtslos, → unzugänglich.
verschlucken: → aufessen.
Verschluß: unter V. halten → aufbewahren.
verschmähen: → ablehnen.

verschmausen: → aufessen.
Verschmelzung: → Synthese.
verschmerzen: → ertragen.
verschmitzt: → schlau.
verschmutzt: → schmutzig.
verschnappen: sich v. → mitteilen.
verschnaufen: → Atem.
Verschnaufpause: → Pause.
Verschneidung: → Kastration.
verschneien: → einschneien.
Verschnittener: → Kastrat.
verschnupft: → gekränkt.
verschnüren: → einpacken.
verschollen, vermißt, abgängig *(östr.)*, überfällig, unauffindbar; → verlieren.
verschönern: → schmücken.
verschorfen: → antrocknen.
verschossen: v. sein → verliebt [sein].
verschroben: → seltsam.
verschrumpeln: → welken.
verschrumpelt, verhutzelt, hutzlig; → faltig.
verschüchtern: → einschüchtern.
verschüchtert: → ängstlich.
verschusseln: → versäumen.
verschüttgehen: → verlorengehen.
verschwägert: → verwandt.
verschwatzen: → verraten.
verschweigen: → schweigen.
verschwenden, vergeuden, verschleudern, aasen *(ugs.)*, verquisten *(ugs., landsch.)*, verquasen *(ugs., landsch.)* · *durch Trinken von Alkohol:* vertrinken, versaufen *(derb)*; → durchbringen, → verkaufen; → freigebig.
verschwenderisch: → freigebig, → üppig.
verschwendungssüchtig: → freigebig.
Verschwiegenheit, Zurückhaltung, Takt, Dezenz, Diskretion; → Bescheidenheit, → Höflichkeit; **unter dem Siegel der V.,** sub rosa, sub sigillo [confessionis], unter vier Augen, vertraulich, im Vertrauen, inoffiziell; → heimlich.
verschwinden: → weggehen; v. müssen → austreten [gehen].
verschwistert: → verwandt.
verschwitzen: → versäumen.
verschwollen: → aufgedunsen.
verschwommen: → unklar.
verschwören: sich v. → konspirieren.
Verschwörer: → Revolutionär.
Verschwörung, Konspiration, Unterwanderung, Komplott, Konjuration, Aufstand, Volksaufstand, Empörung, Umtriebe, Übergriff, Auswuchs, Erhebung, Aufruhr, Ausschreitung, Pogrom, Krawall, Tumult, Unruhen, Volkserhebung, Insurrektion, Revolution, Revolte, Staatsstreich, Putsch, Gewaltakt, Meuterei, Emeute, Umsturz, Subversion, Rebellion; → Arglist, → Aufruf, → Demonstration, → Spion, → Überfall, → Widerstand; → aufbegehren, → infiltrieren, → konspirieren; → umstürzlerisch.
Versdichtung: → Dichtung.
versehen: → geben; v. sein mit → haben.
Versehen: → Fehler.
versehentlich, fälschlich, irrtümlich; → falsch.
versehren: → verletzen.
Versemacher: → Schriftsteller.
versenden: → schicken.
versengen: → brennen.
versenken (sich in), sich vertiefen/sammeln/konzentrieren; → denken.
Versenkung, Betrachtung, Vertiefung, Versunkenheit, Beschaulichkeit, Kontemplation, Meditation, Nachdenken, Reflexion; → Ausspruch, → Darlegung; → beschaulich.
Verseschmied: → Schriftsteller.
versessen: v. sein auf → begierig [sein].
versetzen: → antworten, → verkaufen; nicht versetzt werden → wiederholen; in die Lage v. → möglich [machen].
verseuchen, vergiften, verpesten; → verderben; → Ansteckung.
Versfuß, Jambus, Trochäus, Daktylus, Anapäst, Spondeus; → Vers, → Versmaß.
versichern: → versprechen.
Versicherung, Assekuranz.
versickern: → fließen.
versieben: → versäumen.
versilbern: → verkaufen.
versinken: [in den Wellen/Fluten] v. → untergehen.
versippt: → verwandt.
versklavt: → unselbständig.
Versklavung: → Unfreiheit.
Versmaß, Rhythmus, Metrum, Takt; → Dichtung, → Epigramm, → Erzählung, → Gedicht, → Scherzgedicht, → Reim, → Strophe, → Vers; → dichten.
versoffen: → trunksüchtig.
versohlen: [den Hintern] v. → schlagen.
versöhnen: → bereinigen.
versöhnlich: → tolerant.
versonnen: → gedankenvoll.
versorgen: → geben, → pflegen.
versorgt: → unzufrieden.
verspachteln: → aufessen.
verspäten (sich), zu spät kommen, [die Zeit] verschlafen; → versäumen.
verspätet: → spät.
verspeisen: → aufessen.
versperren: → abschließen, → verbarrikadieren.
verspielen (sich), danebengreifen *(ugs.)*, falsch spielen, patzen *(ugs.)*.
versponnen: → unrealistisch.
verspotten: → schadenfroh [sein].
[1]**versprechen,** versichern, beteuern, geloben, [be]schwören, beeiden, an Eides Statt erklären, die Hand darauf geben, sich verpflichten, einen Eid leisten, zusichern, zusagen, in Aussicht stellen, verheißen; → festigen; → Zusicherung.
[2]**versprechen:** sich v. → mitteilen, → stottern.
Versprechen: → Zusicherung.
Versprechung: -en → Zusicherung.
verspüren: → fühlen.
verstaatlichen: → enteignen.

Verstand: → Vernunft; den V. verlieren, um den V. kommen → geistesgestört [sein].
verständig: → klug.
verständlich: → einleuchtend.
[1]**Verständnis,** Verstehen, Einfühlungsvermögen, Einfühlungsgabe.
[2]**Verständnis:** V. haben für → verstehen.
verständnislos: → unzugänglich.
verständnisvoll: → tolerant.
[1]**verstärken,** beschleunigen, forcieren, vorantreiben, Druck/Dampf dahintersetzen *(ugs.)*; → anstacheln, → fördern; → Entwicklung.
[2]**verstärken:** → vermehren, → verschärfen.
verstatten: → billigen.
verstaubt: → überlebt.
verstauchen (sich etwas), sich etwas verrenken/ausrenken/auskugeln/ *(landsch.)* auskegeln/ *(ugs.)* verknacksen, sich den Fuß vertreten.
verstauen: → unterbringen.
Versteck: → Zuflucht.
verstecken, verbergen, verdecken, verhüllen; → aufbewahren, → unterbringen.
versteckt: → latent.
[1]**verstehen,** Verständnis haben für, fassen, erfassen, begreifen, nachvollziehen, kapieren *(salopp)*, mitbekommen *(ugs.)*, mitkriegen *(ugs.)*, schalten *(ugs.)*, das habe ich gefressen *(salopp)*, es hat gefunkt *(salopp)*; → erkennen, → einfühlen (sich), → vorstellen (sich etwas); **nicht** v., das sind mir/für mich böhmische Dörfer.
[2]**verstehen:** → hören; v. als → beurteilen; zu v. geben → vorschlagen, → Hinweis [geben]; versteht sich → ja.
Verstehen: → Verständnis.
versteifen: sich v. → bestehen (auf), → steif [werden].
Versteigerung, Auktion, Lizitation, Gant *(schweiz.)*, Auflösung; → Zahlungsunfähigkeit.
verstellen: sich v. → vortäuschen.
verstellt: → aussichtslos.
versterben: → sterben.
verstiegen: → überspannt.
verstimmt: → gekränkt.
Verstimmung: → Ärger.
verstockt: → unzugänglich.
Verstocktheit: → Eigensinn.
verstohlen: → heimlich.
Verstopfung: → [Stuhl]verstopfung.
Verstorbener: → Toter.
verstört: → betroffen.
Verstoß, Verfehlung, Zuwiderhandlung, Übertretung, Vergehen, Untat, Missetat, Unrecht, [Tod]sünde, Sakrileg, Frevel, Freveltat, Delikt, Straftat, [Kapital]verbrechen; → Beleidigung, → Fehler, → Tötung, → Verbrecher; → sündigen.
verstoßen: → ausschließen.
verstreichen: → vergehen.
verstreuen, zerstreuen, umherstreuen, verteilen.
verstreut: → selten.
verstummen: → schweigen.
Versuch, Vorstoß, Anstrengung, Unternehmung, Kampagne; → Absicht, → Wagnis.
versuchen: → anstrengen (sich), → prüfen, → verleiten.
Versucher: → Teufel.
versucht: v. sein → wünschen.
Versuchung: → Anfechtung; in V. führen → verleiten.
versumpfen: → verwahrlosen.
versündigen: sich v. → sündigen.
versunken: → gedankenvoll.
Versunkenheit: → Versenkung.
vertagen: → verschieben.
vertauschen: → tauschen.
Vertauschung: → Verwechslung.
verteidigen: → behüten; sich v. → wehren (sich).
Verteidigung: → Prüfung.
verteilen: → teilen, → verstreuen.
verteufeln: → verleumden.
verteufelt: → verdammt.
vertiefen: sich v. → versenken (sich).
vertieft: → gedankenvoll.
Vertiefung: → Grube, → Versenkung.
vertilgen: → aufessen, → ausrotten.
vertobaken: → schlagen.
vertonen, komponieren, in Musik/Töne setzen, instrumentieren, arrangieren; → Komponist.
vertrackt: → schwierig.
Vertrag: → Abmachung.
[1]**vertragen** (sich), mit jmdm. auskommen, sich nicht zanken; → friedfertig · Ggs. → schelten.
[2]**vertragen:** → bekömmlich [sein], → ertragen.
verträglich: → bekömmlich, → friedfertig.
vertrauen: → glauben.
Vertrauen: → Hoffnung; V. genießen → glauben; im V. → Verschwiegenheit.
vertrauensselig: → gutgläubig.
vertrauensvoll: → gutgläubig.
vertraulich: → Verschwiegenheit.
verträumt: → gedankenvoll, → unrealistisch.
Vertrauter: → Freund.
[1]**vertreiben,** austreiben, treiben, verjagen, jagen aus/von, wegjagen, fortjagen, verscheuchen, scheuchen; → ausweisen, → entfernen, → entlassen.
[2]**vertreiben:** → verkaufen.
vertreten: → helfen; sich den Fuß v. → verstauchen (sich etwas).
Vertreter: → Stellvertreter.
Vertriebener: → Auswanderer.
vertrimmen: → schlagen.
vertrinken: → verschwenden.
vertrocknen: → welken.
vertrocknet: → trocken.
vertrösten, hinhalten; → verschieben.
vertun: → durchbringen.
vertuschen, verschleiern, zudecken; → lügen, → schweigen, → vortäuschen.

verübeln: → übelnehmen.
verulken: → aufziehen.
veruneinigen: sich v. → entzweien (sich).
verunfallen: → verunglücken.
verunglimpfen: → verleumden.
[1]**verunglücken,** zu Schaden kommen, Schaden nehmen, einen Unfall haben/ *(salopp)* bauen, verunfallen *(schweiz.)*; → Not, → Unglück.
[2]**verunglücken:** → scheitern.
verunmöglichen: → hindern.
verunreinigen: → beschmutzen.
verunschicken: → einbüßen.
verunstalten, verschandeln, entstellen, verunzieren, verhunzen *(abwertend)*; → beschädigen.
Verunstaltung: → Zerrbild.
veruntreuen: → wegnehmen.
Veruntreuung: → Diebstahl.
verunzieren: → verunstalten.
verursachen, bewirken, hervorrufen, herbeiführen, erwecken, herausfordern, heraufbeschwören, etwas in Bewegung setzen, ins Rollen bringen, etwas bedingt etwas, vom Zaune brechen, provozieren, zur Folge haben, auslösen, evozieren; → anstacheln, → aufwiegeln, → überreden, → verknüpfen, → verleiten, → zuraten; → Erfolg.
[1]**verurteilen,** aburteilen, schuldig sprechen, für schuldig erklären/befinden, das Urteil/einen Spruch fällen, ein Urteil ergehen lassen/[aus]sprechen, verdonnern *(salopp)*, verknacken *(salopp)*; → beanstanden.
[2]**verurteilen:** → brandmarken.
Verurteilung: → Bann.
Verve: → Temperament.
Vervielfältigung: → Nachahmung.
vervollkommnen: → vervollständigen.
vervollständigen, komplettieren, vervollkommnen, perfektionieren, ergänzen, abrunden, hinzufügen, nachtragen; → ausdehnen; → verbessern, → verbünden (sich), → verknüpfen; → ganz.
verwachsen, bucklig, krumm, schief, mißgestaltet, verkrüppelt, krüppelig; v. **sein,** einen Ast haben *(salopp, landsch.)*.
verwahren: → aufbewahren; sich v. gegen → abstreiten.
verwahrlosen, herunterkommen, verkommen, verfallen, verlottern, abwirtschaften, verlumpen, verschlampen, versacken, versumpfen, auf den Hund kommen *(ugs.)*, verwildern, verrohen, abstumpfen; → abgewirtschaftet, → anstößig.
Verwahrung: in V. nehmen → aufbewahren.
Verwaltung: → Amt, → Regie.
Verwaltungsbezirk, Bezirk, [Land]kreis, Departement, Distrikt, Gouvernement, Provinz, Sprengel · *kirchlicher:* Diözese.
verwamsen: → schlagen.
verwandeln: → ändern.
verwandt, versippt, verschwägert, zur Familie gehörend, verschwistert.
Verwandter: → Angehöriger.
Verwandtschaft: → Familie.
verwässern: → verdünnen.
verwechseln: → tauschen.
Verwechslung, Vertauschung · *einer Sache mit einer andern:* Quidproquo · *einer Person mit einer andern:* Quiproquo; → Ersatz.
verwegen: → mutig.
verwehren: → hindern, → verbieten.
verweichlichen: → verwöhnen.
verweigern: → ablehnen.
verweilen: → weilen.
Verweis: → Vorwurf.
verweisen: → ausschließen, → ausweisen; v. auf → hinweisen (auf).
verwelken: → welken.
verwelkt: → trocken.
verweltlichen: → enteignen.
verwenden: → anwenden; sich v. für → fördern.
Verwendung: → Gebrauch; V. haben für → anwenden.
verwerflich: → abscheulich.
verwerten: → anwenden, → ausnutzen.
verwesen: → faulen.
verwichsen: → schlagen.
verwickelt: → komplex, → schwierig.
verwildern: → verwahrlosen.
verwirken: → verlieren.
[1]**verwirklichen,** realisieren, in die Tat umsetzen, erledigen, tätigen, übernehmen, ausführen, verrichten, vollziehen, wahr machen, zustande/zuwege bringen, leisten, fertigbringen, auf sich nehmen, etwas auf die Beine stellen/bringen *(ugs.)* · *ein Urteil:* vollstrecken; → bewältigen, → bewerkstelligen, → handhaben, → können, → möglich [machen], → veranstalten; → Tat.
[2]**verwirklichen:** etwas verwirklicht sich → eintreffen.
[1]**verwirren,** irremachen, beirren, irritieren, durcheinanderbringen, beunruhigen, derangieren, umtreiben, in Verwirrung/Unruhe versetzen, in Verlegenheit/aus der Fassung/aus dem Gleichgewicht/aus dem Text bringen, unsicher/kopfscheu machen; → anregen; → betroffen; → Unrast.
[2]**verwirren:** → einschüchtern.
verwirrt: → betroffen.
[1]**Verwirrung,** Konfusion, Durcheinander, Wirrwarr, Tohuwabohu; → Not.
[2]**Verwirrung:** in V. bringen → verwirren.
verwöhnen, verziehen, verhätscheln, verzärteln, verweichlichen, verpimpeln *(ugs.)*, bepummeln *(ugs.)*; → pflegen.
verwöhnt: → wählerisch.
verworfen: → anstößig.
verworren, dunkel, unklar, schwer verständlich, unverständlich, abstrus; → unklar.
verwunden: → kränken, → verletzen.
verwundert: → überrascht.
Verwunderung: in V. setzen → befremden.
Verwundung: → Wunde.
verwünschen: → brandmarken.
Verwünschung: → Bann.
verwüsten: → zerstören.

verzagen, verzweifeln, den Mut verlieren/sinken lassen, die Hoffnung aufgeben.
verzagt: → mutlos.
Verzagtheit: → Trauer.
verzahnen: → verknüpfen.
verzanken: sich v. → entzweien (sich).
verzärteln: → verwöhnen.
verzaubern: → bezaubern.
verzehren: → essen.
verzeichnen: → buchen.
Verzeichnis, Liste, Index, Katalog, Konspekt, Manuale, Handbuch, Kladde, Matrikel, Zusammenstellung, Syllabus, Tabelle, Inventar, Register, Kalendarium; → Prospekt, → Sammlung.
verzeigen: → verraten.
verzeihen, entschuldigen, vergeben, jmdm. etwas nachsehen; → nachgeben.
Verzeihung: → Begnadigung; um V. bitten → entschuldigen (sich).
verzerren, karikieren; → anführen.
Verzerrung: → Zerrbild.
Verzicht: → Entsagung.
verzichten: → abschreiben.
verziehen: → verwöhnen; sich v. → weggehen.
verzieren: → schmücken.
verzinken: → verraten.
verzögern: → verschieben.
verzuckern: → zuckern.
Verzückung: → Lust.
verzweifeln: → verzagen.
verzweifelt: → mutlos.
verzweigt: → komplex.
verzwickt: → schwierig.
Vesper: → Essen.
vespern: → essen.
Veterinär, Tierarzt; → Arzt.
Veto: → Einspruch.
Vettel: → Frau.
Vetternwirtschaft, Nepotismus, Patronage, Günstlingswirtschaft, Protektion; → fördern.
Viadukt: → Brücke.
Vibraphon: → Schlaginstrument.
viel: → reichlich; -e → einige.
Vielehe: → Ehe.
vielerlei: → allerlei.
vielfach: → oft.
vielfältig: → oft.
[1]**vielleicht,** eventuell, unter Umständen, möglicherweise, womöglich, wenn es geht, gegebenenfalls, notfalls, allenfalls, allfällig *(östr., schweiz.)*; → anscheinend, → etwaig, → tunlichst, → ungewiß; → vermuten.
[2]**vielleicht:** → ungefähr.
vielmehr, mehr, eher, lieber, im Gegenteil.
vielseitig: v. sein → aufgeschlossen [sein].
Vielweiberei: → Ehe.
Vielzahl: → Anzahl.
vier: in seinen v. Wänden → Privatleben; unter v. Augen → Verschwiegenheit.
Vierbeiner: → Hund.
Vierheber: → Vers.
vierschrötig: → athletisch.
vigilant: → schlau.
Vikar: → Geistlicher.
Viktualien: → Lebensmittel.
Villa: → Haus.
Viola: V. [da gamba] → Streichinstrument.
Violine: → Streichinstrument.
Violoncello: → Streichinstrument.
Violone: → Streichinstrument.
Virgel: → Satzzeichen.
Virginität, Jungfräulichkeit, Keuschheit, Unberührtheit, Unschuld; → Hymen; → deflorieren.
viril: → männlich.
virtuose: → meisterhaft.
Virus: → Krankheitserreger.
Visage: → Gesicht.
vis-à-vis: → gegenüber.
Vision: → Einbildung.
Visite: → Besuch; V. machen → besuchen.
viskös: → träge.
visuell: → optisch.
Visum, Sichtvermerk; → Ausweis.
vital: → lebhaft.
Vitalität: → Temperament.
vivisezieren: → öffnen.
Vize: → Stellvertreter.
V-Mann: → Auskundschafter.
[1]**Vogel,** Matz, Piepmatz *(Kinderspr.)*, Piepvogel *(Kinderspr.)*; → Sperling.
[2]**Vogel:** einen V. haben → geistesgestört [sein].
Vogelkunde, Ornithologie.
vögeln: → koitieren.
Vogelschauer: → Wahrsager.
Vokabel: → Begriff.
Vokalist: → Sänger.
Volant: → Besatz.
Voliere: → Käfig.
[1]**Volk,** Nationalität, Nation, Völkerschaft, [Volks]stamm, Staat; → Nationalismus.
[2]**Volk:** → Menge.
Völkerkunde, Ethnologie; → Volkskunde.
Völkerschaft: → Volk.
Volksaufstand: → Verschwörung.
Volksbefragung: → Umfrage.
Volksdemokratie: → Herrschaft.
Volkserhebung: → Verschwörung.
Volkskunde, Folklore; → Völkerkunde.
Volkspolizei: → Polizist.
Volkspolizist: → Polizist.
Volksschule: → Schule.
Volksstamm: → Volk.
Volkstanz: → Tanz.
volkstümlich: → beliebt.
volksverbunden: → beliebt.
Volksverführer: → Hetzer.
Volksvertreter: → Abgeordneter.
[1]**voll,** dicht gedrängt, proppenvoll *(salopp)*; v. sein, überfüllt sein, kein Apfel kann zur Erde fallen.
[2]**voll:** → betrunken, → satt; v. und ganz → ganz; nicht für v. nehmen → mißachten.
volladen: → laden.
vollauf: → ganz.
vollaufen: sich v. lassen → betrinken (sich).

vollbeschäftigt, ausgelastet, ausgebucht; → fleißig; → arbeiten.
vollblütig: → lebhaft.
vollbringen: → bewältigen.
[1]**vollenden,** zu Ende führen, fertigmachen, fertigstellen.
[2]**vollenden:** sein Leben/Dasein v. → sterben.
vollendet: → meisterhaft.
Vollendung: in höchster V. → schlechthin.
vollführen, aufführen, verrichten, tun, machen.
vollfüllen: → tanken.
völlig: → ganz.
volljährig, großjährig, majorenn, mündig; → geschlechtsreif, → reif; → Jüngling, → Mädchen.
vollkommen: → ganz, → meisterhaft.
Vollmacht: → Berechtigung.
vollpacken: → laden.
vollschlank: → dick.
vollschmieren: → beschmutzen.
vollschütten: → tanken.
vollspritzen: → beschmutzen.
vollständig: → ganz.
vollstrecken: → verwirklichen.
volltrunken: → betrunken.
vollziehen: → verwirklichen.
Vollzug: → Koitus.
Vollzugsanstalt: → Strafanstalt.
Volumen: → Fassungsvermögen.
voluminös: → dick.
vomieren: → übergeben (sich).
Vomitio: → Erbrechen.
Vomitus: → Erbrechen.
von [...her]: → wegen.
vonstatten: v. gehen → geschehen.
Vopo: → Polizist.
vor: → wegen.
vorab: → zunächst.
Vorahnung: → Ahnung.
[1]**vorangehen,** vorankommen, vorwärtsgehen, vorwärtskommen, weiterkommen, Fortschritte machen, vom Fleck kommen *(ugs.)*, etwas fleckt/flutscht *(ugs., landsch.)*; → werden (etwas).
[2]**vorangehen:** → vorwegnehmen.
vorankommen: → vorangehen.
vorantreiben: → verstärken.
vorausahnen: → voraussehen.
vorausberechnen: → ausrechnen.
vorausbestellen: → bestellen.
vorausgesetzt: → erfunden.
Voraussage, Vorhersage, Prognose, Prophezeiung, Weissagung, Orakel, Offenbarung, Manifestation; → Ausspruch.
voraussagen: → voraussehen.
voraussehen, vorausahnen, vorhersehen, absehen, vorhersagen, voraussagen, prophezeien, wahrsagen, die Zukunft deuten, sich etwas denken [können], sich etwas ausrechnen/ *(ugs.)* an den zehn Fingern abzählen können, kommen sehen, unken *(salopp)*, schwarzsehen, den Teufel an die Wand malen; → auslegen, → merken, → vermuten; → Astrologie.
Voraussetzung: → Grundlage.
voraussetzungslos: → vorbehaltlos.
Voraussicht: aller V. nach → anscheinend.
voraussichtlich: → anscheinend.
Vorbau: → Busen.
Vorbehalt, Einschränkung, Bedingung, Auflage; → vorbehaltlos.
vorbehaltlos, bedingunslos, voraussetzungslos; → anstandslos; → Vorbehalt.
vorbei: → überlebt.
vorbeibenehmen: sich v. → benehmen (sich).
vorbeigehen: → vergehen.
vorbeikommen: → besuchen.
vorbelastet: → parteiisch.
Vorbemerkung: → Vorwort.
vorbereiten: → bereitstellen.
Vorbereitung: ohne V. → improvisiert.
vorbeugend, prophylaktisch, krankheitsverhütend, auf Verdacht *(ugs., scherzh.)*.
Vorbild: → Muster.
vorbildlich, mustergültig, musterhaft, beispielhaft, exemplarisch, nachahmenswert, unnachahmlich; → kennzeichnend.
Vorbote: → Anzeichen.
vorbringen: → mitteilen.
vordem: → vorher.
vordergründig, durchschaubar, durchsichtig, positivistisch · Ggs. → hintergründig.
vorderhand: → zunächst.
Vorderseite · *eines Gebäudes:* Fassade, Front, Stirnseite · *beim Stoff:* Oberseite, rechte Seite · Ggs. → Rückseite.
vorehelich: → unehelich.
voreilig: → schnell.
Voreiligkeit: → Ungeduld.
voreingenommen: → parteiisch.
Voreingenommenheit: → Vorurteil.
vorenthalten: jmdm. etwas v. → aufbewahren.
vorerst: → zunächst.
vorerwähnt: → obig.
Vorfahr: → Angehöriger.
Vorfall: → Ereignis.
vorfallen: → geschehen.
vorfinden: → finden.
Vorführdame: → Mannequin.
Vorgang, Prozeß, Verlauf, Ablauf, Hergang, Gang, Lauf; → Ereignis; → geschehen.
vorgaukeln: → vortäuschen.
vorgeben: → vortäuschen; wie man vorgibt → angeblich.
vorgeblich: → angeblich.
vorgehen: → geschehen, → verfahren; v. gegen → hindern.
Vorgehen: → Strategie.
vorgenannt: → obig.
Vorgesetzter: → Arbeitgeber.
vorgestellt: → gedacht.
vorhaben, beabsichtigen. bezwecken, den Zweck haben/verfolgen, die Absicht haben, planen, sich etwas vornehmen/vorsetzen/zum Ziel setzen/in den Kopf setzen, abzielen/hinzielen auf, sich mit dem Gedanken tragen, ins Auge fassen, im Auge haben,

[ge]denken [zu tun], im Sinne haben/tragen, sinnen auf, im Schilde führen; → entschließen (sich), → entwerfen, → wünschen; → absichtlich; → Absicht.
Vorhaben: → Absicht.
vorhalten: → schelten.
Vorhaltung: → Vorwurf.
vorhanden: → wirklich; v. sein → existieren.
Vorhang: → Gardine.
Vorhaut, Präputium · *bei verengter:* Phimose; → Glans.
vorher, zuvor, vordem, davor, nicht → jetzt; → damals, → längst.
Vorherbestimmung: → Schicksal.
Vorherrschaft, Übergewicht, Vorrangstellung, Überlegenheit, Hegemonie, Prävalenz, Dominanz, Prädomination.
Vorhersage: → Voraussage.
vorhersagen: → voraussehen.
vorhersehen: → voraussehen.
vorhin: → kürzlich.
vorig, letzt, vergangen; → altmodisch, → überlebt.
Vorkämpfer, Pionier, Avantgardist, Avantgarde, Protagonist; → fortschrittlich.
vorkämpferisch: → fortschrittlich.
Vorkehrung: -en treffen → sichern.
vorknöpfen: sich jmdn. v. → schelten.
[1]**vorkommen,** auftreten, erscheinen, aufscheinen *(östr.)*; → begegnen.
[2]**vorkommen:** → existieren; es kommt jmdm. vor → vermuten.
Vorkommnis: → Ereignis.
vorladen: → beordern.
Vorlage: → Grundlage, → Muster.
vorläufig: → zunächst.
vorlaut: → frech.
vorlegen: → zahlen; den Riegel v. → abschließen.
Vorleger: → Teppich.
vorlesen: → sprechen.
Vorlesung: → Rede, → Unterricht; V. halten → lehren.
Vorliebe: → Neigung.
vorliebnehmen: → zufriedengeben (sich).
vormachen: → lehren, → vortäuschen.
vormalig: → gewesen.
vormals: → damals.
vormittags: → morgens.
Vormittagsveranstaltung, Morgenvorstellung, Matinee.
vorn: von v. bis hinten → A bis Z.
Vorname, Rufname, Taufname, Kosename, Koseform; → Familienname, → Spitzname.
vornehm: → geschmackvoll.
vornehmen: → vorhaben; sich etwas v. → entschließen (sich); sich jmdn. v. → schelten.
Vornehmheit, Noblesse, Adel, Edelsinn, Würde, Stolz, Hoheit, Grandezza, Majestät, Unantastbarkeit, Höhe, Erhabenheit, Distinktion, Individualität, Menschenwürde.
Vorort, Vorstadt, Grüngürtel, Bannmeile, Stadtrand, Weichbild, Trabantenstadt, Hinterland, Vorwerk.
Vorrangstellung: → Vorherrschaft.
Vorrat, Rücklage, Fonds, Topf *(ugs.)*, Potential, Reserve, Material, Menge, Stock, Lager, Store, Supply · *an einstudierten, aufführungsbereiten Stücken:* Repertoire; → Beitrag, → Ersatz, → Fassungsvermögen, → Warenlager.
Vorraum: → Diele.
Vorrecht, Ausnahme, Privileg, Domäne, Monopol; → Anspruch.
Vorrede: → Vorwort.
Vorsatz: → Absicht.
Vorschein: zum V. kommen → entstehen.
vorschieben: den Riegel v. → abschließen.
vorschießen: → zahlen.
[1]**Vorschlag,** Empfehlung, Rat, Ratschlag · *negativ empfundener:* Ansinnen, Zumutung; → Angebot, → Hinweis.
[2]**Vorschlag:** den/einen V. machen → vorschlagen.
vorschlagen, einen Vorschlag machen, anregen, eine Anregung geben, [an]raten, einen Rat geben/erteilen, [an]empfehlen, jmdm. etwas ans Herz legen, nahelegen, zu verstehen geben, beibringen *(ugs.)*, beibiegen *(salopp)*; → anordnen, → zuraten; → Angebot, → Hinweis, → Vorschlag.
vorschnell: → schnell.
Vorschrift: → Weisung.
vorschützen: → vortäuschen.
vorschwindeln: jmdm. etwas v. → lügen.
vorsehen: → ansetzen.
Vorsehung: → Schicksal.
vorsetzen: → auftischen; sich etwas v. → vorhaben.
Vorsicht: → Achtsamkeit.
vorsichtig: → behutsam; v. sein → verfahren.
vorsichtshalber, für/auf alle Fälle.
vorsingen: → vortragen.
vorsintflutlich: → altmodisch.
vorspiegeln: → vortäuschen.
Vorspiel: → Vorwort.
vorspielen: → vortragen.
vorsprechen: → besuchen.
Vorstadt: → Vorort.
Vorstand: → Arbeitgeber.
vorstehen (einer Institution), leiten, führen, dirigieren; → Arbeitgeber.
vorstehend: → obig.
Vorsteher: → Arbeitgeber.
Vorsteherdrüse: → Prostata.
[1]**vorstellen** (sich etwas), sich etwas ausmalen/denken/ins Bewußtsein bringen, sich einen Begriff/eine Vorstellung machen von, sich etwas vergegenwärtigen/vor Augen führen (oder:) halten, sich einer Sache bewußt werden, sich ein Bild machen von, realisieren; → erkennen, → merken, → verstehen.
[2]**vorstellen:** → bedeuten; vorgestellt werden → kennenlernen.
vorstellig: v. werden → bitten.

Vorstellung: → Aufführung, → Einbildung; sich eine V. machen von → vorstellen (sich etwas).
Vorstoß: → Versuch.
vorstrecken: → zahlen.
Vorstufe: → Grundlage.
[1]**vortäuschen,** heucheln, vorgeben, vorspiegeln, vorgaukeln, weismachen *(abwertend)*, vormachen *(abwertend)*, sich verstellen, so tun als ob, sich stellen [als ob], simulieren, vorschützen; → anführen, → äußern (sich), → lügen, → vertuschen.
[2]**vortäuschen:** vorgetäuscht → erfunden.
Vorteil, Nutzen, Profit, Plus; → Chance, → Ertrag; → erfreulich, → nützlich · Ggs. → Mangel.
vorteilhaft: → erfreulich.
Vortrag: → Rede.
[1]**vortragen,** vorspielen, vorsingen, etwas zum besten geben.
[2]**vortragen:** → mitteilen, → sprechen.
Vortragender: → Redner.
vortrefflich: → trefflich.
vorübergehen: → vergehen.
vorübergehend, flüchtig, kurz, von kurzer Dauer, für kurze Zeit, temporär, zeitweilig, zeitweise, passager; → kurz, → manchmal, → vergänglich, → zunächst; → Ereignis.
Vorurteil, Voreingenommenheit, Parteilichkeit, Befangenheit, Einseitigkeit, Engherzigkeit; → Abneigung, → Spießer, → Unduldsamkeit; → engherzig · Ggs. unparteiisch.
vorurteilsfrei: → aufgeklärt.
vorurteilslos: → aufgeklärt.
Vorurteilslosigkeit: → Objektivität.
Vorwand: → Ausflucht.
vorwärtsgehen: → vorangehen.
vorwärtskommen: → vorangehen, → werden (etwas).
Vorwärtskommen: → Aufstieg.
vorwegnehmen, antizipieren, zuvorkommen, vorangehen · Ggs. → überlebt.
Vorweihnachtszeit: Adventszeit.
vorwerfen: jmdm. erwas v. → schelten.
Vorwerk: → Vorort.
vorwiegend: → oft.
vorwitzig: → frech.
Vorwort, Prolog, Geleitwort, Einleitung, Einführung, Vorrede, Vorspiel, Vorbemerkung; → Ratgeber · Ggs. → Nachwort.
[1]**Vorwurf,** Beanstandung, Ausstellung, Bemängelung, Monitum, Vorhaltung, Anwurf, Tadel, Rüge, Verweis, Rüffel, Anpfiff *(ugs.)*, Anschnauzer *(ugs.)*, Zigarre *(salopp)*, Anschiß *(derb)*; → Aufruf.
[2]**Vorwurf:** Vorwürfe machen → schelten.
vorzeitig, vor der Zeit, verfrüht, zu → früh.
vorziehen: → bevorzugen.
Vorzug: den V. geben → bevorzugen.
vorzüglich: → trefflich.
votieren: → auswählen, → wählen.
Votum: → Urteil.
Votze: → Vagina.
Voyeur: → Zuschauer.
vulgär: → gewöhnlich.
Vulgärsprache: → Ausdrucksweise.
Vulva, Scham, Möse *(vulgär)*; → Genitalien, → Vagina.

W

wabbelig: → weich.
wach, munter, hellwach · Ggs. → müde; **w. werden,** erwachen, aufwachen · Ggs. → einschlafen; **w. sein,** wachen, wach liegen, keinen Schlaf finden, kein Auge zutun können *(ugs.)*, aufsein, aufsitzen, aufbleiben, nicht → schlafen.
wachen: → wach [sein].
Wachmann: → Polizist.
wachsam, hellhörig, aufmerksam, achtsam; → Achtsamkeit; → achtgeben.
Wachsamkeit: → Achtsamkeit.
wachsbleich: → blaß.
wachsen: → gedeihen.
Wachstum: → Entwicklung.
Wächter, Hüter, Aufseher, Wärter, Pfleger; → pflegen.
Wachtmeister: → Polizist.
wackeln: → schütteln, → schwingen.
wacker: → ehrenhaft.
Wadenstrumpf: → Strumpf.
Waffe: → Schußwaffe; die -n strecken → nachgeben; zu den -n eilen → Soldat [werden]; zu den -n rufen → einberufen.
Wagemut: → Mut.
wagemutig: → mutig.
wagen, sich trauen/getrauen, sich unterstehen, riskieren, ein Risiko eingehen, etwas aufs Spiel setzen, sein Leben einsetzen; → entschließen (sich); → Wagnis.
[1]**Wagen,** Gefährt, Leiterwagen, Karren, Karre, Handwagen, Blockwagen *(landsch.)*, Bollerwagen *(landsch.)*; → Kutsche.
[2]**Wagen:** → Auto.
waghalsig: → mutig.
Wagner, Stellmacher *(nordd.)*.
Wagnis, Risiko, Experiment; → Versuch; → wagen.
Wahl: die W. treffen, jmds. W. fällt auf → auswählen; nach W. → beliebig.
[1]**wählen,** stimmen für, optieren, votieren; → entschließen (sich).
[2]**wählen:** → auswählen.

wählerisch, verwöhnt, mäklig *(ugs.)*, kiesetig *(berlin.)*, heikel *(südd.)*, schleckig *(landsch.)*, schnäkisch *(südd.)*, schnaukig *(landsch.)*, schnäubig *(hess.)*, krüsch *(hamburg.)*; → empfindlich.
Wahlspruch: → Ausspruch.
Wahn: → Einbildung.
wähnen: → vermuten.
wahnsinnig: → geistesgestört.
wahr: → aufrichtig, → richtig; w. machen → verwirklichen; w. sein → stimmen; etwas wird w. → eintreffen; im -sten Sinne des Wortes → schlechthin.
währen: → andauern.
während, bei, in, im Verlauf; → inzwischen.
währenddem: → inzwischen.
währenddessen: → inzwischen.
wahrhaft: → aufrichtig.
wahrhaftig: → aufrichtig, → wahrlich.
Wahrheit: es mit der W. nicht so genau nehmen, nicht bei der W. bleiben, nicht die W. sagen → lügen.
wahrlich, bestimmt, gewiß, in der Tat, weiß Gott, wahrhaftig; → erwartungsgemäß, → ja, → wirklich.
wahrnehmen, bemerken, gewahren, gewahr werden, innewerden, ansichtig werden, zu Gesicht/zu sehen bekommen; → erfahren, → finden, → hören, → merken, → sehen; → Augenlicht.
wahrsagen: → voraussehen.
Wahrsager, Prophet, [Hell]seher, Sterndeuter, Astrologe, Vogelschauer, Augur, Haruspex · *weiblicher:* Pythia, Sibylle, Kassandra, Kartenlegerin, Kartenschlägerin *(abwertend)*.
wahrscheinlich: → anscheinend.
Wahrscheinlichkeit: aller W. nach → anscheinend.
Währung: → Zahlungsmittel.
Wahrzeichen: → Abzeichen.
Wald, Waldung, Forst, Hain *(dichter.)*, Tann *(dichter.)*, Holz, Gehölz · *junger, geschützter:* Schonung; → Dickicht, → Schneise, → Urwald.
Waldung: → Wald.
Walhalla: → Himmel.
Wall: → Hürde.
Wallach: → Pferd.
wallen: → fließen, → fortbewegen (sich).
Walstatt: → Schlachtfeld.
wälzen: sich w. → rollen.
Wälzer: → Buch.
Wamme: → Leib.
Wampe: → Leib.
Wandel: → Veränderung.
wandelbar: → veränderlich.
wandeln: → ändern, → fortbewegen (sich).
wandern: → spazierengehen.
Wandlung: → Veränderung.
Wange, Backe, Backen *(landsch.)*; → Gesicht.
wankelmütig: → untreu.
wanken: → schwanken; nicht w. und weichen → standhalten.
Wanst: → Leib.
Wappenkunde: → Heraldik.
Ware: heiße W. → Raub.
Warenhaus: → Laden.
Warenlager, Lager[haus], Niederlage, Zeughaus, Magazin, Arsenal, Depot; → Vorrat.
[1]**warm,** heiß, mollig *(ugs.)*, bullenheiß *(salopp)*, lau[warm], überschlagen, verschlagen, handwarm, kuchenwarm, pudelwarm, nicht → kalt; **w. sein,** es ist wie im Backofen.
[2]**warm:** -er Bruder → Homosexueller; w. machen → heizen; w. werden → lustig [werden].
Wärme, Hitze, Glut[hitze], Schwüle, Bullenhitze *(salopp)*, Affenhitze *(salopp)*; → brennen, → schwitzen.
wärmen: → heizen.
warmherzig: → gütig.
warnen: → abraten.
[1]**warten,** erwarten, abwarten, zuwarten, sich gedulden, [aus]harren, sich anstellen, anstehen, [Schlange] stehen; → beharrlich; → Geduld, → Ungeduld, → Wartezeit.
[2]**warten:** → pflegen.
Wärter: → Wächter.
Wartezeit, Übergangszeit, Überbrückungszeit, Karenz[zeit], Durststrecke, Inkubationszeit; → Geduld; → warten.
waschecht: → echt.
[1]**waschen** (Wäsche), durchwaschen, durchziehen, auswaschen; → sauber.
[2]**waschen:** → säubern.
Waschlappen: ein W. sein → willensschwach [sein].
waschlappig: → willensschwach.
Wasen: → Rasen.
[1]**Wasser,** Naß *(scherzh.)* · *chemisch reines:* Aqua destillata.
[2]**Wasser:** → Gewässer, → Selters[wasser], → Urin; W. lassen → urinieren; aus dem W. ziehen → länden; mit allen -n gewaschen sein → schlau [sein].
Wassergeist: · *männlicher:* Wassermann, Neptun, Nöck, Triton · *weiblicher:* Wasserjungfrau, Meerjungfrau, Undine, Nixe, Seejungfrau, Nymphe, Najade, Nereide.
Wasserhose: → Wirbelwind.
Wasserjungfrau: → Wassergeist.
Wasserlauf: → Fluß.
Wassermann: → Wassergeist.
wassern: → landen.
wässern: → sprengen.
waten: → fortbewegen (sich).
Watsche: → Ohrfeige.
watscheln: → fortbewegen (sich).
Wauwau: → Hund.
WC: → Toilette.
Wechsel: → Veränderung.
Wechselgeld: → Geld.
wechselhaft: → veränderlich.
Wechseljahre: → Klimakterium.
wechseln: → tauschen; etwas wechselt → ändern.

wechselseitig, abwechselnd, gegenseitig, assoziativ, reziprok, mutual; → gegensätzlich, → ursächlich; → untereinander.
wechselvoll: → veränderlich.
Weck[en]: → Brötchen.
Weckruf: → Aufruf.
Wedel: → Schwanz.
Weekend: → Wochenende.
[1]**weg,** fort; → verlorengehen.
[2]**weg:** → unterwegs.
Weg: → Straße; aus dem -e gehen → ausweichen; in die -e leiten → anfangen; den W. verfehlen, vom -e abkommen/abirren → verirren (sich).
wegbleiben: weggeblieben sein → abwesend [sein].
wegbringen: → entfernen.
wegen, auf Grund, aufgrund, durch, infolge, angesichts, dank, kraft, vermöge, aus, vor, von [...her], auf [...hin], halber, um ...willen, [um...] zu, zwecks, ob, von wegen *(salopp)*; → deshalb.
wegfahren: → abgehen.
wegfliegen: → abgehen.
wegfließen: → fließen.
weggeben: → schenken.
weggehen, [davon]gehen, aufbrechen, sich entfernen/zurückziehen/absetzen/absentieren/trollen/aufmachen/ *(ugs.)* fortmachen/ *(ugs.)* auf die Strümpfe (oder:) Socken machen/ *(derb)* verpissen, den Staub von den Füßen schütteln, abhauen *(salopp)*, abzwitschern *(salopp)*, losziehen *(ugs.)*, Leine ziehen *(salopp)*, weglaufen, [davon]laufen, wegrennen, abzischen *(salopp)*, das Weite suchen, Fersengeld geben, ausrücken *(ugs.)*, ausreißen *(ugs.)*, Reißaus nehmen *(ugs.)*, ausbüxen *(ugs.)*, auskneifen *(salopp)*, auswichsen *(salopp)*, durchbrennen *(salopp)*, auskratzen *(salopp)*, die Kurve kratzen *(salopp)*, sich fortstehlen/fortschleichen / wegstehlen / davonstehlen / *(ugs.)* davonmachen/ *(ugs.)* aus dem Staube machen/ *(ugs.)* verkrümeln/ *(salopp)* verdrücken/ *(salopp)* verdünnisieren/ *(salopp)* dünnmachen/ *(salopp)* verziehen, verschwinden *(ugs.)*, stiftengehen *(salopp)*, verduften *(salopp)*; → fliehen, → fortbewegen (sich), → reisen, → trennen (sich); → Raub.
wegjagen: → vertreiben.
wegkehren: sich w. → abwenden.
wegkommen: → verlorengehen.
weglassen: → aussparen.
weglaufen: → weggehen.
Wegleitung: → Weisung.
[1]**wegnehmen,** [aus]rauben, [aus]plündern, brandschatzen, marodieren, [aus]räubern, [aus]räumen, nehmen, abnehmen, filzen *(ugs.)*, entreißen, entwinden, unterschlagen, veruntreuen, stehlen, bestehlen, erleichtern *(scherzh.)*, berauben, fleddern *(abwertend)*, Diebstahl begehen, mitnehmen, entwenden, klauen *(salopp)*, klemmen *(salopp)*, krallen *(salopp)*, kratzen *(salopp)*, stenzen *(salopp)*, lange/krumme Finger machen *(ugs.)*, atzeln *(landsch.)*, mitgehen heißen/lassen *(ugs.)*, in die Kasse greifen mausen *(ugs.)*, mopsen *(ugs.)*, stibitzen *(ugs.)*, strenzen *(landsch.)*, stripsen *(landsch.)*, striezen *(landsch.)*, ausführen *(ugs.)*, abstauben *(salopp)*, organisieren *(salopp)*, besorgen *(ugs.)*; → ablisten, → auswählen, → beschlagnahmen, → betrügen, → entfernen; → Diebstahl.
[2]**wegnehmen:** → entnehmen.
wegräumen: → entfernen.
wegrennen: → weggehen.
wegsacken: → untergehen.
wegschaffen: → entfernen.
wegschenken: → schenken.
wegschleudern: → werfen.
wegschmeißen: → wegwerfen.
wegstehlen: sich w. → weggehen.
wegtun: → wegwerfen.
wegweisend: → maßgeblich.
Wegweiser: → Ratgeber.
wegwerfen, wegtun, wegschmeißen *(salopp)*, aussondern, ausrangieren; → auswählen, → entfernen, → werfen.
wegwerfend: → abschätzig.
wegwischen: → säubern.
Wegzehrung: → Nahrung.
Weh: → Leid.
Wehklage: → Klage[lied].
wehklagen: → klagen.
wehleidig, zimperlich, klagend, jammernd; w. sein, nichts vertragen können, nichts abkönnen *(salopp, nordd.)*; → empfindlich; → klagen; → Klage[lied].
Wehmut: → Trauer.
wehmütig: → schwermütig.
Wehr: sich zur W. setzen → wehren (sich).
Wehrdienst: den W. [ab]leisten → Soldat [sein].
[1]**wehren** (sich), sich verteidigen/rechtfertigen/verantworten/zur Wehr setzen/seiner Haut wehren/ *(salopp)* auf die Hinterbeine stellen, Widerstand leisten, aufmucken; → behüten; → bestrafen.
[2]**wehren:** → hindern; sich w. → aufbegehren.
Wehrsold: → Gehalt.
Wehwehchen: → Krankheit.
Weib: → Ehefrau, → Frau.
Weibchen: → Frau.
Weiberfeind: → Junggeselle.
Weiberheld: → Frauenheld.
weibisch: → unmännlich.
weiblich, fraulich, feminin, nicht → männlich · Ggs. → zwittrig.
Weibsbild: → Frau.
Weibstück: → Frau.
[1]**weich,** samten, samtweich, seidenweich, pflaumenweich, unfest, butterweich, wabbelig, schwabbelig, quabbelig, breiig, teigig, nicht → fest; → biegsam, → schlaff.
[2]**weich:** → willensschwach.
Weichbild: → Vorort.
weichen: nicht wanken und w. → standhalten.
weichherzig: → gütig.

weichmachen: jmdn. w. → überreden.
Weide: → Wiese.
[1]**weiden,** hüten, beaufsichtigen.
[2]**weiden:** → essen; sich w. an → freuen.
Weidmann: → Jäger.
weigern: sich w. → ablehnen.
Weiher: → See.
Weihnachtsbaum, Christbaum, Tannenbaum · **den W. schmücken,** den [Weihnachts]baum putzen *(landsch.)* · **den W. abschmücken,** den [Weihnachts]baum abputzen *(berlin.)*.
weil, da.
weiland: → damals.
[1]**Weile,** Augenblick, Moment; → Frist, → Zeitraum.
[2]**Weile:** vor einer W. → kürzlich.
[1]**weilen,** verweilen, sich aufhalten, verbringen, verleben, sich befinden, zubringen, bleiben, verharren, sein, leben, wohnen, hausen, sitzen *(ugs.)*; → befinden (sich), → beherbergen, → bewohnen, → erleben, → übernachten, → übersiedeln; → besiedelt; → Wohnung.
[2]**weilen:** unter den Lebenden w. → leben.
Wein, Rebensaft, Gewächs, Spätlese, [Trocken]beerenauslese · *neuer:* Federweißer, Junger, Neuer, Heuriger *(bes. östr.)*, Most *(schwäb., schweiz.)*, Rauscher *(rhein.)* · *moussierender:* Schaumwein, Sekt, Champagner, Schampus *(ugs.)* · *mit Mineralwasser, Soda:* Schorle[morle], Gespritzter *(bes. östr.)*; → Alkohol, → Getränk, → Gewürzwein, → Weinbrand.
Weinbauer, Winzer.
Weinbrand, Kognak; → Alkohol, → Wein.
weinen, Tränen vergießen, in Tränen zerfließen, sich in Tränen auflösen, heulen *(ugs.)*, flennen *(ugs., abwertend)*, greinen *(ugs.)*, schluchzen, wimmern, winseln, pinsen *(landsch.)*, quengeln *(ugs.)*, wie ein Schloßhund heulen *(ugs.)*, Krokodilstränen weinen; → schreien · Ggs. → lachen.
Weinstube: → Gaststätte.
Weise: [Art und] W. → Manier; auf diese W. → so; in keiner W. → nein.
weisen: von sich w. → abstreiten.
Weisheit: → Erfahrung, → Heiterkeit.
weismachen: → vortäuschen.
weiß: → blaß, → grau; -e Maus → Polizist.
Weissagung: → Voraussage.
Weißbinder: → Böttcher, → Maler.
Weißeler: → Maler.
Weißer: → Maler.
Weißkäse, weißer Käse, Quark, Topfen *(bayr., östr.)*, Schotten *(bayr., östr.)*; → Schafkäse.
Weisung, Auftrag, Anweisung, Direktive, Verhaltensmaßregel, Wegleitung *(schweiz.)*, Ukas, Order, Unterrichtung, Instruktion, Reglement, Gebot, Geheiß, Aufforderung, Satzung, Statut, Anordnung, Diktat, Befehl, Kommando, Gesetz, Lex, Vorschrift, Mußvorschrift, Kannvorschrift, Verordnung, Regulativ, Edikt, Erlaß, Bestimmung, Mußbestimmung, Sollbestimmung, Kannbestimmung, Verfügung, Reskript, Dekret; → Abmachung, → Aufruf, → Propaganda, → Regel, → Regie, → Testament, → Unterricht, → Zwang.
weit: → fern, → geräumig; w. weg sein → fern [sein]; zu w. gehen → übertreiben.
weitab: → fern.
Weite: → Ausmaß; das W. suchen → weggehen.
weiter: bis auf -es → zunächst; ohne -es → anstandslos.
weitererzählen: → mitteilen.
weiterführen: → fortsetzen, → überliefern.
weitergeben: → schicken, → überllefern.
weiterhin: → später.
weiterkommen: → vorangehen.
weiterleiten: → schicken.
weitermachen: → fortsetzen.
weiterreichen: → schicken.
weitersagen: → mitteilen.
weiterverfolgen: → fortsetzen.
weitgehend: → generell.
weitherzig: → freigebig, → tolerant.
weithin: → generell.
weitläufig: → ausführlich.
weitschweifig: → ausführlich.
welfen: → gebären.
welk: → faltig, → trocken.
welken, verwelken, verblühen, abblühen, verdorren, vertrocknen, [zusammen]schrumpfen, [ver]schrumpeln, verkümmern, dahinsiechen, absterben; → abnehmen.
[1]**Welt,** Erde, Mundus; → Weltall.
[2]**Welt:** Fürst dieser W. → Teufel; ein Kind in die W. setzen → schwängern; etwas von der W. sehen → herumkommen; zur W./auf die W. kommen → geboren [werden]; Bretter, die die W. bedeuten → Theater.
Weltall, All, Weltraum, Kosmos, Makrokosmos, Universum; → Astronaut, → Welt.
Weltanschauung: → Denkweise.
weltbekannt: → bekannt.
weltberühmt: → bekannt.
Weltbrand: → Kampf.
Weltbürger, Kosmopolit; → Weltreisender.
Weltenbummler: → Weltreisender.
weltfremd: → unrealistisch.
Weltgeltung: von W. → bekannt.
weltgewandt: → gewandt.
Weltgewandtheit: → Erfahrung.
Weltkenntnis: → Erfahrung.
Weltkrieg: → Kampf.
weltläufig: → gewandt.
Weltläufigkeit: → Erfahrung.
weltlich, profan, säkular, irdisch, diesseitig, fleischlich, unheilig, nicht → sakral.
Weltmann, Gentleman, Kavalier, Gesellschafter; → Höflichkeit; → gewandt, → höflich.
weltmännisch: → gewandt.
Weltrang: von W. → bekannt.
Weltraum: → Weltall.

Weltraumfahrer: → Astronaut.

Weltreisender, Weltenbummler, Globetrotter, Schlachtenbummler; → Weltbürger.

Weltruf: von W. → bekannt.

Weltstadt: → Stadt.

weltweit: → allgemein.

wenden: sich w., den Rücken w. → abwenden; sich w. → umkehren.

Wendepunkt: → Höhepunkt.

wendig: → geschickt.

Wendung: → Redensart.

wenig: [herzlich] w. → klein; nicht w. → reichlich; zum -sten → wenigstens; das Wenigste → Minimum.

wenigstens, mindestens, zum wenigsten/mindesten, zumindest.

[1]**wenn,** falls, sofern, wofern, für den Fall/im Falle daß.

[2]**wenn:** → als.

wenn auch: → obgleich.

wenngleich: → obgleich.

wennschon: → obgleich.

Werbefeldzug: → Propaganda.

Werbekampagne: → Propaganda.

[1]**werben,** sich um jmdn. bewerben, Brautschau halten, auf Brautschau/Freiersfüßen gehen *(scherzh.)*, auf die Freite gehen *(ugs.)*, um jmdn. anhalten, einen Heiratsantrag machen; → heiraten.

[2]**werben:** w. um → flirten.

Werbeschrift: → Prospekt.

Werbespruch: → Anpreisung.

werbewirksam: → zugkräftig.

Werbung: → Propaganda.

Werdegang: → Laufbahn.

[1]**werden** (etwas), es zu etwas bringen, Karriere machen, sein Fortkommen finden, vorwärtskommen, auf die Beine fallen *(ugs.)*; → vorangehen.

[2]**werden:** → entstehen, → geraten.

Werder: → Insel.

[1]**werfen,** hinwerfen, [hin]schleudern, wegschleudern, katapultieren, [hin]schmeißen *(salopp)*, [hin]feuern *(salopp)*, [hin]pfeffern *(salopp)*; → wegwerfen.

[2]**werfen:** → gebären.

Werk: → Arbeit, → Buch.

werken: → arbeiten.

Werksittlichkeit: → Sorgfalt.

Werkstatt, Werkstätte, Atelier, Studio, Arbeitsraum.

Werkstätte: → Werkstatt.

Werktag, Wochentag, Alltag, Arbeitstag.

werktags: → wochentags.

Werkzeug: → Gerätschaft.

wert: → lieb.

wertbeständig: → bleibend.

werten: → beurteilen.

wertfrei: → unparteiisch.

wertneutral: → unparteiisch.

wertvoll: → erlesen.

[1]**Wesen,** Wesensart, Art, Gepräge, Gemütsart, Natur, Naturell, Charakter, Temperament, Eigenart, Veranlagung; → Bedeutung, → Denkweise, → Merkmal.

[2]**Wesen:** → Geschöpf; höchstes W. → Gottheit; Wesen[s] machen aus/von → übertreiben.

wesenhaft: → wichtig.

wesenlos: → grundlos.

Wesensart: → Wesen.

wesensgemäß: → kennzeichnend.

wesensgleich: → geistesverwandt.

Wesensgleichheit: → Identität.

wesentlich: → wichtig.

Westdeutschland: → Deutschland.

Wettbewerb: → Konkurrenz.

Wette: → Glücksspiel.

Wetteifer: → Konkurrenz.

wetteifern: w. mit → übertreffen.

Wetter[lage], Witterung, Klima.

wettern: → schelten.

wetterwendisch: → launisch.

Wettkampf: → Spiel.

Wettkämpfer: → Sportler.

wettmachen: → aufholen, → belohnen.

Wettspiel: → Spiel.

Wettstreit: → Konkurrenz.

wetzen: → fortbewegen (sich).

Wichs: → Kleidung; sich in W. werfen/schmeißen → schönmachen.

wichsen: → masturbieren.

Wicht: → Kind.

Wichtel[männchen]: → Zwerg.

[1]**wichtig,** belangvoll, folgenreich, folgenschwer, wesentlich, wesenhaft, substantiell, relevant, signifikant, nicht → unwichtig; → außergewöhnlich, → interessant, → maßgeblich; **w. sein,** eine Rolle spielen, eine Bedeutung/Gewicht haben, von Bedeutung/bedeutsam/von Wichtigkeit sein, ins Gewicht fallen, etwas wird großgeschrieben, jmdm. liegt etwas an jmdm./etwas, etwas liegt jmdm. an, etwas liegt jmdm. am Herzen, etwas ist jmds. Anliegen; → bedeuten, → betonen.

[2]**wichtig:** sich w. machen → übertreiben.

Wichtigkeit: von W. sein → wichtig [sein].

wichtigtuerisch: → dünkelhaft.

Wickelkind: → Kind.

Widder: → Schaf.

widerborstig: → unzugänglich.

Widerborstigkeit: → Eigensinn.

widerfahren: etwas widerfährt jmdm. → begegnen.

Widerhall, Resonanz, Echo; → schallen.

widerlich: → ekelhaft.

widernatürlich: → pervers.

widerraten: → abraten.

widerrechtlich: -e Aneignung → Diebstahl.

Widerruf, Zurücknahme, Sinneswechsel, Sinneswandel; → nachgeben.

widerrufen, zurücknehmen, revozieren; → absagen, → abstreiten, → antworten, → berichtigen.

Widersacher: → Gegner.

widersetzen: sich w. → aufbegehren.

widersetzlich: → unzugänglich.

Widersetzlichkeit: → Eigensinn.

widersinnig: → gegensätzlich.
widerspenstig: → unzugänglich.
Widerspenstigkeit: → Eigensinn.
widersprechen: → antworten.
widersprechend: → gegensätzlich.
Widerspruch: W. erheben → antworten.
widersprüchlich: → gegensätzlich.
Widerspruchsgeist: → Querulant.
widerspruchsvoll: → gegensätzlich.
[1]**Widerstand,** Obstruktion, Auflehnung; → Eigensinn, → Verschwörung.
[2]**Widerstand:** W. leisten → wehren (sich); ohne W. → widerstandslos.
widerstandsfähig, stabil, resistent, gefeit, unempfänglich, immun, nicht → anfällig; → biegsam, → stark, → wirkungslos; **w. machen,** immunisieren · Ggs. → veränderlich.
Widerstandskämpfer: → Partisan.
widerstandslos, kampflos, ohne Gegenwehr/Widerstand.
widerstehen: etwas widersteht jmdm. → schmecken.
widerstreben: einer Sache w. → unzugänglich [sein].
widerstrebend: → widerwillig.
widerwärtig: → ekelhaft.
Widerwärtigkeit: → Unannehmlichkeit.
Widerwille: → Abneigung; mit -n → widerwillig.
widerwillig, ungern, unlustig, widerstrebend, mit Widerwillen/Unlust; → ärgerlich.
[1]**widmen,** zueignen, dedizieren; → abgeben, → schenken, → spenden, → teilen.
[2]**widmen:** sich jmdm./einer Sache w. → befassen.
widrig: → böse.
wie: → als, → und.
[1]**wieder,** wiederum, abermals, nochmals, erneut, aufs neue, von neuem, da capo, neuerlich; → oft; → gedeihen, → wiederholen.
[2]**wieder:** immer w. → oft.
Wiederbelebung: → Neubelebung.
Wiedereinsetzung: → Wiederherstellung.
Wiedererstehen: → Neubelebung.
Wiedererweckung: → Neubelebung.
Wiedergabe: → Nachahmung.
Wiedergeburt: → Neubelebung.
wiedergutmachen: → belohnen, → einstehen (für).
Wiedergutmachung: → Ersatz.
Wiederherrichtung: → Wiederherstellung.
wiederherstellen: → erneuern, → gesund [machen].
Wiederherstellung, Wiederherrichtung, Rekonstruktion, Erneuerung, Reorganisation, Renovierung, Restauration, Instauration, Restitution, Reparatur, Rehabilitation, Rehabilitierung · *vergangener Zustände:* Repristination · *der Gesundheit:* Gesundung, Genesung, Rekonvaleszenz, Regeneration · *der Ehre, des guten Rufs:* Ehrenrettung, Wiedereinsetzung.
[1]**wiederholen,** repetieren, rekapitulieren, nachmachen, noch einmal machen · *ein Schuljahr:* sitzenbleiben, nicht versetzt werden, klebenbleiben *(salopp)*, hockenbleiben *(ugs., landsch.)*; → wieder.
[2]**wiederholen:** → nachsprechen.
wiederholt: → oft.
Wiederkehr: → Rückfall, → Rückkehr.
wiederkehren: → zurückkommen.
wiederkommen: → zurückkommen.
wiedersehen: → finden.
[1]**Wiedersehen,** Treffen, Begegnung, Meeting; → Verabredung.
[2]**Wiedersehen:** auf W.! → Gruß; auf W. sagen → trennen (sich).
wiederum: → wieder.
wiegen: → abwiegen; viel w. → schwer [sein].
Wiegendruck: → Inkunabel.
Wiegenfest: → Geburtstag.
wiehern: → lachen
wienern: → polieren; jmdm. eine w. → schlagen.
Wiese, [Hut]weide, Koppel, Trift, Anger, Rain, Matte, Alm, Alp, Hutung *(landsch.)*, Wiesland *(schweiz.)*; → Feld, → Rasen.
Wiesland: → Wiese.
wiewohl: → obgleich.
wild: → lebhaft; w. sein auf/nach → begierig [sein]; w. werden → ärgerlich [werden].
wilddieben: → jagen.
wildern: → jagen.
Wildfang: → Kind.
wildfremd: → fremd[ländisch].
Wildnis: → Urwald.
Wildsau: → Schwein.
Wildschwein: → Schwein.
Wilhelm: → Unterschrift.
Wille: Letzter W. → Testament; mit -n → absichtlich.
willenlos: → willensschwach.
willens: w. sein → bereit [sein].
Willenskraft: → Tatkraft.
willensschwach, haltlos, willenlos, energielos, nachgiebig, weich, waschlappig *(abwertend)*, nicht → stark, nicht → zielstrebig; → anfällig, → feige, → gütig, → kraftlos, → unselbständig; **w. sein,** ohne Rückgrat/ein Schwächling/ *(salopp, abwertend)* ein Waschlappen sein; → Unfähigkeit.
Willensschwäche: → Unfähigkeit.
willensstark: → zielstrebig.
willentlich: → absichtlich.
willfährig: → bereit.
willig: → bereit.
willkommen: → erfreulich; w. heißen → begrüßen; herzlich w.! → Gruß.
Willkür: → Subjektivität.
wimmeln: es wimmelt von → überhandnehmen.
wimmern: → weinen.
Wimpel: → Fahne.
[1]**Wind,** Luftzug, Monsun, Passat, Bise *(schweiz.)* · *leichter:* [Luft]hauch, Windhauch, Lüftchen, Zephir *(dichter.)*, Brise · *heftiger:* Sturm, Sturmwind, Bö, Orkan · *warmer:* Schirokko, Harmattan, Samum · *kalter:*

Tramontana; → Fallwind, → Wirbelwind; → luftig.
[2]**Wind:** → Darmwind; W. machen → übertreiben; W. bekommen von → erfahren; sich den W. um die Nase wehen lassen → herumkommen; in den W. schlagen → mißachten.
Windbeutel: → Angeber.
Windchen: → Darmwind.
Winder: → Nase.
Windfang: → Nase.
Windhauch: → Wind.
Windhose: → Wirbelwind.
Windhund: → Frauenheld.
windig: → luftig.
windschief: → schräg.
Windstille, Flaute, Kalme.
Wink: → Hinweis.
Winkel: → Stelle.
Winkelzug: → Arglist.
winseln: → bellen, → weinen.
Wintergarten: → Veranda.
Winzer: Weinbauer.
winzig: → klein.
Wirbel: → Ereignis.
Wirbelsturm: → Wirbelwind.
Wirbelwind, Wirbelsturm, Windhose, Trombe, Wasserhose, Typhon, Zyklon, Taifun, Tornado, Hurrikan; → Fallwind, → Wind.
wirken: → arbeiten; etwas wirkt [wie] → vermuten.
wirklich, tatsächlich, in der Tat, faktisch, effektiv, vorhanden, real, existent, bestehend, gegenständlich, konkret, nicht → unwirklich; → auch, → erfahrungsgemäß, → erwartungsgemäß, → ganz, → klar, → wahrlich, → zweifellos.
Wirklichkeit: → Tatsache.
wirklichkeitsfremd: → unrealistisch.
wirksam: → zugkräftig.
Wirksamkeit: → Tätigkeit.
Wirkung: → Erfolg.
Wirkungskreis: → Umwelt.
wirkungslos, zwecklos, erfolglos; **w. bleiben,** versanden, im Sande verlaufen, ausgehen wie das Hornberger Schießen; → aussichtslos, → nutzlos, → widerstandsfähig.
Wirkware: → Unterwäsche.
Wirrwarr: → Verwirrung.
Wirt: → Gastgeber.
Wirtschaft: → Gaststätte, → Haushalt.
Wirtschafterin: → Hausangestellte.
wirtschaftlich: → sparsam.
Wirtshaus: → Gaststätte.
Wisch: → Schreiben.
wischen: w. von → säubern.
wispern: → flüstern.
Wißbegier[de]: → Neugier.
wißbegierig: → neugierig.
wissen, Kenntnis haben von, Bescheid wissen, informiert/eingeweiht sein, im Bilde sein *(ugs.)*; → aufweisen, → auskennen (sich), → erfahren, → haben, → mitteilen.
Wissen: → Erfahrung.
wissend: → aufgeklärt.
Wissenschaftler: → Gelehrter.
Wissensdrang: → Neugier.
Wissensdurst: → Neugier.
wissenswert: → interessant.
Wissenszweig: → Fachrichtung.
wittern: → merken, → riechen.
Witterung: → Wetter[lage].
[1]**Witz** · *schlechter, fader:* fauler Witz *(ugs.)*, Kalauer, Calembour · *unanständiger:* Zote; → Erzählung, → Scherz, → Wortspiel.
[2]**Witz:** → Humor, → Vernunft.
Witzbold: → Spaßvogel.
witzig: → geistreich.
witzlos: → kindisch.
wo: → als.
woanders: → anderwärts.
Woche: in/unter der W. → wochentags.
Wochenende, Weekend; → Sonnabend.
Wochenendhaus: → Haus.
Wochentag: → Werktag.
wochentags, werktags, alltags, in/*(landsch.)* unter der Woche.
Wochenzeitschrift: → Zeitschrift.
Wochenzeitung: → Zeitschrift.
wofern: → wenn.
Woge, Welle, Brecher, Sturzwelle; → Brandung.
wogen: → fließen.
wohl: → anscheinend; sehr w. → ja.
Wohl: → Glück.
wohlauf: w. sein → gesund [sein].
Wohlbefinden: → Gesundheit.
Wohlbehagen: → Heiterkeit.
wohlbeleibt: → dick.
wohlerzogen: → artig.
wohlfeil: → billig.
Wohlgefallen: → Zuneigung; W. haben an → freuen (sich).
wohlgenährt: → dick.
Wohlgeruch: → Geruch.
wohlhabend: → reich.
wohlig: → gemütlich.
Wohlklang, Wohllaut, Euphonie · Ggs. → Mißklang.
wohlklingend, wohllautend, euphonisch, klangvoll.
Wohllaut: → Wohlklang.
wohllautend: → wohlklingend.
wohlmeinend: → entgegenkommend.
Wohlsein: → Gesundheit.
wohltätig: → menschlich.
Wohltätigkeit: → Nächstenliebe.
wohltuend: → gemütlich.
wohlüberlegt: → absichtlich.
wohlweislich: → absichtlich.
Wohlwollen: → Zuneigung.
wohlwollend: → entgegenkommend.
wohnen: → bewohnen, → weilen
wohnhaft: → einheimisch.
Wohnhaus: → Haus.
wohnlich: → gemütlich.
Wohnraum: → Raum.
Wohnsitz: → Wohnung; seinen W. verlegen → übersiedeln.

Wohnung, Heim, Daheim, Unterkunft, Logis, Quartier, Wohnsitz, Domizil, Appartement, Apartment, Flat, Suite, Zimmerflucht, Behausung, Obdach, Unterschlupf, Asyl, Zuhause, Herberge *(schweiz.)*, Bleibe *(ugs.)*, Penne *(salopp)* · *unterm Dach:* Mansarde, Garçonniere *(östr.)*; → Anschrift, → Gaststätte, → Hotel, → Raum; **ohne W.,** wohnungslos, obdachlos; → beherbergen, → übersiedeln, → weilen.
Wohnungsangabe: → Anschrift.
Wohnungseinrichtung: → Mobiliar.
wohnungslos: → Wohnung.
Wohnzimmer: → Raum.
Wölbung: → Gewölbe.
Wolf, Isegrim.
Wolfshunger: → Hunger.
Wolkenbruch: → Niederschlag.
Wolkenkratzer: → Haus.
Wolkenkuckucksheim: im W. leben → abkapseln (sich).
wolkenlos: → heiter.
wolkig: → bewölkt.
wollen: → bereit [sein], → vorhaben, → wünschen; nicht w. → gekränkt [sein].
wollüstig: → begierig.
womöglich: → vielleicht.
Wonne: → Lust.
Woog: → See.
Wort: → Begriff; geflügeltes W. → Ausspruch; W. Gottes → Bibel; das W. entziehen → verbieten; ein W. einlegen für → vermitteln; das W. nehmen → sprechen; das W. an jmdn. richten → ansprechen; im wahrsten Sinne des -es → schlechthin; jmdn. beim W. nehmen → festlegen; jmdm. ins W. fallen/das W. abschneiden → unterbrechen.
Wört: → Insel.
Wortart · Verb, Zeitwort, Tätigkeitswort, Aussagewort, Tuwort *(ugs.)* · Adjektiv, Eigenschaftswort, Eindruckswort, Beiwort; Adverb, Umstandswort · Substantiv, Hauptwort, Dingwort, Nomen, Nennwort · Pronomen, Fürwort, Formwort · Präposition, Verhältniswort, Fügewort, Beziehungswort; Konjunktion, Bindewort · Artikel, Geschlecht[swort], Genus · Numerale, Zahlwort, Kardinalzahl, Grundzahl; Ordinalzahl, Ordnungszahl · Interjektion, Ausrufewort, Empfindungswort.
wortbrüchig: → untreu.
Wörterbuch: → Nachschlagewerk.
wortgetreu: → wortwörtlich.
wortgewandt: → beredt.
Wörth: → Insel.
wortkarg, einsilbig, schweigsam, mundfaul *(ugs.)*, maulfaul *(salopp)*; → ruhig, → still, → wortlos; → schweigen.
Wortklauberei: → Pedanterie.
wortklauberisch: → spitzfindig.
Wortlaut, Formulierung, Text.
wortlos, grußlos, stillschweigend, schweigend; → wortkarg.
wortreich: → ausführlich.
Wortschatz: → Nachschlagewerk.
Wortschwall: → Redekunst.
Wortspiel, Paronomasie, Annomination, Parechese, Amphibolie; → Ausdrucksweise, → Scherz, → Witz.
Wortstreit: → Streit.
Wortverdreher, Rabulist; → Pedant.
wortwörtlich, wortgetreu, buchstäblich.
Wrack: → Trümmer.
Wrasen: → Nebel.
wriggen: → Boot [fahren].
wuchern: → überhandnehmen.
Wuchs: → Gestalt.
wuchtig: → schwer.
Wühlarbeit: → Propaganda.
wühlen: → suchen.
Wunde, Verwundung, Verletzung, Blessur · *seelische:* Trauma; → Geschwür, → Krankheit.
Wunder, Mirakel, Spektakulum.
wunderlich: → seltsam.
wundern: sich w. → überrascht [sein].
wundernehmen: etwas nimmt wunder → befremden.
wunderschön: → hübsch.
Wunsch: → Bitte; einem W. Ausdruck verleihen → gratulieren; nach W. → beliebig; nach W. gehen → gelingen.
wünschbar: → begehrt.
[1]**wünschen,** begehren, [haben] wollen, mögen, versucht sein zu tun, etwas liegt jmdm. am Herzen; → anordnen, → anstrengen, → billigen, → hoffen, → müssen, → verlangen, → vorhaben.
[2]**wünschen:** Glück w. → gratulieren.
wünschenswert: → begehrt.
wunschgemäß: → beliebig; w. verlaufen → gelingen.
Würde: → Ansehen, → Vornehmheit.
Würdenträger: geistlicher W. → Geistlicher.
würdevoll: → ruhig.
würdig: → erhaben.
würdigen: → beurteilen, → loben.
Würdigung: → Besprechung.
Würfel, Kubus, Hexaeder, Sechsflächner.
Wurfspieß: → Wurfwaffe.
Wurfwaffe, Speer, Lanze, [Wurf]spieß, Ger, Pike, Harpune, Katapult; → Hiebwaffe, → Schußwaffe, → Stichwaffe.
Wurm: → Kind.
wurmen: etwas wurmt jmdn. → ärgern.
wurschtegal: jmdm. ist etwas w. → unwichtig [sein].
Wurst: jmdm. ist etwas W. → unwichtig [sein].
Wurster: → Fleischer.
Würze: → Geschmack.
würzen, salzen, pfeffern, paprizieren, abschmecken; → braten, → kochen, → prüfen.
wüst: → anstößig.
Wüste: → Einöde; in die W. schicken → entlassen.
Wüstenei: → Einöde.
Wüstenschiff: → Kamel.
Wüstling: → Frauenheld.

Wut: → Ärger; in W. geraten → ärgerlich [werden].
wüten: → ärgerlich [sein], → überhandnehmen.
wütend: → ärgerlich.
wutentbrannt: → ärgerlich.
Wüterich: → Rohling.
wutschäumend: → ärgerlich.
wutschnaubend: → ärgerlich.
Wutz: → Schwein.

X

Xanthippe: → Ehefrau.
Xenion: → Epigramm.
Xylophon: → Schlaginstrument.

Z

zackig: → schwungvoll.
zag: → ängstlich.
Zagel: → Schwanz.
zagen: → zögern.
zaghaft: → ängstlich.
zäh: → beharrlich.
zähflüssig: → flüssig, → träge.
[1]**Zahl,** Ziffer, Nummer, Chiffre.
[2]**Zahl:** → Anzahl; mit einer Z. versehen → numerieren.
[1]**zahlen,** bezahlen, begleichen, in die Tasche greifen, blechen *(salopp)*, berappen *(salopp)*, entrichten, erlegen, hinterlegen, abzahlen, abbezahlen, in Raten zahlen, abstottern *(salopp)*, abtragen, nachzahlen, nachbezahlen, draufzahlen *(ugs.)*, zuzahlen, drauflegen *(ugs.)*, ausgeben, verbraten *(salopp)*, aufwenden, anlegen, verausgaben, investieren, Geld in etwas stecken *(ugs.)*, springen lassen *(salopp)*, bestreiten, finanzieren, aufkommen für, unterstützen, die Kosten tragen, erstatten, zurückerstatten, zurückzahlen · *für jmdn.:* auslegen, vorlegen, verauslagen, in Vorlage bringen, vorstrecken *(ugs.)*, vorschießen *(ugs.)* · *für Leistung:* entlohnen, entlöhnen *(schweiz.)*, besolden, salarieren *(schweiz.)*, honorieren, vergüten; → danken, → durchbringen, → einbüßen, → ernähren, → kaufen, → leihen, → verkaufen; → Gehalt, → Portemonnaie, → Unkosten.
[2]**zahlen:** z. für → einstehen.
zählen: z. auf → glauben; z. zu → angehören.
Zahlkarte, Erlagschein *(östr.)*, Einzahlungsschein *(schweiz.)* · Postanweisung.
zahllos: → reichlich.
zahlreich: → einige.
zahlungsbereit: → zahlungsfähig.
zahlungsfähig, liquid, solvent, flüssig zahlungsbereit; nicht → zahlungsunfähig.
Zahlungsfähigkeit, Liquidität, Bonität, Solvenz; → zahlen; → zahlungsfähig · Ggs. → Zahlungsunfähigkeit.
Zahlungsmittel, Valuta, Währung; → Geld, → Vermögen.
zahlungsunfähig, illiquid, insolvent, bankrott, abgebrannt *(ugs.)*, blank *(salopp)*, pleite *(salopp)*, nicht → zahlungsfähig; **z. werden,** bankrott werden/gehen, badengehen *(salopp)*; → abgewirtschaftet; → aufgeben (Geschäft).
Zahlungsunfähigkeit, Illiquidität, Insolvenz, Nonvalenz, Bankrott, Konkurs, Ruin, Pleite *(salopp)*; → Mangel, → Versteigerung; → abgewirtschaftet, → zahlungsunfähig · Ggs. → Zahlungsfähigkeit.
Zahlwort: → Wortart.
zahm, gezähmt, domestiziert, gebändigt, [lamm]fromm, kirre *(ugs.)*; → artig; → beruhigen.
zähmen: → beruhigen.
Zahn: → Geliebte; jmdm. den Z. ziehen → ernüchtern.
Zahnarzt: → Arzt.
zähneknirschend: → ärgerlich.
Zahnersatz, Gebiß, Prothese, Brücke.
Zank: → Streit.
zanken: → schelten; sich z. → kämpfen; sich nicht z. → vertragen (sich).
Zankerei: → Streit.
Zapf[en]: → Stöpsel.
zapplig: → aufgeregt.
Zar: → Oberhaupt.
zart, zerbrechlich, fragil; → empfindlich.
zartbesaitet: → empfindlich.
Zartgefühl: → Höflichkeit.
Zaster: → Geld.
Zäsur: → Einschnitt.
Zauber: → Anmut, → Zauberei.
Zauberei, Zauber, Hexerei, Magie, Schwarze Kunst.
zaudern: → zögern; ohne Zaudern → rundheraus.
[1]**Zaun,** Gitter, Gatter, Hecke, Einfriedung, Einzäunung, Umzäunung, Knick *(nordd.)*, Staketenzaun.
[2]**Zaun:** vom -e brechen → verursachen.
zaundürr: → schlank.
Zebaoth: Herr Z. → Gott.
Zeche: → Bergwerk, → Rechnung.

zechen: → trinken.
Zehnsilbler: → Vers.
Zehntausend: die oberen Z. →Oberschicht.
zehren: z. von → leben.
Zeichen: →Anzeichen, →Gebärde, →Sinnbild.
Zeichensetzung: → Satzzeichen.
zeichnen: → malen.
zeigen: → aufweisen, → hinweisen (auf), → lehren; sich z. → entstehen, → offenbar [werden]; nicht z. → unterdrücken; jmdm. die kalte Schulter z. → ablehnen.
Zeile: -n → Schreiben.
Zeit: → Frist, → Muße, → Zeitraum; die Zeit verschlafen → verspäten (sich); in der Zeit von → binnen; in kurzer Z. → später; vor der Z. → vorzeitig; zur [rechten] Z. → früh; zur Z. → jetzt; von Z. zu Z. → manchmal.
Zeitabschnitt: → Zeitraum.
Zeitalter: → Zeitraum.
zeitgemäß: → fortschrittlich.
zeitgleich: → gleichzeitig.
zeitig: → früh.
zeitlebens: → bleibend.
zeitlich: → vergänglich; das Zeitliche segnen → sterben.
zeitlos: → bleibend.
Zeitpunkt: → Frist.
Zeitraum, Zeitalter, Ära, Epoche, Zeit, Zeitabschnitt, Periode, Phase, Zeitspanne, Menschenalter, Äon *(dichter.)* · *von sechs Monaten:* Halbjahr, Semester (Bildungswesen) · *von drei Monaten:* Trimester (Bildungswesen); → Frist, → Weile.
Zeitschrift, Periodikum, Illustrierte, Journal, Magazin; → Buch, → Zeitung.
Zeitspanne: → Zeitraum.
Zeitung, Presse, Blätterwald, Blatt, Blättchen, Organ, Gazette, Boulevardblatt, Käseblatt *(abwertend)*, Revolverblatt *(abwertend)*; → Buch, → Schlagzeile, → Zeitschrift.
Zeitungsmann: → Berichter.
Zeitungsschreiber: → Berichter.
Zeitvertreib: → Unterhaltung.
zeitweilig: → vorübergehend.
zeitweise: → vorübergehend.
Zeitwort: → Wortart.
Zelle: → Strafanstalt.
zelten, campen, biwakieren.
Zelter: → Pferd.
Zeltlager: → Camping.
Zeltlein: → Bonbon.
Zement, Beton, Mörtel, Speis *(landsch.)*.
zementieren → festigen.
zensieren: → prüfen.
Zensur, Note, Zeugnis, Nummer, Bewertung, Benotung; → Bescheinigung, → Urkunde.
Zentrale: → Mittelpunkt.
zentrovertiert: → selbstbezogen.
Zentrum: → Innenstadt, → Mittelpunkt.
Zephir: → Wind.
Zeppelin: → Luftschiff.
zerbersten: → platzen.
zerbrechen: → zerstören; z. an → scheitern.
zerbrechlich: → zart.
zerbrochen: → defekt.
zerbröckeln: → zerlegen.
zerdrücken: → zermalmen.
zerfallen: → mürbe.
zerfetzen: → zerlegen.
zerfleddern: → zerlegen.
zerfleischen: → zerlegen.
zerfurcht: → faltig.
zergehen: → schmelzen.
zergliedern, zerlegen, analysieren; → forschen, → prüfen.
zerhacken: → zerlegen.
zerkleinern: → zerlegen.
zerklopfen: → zermahlen.
zerklüftet: → faltig.
zerknallen: → platzen.
zerknautschen: → zerknittern.
zerknittern, knittern, zerknüllen *(ugs.)*, knüllen *(ugs.)*, zerknautschen *(ugs.)*, knautschen *(ugs.)*; → falten.
zerknittert: → faltig.
zerknüllen: → zerknittern.
zerlassen, auslassen, schmelzen; → schmelzen.
zerlaufen: → schmelzen.
[1]zerlegen, auseinandernehmen, zertrennen, zerteilen, demontieren, auflösen, dekomponieren, zerschneiden, zerschnippeln *(salopp)*, auseinanderschneiden, zerreißen, in Stücke reißen, zerpflücken, zerzupfen, zerrupfen, schnitzeln, zerfetzen, zerfleddern, zerstückeln, zerfleischen, zerhacken, zerkleinern, zerbröckeln · *von Eßwaren:* aufschneiden, in Scheiben/Stücke schneiden, tranchieren; → öffnen, → schneiden, → zermahlen.
[2]zerlegen: → zergliedern.
zermahlen, zerreiben, pulverisieren, zerstoßen, zerstampfen, zerklopfen; → zerlegen, → zermalmen, → zerstören.
zermalmen, zerquetschen, zerdrücken, breitdrücken, breitquetschen, breitwalzen, zermatschen *(ugs.)*; → quetschen, → zermahlen, → zerstören.
zermatschen: → zermalmen.
zermürben: → überreden.
zerpflücken: → zerlegen.
zerplatzen: → platzen.
zerquetschen: → zermalmen.
Zerrbild, Karikatur, Fratze, Verhöhnung, Spottbild, Verfälschung, Verzerrung, Verunstaltung, Entstellung; → Nachahmung, → Satire.
zerreiben: → zermahlen.
zerreißen: → zerlegen; sich z. [nach] → streben.
zerren: → ziehen.
zerrupfen: → zerlegen.
zerschlagen: → zerstören; z. sein → erschöpft [sein]; etwas hat sich zerschlagen → scheitern.
zerschmeißen: → zerstören.
zerschmelzen: → schmelzen.

zerschneiden: → zerlegen.
zerschnippeln: → zerlegen.
zersetzend: → umstürzlerisch.
zerspringen: → platzen.
zerstampfen: → zermahlen, → zerstören.
zerstören, vernichten, verwüsten, verheeren, zerschlagen, zerbrechen, zerteppern *(ugs.)*, zerschmeißen *(salopp)*, zertreten, zerstampfen, zertrampeln *(ugs.)*, dem Erdboden gleichmachen, ausradieren, [in die Luft] sprengen, zertrümmern, demolieren, kaputtmachen *(ugs.)*, zusammenschießen; → ausrotten, → besiegen, → zermahlen, → zermalmen.
zerstörerisch: → umstürzlerisch.
zerstoßen: → zermahlen.
zerstreiten: sich z. → entzweien (sich).
zerstreuen: → verstreuen.
zerstreut: → unaufmerksam.
Zerstreuung: → Unterhaltung.
zerstückeln: → zerlegen.
zerteilen: → zerlegen.
zerteppern: → zerstören.
Zertifikat: → Bescheinigung.
zertrampeln: → zerstören.
zertrennen: → zerlegen.
zertreten: → zerstören.
zertrümmern: → zerstören.
Zerwürfnis: → Streit.
zerzupfen: → zerlegen.
Zet: → Freiheitsentzug.
zetern: → schelten.
Zeug: → Kleidung.
Zeuge: → Zuschauer.
zeugen: → schwängern.
Zeughaus: → Warenlager.
Zeugnis: → Bescheinigung, → Zensur.
zeugungsfähig: → geschlechtsreif.
Zeugungsfähigkeit: → Fähigkeit.
Zeugungskraft: → Fähigkeit.
zeugungsunfähig: → impotent.
Zeugungsunfähigkeit: → Unfähigkeit.
Ziegel: → Ziegelstein.
Ziegelstein, Ziegel, Backstein, Klinker.
Ziehamriemen: → Tasteninstrument.
[1]ziehen, zerren, zupfen, reißen, rupfen, schleifen; → abmachen.
[2]ziehen: → strecken, → übersiedeln, → züchten; einen z. lassen → Darmwind [entweichen lassen]; an Land/aus dem Wasser z. → länden.
Ziehharmonika: → Tasteninstrument.
Ziehung, Verlosung, Auslosung, Ausspielung.
Ziel: → Absicht, → Frist; ohne Maß und Z. sein → hemmungslos [sein]; übers Z. hinausschießen → übertreiben; sich etwas zum Z. setzen → vorhaben.
zielbewußt: → zielstrebig.
zielsicher: → zielstrebig.
zielstrebig, zielbewußt, zielsicher, energisch, resolut, zupackend, tatkräftig, entschlossen, nachdrücklich, drastisch, willensstark, nicht → willensschwach; → beharrlich, → mutig, → totalitär.
Ziemer: → Peitsche.
ziemlich: → einigermaßen.
Zierat: → Schmuck.
Zierbengel: → Geck.
zieren: → schmücken; sich z. → schämen (sich).
Ziererei, Umstände, Menkenke *(ugs., landsch.)*, Zimperlichkeit, Prüderie; → Ausflucht.
Ziffer: → Zahl.
Zigarette, Stäbchen, Aktive *(ugs.)*, Glimmstengel *(ugs.)*, Sargnagel *(scherzh.)* · *letzter Rest:* [Zigaretten]stummel, Kippe *(ugs.)*; → Rauchwaren, → Zigarre.
Zigarettenpause: → Pause; eine Z. einlegen → ruhen.
Zigarillo: → Zigarre.
[1]Zigarre, Stumpen · *kleine:* Zigarillo; → Rauchwaren, → Zigarette.
[2]Zigarre: → Vorwurf.
zigeunern: → herumtreiben (sich).
Zille: → Boot.
Zimmer: → Raum.
Zimmerflucht: → Wohnung.
zimperlich: → engherzig, → wehleidig.
Zimperlichkeit: → Ziererei.
Zinken: → Nase.
zirka: → ungefähr.
Zirkel: → Ausschuß.
Zirkus, Varieté, Hippodrom; → Revue.
zirpen: → singen.
zischeln: → flüstern.
zischen: → flüstern.
Zisterne: → Brunnen.
[1]Zitat, Beleg, Quelle, Stelle; → Bescheinigung.
[2]Zitat: → Ausspruch.
Zither: → Zupfinstrument.
zitieren: → erwähnen; [vor jmdn.] z. → beordern.
Zitrone, Zitrusfrucht · *dickschalige:* Limone · *süße:* Lumie; → Apfelsine, → Mandarine, → Pampelmuse.
Zitrusfrucht: → Zitrone.
zittern, beben, erzittern, erbeben, zucken; → frieren.
Zivilcourage: → Mut.
zivilisieren: → verfeinern.
[1]zögern, zaudern, zagen, schwanken, unentschlossen/unschlüssig sein, säumen.
[2]zögern: ohne Zögern → rundheraus.
Zögling: → Schüler.
Zoll: → Abgabe.
Zollstock: → Metermaß.
Zone: → Gebiet.
Zoo: → Tiergarten.
Zoologie: → Tierkunde.
zoologisch: Zoologischer Garten → Tiergarten.
Zoon politikon: → Mensch.
Zorn: → Ärger.
zornig: → ärgerlich.
Zote: → Witz.
zotteln: → fortbewegen (sich).
zu: → Stück.

Zubehör, Utensilien, Extra, Accessoires, Beiwerk; → Zugabe; **mit allem Z.,** mit allem Drum und Dran *(ugs.)*, mit allen Schikanen *(ugs.)*.
zubeißen: → beißen.
zubereiten: → anfertigen, → kochen.
zubilligen: → billigen.
zubringen: → weilen.
zubuttern: → einbüßen.
Zucht: → Benehmen.
züchten, ziehen, veredeln, kreuzen.
Zuchthaus: → Strafanstalt.
Zuchthäusler: → Gefangener.
Zuchthausstrafe: → Freiheitsentzug.
züchtig: → anständig.
züchtigen: → bestrafen.
zuchtlos: → anstößig.
zucken: → zittern.
Zuckerl: → Bonbon.
zuckern, süßen, überzuckern, verzuckern, kandieren.
Zuckerstein: → Bonbon
zudecken: → bedecken, → einschneien, → vertuschen.
zudem: → auch.
zudiktieren: eine Strafe z. → bestrafen.
zudringlich: → aufdringlich.
zueignen: → widmen.
zuerst: → zunächst.
Zufall: → Ereignis.
zufallen: etwas fällt jmdm. zu/entfällt auf jmdn./fällt an jmdn. → erwerben.
zufällig: → unwichtig.
Zuflucht, Zufluchtsort, Asyl, Versteck, Unterschlupf.
Zufluchtsort: → Zuflucht.
zufrieden: → glücklich.
zufriedengeben (sich), sich begnügen/bescheiden, vorliebnehmen mit.
Zufriedenheit: → Bescheidenheit, → Heiterkeit.
zufriedenstellen: → befriedigen.
zufriedenstellend: → annehmbar.
zufügen: Schaden z. → schaden.
Zug: → Herde, → Neigung.
Zugabe, Zutat, Zulage, Beilage, Beigabe; → Zubehör.
Zugang: sich Z. verschaffen → öffnen.
zugänglich: → aufgeschlossen.
zugeben: → beitragen, → billigen, → gestehen.
zugegen: z. sein → anwesend [sein].
zugehen: z. lassen → schicken.
Zugeherin: → Putzfrau.
Zugehfrau: → Putzfrau.
zugehören: → angehören.
zugeknöpft: → unzugänglich.
zügellos: → hemmungslos.
Zügellosigkeit: → Ausschweifung.
zügeln: → beruhigen, → übersiedeln.
Zugereister: → Gast.
zugespitzt, pointiert, betont.
Zugeständnis, Konzession; → Anpassung, → Bekenntnis, → Erlaubnis.
zugestehen: → billigen.
zugetan: z. sein → lieben.
zugig: → luftig.
zugkräftig, [werbe]wirksam, anreizend; → einleuchtend, → einträglich.
zugleich: → und.
Zugmaschine: → Traktor.
Zugnummer: → Glanzpunkt.
zugrunde: z. gehen → sterben.
Zugstück: → Glanzpunkt.
zugucken: → zuschauen.
Zuhälter, Strizzi, Stenz, Louis *(salopp)*, Loddel *(salopp)*, Lude *(derb)*.
Zuhause: → Wohnung.
zuhören: → hören.
Zuhörer: → Publikum.
Zuhörerschaft: → Publikum.
zuklinken: → schließen.
zuknallen: → schließen.
zukneifen: den Arsch z. → sterben.
zukommen: z. lassen → abgeben; etwas kommt auf jmdn. zu → begegnen.
Zukunft: → Schicksal; die Z. deuten → voraussehen; in Z. → später.
zukünftig: → später.
Zukünftiger: → Bräutigam.
Zukunftsglaube: → Optimismus.
zukunftsgläubig: → zuversichtlich.
Zukunftsgläubiger: → Optimist.
Zulage: → Zugabe.
zulassen: → billigen.
zulässig: → statthaft.
Zulauf: → Zustrom; Z. haben → beliebt [sein].
zulegen: sich jmdn. z. → anbandeln; sich etwas z. → kaufen.
zuletzt: → spät.
zumachen: → schließen; die Augen z. → sterben.
zumauern: → verbarrikadieren.
zumeist: → oft.
zumessen: → einteilen.
zumindest: → wenigstens.
zumuten: sich zuviel z. → übernehmen (sich); jmdm. etwas z. → verlangen.
Zumutung: → Vorschlag.
zunächst, zuerst, fürs erste, vorerst, vorab, vorderhand, vorläufig, bis auf weiteres.
Zuname: → Familienname.
zündeln: → anzünden.
Zündholz: → Streichholz.
Zündstoff: Z. enthaltend → sprengend.
zunehmen, sich vermehren/vergrößern/ausweiten, eskalieren, anwachsen, ansteigen, anschwellen · *an Gewicht:* sich besonnen haben *(nordd.)*, → dick [werden]; → ausdehnen → überhandnehmen, → vermehren · Ggs. → abnehmen, → verringern.
Zuneigung, Sympathie, Interesse, Strebung, Geschmack, Anhänglichkeit, Attachement, Neigung, Gewogenheit, [Wohl]gefallen, Gout, Wohlwollen, Verliebtheit, Schwäche für, Faible · *zur Heimat:* Heimatliebe; → Anmut, → Begeisterung, → Freundschaft, → Leidenschaft, → Liebe, → Liebelei, → Mitgefühl, → Neigung; → freuen

(sich), → lieben, → verlieben (sich); → anziehend, → hübsch, → verliebt · Ggs. → Abneigung.
Zunft: → Zweckverband.
zünftig: → fachmännisch.
zungenfertig: → beredt.
zupacken: → helfen.
zupackend: → zielstrebig.
zupaß: z. kommen → passen.
zupfen: → ziehen.
Zupfinstrument, Harfe, Zither, Gitarre, Laute, Mandoline, Balalaika, Banjo, Lyra, Leier; → Musikinstrument.
zuprosten: → zutrinken.
zuraten, raten zu, aufmuntern, ermuntern, ermutigen, Mut machen, auffordern, einreden auf jmdn,. jmdm. etwas einreden/suggerieren, nicht → abraten; → anordnen, → anregen, → anrichten, → anstacheln, → bitten, → mahnen, → nötigen, → überreden, → vorschlagen; → Beauftragter · Ggs. → abschreiben.
zurechtbiegen: → bereinigen.
zurechtmachen: → schönmachen.
zurechtrücken: → bereinigen.
zurechtstutzen: → beschneiden.
zurechtweisen: → schelten.
zureichend: → ausreichend.
zuriegeln: → abschließen.
zürnen: → ärgerlich [sein].
Zurschaustellung: → Entblößung.
zurückbehalten: → aufbewahren.
zurückblicken: → erinnern (sich).
zurückdenken: → erinnern (sich).
zurückerinnern: sich z. → erinnern (sich).
zurückerstatten: → zahlen.
zurückführen: zurückzuführen sein auf → entstammen.
zurückgeben: → antworten.
zurückgeblieben: → karg; [geistig] z. → stumpfsinnig.
Zurückgebliebenheit: → Rückständigkeit.
zurückgehen: → abnehmen.
zurückgehend: → nachlassend.
zurückgezogen: → unzugänglich.
Zurückgezogenheit: → Einsamkeit.
[1]**zurückhalten** (mit), behalten, nicht herausgeben/*(salopp)* herausrücken, nicht → geben.
[2]**zurückhalten:** → aufbewahren; sich z. → bescheiden [sein], → ruhig [bleiben], → sparen.
[1]**zurückhaltend,** bescheiden, unaufdringlich, nicht → aufdringlich.
[2]**zurückhaltend:** → unzugänglich.
Zurückhaltung: → Bescheidenheit, → Verschwiegenheit.
zurückkehren: → zurückkommen.
zurückkommen, wiederkommen, nach Hause kommen, zurückkehren, wiederkehren, heimkehren; → umkehren.
zurücklassen: → hinterlassen.
[1]**zurücklegen,** aufheben, reservieren, aufsparen; → aufbewahren.
[2]**zurücklegen:** → sparen.
Zurücknahme: → Widerruf.
zurücknehmen: → widerrufen.
zurückschauen: → erinnern (sich).
zurückscheuen: z. vor → Angst [haben].
zurückschneiden: → beschneiden.
zurückschrecken: z. vor → Angst [haben].
zurücksetzen: → kränken.
zurückstecken: → nachgeben.
zurückstellen: → verschieben.
zurücktreten: → kündigen; z. von etwas → abschreiben.
zurückweisen: → ablehnen.
zurückzahlen: → zahlen.
zurückziehen: sich z. → abkapseln (sich), → schlafen [gehen], → weggehen.
Zusage: → Zusicherung; eine Z. zurücknehmen → absagen.
zusagen: → gefallen, → versprechen.
zusammen: → gemeinsam.
Zusammenarbeit: → Tätigkeit.
zusammenbrechen: → ohnmächtig [werden].
zusammenbringen: → beschaffen.
Zusammenbruch: → Debakel.
zusammenfahren: → zusammenstoßen.
zusammenfallend: → übereinstimmend.
zusammenfassen: → subsumieren.
Zusammenfassung: → Ratgeber.
zusammenfinden: sich z. → tagen.
Zusammenfügung: → Synthese.
zusammengehen: → verbünden (sich).
zusammengesetzt: → komplex.
Zusammenhang: → Text.
zusammenhanglos: → unzusammenhängend.
zusammenklappen: → ohnmächtig [werden].
zusammenknallen: → zusammenstoßen.
zusammenknoten: → binden.
zusammenkommen: → tagen.
zusammenkratzen: → beschaffen.
Zusammenkunft: → Verabredung.
zusammenlaufen, zusammenströmen, sich zusammenscharen/zusammenrotten; → tagen, → verbünden (sich).
zusammennehmen: sich z. → ruhig [bleiben].
zusammenpassen: → harmonieren.
Zusammenprall: → Zusammenstoß.
zusammenprallen: → zusammenstoßen.
zusammenreimen: sich etwas z. → vermuten.
zusammenreißen: sich z. → anstrengen (sich).
zusammenrotten: sich z. → zusammenlaufen.
zusammensacken: → ohnmächtig [werden].
zusammenscharen: sich z. → zusammenlaufen.
zusammenschießen: → zerstören.
zusammenschließen: sich z. → verbünden (sich).
Zusammenschluß: → Bund.

zusammenschrumpfen: → abnehmen. → welken.
zusammensetzen (sich aus), bestehen aus, sich rekrutieren aus; → entstehen.
zusammenstauchen: → schelten.
Zusammenstellung: → Verzeichnis.
zusammenstimmen: → harmonieren.
[1]**Zusammenstoß,** Zusammenprall, Aufprall, Kollision, Karambolage.
[2]**Zusammenstoß:** → Stoß, → Streit.
zusammenstoßen, kollidieren, auffahren [auf], anfahren, rammen, zusammenfahren, zusammenprallen, zusammenknallen, fahren/prallen/knallen auf, [aufeinander]rumsen *(salopp)*, sich ineinander verkeilen; → berühren.
zusammenströmen: → zusammenlaufen.
zusammentreffen: → tagen.
zusammentreten: → tagen.
zusammentun: sich z. → verbünden (sich).
Zusammenwirken: → Mitarbeit.
Zusatz: → Randbemerkung.
zusätzlich: → und.
zuschauen, zugucken, zusehen, gaffen *(abwertend)*, Maulaffen feilhalten *(abwertend)*; → beobachten.
Zuschauer, Betrachter, [Augen]zeuge, Gaffer *(abwertend)*, Schaulustiger, Beobachter · *beim Kartenspiel:* Kiebitz · *perverser:* Spanner, Voyeur; → Person, → Publikum.
zuschicken: → schicken.
zuschlagen: → eingreifen, → schließen.
zuschließen: → abschließen.
zuschmeißen: → schließen.
zuschmettern: → schließen.
zuschneien: → einschneien.
zuschnappen: → beißen.
Zuschnitt: → Form.
zuschreiben: → beimessen.
Zuschrift: → Schreiben.
Zuschuß, Unterstützung, Beitrag, Beihilfe. Subvention.
zuschustern: → einbüßen.
zusehen: → anstrengen (sich), → zuschauen.
zusenden: → schicken.
zusetzen: → bitten, → einbüßen.
zusichern: → versprechen.
Zusicherung, Versprechen, Zusage. Versprechungen, Auslobung *(jurist.)*. Eid, Schwur, Gelübde; → versprechen.
zusperren: → abschließen.
zusprechen: → einteilen.
Zuspruch: → Trost; Z. haben → beliebt [sein].
Zustand: → Lage.
zustande: z. bringen → verwirklichen; z. kommen → geschehen.
zuständig: → befugt.
zustatten: z. kommen → nützlich [sein].
zustellen: → liefern.
Zusteller, Briefträger, Postbote.
zustimmen: → billigen.
Zustimmung: → Erlaubnis; seine Z. geben → billigen.
zustoßen: → sterben; etwas stößt jmdm. zu → begegnen.
zustreben: → streben.
Zustrom, Andrang, Zulauf, Gedränge, Auflauf, Menschenmenge, Gewühl.
Zutat: → Zugabe.
zuteil: etwas wird jmdm. z. → begegnen; z. werden lassen → abgeben.
zuteilen: → einteilen.
zutiefst: → sehr.
zutragen: → geschehen, → mitteilen.
Zuträger: → Hetzer, → Verträter.
zuträglich: → bekömmlich.
Zutrauen: → Hoffnung.
zutreffen: → stimmen.
zutreffend: z. sein → stimmen.
zutrinken, [zu]prosten, einen Trinkspruch/Toast/ein Hoch auf jmdn. ausbringen, jmdn. hochleben lassen *(ugs.)*, auf jmds. Wohl trinken/anstoßen; → trinken; → Trinkspruch.
Zutrittsverbot: → Aussperrung.
zuverlässig: → erprobt, → verbürgt.
Zuversicht: → Hoffnung.
zuversichtlich, hoffnungsvoll, unverzagt, getrost, optimistisch, zukunftsgläubig, fortschrittsgläubig, lebensbejahend; → gutgläubig; z. sein, guten Mutes sein; → Optimismus, → Optimist · Ggs. → schwermütig.
Zuversichtlichkeit: → Optimismus.
zuviel: z. werden → überhandnehmen.
zuvor: → vorher.
zuvorkommen: → vorwegnehmen.
zuvorkommend: → höflich.
Zuvorkommenheit: → Höflichkeit.
Zuwachs: Z. erwarten/bekommen/kriegen → schwanger [sein].
zuwarten: → warten.
zuwege: z. bringen → verwirklichen.
zuweilen: → manchmal.
zuweisen: → einteilen.
Zuwendung: → Pflege.
zuwerfen: → schließen.
zuwider: z. sein → unbeliebt [sein]; etwas ist jmdm. z. → schmecken.
Zuwiderhandlung: → Verstoß.
zuzahlen: → zahlen.
zuzeiten: → manchmal.
zwacken: → kneifen.
Zwang, Nötigung, Ananke, Drohung, Druck, Pression, Kompulsion · *krankhafter:* Anankasmus; → Neigung, → Weisung.
zwängen: → quetschen.
zwanglos: → ungezwungen.
Zwangslage: → Not.
Zwangsmaßnahme: → Vergeltungsmaßnahmen.
Zweck: den Z. haben/verfolgen → vorhaben.
zweckdienlich: → zweckmäßig.
zwecklos: → wirkungslos.
zweckmäßig, opportun, vernünftig, sinnvoll, handlich, angemessen, gegeben, tauglich, geeignet, zweckdienlich, praktikabel, rationell, brauchbar, praktisch; → anstellig,

→ erfreulich, → notdürftig, → nützlich, → planmäßig, → richtig, → tunlichst.
zwecks: → wegen.
Zweckverband, Gilde, Innung, Zunft; → Bund.
zweideutig: → anstößig.
Zweideutigkeit: → Spitze.
Zweierspiel: → Spiel.
Zweifel: →Verdacht; ohne Z. → zweifellos.
zweifelhaft: → anrüchig, → ungewiß.
zweifellos, zweifelsohne, ohne Zweifel, fraglos, gewiß, sicher, sicherlich, unbestritten, unbestreitbar, unstreitig, natürlich, axiomatisch; → einleuchtend, → ja, → wirklich · Ggs. → ungewiß.
zweifeln, bezweifeln, anzweifeln, anfechten, Einspruch erheben, in Zweifel ziehen; → antworten; → ungewiß.
zweifelsohne: → zweifellos.
Zweig, Ast, Sproß, Arm; → Stamm.
zweigeschlechtig: → zwittrig.
Zweigstelle: → Unternehmen.
Zweikampf, Duell; → Kampf.
zweit: -es Gesicht → Ahnung.
Zweitschrift: → Abschrift.
Zweizeiler: → Epigramm.
Zwerg, Liliputaner, Pygmäe, Gnom, Kobold, Däumling, Wichtel[männchen], Heinzelmännchen, Knirps *(ugs.)*, Stöpsel *(ugs.)*; → Mann.
zwicken: → kneifen.
Zwicker: → Kneifer.
1**Zwiebel,** Bolle *(nordd.)*, Knolle.
2**Zwiebel:** → Dutt.
zwiebeln: → schikanieren.
Zwielicht: → Dämmerung.
zwielichtig: → dunkel.
Zwiespalt: → Not.
Zwiesprache: → Gespräch.
Zwietracht: → Streit; Z. säen → aufwiegeln.
zwingen: → nötigen; sich z. → entschließen (sich); in die Knie z. → besiegen.
zwingend: → stichhaltig.
zwinkern: → blinzeln.
Zwischenfall: → Ereignis.
Zwischengeschoß: → Geschoß.
zwischenmenschlich: → menschlich.
Zwischenspiel: → Ereignis.
Zwischenzeit: in der Z. → inzwischen.
Zwist: → Streit; den Z. begraben → bereinigen.
Zwistigkeit: → Streit.
zwitschern: → singen; einen z. → trinken.
zwittrig, zweigeschlechtig, mannweiblich, androgyn, doppelgeschlechtig, bisexuell; → andersgeschlechtlich, → gleichgeschlechtlich.
Zwölffingerdarm, Duodenum.
Zwölfsilbler: → Vers.
Zyklon: → Wirbelwind.
1**Zyklus,** Kreislauf, [Reihen]folge.
2**Zyklus:** → Menstruation.
Zylinder: → Kopfbedeckung.
Zyma: → Gärstoff.
zynisch: → spöttisch.
Zynismus: → Humor.
Zyste: → Geschwür.

Meyers Großes Standardlexikon

Das aktuelle Kompaktlexikon des fundamentalen Wissens

Meyers Großes Standardlexikon in 3 Bänden
Rund 100 000 Stichwörter auf etwa 2 200 Seiten. Über 5 000 meist farbige Abbildungen, Zeichnungen und Graphiken sowie Karten, Tabellen und Übersichten im Text. Lexikon-Großformat: 17,5 x 24,7 cm.

»Meyers Großes Standardlexikon« wurde nach den Grundsätzen aller Meyer-Lexika entwickelt, verbindet also Aktualität, Objektivität und Informationsfülle mit hoher Benutzerfreundlichkeit.

Unter diesen Aspekten bietet das große Standardlexikon ein umfangreiches Grundwissen für den beruflichen und privaten Alltag – eine Fülle von präzisen und verständlichen Informationen zu allen Themen unseres Lebens. In Aufbau und Leistung ist dieses Lexikon beispielhaft.

Die erfahrene Meyer-Lexikonredaktion hat es verstanden, auf rund 2 200 Seiten möglichst viele Fragen zu beantworten: etwa 100 000 Stichwörter beweisen dies. Dabei stehen neben Kurzinformationen mehrseitige Artikel, etwa zur Geschichte großer Staaten, zu wichtigen technisch-naturwissenschaftlichen Komplexen (z. B. Elektronik), zu Freizeitthemen (z. B. Film, Photographie, Theater), besonders aber zu Fragen, die den

Menschen unmittelbar betreffen (z. B. das Funktionieren des menschlichen Organismus). Diese großen Beiträge werden zudem durch instruktive Abbildungen und Graphiken optisch dargestellt.

»Meyers Großes Standardlexikon« in 3 Bänden ist ein leicht lesbares und anschaulich gestaltetes Nachschlagewerk für alle – voller exakter Informationen für Beruf, Schule und Freizeit.

Bibliographisches Institut
Mannheim/Wien/Zürich